JN424280

National Competency Standards

창의공학

남상엽 · 권오복 · 이병선 공저

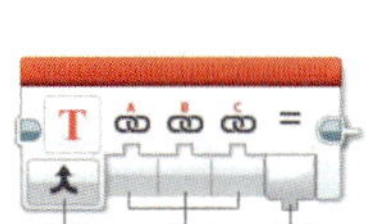

도서출판 상학당

欲爲大者 當爲人役

크고자 하거든 남을 섬기라

창의공학 머리말

21세기 지식산업을 이끌어갈 창의적 인재양성으로 자율과 창의에 바탕을 둔 학생 중심 교육과정으로 건전한 인성과 창의성을 함양하는 기초과정 및 기본교육 충실히 학습함으로써 창의 및 창조적 기술경쟁력이 국가의 경쟁력을 갖추는 데 있다.

창의성은 '발산적 사고'로써 어떠한 문제에 대하여 산출하는 반응의 수가 많고, 다양하고, 그리고 독특한 것일수록 창의적이다. 즉 '새로운 생각이나 산물을 만들어 내는 것', '기존의 정보를 끌어내고 새롭게 조합함으로써 유용한 어떤 사물이나 아이디어를 만들어 내는 능력' 혹은 '새로움에 이르게 하는 개인의 사고 관련 특성'으로 정의할 수 있다.

레고 마인드스톰 교육(LEGO MINDSTORMS Education)은 21세기의 시작에 발맞춰 즐거운 실습을 통해 사용자들을 STEM(Science : 과학, Technology : 기술, Engineering : 공학, Math : 수학) 교육의 길로 이끌고 있다. 현재는 레고 조립 시스템과 LEGO MINDSTORMS Education EV3 기술을 결합하여 로봇 공학을 학습하고, 프로그래밍, 자연과학, 수학의 원칙을 다양한 방식으로 가르치고 있다.

레고 마인드스톰 교육의 심장부에는 모터와 센서를 제어하고 무선통신까지 지원하는 'EV3 브릭(Brick)'이라는 지능적인 프로그래밍 브릭이 자리잡고 있다. 사용하고 싶은 모터와 센서를 고른 다음 원하는 대로 로봇을 조립하므로 창의성 있는 모양으로 프로그램 및 조립이 가능하다고 본다.

레고 마인드스톰 교육 EV3 소프트웨어에서 필요한 것들을 모두 찾아 볼 수 있다. EV3 소프트웨어 로비에서는 콘텐츠, 프로그래밍, 데이터로깅, 디지털 워크북 등을 쉽게 이용할 수 있다.

이 교재는 IT 및 공학 분야의 입문자를 대상으로 창의에 대한 기본적인 지식이 없어도 단계별 실습을 꾸준히 따라오면 창의적인 설계라는 숲을 볼 수 있도록 눈높이를 맞추는데 1차적인 목표를 두었다. 이러한 상황을 고려하여 창의적인 생각과 제작을 통하여 EV3 관련 내용으로 기본적인 제어와 관련된 주변장치로 한정하여 다루고자 하였다.

이 교재의 주요 구성은 다음과 같다.

이 교재의 1학습은 창의공학의 개요, 2학습은 EV3의 개요, 3학습은 EV3 브릭 따라하기, 4학습은 EV3 모터 따라하기, 5학습은 EV3 센서 따라하기, 6학습은 EV3 심화학습(1) 따라하기, 7학습은 EV3 심화학습(2) 따라하기, 8학습은 EV3 심화학습(3) 따라하기, 9학습은 EV3 데이터로깅 따라하기, 10학습은 EV3 도구 따라하기, 11학습 EV3 앱응용 따라하기로 구성되어 있다. 특히 각 장에서는 수행순서에 따른 실습을 통하여 창의적인 프로그램을 작성하고 동작을 확인할 수 있다.

이 교재가 출간되기까지 가장 많은 지원과 아낌없는 격려를 보내주신 이지테크 강현웅 사장님께 지면을 빌려 깊은 감사의 말씀을 전하고 특히 실습과 프로그램에 도움을 주신 강현석 이사님, 고강일 부장님, 김대한 연구원 및 관계자 여러분께도 감사의 말씀드린다. 그리고 도서출판 상학당의 관계자 여러분에게 감사의 마음을 전하고 전한다.

이 책에서 부족했던 점이나 기타 문의사항과 관련한 기술지원은 이지테크 홈페이지를 통해 지속적으로 지원할 계획이며, 실습에 사용한 소스 코드 및 회로도, 기타 보충자료 또한 지속적으로 업데이트할 예정이므로 독자 여러분의 따뜻한 질책과 조언을 부탁드린다.

창의공학의 개요

학습 모듈의 목표

창의공학은 21세기 지식산업을 이끌어갈 창의적 인재양성으로 자율과 창의에 바탕을 둔 학생 중심 교육과정으로 건전한 인성과 창의성을 함양하는 기초로 기본교육 충실히 학습함으로써 창의 및 창조적 기술경쟁력이 국가의 경쟁력을 갖추는 데 있다.

선행학습

개발제품 관련 전문용어, 주요 프로그램 모듈 이해, 설계도구 사용능력, 프로그램 기초지식, 전자부품(모터, 센서) 지식, 개발보드 제작기법, LME 소프트웨어, ROBOLAB, RobotC, LabVIEW이다.

교육훈련 대상 및 이수시간

학습	교육훈련 대상 및 이수시간(Hour)	
	고등학교	전문대학
1. 창의공학의 개요	4	3
2. EV3의 개요	8	6
3. EV3 브릭 따라하기	8	6
4. EV3 모터 따라하기	8	6
5. EV3 센서 따라하기	8	6
6. EV3 심화학습(1) 따라하기	4	3
7. EV3 심화학습(2) 따라하기	4	3
8. EV3 심화학습(3) 따라하기	4	3
9. EV3 데이터로깅 따라하기	8	6
10. EV3 도구 따라하기	4	3
11. EV3 앱응용 따라하기	4	3

핵심 용어

EV3, LEGO MINDSTORMS, Brick, Large Moter, Medium Moter, Color Sensor, Touch Sensor, Ultraonic Sensor, Gyro Sensor, Ball Wheel, Wires, Battery, USB cable, EV3 Core Set, 로비, 프로젝트, 데이터로깅, 콘텐츠 편집기, 로봇 에듀케이터, 프로그래밍 블록, 하드웨어 페이지, 탱크모드, 조향 모드가 있다.

창의공학 명세서

학습 1	창의공학의 개요
학습 2	EV3의 개요
학습 3	EV3 브릭 따라하기
학습 4	EV3 모터 따라하기
학습 5	EV3 센서 따라하기
학습 6	EV3 심화학습(1) 따라하기
학습 7	EV3 심화학습(2) 따라하기
학습 8	EV3 심화학습(3) 따라하기
학습 9	EV3 데이터로깅 따라하기
학습 10	EV3 도구 따라하기
학습 11	EV3 앱응용 따라하기

1-1 공학설계의 개요

학습 목표 1–1. 공학설계의 개념을 이해할 수 있다.

21세기 지식산업을 이끌어갈 창의적 인재양성으로 자율과 창의에 바탕을 둔 학생 중심 교육과정으로 건전한 인성과 창의성을 함양하는 기초로 기본교육 충실히 학습함으로써 창의 및 창조적 기술경쟁력이 국가의 경쟁력을 갖추는 데 있다.

공학(Engineering)은 과학적 원리를 실제적 목적에 적용하고 공학설계(Engineering design)는 제품구현 과정의 기술적 요소로서 이 과정을 통해 제품의 사양, 제조방법 등이 확정된다. 공학설계의 속성은 다양한 분야 간에 연계된 과정으로 매우 복잡하고 창조성과 분석을 필요하고 상호 작용적 활동이고 반복되는 학습과정이다.

공학설계 활동은 창조적 문제해결과 제품설계를 위한 필수사항으로 창조적 문제해결을 위한 방법론이다.

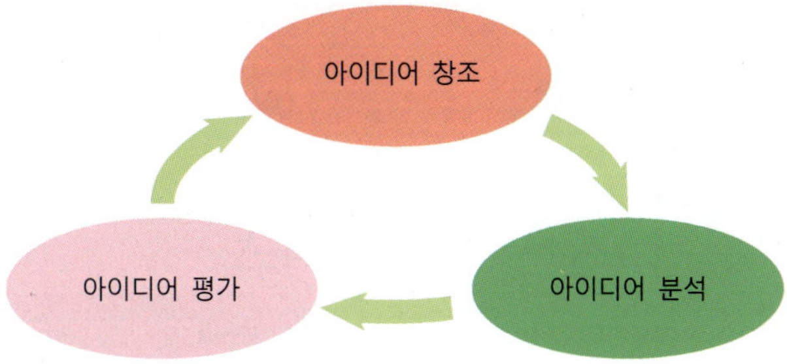

[그림 1-1] 공학설계 활동

1. 공학설계의 2단계

공학설계의 2단계는 개념설계와 제품설계로 구분된다.

① 개념설계(Conceptual design) : 제품의 필요요건을 충족시킬 수 있는 잠재적인 여러 가지의 개념들이 창조되고 아이디어를 개략적인 스케치 혹은 글로 표현한다.
② 제품설계(Product design) : 제조할 제품에 대한 세부 설계도이다.

공학설계의 4가지 모델은 다음과 같이 정의한다.

〈표 1-1〉 공학설계의 4가지 모델

문제의 정의			
제1모델	제2모델	제3모델	제4모델
개념설계	기능과 구조의 결정	개념설계	기초설계
	해법의 원리 탐구		
제품설계	실현 가능한 모델로 분할	구체화 설계	형식설계
	전체적 배치완성		
	생산문서 준비	상계설계	상계설계

2. 공학설계 과정

공학설계의 체계적인 설계과정은 개념설계인 문제를 주시하고 아이디어를 탐색하고 계획하고 제품설계 과정인 모델을 제작하고 시험하고 발표하는 과정이다.

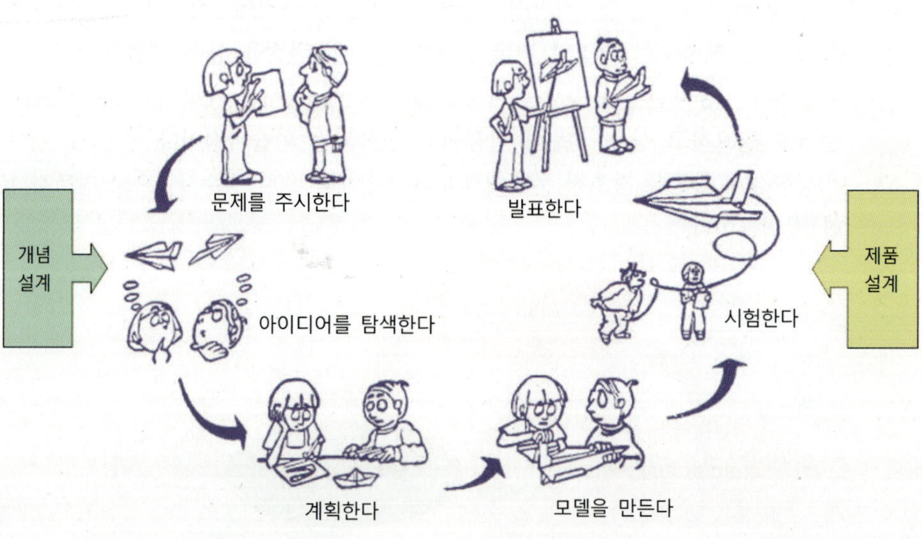

[그림 1-2] 공학설계의 체계적인 절차

(1) 문제의 영역을 정립

① 시장을 조사하고 고객의 요구를 파악한다.

② 제품에 영향을 주는 법규, 산업표준 및 환경규제 같은 제한조건을 고려한다.

(2) 문제를 정의

① 문제에 매우 정통해야 한다.

② 해결을 위한 자료를 수집하고 분석한다.

③ 문제를 정확하게 정의한다.

④ 제품의 설계사양을 만든다.

(3) 개념설계를 창안

설계사양을 만족하는 제품의 기초인 개념설계가 이루어진다.

(4) 개념설계를 분석하고 평가

① 비용과 성능을 예측하기 위하여 수학적인 모델이 사용된다.

② 개념설계를 설계사양과 비교한다.

③ 개념설계를 개선한다.

(5) 제품설계를 개발

① 조립품 및 개별부품의 설계에 의해 개념설계가 공학적인 하드웨어로 변환한다.

② 주 조립품 및 개별품목에 관한 설계사양을 개발한다.

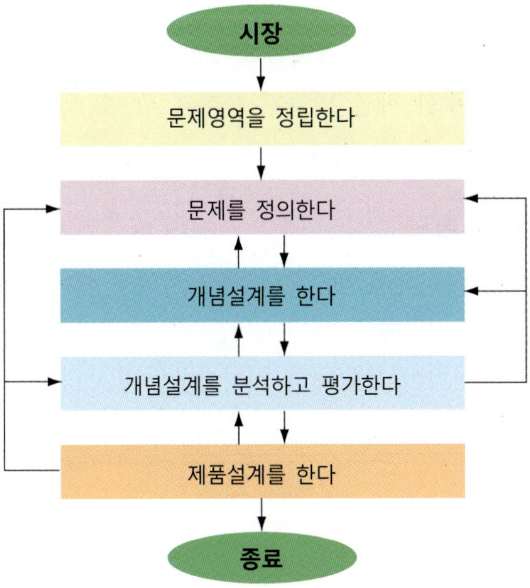

[그림 1-3] 설계과정의 단계

③ 각 부품의 경제성을 위해 복잡한 계산이 필요할 수 있다.
④ 부품의 상세설계를 만들어야 한다.
⑤ 제품설계는 제품생산의 기초가 된다.
⑥ 제품의 속성과 제조공정의 속성을 고려하여 효율적인 생산에 관한 계획을 세운다.

3. 개념설계 활동분류

(1) 고유설계(Original design) : 25%

완전히 새로운 제품이나 개념이 창조된다(예 최초의 전화, 우주왕복선 등).

(2) 변형설계(Variant design) : 20%

기존제품의 작동원리나 동작은 변화시키지 않고 크기나 구성만 변화시킨다.

(3) 적응설계(Adaptive design) : 55%

작동원리는 변화가 없지만 다른 문제의 해결을 위해 제품을 변화시킨다.

4. 창의적 사고전략

(1) 제1전략 : 복제

① 누군가가 비슷한 문제를 해결한 적이 있는가를 알아내는 것이다.
② 설계자로 하여금 당면한 문제와 이미 증명된 해가 있는 문제 사이의 유사점을 찾아낼 것을 요구한다.
③ 많은 산업분야에서 경쟁사의 제품을 분석한다(역공학, Reverse engineering).
④ 설계자의 사고과정을 편향시켜 우수한 해를 만들지 못하게 할 수 있다.
⑤ 전시회 및 박람회는 복제의 출처가 될 수 있다.

(2) 제2전략 : 통상적인 요소들의 조합

① 설계자가 익숙해져 있는 대상물들 사이에서 새로운 관계를 알아낼 때 변형설계나 적응설계분야에서 설계문제에 대한 창의적 해를 얻을 수 있다.
② 잠재적으로 재구성할 수 있는 아이디어들에 대한 지식기반이 필요하다.
③ 지식기반의 정보
- 공학분야의 정기간행물과 교과서
- 제품 데이터 일람표
- 소개책자
- 특허기록

- 과학분야 학술잡지
- 컴퓨터 데이터베이스
- 전문학회 및 산업 박람회에서 열리는 전시회

(3) 제3전략 : 역사적 진화

① 설계문제의 해는 발생한 시기의 기술적 및 과학적 한계성의 영향을 받는다.

② 많은 제품들의 역사적 진화는 새로운 품질과 특징들로 개선된 이전 제품들의 시장 복귀로 특징지워진다.

③ 역사적 진화전략을 실행하는데 있어서 중요한 접근방법

- 미래를 추정하기 위해 제품의 특징에 대한 경향을 찾아낸다.
- 상품의 특징 중 일정기간 동안 개선되지 않은 것을 찾아낸다.
- 기존의 제품설계에 접목할 수 있는 최근의 기술적 발전을 조사한다.

(4) 제4전략 : 가설-시험

개념설계 단계에 적용하며, 제품설계에 의해 시제품을 만들기 위한 도면으로 변환한다.

(5) 제5전략 : 브레인 스토밍

① 가능성 있는 해를 간략하게 제안하도록 다양한 배경을 가진 사람들이 참여하는 그룹 접근방식이다.

② 아이디어를 기록했다가 나중에 평가한다.

③ 브레인 스토밍의 주된 요소들

- 다양한 분야의 전문성을 가진 4~8명의 그룹이 하나의 문제에 대해 30~45분 동안 생각한다.
- 각 참여자는 아이디어를 1분 동안 발표한다.
- 다른 사람의 아이디어를 기본으로 다른 아이디어들을 생각하도록 각 구성원들을 고무한다.
- 다른 사람이 제안한 안들을 종합한 것도 발표하도록 한다.
- 제안을 불신하도록 하는 비평이나 언급은 허용되지 않는다.
- 모든 아이디어를 기록하여 후일의 개발이나 평가를 위해 참여자들에게 배포한다.

(6) 제6전략 : 유추

① 유추를 사용함으로써 어떤 특정한 문제를 해결하기 위한 아이디어를 다른 분야에서의 비슷한 문제를 조사함으로써 창안할 수 있다.

② 하나의 설계사양과 그것의 해를 연계하는 관계는 같은 관계를 기본으로 하는 두 번째 해를 암시할 수 있다.

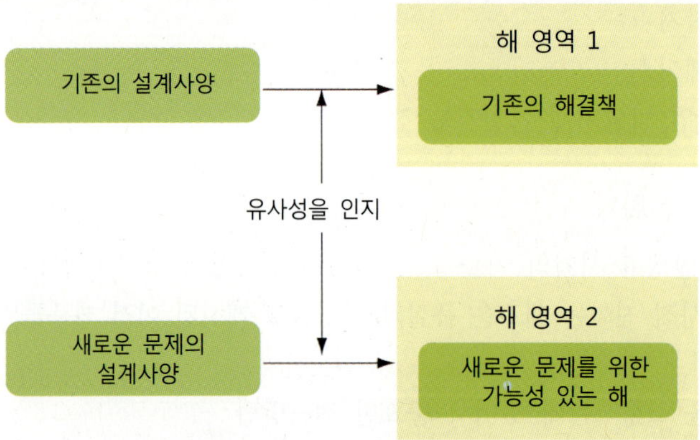

[그림 1-4] 유추 수반하는 해 전략의 기본

1) 직접유추

① 다른 분야에 사용하는 비슷한 기법, 기술 또는 지식영역과의 비교를 수반한다.

② 가장 일반적인 유추이다.

2) 상징적 유추

① 문장들의 집합으로 표현되는 수학이나 어떠한 형태의 그림으로 표현되는 일반적인 상징적 양식으로 변환시키는 것을 수반한다.

② 예로써 자동제어 설계안을 블록선도로 나타낸다.

3) 환상적 유추

① 이상적인 해의 특성들을 식별해 낸 다음 그러한 해를 얻도록 노력을 수반한다.

② 설계자는 과학법칙의 모든 지식을 억제하고 공상에 빠져든다.

③ 공상과학 소설에서 나온 것들이 현실화되기도 하였다.

(7) 제7전략 : 형태론

① 설계자로 하여금 문제를 해결하기 위해 필요한 주요 속성이나 하위 시스템을 식별해 낼 것을 요구한다.

② 하위 시스템에 대한 수많은 상이한 해들을 제안한 후, 이러한 해들의 조합을 체계적으로 만들어 전체문제의 해를 찾는다.

〈형태론방법의 단계〉

- 주요 속성들이나 주요 문제의 하위 시스템들을 정의하고 표로 정리한다.
- 통상 2~3개 정도로 속성의 개수를 최소화하여 주된 문제를 정의한다.

– 이러한 속성들을 얻기 위한 가능한 접근방법들에 대한 표를 작성한다.
– 이러한 가능성 있는 접근법의 모든 조합을 식별해 내기 위해 행렬, 즉 형태론적 상자를 만든다.
– 형태론적 접근방법은 상자 속 각 셀들 안에 있는 해를 예상해 보는 데에도 사용될 수 있다.

(8) 제8전략 : 감정개입

① 문제해결을 위한 행동 경로를 찾기 전에 설계자 자신이 문제의 환경에 처해 있다고 상상해 보는 것이다.
② 위치며 크기 등이 변경될 수 있고 그에 따른 결과를 관찰할 수 있다.

(9) 제9전략 : 질문 점검목록

질문일람표를 작성한다.

(10) 제10전략 : 시넥틱스(Synectics)

① 전략6(유추)과 전략8(감정개입)을 조합한 창의적 사고를 위한 그룹 전략이다.
② 유추, 은유, 감정이입 및 환상을 수반한다.
③ 전통적인 해로부터 근본적으로 이탈할 필요가 있을 때 필요하다.
④ 2가지 기본원리는 낯선 것을 친숙하게 혹은 친숙한 것을 낯설게 만드는 것이다.
⑤ 설계그룹이 문제를 이해하게 되면 문제를 이상한 방법으로 생각한다.
⑥ 이 방법으로 혁신적인 아이디어와 새로운 개념을 만들고자 시도한다.

(11) 제11전략 : 생태모방학

① 생물학적 시스템을 모방함으로써 공학적 문제들에 대한 해들을 찾아낼 수 있다.
② 자연발생적 시스템과 공학적 시스템 사이에 직접유추를 사용한다.
③ 생물학적 시스템은 설계에 있어서 창의성의 풍부한 보고이다.

〈생물학적 시스템의 연구가 제품설계에 영향을 미친 제품〉
– 브라운송어의 기하학적 모양을 모방한 항공기 날개
– 새 날개의 특징을 모방한 항공기 날개
– 꽃잎의 운동학을 모방한 우산
– 벌집을 모방한 경량의 육각형 셀 구조

5. 제품개발

제품개발에서 다양한 분야의 그룹 전체가 제품구현 과정에서 각 단계마다 적절한 의사결정을 내린다(동시 제품개발).

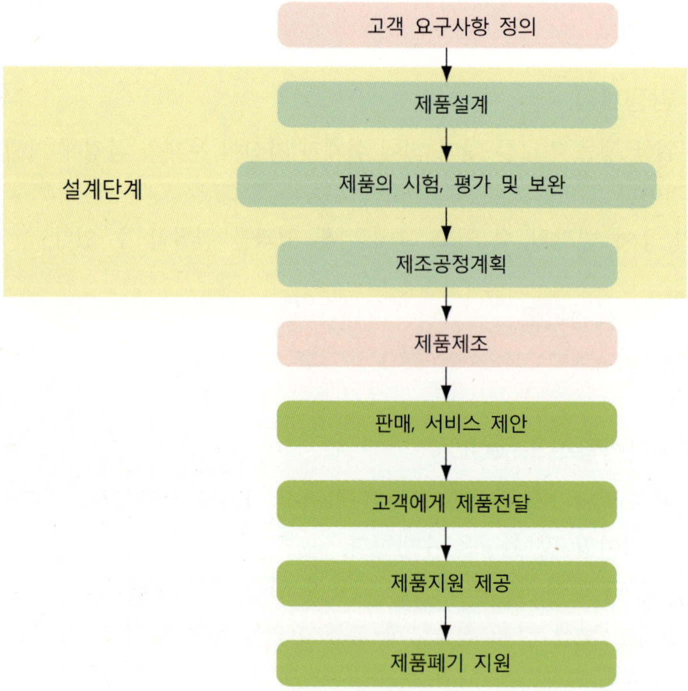

[그림 1-5] 제품설계의 주요 단계

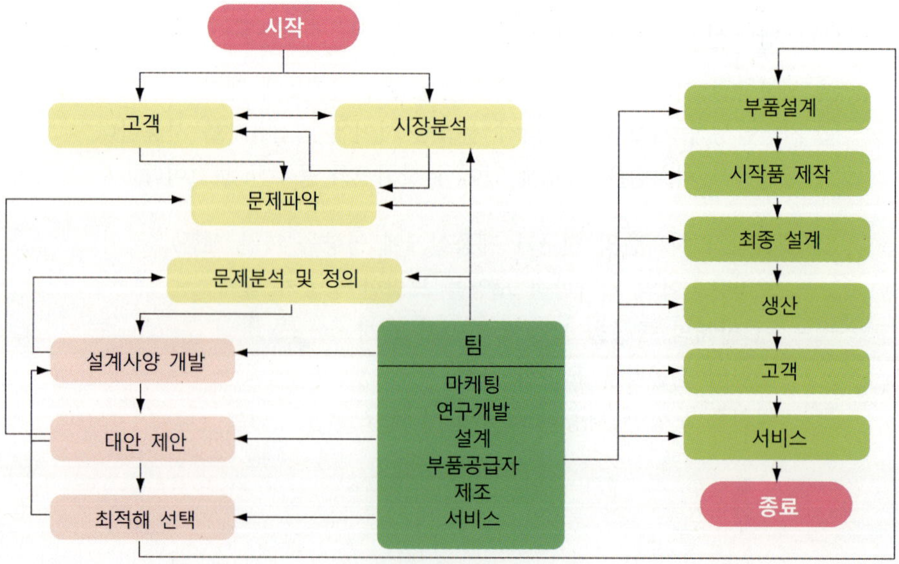

[그림 1-6] 동시적 제품개발

6. 녹색설계

인간은 먹이사슬 상위에 위치하므로 생존전략에 제한받지 않는다.

녹색설계는 어떤 제품의 원재료의 추출에서부터 생산과정과 사용, 최종폐기에 이르기까지의 사용주기 전체를 고려하는 접근법이다. 녹색설계 원리를 이용함으로써 친환경적인 제품 설계의 의사결정에 도움이 되는 규칙들을 배운다.

(1) 녹색설계의 고려사항들

① 에너지 절약
② 재료사용 최소화
③ 사용기간의 연장
④ 더 많은 리사이클(재사용)

(2) 상위 생태계 생물체들의 생존전략

① 쓰레기를 자원으로 활용하라.
② 서식지를 완전하게 이용하기 위하여 분산시키고 연결하라.
③ 에너지를 효율적으로 축적하고 사용하라.
④ 최대화보다는 최적화하라.
⑤ 재료를 아껴서 활용하라.
⑥ 환경을 오염시키지 마라.
⑦ 생물권 안에서 생리적인 평형을 유지하라.
⑧ 정보를 이용해서 일하라.

(3) 녹색설계의 기본원칙

① 에너지 소모의 최소화
② 재료사용의 최소화
③ 환경손상의 최소화
④ 제품사용 수명의 극대화

(4) 플라스틱 식료품 봉투는 종이봉투보다 더 녹색

① 제조과정에서 오염을 적게 발생
② 제조과정에서 에너지를 적게 사용
③ 재사용하기 쉬움

7. 설계의 창의성

P.K Engelmeier 포괄적 창의론은 예술적 창작, 기술적 발명, 과학적 발견, 실용적 활동에서 창의성의 모든 현상을 포함한다. Mary Lou Cook; 창의성은 발명, 실험, 정장, 모험, 규칙깨기, 실수하기, 즐기기 등이다. 설계의 품질은 설계를 위한 창의적 사고의 품질에 따라 결정된다.

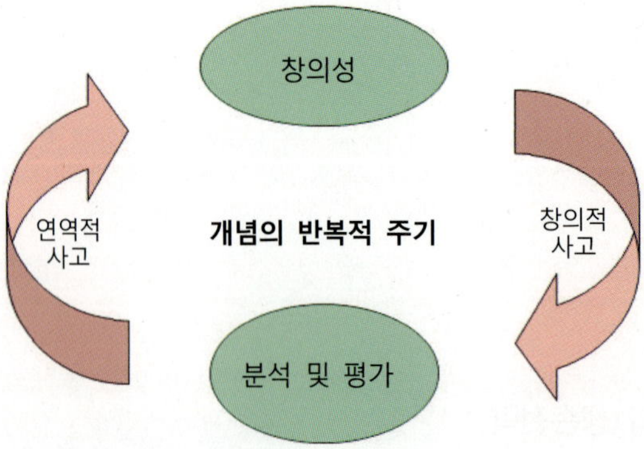

[그림 1-7] 설계의 창의성

(1) 연역적 사고

연역적 사고는 논리, 분석, 비판 및 평가를 포함한다. 공학설계에서 연역적 사고는 물리적 현상, 과학 및 추상적 모델 개발 시 세우는 가정의 근사화 등을 포함한다.

〈연역적 사고의 특징〉
- 분석적, 논리적이다.
- 한 개의 해를 도출한다.
- 과학적 원리를 구현한다.

(2) 창의적 사고

창의적 사고는 우뇌에서 일어나며, 무작위, 종합, 무비판적 조사, 불규칙, 관능성, 상상력, 시각화 등과 관계있다. 창의적 해는 문제로부터 여러 해를 도출케 한다.

〈창의적 사고의 특징〉
- 무비판적이다.
- 여러 가지 아이디어를 개발한다.
- 모든 정보를 고려한다.
- 확률적이며 무질서적이다.
- 기상천외한 정신적 상상력을 포함한다.
- 모든 가능한 해결책을 찾아낸다.
- 아이디어 창출과정이 끊임없다.

1-2 창의의 개념

학습 목표

1-2. 창의에 대한 의미를 이해할 수 있다.
1-3. 창의의 정의를 이해할 수 있다.
1-4. 창의적 사고의 개념을 이해할 수 있다.
1-5. 창의성 교육의 필요성을 이해할 수 있다.

1. 창의에 대한 의미

국어사전에 찾아보면 '창의하다'는 새로운 생각이나 착상을 떠올려내는 것, 또는 그 의견이나 생각이라고 정의되어 있고 창의성이란 그러한 특성이라고 명시되어 있다.

영어로는 an original idea, originality 또는 creativity 이 단어이고 한자로는 創意라고 되어 있는데 일반적으로 '창의성'하면 새로움이나 참신함, 독창적임, 색다름과 같은 이미지를 연상하는데, 창의성은 기존에 존재하지 않던 새로운 발명이나 발견뿐 아니라 기존의 것을 약간 변경해서 더 나은 상태로 개선하는 것을 폭넓게 의미한다.

따라서 창의성은 문제를 인식하는 단계와 문제를 정의하고 점검하며, 아이디어를 도출하고 실행하여 문제를 해결하는데 요구되는 능력이라고 할 수 있다.

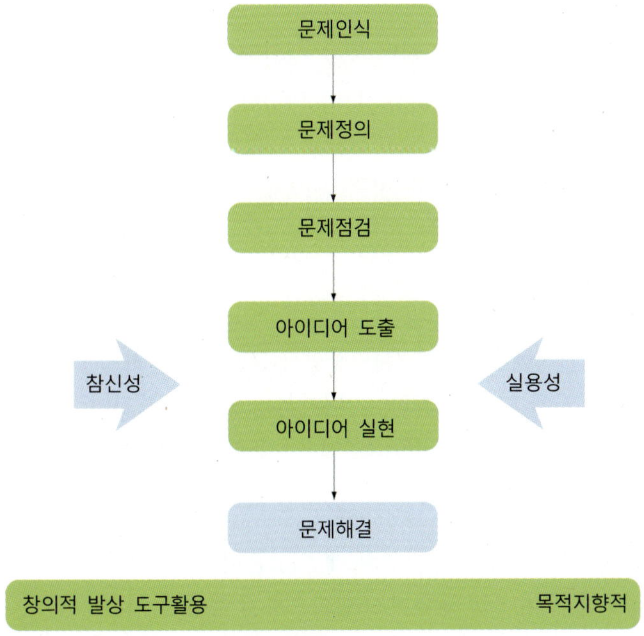

[그림 1-8] 창의적 문제해결의 주요 속성

2. 창의의 정의

골드만(R. J. Goldman)이 "창의성이라는 용어는 '우산과 같은 용어'라서 그 밑에 모든 것이 다 들어올 수 있다. 그러나 정작 그 밑에는 아무 것도 없다."고 한 것처럼 창의성의 개념은 창의성을 연구하는 학자에 따라 다르고, 창의성을 신장시키기 위한 교수 방법 및 프로그램도 개발한 사람들의 정의와 시각에 따라 다양하므로 한 마디로 개념을 정의하기란 그리 쉬운 일이 아니다. 그것은 Davis(1997)의 지적처럼 창의성이란 어렵고 복잡하며 다면적인 성격을 띠고 있기 때문이며 인간의 가장 높은 수준의 수행과 성취이기 때문일 것이다.

미국의 심리학자 길 포드(J. P. Guilford) 박사가 20세기 중반에 정의한 창의성을 살펴보면 '창의성은 유연성, 유창성, 독창성, 정교성'을 의미한다.

창의성에 대한 현재까지의 전통적 정의들은 크게 세 가지로 정리할 수 있다.

(1) 협의의 창의성

협의로서의 정의에서는 창의성을 J.P. Guilford(1950)의 '발산적 사고'(확산적 사고)와 같은 것으로 본다. 즉, 어떠한 문제에 대하여 산출하는 반응의 수가 많고, 다양하고, 그리고 독특한 것일수록 창의적이라고 보는 정의 방법이다.

(2) 광의의 창의성

광의로서의 정의에서는 새롭고 유용한 어떤 것을 생산해 내는 행동 또는 정신 과정을 창의성으로 정의한다. 따라서 여기서는 '새로울' 뿐만 아니라 '유용한(가치 있는)'것이라는 두 가지 기준에 따라 창의성을 정의한다. 여기서 '새로울'이라고 하는 것은 통상적인 것이 아니고 기발하거나 신기하며 독창적인 것을 의미하며, '유용한'이라고 하는 것은 그것이 어떤 문제를 적절하게 대답하는 것이어야 한다는 의미이다.

(3) 과정으로서의 창의성

창의성을 과정으로 보는 관점에서는 창의성을 창의적 문제해결의 과정으로 정의하며 창의성이 어떻게 해서 일어나는지에 관심을 가진다. 여기서는 창의적인 것이란 기존의 정보(지식, 즉 심상이나 개념)들을 특정한 요구조건에 맞거나 유용하도록 새롭게 조합시킨 것이라고 본다.

위의 세 가지 관점을 종합해 본다면 창의성의 개념은 흔히 '새로운 생각이나 산물을 만들어 내는 것', '기존의 정보를 끌어내고 새롭게 조합함으로써 유용한 어떤 사물이나 아이디어를 만들어 내는 능력' 혹은 '새로움에 이르게 하는 개인의 사고 관련 특성'으로 정의할 수 있다.

3. 창의적 사고

(1) 창의적 사고의 개념

창의성은 도전과 실패를 반복하는 데서 나온다. 하지만 사회적 안전망이 없는 곳에서 한 번의 실패는 곧바로 생존의 위협으로 다가오게 된다. '그냥 사느냐, 더 잘 사느냐'의 문제가 '사느냐 죽느냐'의 문제가 되는 곳에서 사람들은 창의적으로 새 영역을 개척하기보다는 이미 안전한 것으로 입증된 낡은 습관을 고집하게 된다. 물론 이런 사회라고 변화가 없는 것은 아니다. 하지만 변화를 호소할 때조차도 이런 사회는 사회생물학의 레토릭을 구사해야 한다. "변해야 산다." 원초적 폭력의 세계에서 생존하려면 무슨 수를 써서라도 '다수'에 속해야 한다. 무슨 일에서든 유난히 '쏠림' 현상이 심한 것은 실은 고립되는 것에 대한 공포감 때문이다. 다수 속에서 안전함을 느끼고, 소수 속에서 불안함을 느끼는 사회에서 혁신과 창안을 위한 용기는 설 자리를 잃는다. 이런 사회에서는 모든 것이 낡은 습관에 따라 행해진다.

이렇게 공포는 습관을 낳고, 이 두 가지가 짝을 이루어 학생들의 보수성을 구성한다. 생존의 공포는 개개인에게 '동일성(identity)'에 대한 열망을 낳고 결국 모두의 획일성으로 실현된다. 놀이의 기쁨은 '차이(difference)'에 대한 욕망에서 나와서 혁신과 창안으로 이어진다. 창의적 사고 발산적 과정(확산적 사고)이라 말하기도 하는데 기회, 도전 또는 걱정꺼리에 직면하여 유의미한 새로운 연결(결합)을 탐색하기 위하여 다음과 같은 것을 생산해 내는 것이다. 즉

① 많은 가능성
② 다양한 가능성
③ 비범하거나 독창적인 가능성
④ 가능성을 확대 또는 심화시켜 가는 세부적인 설명

따라서 창의성은 가치있는 독특한 것을 만들어 내는 한 개인의 정신과정이라고 볼 수 있다.

(2) 창의적 사고의 구성요인

창의성의 주요 구성요인은 유창성, 융통성, 독창성, 정교성이다.

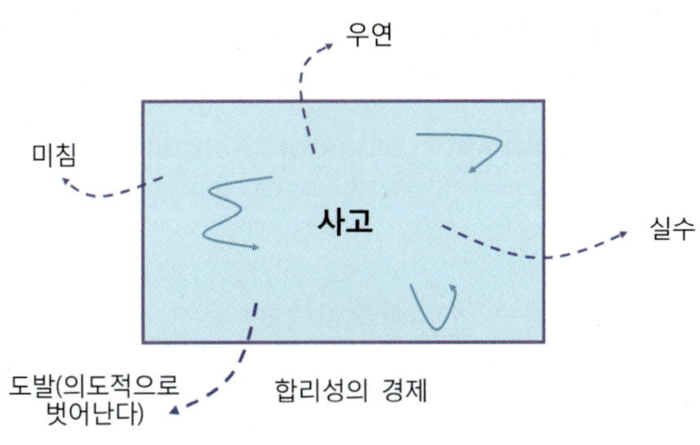

[그림 1-9] 창의성의 원천

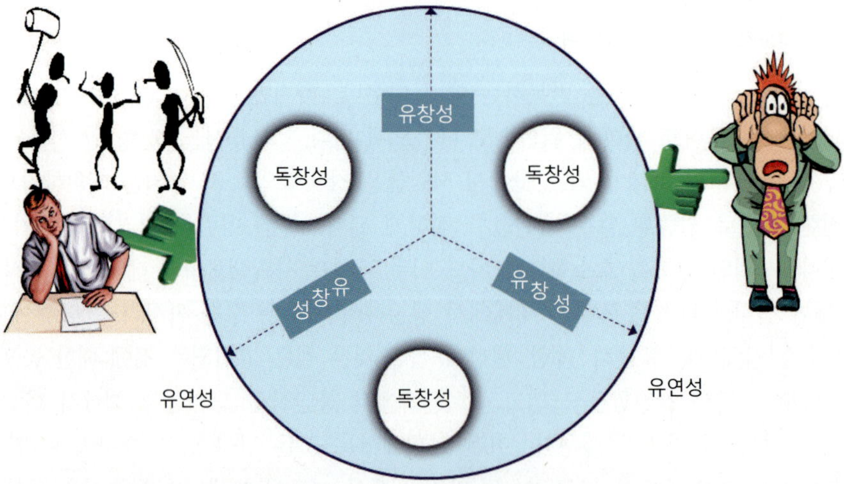

[그림 1-10] 독창성, 유창성, 유연성의 상호관계

창의적 사고의 인지적 요인은 민감성, 유창성, 융통성, 독창성, 정교성이다.

① 사고의 민감성 : 일상생활에서 접할 수 있는 문제나 주위환경에 대해 세심한 관심을 가지고 당연히 받아들여지는 것에 대해 의문을 품고 생각하는 능력이다.

② 사고의 유창성 : 사고의 풍부함과 관련된 양적인 측면으로 특정한 상황에서 가능한 많은 아이디어나 해결책을 산출하는 능력(예 우유팩을 다양하게 사용할 수 있는 모든 방법 모색)이다.

③ 사고의 융통성 : 사회의 일반적인 사고방식, 관점, 시각에서 벗어나 다양하고 광범위한 아이디어나 해결책을 산출하는 능력(예 연필을 다르게 사용하는 방법)이다.

④ 사고의 독창성

(3) 창의적 사고의 핵심

① Difference : 남들이 하지 않는 것. 차이를 발견하라.

② Creativity : 없는 것을 만들어 내는 것보다는 기존의 것에 빼고 더하고 응용하여 새 것 같은 느끼게 하는 능력과 아이디어이다.

③ 효과측정 : 발견으로 끝내지 말고 효과와 연결, 측정하여 끌어내야 한다.

(4) 창의적 사고의 발상

① 일단 방대한 정보를 축적하여 내 지식으로 만들어야 하고 그 과정 속에서 나만의 감각을 찾아야 한다.

② 머리로 분석하고 행동으로 평가하라. 해보는 것이 가장 확실하다. 행동을 하면 효과적인 습득에 대하여 터득하게 된다.

③ 자신의 잠재능력에 대해서 절대적으로 신뢰하라. 믿는 만큼 성공할 수 있으며, 인간의 감각은 믿는 그대로 받아들인다.

④ 새 것 같은 느낌이 들게 하는 능력(Creativity)과 차이(Find difference)를 보는 훈련을 해야 한다.

⑤ 지식의 수십 재널을 동시에 다양화하라. 과감하게 예측하고 철저하게 분석하라. 예측과 분석의 시나리오 플래닝을 반복하다보면 미래에 대한 감각이 생긴다.

⑥ 나만의 특정 패턴을 찾아라. 나만의 룰을 만들어라.

⑦ 효과를 측정하고 효과를 끌어올려야 한다. 발견으로 끝내지 말고 효과를 통해 끌어내야한다.

⑧ 통합은 간단명료하게 삭제는 과감하게! 심플하게 정리하고 과감하게 버리는 것도 기술이다.

4. 창의성 교육의 필요성

'창의적 문제해결력'이라는 것은 실생활과 밀접하게 관련된 문제들을 해결하면서 문제해결의 전략을 세우면서 발휘되는 사고능력이다. 그런데 이러한 전략과 사고는 하루아침에 이루어지는 것이 아니고, 오랜 기간 동안의 사고습관과 창의적 교육에서 비롯된다. 즉 사물과 현상을 깊이 탐구하는 습관, 다양하게 바라보는 습관, 스스로 해결하는 습관, 문제를 정의하는 습관, 상황과 다른 가정을 해보는 습관, 질문을 구체적으로 던지는 습관들이 몸에 밸 때 비로소 가능한 것이다. 매일 공식과 씨름하고 암기만 해온 학생들은 이런 습관이 몸에 배어 있지 않아서, 아주 간단한 문제조차 풀지 못해 어려워하고 포기해 버리는 것이다.

처음에는 낯설겠지만 하루에 한 문제라도 아니면 이틀에 한 문제라도 곰곰이 생각해 보면서 풀어보는 연습을 하면 마침내 해답을 찾아낼 수 있다. 우리는 급변하는 사회에 살고 있다. 기술적, 사회적 변화뿐 아니라 우리 삶의 거의 모든 부분을 포괄하고 있는 이 거대한 변화는 갈수록 가속화되는 경향을 보이고 있다.

미래학자인 Maruyama(1975)는 사회변화의 양상에 대하여 동질에서 이질로, 표준화에서 비표준화로, 경쟁에서 상호의존으로, 위계에서 상호작용으로, 물질적 만족에서 문화적 만족으로, 그리고 효율성에서 심미와 윤리로 사회의 강조점이 이동해감을 설명하였다. 또한 많은 미래학자들은 앞으로의 사회는 직업의 수가 매우 많고 다양해질 것이라고 예언하고 있다. 이러한 변화의 시대에는 Toffler(1970)의 말처럼, 믿을 수 있는 유일한 사실은 믿을 수 있는 사실이란 없다는 것일지도 모른다.

변화는 우리의 삶에 기존의 방식으로 해결할 수 없는 수많은 문제들을 제기하고 있고, 우리 모두에게 새로운 방식으로 사고하고 행동할 것을 요구하고 있다. 따라서 개인과 조직은 변화에 적응할 수 있어야 최소 생존의 조건을 갖출 수 있으며, 나아가 변화를 주도할 수 있을 때 비로소 힘과 우위를 확보할 수 있을 것이다.

즉, 변화에 적응하고 주도할 수 있는 힘의 원천인 '창의적 사고'가 개인과 조직의 성공을 가늠하는 척도가 될 것이다. 결론적으로 변화의 시대에 사는 구성원으로서 생존의 조건과 더 나아가 자아실현의 필수적 도구로서 창의성이 요구되는 것이다.

창의성이 교육의 중요한 과제로 대두된 동기는 다음과 같다.

① 현대의 산업사회는 자원 이상으로 인간의 창의적 소산에 대한 기대를 가중시키고 있다는 점이다. 특히 국가 간의 치열한 두뇌 경쟁에서 살아남기 위해서는 아동의 창의성 계발에 관심을 쏟을 수밖에 없다.

② 산업사회화에 따라 야기된 제반 문제를 해결하기 위해 창의적으로 문제를 해결하는 방식에 대한 관심이 높아지고 있을 뿐만 아니라, 환경오염과 환경보존 등 실질적으로 현안문제를 해결하기 위해 고도의 창의적 능력이 요구되고 있다는 점이다.

공학 프로그램을 이수한 졸업생이 갖추어야 할 능력과 소양은 〈표 1-2〉에 나타내었다.

〈표 1-2〉 엔지니어를 위한 ABEEK 요구조건

구분	공학 프로그램의 학습성과
전공기반	① 수학, 기초과학, 공학지식과 이론을 응용할 수 있는 능력 ② 자료를 이해하고 분석할 수 있는 능력 및 실험을 계획하고 수행할 수 있는 능력 ③ 요구된 필요조건에 맞추어 시스템, 요소, 공정을 설계할 수 있는 능력 ④ 복합 학제점 팀의 한 구성원의 역할을 해낼 수 있는 능력 ⑤ 공학문제들을 인식하며 이를 공식화하고 해결할 수 있는 능력
기본소양	⑥ 직업적, 도덕적인 책임에 대한 인식 ⑦ 효과적으로 의사를 전달할 수 있는 능력 ⑧ 거시적 관점에서 공학적 해결방안이 끼치는 영향을 이해할 수 있는 능력 ⑨ 평생교육에 대한 필요성의 인식과 평생교육에 참여할 수 있는 능력 ⑩ 경제 · 경영 · 환경 · 법률 등 시사적 논점들에 대한 기본지식 ⑪ 세계 문화에 대한 이해와 국제적으로 협동할 수 있는 능력
공학실무	⑫ 공학실무에 필요한 기술, 방법, 최신 공학 도구들을 사용할 수 있는 능력

1-3 창의력 개발 및 사례

학습 목표
1-6. 창의력 개발과정의 목적을 이해할 수 있다.
1-7. 창의적 발상기법을 이해할 수 있다.
1-8. 창의 공학 사례를 이해할 수 있다.

1. 창의력 개발과정의 목적

창의력은 관찰력, 판단력, 추리력, 논리력, 연상력, 모방력, 독창력, 상상력, 발상력, 표현력, 구성력, 구현력 등 12가지 능력요소로 구성되어 있다.

나아가 효과적인 문제해결은 다음과 같다.

① 문제의 발견
② 문제의 정의
③ 근본원인 분석
④ 해결대안 도출
⑤ 개선안 실행
⑥ 후속관리 등

체계적인 과정을 통하여 이루어진다. 창의력 개발과정 "Creative Thinking"은 전적인 사례를 중심으로 창의력의 발상구조를 이해시키고, 창의력 개발기법을 실습위주로 체험하게 함으로써 학생 개인에서의 아이디어 창출과 문제해결 능력을 향상시키기 위한 교육/실습 프로그램으로 구성되어 있다.

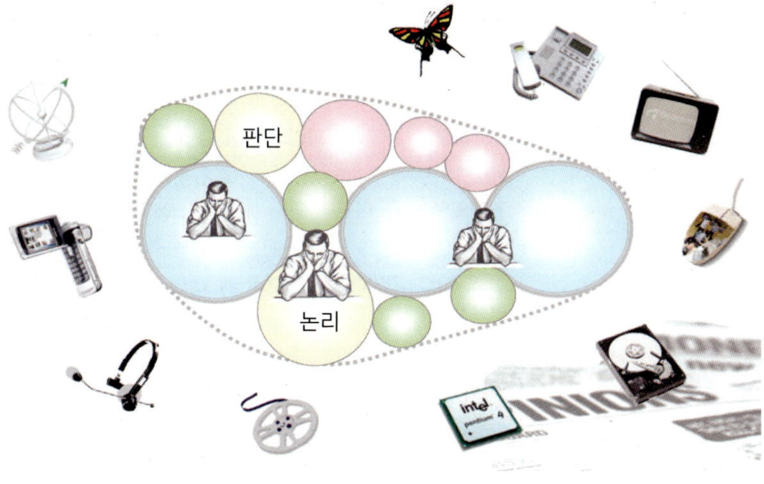

[그림 1-11] 창의적 발상 능력(Creative Thinking)

2. 창의적 발상기법

(1) Classic Idea 기법

① 유추 기법(대상 간 유사 특성 비교와 경계의 일탈회귀) 같은 종류 또는 유사한 점으로부터 아이디어 창출한다(예 낙타발)

② 연상 기법 : 대상과 대상 아이디어 간의 결복융합 연계

- 연상의 법칙
  - 인접(contiguity) : 가까이 있는 물건이나 현상(칠판–학교, 교실)
  - 유사(similarity) : 비슷한 물건이나 개념(오리–기러기)
  - 대조(contrast) : 반대가 되는 형태, 물건, 개념(여자–남자, 흰색–검은색, 어린이–어른)
- 연상 실행순서
  - 문제와 관계있을지 또는 없을지 모를 단어나 상징(Symbol)을 칠판 위에 씀
  - 연상되는 새로운 단어나 상징을 써나감
  - 문제에 대한 창조적인 아이디어가 나올 때까지 계속

③ 오스본의 SCAMPER 기법(사고유발 질문)

〈표 1-3〉 오스본의 SCAMPER 기법

약자	의미	설 명	예
S	Substitute (대체)	다른 재료, 요소, 원동력, 프로세스 등	연탄재벽돌, 종이컵, 나무젓가락
C	Combine (결합)	혼합, 조립 그리고 작동, 단위, 방법, 아이디어 등의 결합	지우개 달린 연필, 필터 달린 담배
A	Adapt (적용)	다른 용도, 과거의 적용, 다른 아이디어의 도용	산우엉 가시 → 매직테이프(벨크로) 장미덩쿨 → 철조망
M	Modify, Magnify (변형 및 확대)	뜻, 색깔, 동작, 모양 등을 변형, 더할 수 있는 요소는? 더 크게, 높게, 강하게, 두껍게, 과장되게 등	공기주입, 더 큰 비누 → 아이보리 비누(물에 뜨는 비누), Post–it
P	Put to other Use(다른 용도)	원래의 용도를 바꾸기 등	톱밥 → 장작 쓰레기 → 불록, 건설재료 폐타이어 → 발전소의 원료
E	Eliminate, Minity (최소화)	취소, 분리, 가볍게, 짧게, 여러 개로 나누기 등	트랜지스터, 노트북
R	Reverse, Rear range (역방향)	방향을 바꾸기, 거꾸로, 용도의 교환 등	벙어리 장갑 → 다섯 발가락 양말

(2) Focus Thinking 기법

① 수평적 사고방식 이해 : Focus Thinking

② 뇌의 구조 및 우뇌와 좌뇌 기능 이해

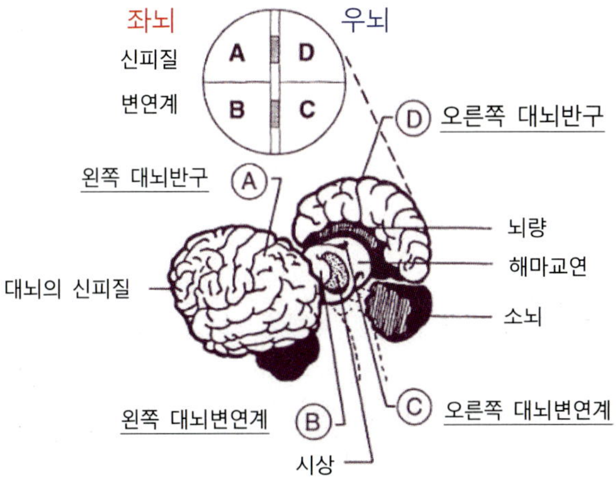

[그림 1-12] 좌 · 우뇌 기법

③ 아이디어 발상실습

- 좌뇌 기법 : Brain Writing, NGT, Mind Mapping
- 우뇌 기법 : Stimulation, Provocation, Crazy Idea

(3) TRIZ 기법

TRIZ(Teoriya Reshniya Izobretatelskikh Zadatch)는 러시아의 알츠슐러가 개발한 기술적 문제해결 이론으로써 이는 획기적인 시스템 개발, 혁신 및 개선에 있어 세계 최고의 도구이고 천재적 발명품을 바탕으로 연구된 최강의 문제해결 기법이다. 주어진 문제에 대해서 가장 이상적인 결과를 얻어내는데 관건이 되는 모순을 찾아내고 이를 제거하면 혁신적 해결방안을 얻을 수 있다.

1) TRIZ의 유래

트리즈(TRIZ)는 Theory of Inventive Problem Solving을 의미하는 러시아어의 첫 글자 약어이다. 1926년 (구)소련의 타슈켄트에서 태어난 알츠슐러(Genfich S. Altshuller)는 14세에 처음으로 특허를 획득하였으며, 20대 초반의 나이에 TRIZ를 개발하기 시작하였다. 그는 약 20만건의 발명특허를 연구, 분석, 조사하였으며 그들 천재적인 발명품에는 산업분야를 막론하고 공통된 원리가 반복하여 사용된다는 것을 발견하였다.

이들 반복되는 공통원리를 과학적이고 체계적으로 정리한 것이 TRIZ이다.

2) TRIZ의 역사

1946년 알츠슐러는 트리즈의 기본개념을 정리한 후, 스탈린에게 국가를 위한 과학교육 방안으로 제안하였다. 그러나 거꾸로 발명가들을 선동한다는 이유로 체포되어 1949년에서 1954년 기간 동안 강제 수용되었다. 이 수용소에서 트리즈는 더욱 다듬어지게 되었고, 1956년 트리즈 최초 논문이 발표되었으며, 1970년 트리즈 강의를 시작하였고, 1992년 (구)소련의 붕괴로 트리즈 제자들은 미국이나 유럽에 트리즈를 확산시키기 시작하였다. 현재 트리즈는 러시아, 이스라엘, 미국, 일본뿐만 아니라 영국, 독일, 프랑스, 이탈리아, 중국 등 전세계로 확대되어 가고 있다.

3) TRIZ의 기술 시스템 개선 및 문제해결

TRIZ는 최선의 해결책 및 IFR (Ideal Final Results)을 찾아가는 프로세스에 기초한다. 만약 이런 도구가 없다면 과거의 발명가가 그러했듯이 수많은 시행착오를 거친 후 답을 찾아야 한다. TRIZ의 강점은 바로 이런 시행착오를 대폭 줄여주며 기존의 기술 시스템을 획기적으로 바꾸거나 개선할 수 있다는 데에 있다. 즉, TRIZ를 통하면 진정한 기술의 혁신을 이룰 수 있다.

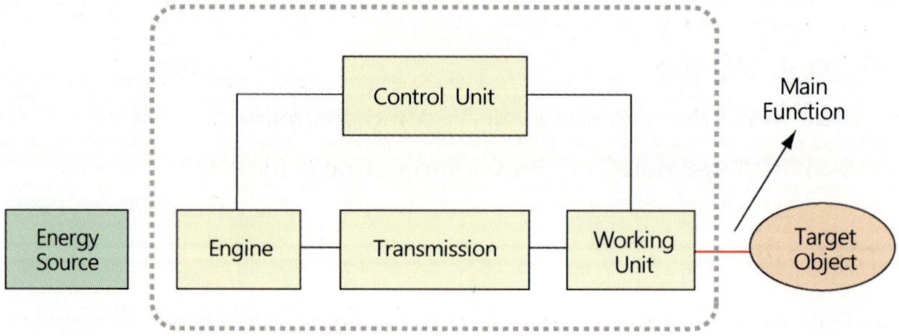

[그림 1-13] TRIZ 기술 시스템 개선 및 문제해결

4) TRIZ의 활용

트리즈를 개발한 알츠슐러는 과학발전을 위하여 트리즈를 완전히 개방하였다. 그 결과 트리즈는 끊임없이 개발, 업데이트되고 있다. 트리즈는 원래 기술 시스템 문제해결 기법이다. 그러나 식스시그마가 제조분야뿐만 아니라 경영분야 등으로 확대되었듯이 트리즈 역시 점차 그 활용분야가 경영 등으로 확대되어 가고 있다.

일례로 영국의 다렐 만 (Darrell Mann)은 기술분야에 국한되지 않는 비즈니스용 트리즈를 개발하여 트리즈의 39가지 모순 매트릭스를 31가지 비즈니스 파라미터로, 그리고 40가지 발명원리를 비즈니스에 활용할 수 있도록 하였다.

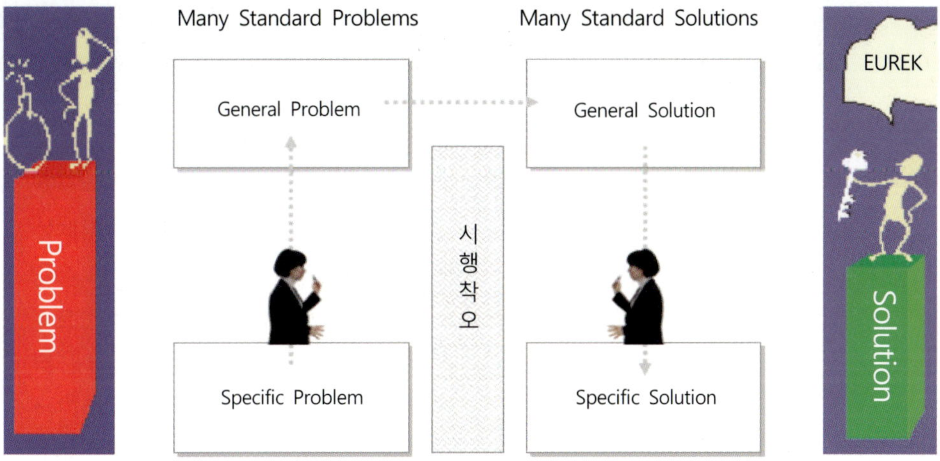

[그림 1-14] TRIZ 문제해결 과정

5) 트리즈저널

한때 트리즈는 40가지의 발명원리가 전부인 것으로 국내에 소개되기도 하였다. 물론 트리즈는 40가지 발명원리가 전부는 아니다. 40가지 원리 이외 진화유형, 물질-장 분석(76가지 표준해), Function을 위한 과학효과, 아리즈, 기타 소프트웨어 등 여러분야가 어우러져 있다. 그러나 그 이론 및 전체 사용방법에 너무 집착하다보면 트리즈가 어렵게 느껴지게 되며 결국 이론 자체에 지쳐버렸다.

트리즈의 강점은 기술 문제해결을 위한 사고의 프로세스에 있다. 이 프로세스는 기존의 수많은 천재적인 특허를 분석하여 정리한 것이다. 따라서 트리즈가 제안하는 40가지 발명원리만이라도 하나씩 익혀 자신의 업무에 맞게 적용하면 얼마든지 트리즈를 활용할 수 있다.

(4) ASIT 기법

이스라엘에서 발전된 SIT는 다시 이스라엘의 Dr. Roni Horowitz에 의해 ASIT(Advanced Systematic Inventive Thinking)로 개발, 전개된다.

ASIT는 아이디어가 필요한 업무에 필수적인 창의력 개발 프로그램으로써 독특하고 창의적인 아이디어를 무한대 떠올릴 수 있다. 기본적으로 ASIT는 TRIZ에서 나온 이론이며 이들 2가지 기법은 아래의 가정을 기본적으로 공유한다.

① 기존의 창의적인 수많은 아이디어들을 검토, 연구한 결과를 바탕으로 정리하였다.
② 이 아이디어들에서 공통의 논리적인 패턴들을 찾아내고 확인하였다.
③ 이 패턴들을 사고의 도구로 정리하여 어떤 문제점에 대한 창의적인 해결책을 찾는데 적용한다.

이러한 공통점들에도 불구하고 실제적인 적용 측면에서 ASIT와 TRIZ는 다르다.

1) ASIT와 TRIZ의 활용

ASIT와 TRIZ는 각각 독립적으로 사용하는 사고기법이다. 하지만 ASIT와 TRIZ의 특성상 어떤 사람은 특히 공학적인 문제의 경우, TRIZ를 사용하여 문제를 정리한 후 ASIT로 옮겨가는 것이 용이하다고 여길 수 있으며, 또 어떤 사람은 ASIT를 먼저 사용한 후 TRIZ를 사용하는 것이 더 적합하다고 판단할 수도 있다.

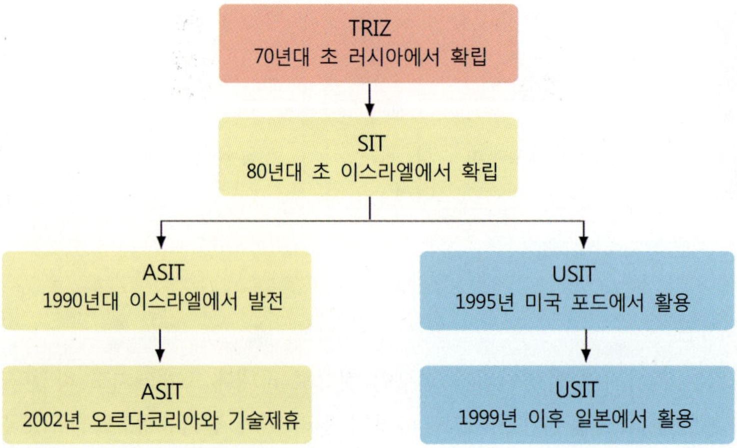

[그림 1-15] ASIT 기법 발전과정

SIT는 TRIZ를 바탕으로 이스라엘에서 발전시킨 좀 더 함축적인 창의적 문제해결 이론이고, ASIT는 TRIZ를 바탕으로 이스라엘 로니 박사가 개발한 창의적 문제해결 및 아이디어 발상이론이고, USIT는 SIT를 바탕으로 미국 포드사의 Ed Sickafus가 발전시킨 통합적 구조화 창의적 이론이다.

80년대 초 TRIZ는 많은 유태계 러시아인이 이스라엘로 가면서 좀더 쉽고 간편하게 사용할 수 있는 SIT로 변형, 개발되었으며 현재 이스라엘에서는 매우 활발히 응용되고 있다.

미국의 포드, 이스라엘의 인텔, 모토롤라 등 세계 유수의 회사에서 ASIT를 채택하여 제품개발에 활용하고 있으며 현재 세계적으로 널리 알려지고 있다. 시스템 개선은 TRIZ로, 창의적 아이디어 발상은 ASIT가 최적이다. 이 TRIZ와 ASIT를 접목하면 최상의 효과를 낼 수 있다.

2. 창의적 공학 사례

(1) 분자 스위치 모델 개발

인텔의 창설자인 고든 무어는 1965년 '무어의 법칙'을 발견했다. 반도체에 집적되는 트랜지스터의 수가 18개월마다 약 2배가 된다는 것이다. 그러나 트랜지스터의 크기를 줄이고 성능을 개선하는 것은 2020년 정도면 한계에 도달할 것으로 예측되고 있다. 과학자들은 무어의 법칙이 계속 지켜질 수 있도록 트랜지스터 간의 배선에 변화를 줘 데이터 전송특성을 개선하는 등 다양한 연구를 하고 있다.

분자 크기의 스위치는 진공관이나 반도체 소자에 비해 크기가 훨씬 작아 중요한 역할을 할 것으로 기대되고 있다. 영국 글래스고대 연구진은 분자 크기의 스위치로 가로세로 1인치인 정사각형 안에 50만GB(기가바이트)의 데이터를 담는 것이 가능하다는 것을 보였다.

미국 미시간기술대의 물리학자 란지트 파티와 동료 연구진은 분자 스위치의 메커니즘을 설명할 수 있는 모델을 개발했다. 그의 모델이 실험적으로 검증된다면 무어 법칙의 한계를 넘어서 컴퓨터 기술에 혁신을 가져다 줄 수 있을 것이다. 분자 스위치가 현재의 트랜지스터를 대체할 수 있다면 가로세로 1cm 크기의 칩에 1조개 이상의 스위치를 집어넣을 수 있다. 1999년 미국 예일대 연구진은 최초로 이와 같은 스위치에 대해서 기술한 바 있다. 그러나 다른 과학자들은 그들의 발견을 재현할 수 없었으며 어떻게 작동하는지를 정확하게 이해할 수가 없었다.

미시간기술대 연구진은 양자 물리학을 적용했다. 2개의 금전극 사이에 부착된 유기금속분자 컴퓨터 모델을 이용해 분자 스위치의 메커니즘을 연구했다. 전류는 전압이 증가함에 따라 142μA(마이크로암페어, 전류량의 단위)까지 증가했다. 그러나 이 이상의 전압에서는 전류가 증가하지 않고 부성미분저항(NDR, Negative Differential Resistance) 현상을 보이면서 전류값이 떨어졌다. 142μA에 이르기까지 분자의 전자구름은 행성이 태양 주위를 도는 것처럼 핵 주위를 돈다. 그러나 높은 전압의 충격을 받으면 이런 안정된 상태는 무너지고 전자들은 양자상전이(quantum phase transition) 과정을 통해 새로운 평형상태로 변한다. 연구진은 전기장을 걸어주었을 때 2개의 다른 상을 보이는 분자가 0과 1을 표현하는 분자 스위치로 사용될 수 있다고 말했다. 현재 연구진은 실험을 통한 모델 검증을 시도 중이다.

(2) 나노와이어 트랜지스터

세상에 출현하는 핵심 기술은 시간에 따른 지수함수의 변화를 겪는다. 흔히 마이크로칩에 저장할 수 있는 데이터양이 18개월마다 2배씩 늘어난다는 무어의 법칙도 지수함수의 특성을 보인다. 반도체칩은 수십 nm(나노미터, 1nm는 10억분의 1m) 크기를 갖는 수천 개에서 수억 개의 트랜지스터가 집적된 회로다. 트랜지스터의 크기 감소와 함께 디지털 회로 1비트를 표시하는데 필요한 전자의 개수도 크게 줄고 있다.

트랜지스터는 소스와 게이트, 드레인으로 불리는 3개의 전극을 갖는데, 소스와 드레인 사이를 산화막으로 가로 막힌 부분에서 게이트가 전류를 흘려주거나 끊어주는 스위치 역할을 한다. 가령 게이트에 양(+)의 전압이 걸리면 산화막 표면에 강한 전기장이 발생해 전자들이 움직이고 이들의 도움으로 소스에서 드레인으로 전기가 흐를 수 있다.

[그림 1-16] 평면 트랜지스터에서의 전자흐름의 제어

반도체의 성능은 전압의 변화에 따라 산화막 표면에서 전자층이 얼마나 정확히 열리고 닫히는가에 달려 있다. 게이트에 양(+)의 전압이 생기면 전기가 '행복하게' 흐를 수 있다. 그러나 게이트에 음(−)의 전압이 걸리면 길목에 언덕이 생기는 효과가 나타나 전기의 흐름을 가로 막는다.

최근 등장한 수십 nm크기의 트랜지스터는 소스와 드레인 사이의 생기는 전기장의 크기가 엄청나게 크다. 좁은 통로로 전기를 흐르게 하기 위해 전기장의 세기를 높인 것인데, 오히려 통로를 가로막을 수 있다. 마치 길목에 둔덕이 생겨 전자들이 계속 굴러 넘어가는 형국이다. 이러한 단점을 보완하고자 호스처럼 생긴 통로를 손으로 쥐어짜듯 잡아 전자의 흐름을 강하게 붙잡을 수 있는 '전면 게이트(GAA : Gate All Around)'가 등장했다. 수십 nm급 트랜지스터에서도 스위치의 역할을 제대로 해낼 수 있다. 바로 '나노와이어 트랜지스터'다. GAA 개념은 1990년 미국 데이비스 캘리포니아대 장피에르 콜린지 교수가 제안했지만 GAA 나노와이어로 불리는 트랜지스터가 등장한 것은 최근에 이르러서다.

[그림 1-17] 나노와이어 트랜지스터에서의 전자흐름의 제어

앞서 설명한 나노와이어 트랜지스터는 모두 실리콘 웨이퍼를 반도체 공정에 이용해 만든 하향식(top-down) 방식의 소자들이다. 미국 하버드대 화학과 찰스 리버 교수로 대표되는 일련의 화학-재료-물리학자군은 지난 10여년 동안 나노선, 분자, 양자 같은 다양한 소재를 이용해 반도체의 집적도를 높일 수 있음을 보여줬다.

이들은 대개 '한 번의 공정'(one-step)으로 다양한 나노구조를 제작할 수 있는 장점이 있다. 가령 반도체 나노와이어를 기판 위에 뿌려서 고정시킨 뒤 소스, 드레인, 게이트를 만들어 주는 상향식(bottom-up) 방식이다. 이 방식은 탄소나노튜브 트랜지스터를 제작하는 방식과 동일하다.

상향식 방식의 나노와이어 소자연구는 진척을 거듭해 P타입 실리콘 나노와이어 트랜지스터와 N타입 나노와이어를 조합해 이미지 센서(CMOS) 형태의 논리회로를 선보였다. 2006년 리버 그룹은 실리콘에 둘러싸인 게르마늄 나노와이어 트랜지스터를 발표했다. 성능 또한 매우 우수했다.

이들 트랜지스터는 분자 센서로 응용될 가능성이 있다. 반도체 표면에 분자가 흡착되면 표면의 전위를 변화시켜 반도체의 저항을 바꾸는 센서가 될 수 있다는 개념은 오래전부터 알려진 사실이다. 반도체 나노와이어는 부피에 비해 분자에 노출되는 표면적이 매우 크다. 그만큼 분자흡착에 의한 상대적인 저항변화도 매우 클 것으로 예상된다. 국내외 많은 연구자들은 이점에 주목하고 나노와이어 센서에 대한 연구에 매진하고 있다.

(3) 예술의 창의성

세계적 경영전략가인 마이클 포터 교수는 한 포럼에서 "기업들이 최고의 자리에 오르는 것보다 창조적인 가치를 위해 경쟁할 때 기업의 경쟁은 제로섬이 아니라 새로운 윈-윈 이 될 수 있다"고 지적한 비 있다.

'블루오션'도 따지고 보면 제로섬 시장인 레드오션에서 벗어나 창의적인 새로운 시장을 주창한 것이다. 그러나 이러한 발상을 실현하는 것이 결코 쉬워 보이지 않는다. 모든 경쟁분야가 서로 본받아 닮아가고 수렴되어가는 현상 앞에서 이런 주장에 한편으로는 동의하면서도 어떻게 창의적 가치를 내재화할 수 있을 것이냐는 '현실화'의 문제 앞에서 난망할 뿐이다. 기업의 경영과정에 '예술의 창의성'을 과감히 도입할 것을 제안한다.

예술의 창의성과 독창성은 '무'에서 '유'를 만들어낼 뿐만 아니라, 상당한 수련기간이 필요하다는 점에서 장인정신과도 맞닿아 있다.

예술은 소비자인 관객들의 감동과 반응을 통해 검증되기에 소비자로부터 인정받는 작품은 그 만큼의 상품가치를 인정받는다. 또한 예술은 인간의 정신과 영혼을 감동시키고 울리는 호소력으로 말미암아 그 가치가 오래 지속된다. 히트상품 하나는 잘해야 2~3년을 버티기 힘든 일반 상품과는 비교할 수 없는 가치가 있는 것이다.

이러한 예술적 가치를 경영에 접목시키는 노력을 기울이고 있다. 쌈지는 디자인과 상품을 예술작품으로 승화시킨 기업으로 호평 받으며 나라 밖의 스와치 시계의 사례와 비교되곤

한다. 디자인뿐만 아니라 공간을 적극 활용한 '쌈지스페이스'의 성공사례도 기업과 예술의 발전모델로 주목받고 있다. 그 밖에 우림건설은 '감성을 나누는 문화기업 건설'을 실천해 가는 기업으로 세인의 관심을 끌고 있다. 연간 6만권이 넘는 도서구매 및 배급, 다양한 예술단체 지원 등을 통해 투박한 건설회사의 이미지를 부드럽고 격조 높은 문화기업 이미지로 탈바꿈시키고 있다.

외국에는 더욱 많은 사례들이 있다. 베네통은 지구촌 예술인들의 창조공간인 '파브리카'(Fabrica)를 통해 해마다 세계 25살 미만의 젊은 예술가들을 후원하고 이들의 창의적 아이디어를 비즈니스에 접목시키는 마당으로 활용하고 있다.

일본의 도요타 역시 '도요타 클래식'을 통해 세계 각국의 애호가들에게 최정상급의 클래식 공연을 선사함으로써 창의적이고 기품있는 자동차 회사로서의 이미지를 굳히고 있다.

기업의 문화예술 마케팅은 하나의 분명한 흐름으로 자리잡아가고 있다. 앞으로 선진기업은 곧 문화기업인 시대가 열릴 것임이 분명하다.

기업이 문화예술을 지원하고 예술의 창의적 가치를 수용하고 이를 기업경영에 적극 활용할 때 우리 기업들은 포터 교수가 말한 '창의적 가치창출'에 한 걸음 다가설 수 있을 뿐만 아니라, 문화를 이해하고 후원하는 좋은 기업이라는 이미지를 얻고, 향후 기업평가의 주요 잣대가 될 'ISO 26000'에 대비하는 사회공헌 기업으로서의 입지도 다지는 1석3조의 효과를 거둘 수 있을 것이다.

우리 기업들도 이제 문화예술 지원 등 '메세나 운동'을 통한 기업의 창의성 증진에 팔을 걷어붙이고 나서는 모습을 기대한다.

(4) 축구 로봇

반도체나 휴대폰 정도는 아니라도 축구 로봇은 우리가 세계적인 위치를 차지하고 있는 RT(Robot Techonology) 분야 중 하나다. 이 분야는 전 세계 시장의 90% 이상을 점유할 정도로 막강한 기술력과 브랜드 파워를 자랑하고 있다. 지난 1995년 한국과학기술원(KAIST)에서 탄생한 이래 올해로 18년의 역사를 갖고 있으니, 축구 로봇의 종주국인 셈이다.

로봇은 융합기술(Fusion Technology)의 결정체인 동시에 첨단 산업의 핵심기술을 확보하기 위한 기반기술이기도 하다. 핵심부품인 소형 모터, 센서, 계측기기 등은 산업간 기술융합을 통해 고부가가치 첨단 지식기반 산업으로 활성화될 수 있다.

과거 정부는 2020년 세계 로봇 시장규모를 1조4000억 달러로 추정하고 로봇 산업을 차세대 10대 성장동력 산업으로 지정해 지원해왔다.

새 정부에서도 지식경제부를 중심으로 로봇 산업을 활성화하기 위한 로드맵을 준비 중이라고 하는데 교육용 로봇 등이 우선적인 검토 대상이라고 한다.

실제 교육용 로봇은 학생 교육에 대한 국민적 관심이 높은 것은 감안한다면 '킬러 애플리케이션' 개발을 위해 다소 늦은 감이 있다. 교육용 로봇의 한 축을 담당하고 있는 축구용 로봇에서 우리나라가 이미 세계적인 기술력과 시장점유율을 갖고 있기 때문이다. 축구 로봇에 익숙한 어린이, 청소년들은 물론 교육적 효과를 중시하는 학부모들에게 한 단계 발전된 교육용 로봇에 대한 시장반응은 훨씬 빠를 것이다. 축구 로봇이 시장에 안착하는 데 10년 이상의 시간이 걸렸다면 교육용 로봇은 3~5년 이내면 가능할 것으로 전문가들은 보고 있다.

아직까지 로봇 산업은 초창기 상태이지만 우리의 기술수준이 선진그룹에 속하는 만큼 우리가 '킬러 애플리케이션' 개발과 시장 확산에 성공하면 곧 세계 1등이 되는 것이다.

세계 1등의 되기 위해선 정부와 민간에서 다양한 차원의 창의적인 협력 모델이 나와야 한다. 정부는 물론 대기업, 지자체 등이 로봇 산업에 대한 관성적인 인식에서 탈피해야 한다. 이미 OECD, EU 국가는 물론 미국도 국가예산을 동원해 로봇 개발과 유통망 구축에 나서고 있다. 각국 정부의 이 같은 노력은 로봇업체들에 실질적인 도움이 되고 있다.

우리나라 역시 로봇 전문기업들이 제품개발에 매진해 글로벌 시장을 석권할 수 있도록 정부의 R&D 투자는 물론 유망 제품의 시장화를 위한 자본투자 및 초기 시장형성을 위한 촉진형 투자 등이 진행될 수 있도록 중지를 모아야 한다.

1-4 창의공학 학습과정

학습목표

1-9. 창의적 공학 학습과정을 이해할 수 있다.
1-10. 창의적 발명의 원리를 이해할 수 있다.
1-11. 창의성에 대한 올바른 이해할 수 있다.
1-12. 창의성 연습을 통하여 창의력을 향상시킬 수 있다.

1. 창의적 공학 학습과정

(1) 학습목적 및 기대효과

① 공학문제를 창의적으로 해결하기 위한 접근방법으로 지능형 로봇을 구현하여 시뮬레이션을 통하여 구현한다.
② 해결과정에 필요한 제반능력
③ 창의적 아이디어 발굴 및 브레인스토밍
④ 팀원 간 협동 및 토론
⑤ 설계내용 발표 및 문서작성 능력향상에 중점

1) 학습목적

설계 및 문제해결 능력 배양

2) 학습목표

① 창의적 팀활동 학습

② 창의적 문제해결 능력 배양

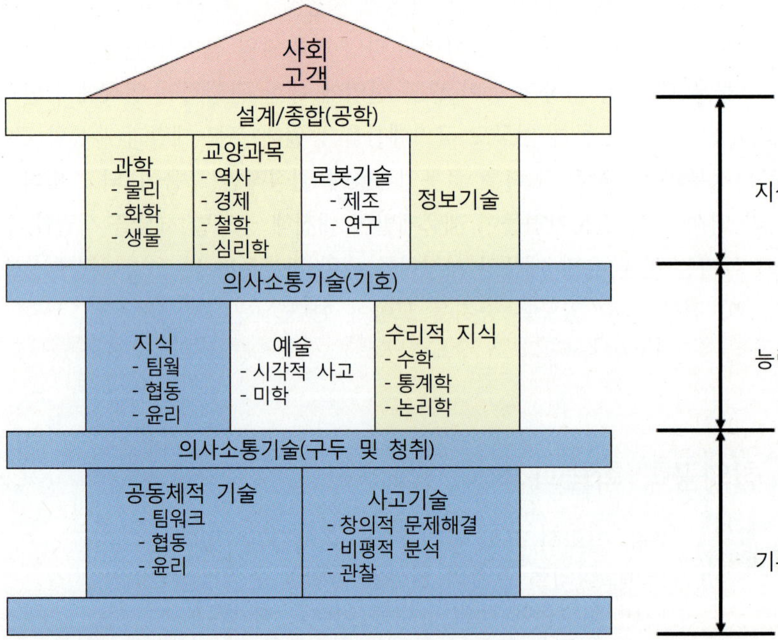

[그림 1-18] 공학도에 필요한 학습구성

3) 기대효과

① 의사소통 능력

② 팀 활동/협동 능력

③ 발표력

④ 문제해결 능력의 향상

(2) 학습내용

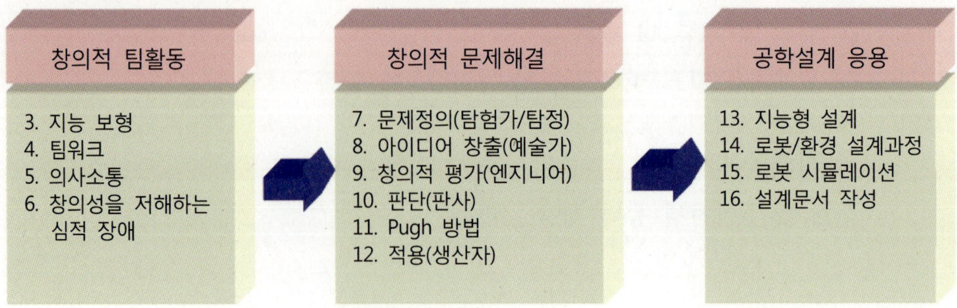

창의공학 설계의 EDRS는 "창의적 공학설계" 과목에 적용하여 로봇 구동과 로봇 프로그램을 자유자재로 구성할 수 있어 흥미와 함께 창의력과 사고력을 향상시켜 주는 신개념 학습 시뮬레이터이다. 대학교 공학교육에 창의적 종합설계능력을 체계화시켜 공학계열의 학생이 실제 산업현장에 부딪히는 문제를 해결할 수 있도록 학부과정에서 기초적인 이론과 간단한 프로젝트 기반 언어를 바탕으로 하나의 시능형 로봇을 기획, 설계, 제작하는 전과정을 경험하도록 하는 창의적 종합설계 교육 프로그램이다.

창의공학 설계 EDRS는 로봇 DB와 로봇 환경 DB의 각종 소재를 이용한 고급 로봇 및 환경을 제작하며, 팀별/조직별 로봇 및 환경을 만들어서 창의성, 협동심 등을 기를 수 있어 교육적인 효가가 높다. 각종 로봇에 대한 제작집/지도서를 통해 창의적이고 협동적인 로봇의 제작함으로써 학습자들의 실력을 배가시킬 수 있다.

창의적 종합설계(Capstone Design) 교육과정은 공학교육의 발전을 촉진하며, 공학교육에 새롭고 창의적인 접근방법을 고취함으로써 창의적 공학교육의 확산 및 정착을 유도하며, 설계분야에 다양한 IT기술을 활용한 독창적 지식기반형 창의설계시대로 전환하기 위해 설계교육 프로그램과 창의적 공학교육 연구결과의 보급 및 교육방법의 확대 개발을 통하여 설계기술 인력의 확대를 필요로 하는 산업계의 요구에 부응할 뿐만 아니라, 창의력 및 IT 활용능력을 갖춘 현장 적응형 공학기술 인력을 양성, 국가산업의 경쟁력 제고에도 기여할 수 있는 교육과정이다.

(3) 창의적으로 즐겁게 학습하려면

하버드 대학 경영대학원의 테레사 애머바일 교수가 어떤 환경에서 창의성이 가장 잘 발휘되는가에 관한 연구결과를 발표한 일이 있다. 애머바일 교수는 각각 다른 분야의 기업에 종사하는 238명이 8년 동안 쓴 일기를 통해 사람들이 새로운 아이디어를 찾기 위해 고민하고 애쓰는 과정을 분석했다고 한다.

창의성에 관한 몇 가지 의문을 그는 이렇게 풀어준다.

하나, 창의적인 유형의 사람이 따로 있어서 이런 사람들만 창의적인 생각을 할 수 있는가?

그렇지 않다. 보통의 지능만 가진 사람이라면 누구나 창의적인 일을 해낼 수 있다. 하지만 일에 흥미를 느끼고 좋아하는 유형의 사람, 일하는 것 자체에 대해 본질적으로 '하고 싶다'는 마음을 가진 사람이 창의적인 생각을 많이 해낸다.

둘, 돈은 창의성을 이끌어내는 요소인가?

금전적인 보상이 창의적인 생각을 하는 데 크게 영향을 미치지는 못한다. 잘한 일에 대해 보너스를 주거나 일일이 돈으로 계산해주면, 사람들은 행동 하나하나가 다 보수와 연결돼 있다고 생각하기 때문에 오히려 위험부담을 감수하지 않으려는 태도를 보인다. 그러나 자신이 한 일에 대해 정당한 보상을 받고 있다고 느끼는 분위기는 중요하다.

더 중요한 것은 창의적인 사고가 인정받고 존중받으며 충분한 지원을 받는 근무환경이다.

좋아하는 일을 할 때 창의성은 최대한 발휘되므로, 기업경영자들은 직원 각자가 정말 하고 싶고 관심있는 일을 할 수 있도록 지원해야 한다.

셋, 시간에 쫓기면 창의력이 생기는가?

사람들은 마감 시간에 마구 쫓길 때 좋은 생각이 튀어나온다고 믿는 경향이 있다. 그런데 사실은 시간의 압박을 느낄 때 창의력은 최저가 될 뿐 아니라 그다음 날에도 악영향을 끼친다. 창의성이란 어느 정도 시간을 두고 생각하면서 이 생각 저 생각해볼 수 있어야 발휘되는 것이기 때문이다.

넷, 불안과 슬픔이 때로 돌파구를 열어주기도 하는가?

우울증에 걸린 천재 예술가가 더 독창적인 작품을 만들어낸다는 식의 믿음이 있는데, 사실은 그렇지 않다. 불안, 공포, 슬픔, 분노보다는 역시 기쁨, 사랑과 같은 긍정적인 감정이 창의적인 사고에 기여하고, 가장 행복한 사람이 가장 창의적인 사고를 할 수 있다. 기분이 좋고 일이 재미있으면 그날 밤 여러 가지 궁리를 해서 다음 날에는 더 멋진 생각을 해낼 수 있다. 그러니까 오늘의 행복이 내일의 창의성을 가져다주는 열쇠인 것이다.

다섯, 창의성을 발휘하는 데는 경쟁이 좋은가, 협력이 좋은가?

내부 경쟁이 강할 때 혁신적인 사고가 더 많이 나온다. 그런데 가장 창조적인 조직은 아이디어를 공유하며 토론을 할 수 있는 신뢰가 형성돼 있는 경우다. 인정받기 위해 경쟁을 해야 하는 상황에서 정보공유는 이뤄지지 않는다. 그것은 조직이 망하는 길이다. 누구도 혼자 힘만으로 총체적인 정보를 가질 수는 없으니까.

여섯, 조직의 간소화와 효율화는 창의성 증진에 기여하는가?

미국의 한 소프트웨어 기업이 주주들에게 이런 편지를 보냈다. "다운사이징은 직원 모두에게 어려운 일이지만, 이 어려운 시기를 통해 힘과 창의성, 그리고 팀워크를 갖출 수 있을 것이다." 사실은 그렇지 않다. 기업이 다운사이징을 할 때 창의성은 나오지 않는다. 18개월 동안 직원을 25퍼센트 이상 줄인 기업이 있었는데, 이런 근무환경에서 창의력은 최저로 떨어졌다. 다운사이징 그 자체보다는 그런 일이 있을 것이라는 불안이 창의력의 더 큰 적이다. 앞날이 불안해진 사람들은 사실상 일손을 놓고 지낸다. 또 다운사이징이 끝난 후에도 그 여파는 5개월 이상간다.

2. 창의적 발명 원리(20가지)

(1) 분 할

① 한 물체를 독립적으로 여러 부분으로 나눈다.

② 물체를 구획화한다(조립과 분해가 쉽도록 한다).

③ 물체의 분할(Segmentation) 정도를 더욱 높인다.

예 – 구획화된 가구, 모듈 컴퓨터 부품 또는 접이식 나무자
– 정원용 호스는 길이를 길게 하기 위해서 연결할 수 있다.

(2) 추 출

① 물체에서 '방해가 되는' 부분이나 특성을 추출(Extraction)한다.

② 물체에서 '필요한' 부분이나 특성만을 추출한다.

예 공항에서 새를 쫓기 위해 자극하는 소리를 녹음하여 재생한다.

(3) 국소적 성질(Local quality)

① 물체나 외부환경의 구조를 동질적인 것에서 이질적인 것으로 바꾼다.

② 물체의 여러 부분들이 서로 다른 기능을 수행하게 한다.

③ 물체의 각 부분을 그 동작에 가장 바람직한 조건이 되도록 배치한다.

예 연필과 지우개를 하나로 만든다.

(4) 비대칭

① 물체의 대칭을 비대칭(Asymmetry)으로 대체한다.

② 물체가 이미 비대칭이면 그 비대칭의 정도를 더욱 높인다.

예 타이어의 한쪽 면은 곡선길의 영향을 견디기 위하여 강하다.

(5) 통 합

① 동질적인 물체 또는 연속적으로 작동하도록 되어 있는 물체들을 공간적으로 통합한다.

② 동질적이거나 연속적인 동작을 시간적으로 통합(Combining, integration)한다.

예 회전형 굴착기의 작업요소는 일단계로 언 땅을 부드럽게 하기 위해서 특별한 스팀 노즐을 가지고 있다.

(6) 범용성/다용성(Universality)

한 가지 물체로 여러 가지 다른 기능을 수행하게 한다. 그러면, 일부 다른 물체에 대한 필요성을 제거할 수 있다.

예 – 소파는 낮에 소파가 밤에 침대로 바뀐다.
– 소형 짐차 좌석은 앉고, 자고, 짐을 나를 수 있도록 저장된다.

(7) 포개기(Nesting)

① 한 물체를 다른 물체 속에 넣는다. 그 물체를 또 다른 물체 속에 넣는다.

② 한 물체가 다른 물체의 구멍을 통과한다.

예 – 포개어 끼워 놓는 식의 안테나
– 의자 쌓기(직장을 위해 위로 겹치어 놓기)
– 안에 연필심이 있는 기계 연필
– 마트레쉬카(Matrioshkas)

(8) 평형추(Counterweight)

① 한 물체의 무게를 상쇄하기 위해 들어올리는 힘을 내는 다른 물체와 결합한다.
② 물체의 무게를 상쇄하기 위해 공기역학적, 유체역학적인 힘을 이용한다.

예 – 배가 수중 날개를 갖는다.
– 경주용 차는 밑으로 미는 압력을 올리기 위해 후미 날개를 갖는다.

(9) 선행 반대 조치(Prior Counteraction)

① 약간의 작용을 수행할 필요가 있다면 미리 반대 조치를 가한다.
② 만약 물체가 긴장 하에 있어야 한다면 미리 반대 긴장을 준다.

예 – 강화 콘크리트 기둥이나 마루
– 강화 샤프트 : 샤프트를 보다 강하게 만들기 위해 계산된 각도로 미리 비틀은 여러 개의 파이프로 만든다.

(10) 선행 조치(Prior action)

① 물체에 요구되는 변화를 미리 (완전히 또는 부분적으로) 가한다.
② 조치를 기다리는 동안 시간낭비가 없이 조치에 들어갈 수 있도록 물체를 배열한다(가장 편리한 위치에서)

예 – 실용 칼날은 무딘 칼날을 잘라내 날카롭게 하기 위해서 홈을 두어 만든다.
– 병 안에 고무 접합제는 깨끗하고 균일하게 사용하기가 어렵다. 대신에 적절한 양을 쉽게 사용할 수 있도록 접합제를 테이프로 만든다.

(11) 사전 예방(Cushion in advance)

어떤 물체의 신뢰성이 그다지 높지 않은 경우 미리 준비된 비상수단을 써서 보완한다.

예 들치기를 예방하기 위해 가게 주인은 자석판이 있는 특별한 인식표를 붙인다. 손님이 상품을 가게 밖으로 가져가기 위해서 점원이 그 판의 자성을 없앤다.

(12) 높이 맞추기(Equipotentiality)

물체를 들어올리거나 내릴 필요가 없도록 작업조건을 바꾼다.

예 자동차 엔진 오일은 갱도를 파놓은 데서 일하는 작업자에 의해 교환된다(그래서 들어 올려주는 값비싼 장치가 필요 없다).

(13) 반대로 하기(Inversion)

① 문제가 요구하는 직접적 조치 대신에 반대 조치를 취한다.
② 물체를 움직이는 부분으로 만든다. 또는 움직이지 않는 부분은 움직이게 하고 외부 환경을 움직이지 못하게 한다.
③ 물체의 위아래를 뒤집는다.

예 연마재 대신에 부품을 진동시켜서 부품을 연마한다.

(14) 구형화(Spheroidality)

① 직선을 곡선으로, 평면을 곡면으로, 입방체를 구체로 바꾼다.
② 롤러, 볼, 나선형을 이용한다.
③ 직선운동을 회전운동으로 바꾼다. 원심력을 활용한다.

예 컴퓨터 마우스는 선형, 2축 운동을 벡터로 전달하기 위해서 볼구성을 활용한다.

(15) 역동성(Dynamicity)

① 물체나 외부환경의 특성을 각 작동단계에서 최적의 성능에 자동적으로 맞추게 한다.
② 상대적인 위치를 서로 바꿀 수 있는 요소로 물체를 나눈다.
③ 물체가 움직일 수 없으면 움직이게 하거나 서로 교환하게 만든다.

예
- 손전등이 몸체와 램프 머리 사이에 유연한 S 자형 관을 가질 수 있다.
- 운송배는 원통형 몸체를 갖는다. 전 하중 하에서 배의 끄는 힘을 줄이기 위해서 몸체는 경첩으로 2개가 연결된(열릴 수 있는) 절반 원통형 부품으로 구성되어 있다.

(16) 과부족 조치(Partial, Overdone, or Excessive action)

바람직한 효과를 100% 달성하는 것이 어렵다면 문제를 매우 단순화하기 위해서 어느 정도 그보다 많게 또는 적게 달성한다.

예
- 원통은 페인트에 담가서 페인트한다. 하지만 원하는 것보다 더 많은 페인트가 묻는다. 과량의 페인트는 원통을 빠르게 회전시켜 제거한다.
- 저장통에서 금속 분말을 균일하게 방출하기 위해서 호퍼는 거의 일정한 압력을 제공하기 위해 계속적으로 넘치며 채워지는 특별한 내부 깔때기를 갖는다.

(17) 차원 바꾸기(Moving to a new dimension)

① 1차원(선으로) 운동하는 물체를 2차원(평면을 따라) 운동하게 하여 문제를 제거한다. 비슷하게 평면으로 움직이는 물체의 문제는 그 물체가 3차원 운동하도록 바뀌면 제거된다.
② 단일층 대신에 물체의 다층 구성을 활용한다.

③ 물체를 기울이거나 옆으로 눕힌다.

④ 물체의 주변 영역 또는 반대쪽으로 그 이미지를 투영한다.

예 온실의 북쪽 부분에 오목반사경을 설치해서 북쪽으로 태양빛을 반사시킴으로써 낮에 조도를 개선한다.

(18) 기계적 진동(Mechanical vibration)

① 물체를 진동 안에 놓는다.

② 이미 진동이 있다면 초음파까지도 그 진동수를 올린다.

③ 공진주파수를 이용한다.

④ 기계적 진동 대신에 압전 진동을 사용한다.

⑤ 초음파 진동을 전자기장과 연계하여 사용한다.

예 피부손상 없이 몸에서 깁스를 제거하기 위해 통상의 톱을 진동칼로 대체한다.

(19) 주기적 작동(Periodic action)

① 연속적인 작동을 주기적 작동(임펄스, Impulse)으로 대체한다.

② 작동이 이미 주기적이면 그 주파수를 바꾼다.

③ 추가적인 작동을 제공하기 위해서 임펄스 사이의 쉬는 시간을 사용한다.

예 – 충격 렌치는 계속적인 힘보다 임펄스를 사용해서 녹슨 너트를 푼다.
– 경고 등은 계속해서 비추기보다는 훨씬 눈에 잘 띄기 때문에 번쩍인다.

(20) 유익한 작용의 지속(Continuity of useful action)

① 중단 없이 작동한다. 물체의 모든 부분들이 최대 성능으로 계속해서 작동해야 한다.

② 헛된 동작 또는 중간 동작을 제거한다.

예 드릴 통은 앞 방향과 뒤 방향의 절단 프로세스가 가능한 절단 날을 갖고 있다.

3. 창의성에 대한 오해와 올바른 이해

창의성에 대한 정의는 매우 다양하고 아직 보편적인 의미가 정립되어 있지 않다. 따라서 많은 사람이 창의성과 상상력을 혼동하고, 이로 인해 일부 잘못된 창의성 교육이 이루어지고 있다. 창의성에 대한 몇 가지 오해는 다음과 같다.

(1) 창의성에 대한 오해

1) 창의성은 기발한 아이디어를 도출하는 것이다

지나치게 허황된 아이디어는 오히려 문제의 해결을 방해한다.

2) 창의성은 주어진 조건과 현실을 무시해도 된다

주어진 조건과 현실을 무시한 상태에서 도출한 아이디어는 실용성이 없다. 주어진 조건을 수용하고, 조건을 변경하거나 새로운 조건을 발견해서 그 조건을 만족시킬 수 있는 아이디어를 도출하는 것이 바람직하다.

3) 창의성은 정답을 찾는 것이 아니다

창의성은 문제해결을 위한 도구이며 창의성 그 자체가 목적이 될 수는 없다. 사고를 통해서 엉뚱한 아이디어를 도출하는 것에만 초점을 맞춰 판단을 유보하는 경우가 많은데, 이런 행위는 비판적 사고와 의사결정 능력을 저하시키는 요인이 된다.

(2) 창의성에 대한 올바른 이해

1) 창의성은 문제인식 능력이다

문제해결의 출발점은 '문제인식'이다. 즉 남들은 미처 문제라고 인식하지 못하는 것을 먼저 발견하고 창안하는 능력이 창의성이다. 21세기가 요구하는 것은 스스로 문제를 인식할 수 있는 사람을 교육하는 것이다.

2) 창의성은 문제정의 능력이다

문제를 어떻게 정의했느냐에 따라 문제해결 방향이나 해결책의 수준도 달라진다. 즉, 조건과 관련된 정보를 수집하고 분석해서 문제의 근본 원인을 발견하고, 쉽게 인식된 문제(Perceived Problem)가 아닌 진짜문제(Real Problem)를 정의하는 능력이 바로 창의성이다.

3) 창의성은 문제점검 능력이다.

문제를 정의한 후에는 현실적으로 도전해볼 가치가 있는 문제인지, 주어진 제약조건에서 해결할 수 있는 문제인지 판단하는 것이 중요하다. 문제를 점검할 때는 원가분석이나 특허분석과 같은 창의성과는 다소 거리가 있는 분석적 사고력도 필요하지만, 미래기술을 예측하여 단기 혹은 중장기 과제로 진행할 것인지를 판단하는 것도 필요하다. 따라서 이런 문제를 점검하는 것도 모두 창의성에 해당한다.

4) 창의성은 참신성을 내포한다.

기존에 존재하지 않던 완전히 새로운 발견이나 발명 수준의 아이디어가 아니더라도 된다. 기존의 것을 변경하거나 새로운 특성을 부여함으로써 참신한 것을 생성하거나 새로운 가치를 창출하는 것 모두가 창의적인 아이디어이다.

5) 창의성은 실용성을 내포한다.

아무리 창의적인 아이디어이더라도 실용적이지 않다면 무의미하다. 실용성이 있을 때 발명과 특허로 이어진다. 창의적인 아이디어가 실용성을 가질려면 반드시 주어진 조건과 현실을 수용할 수 있어야 한다.

6) 창의성은 창의적 발상도구를 활용하면 효율적이다

스캠퍼(Scamper)나 트리즈(TRIZ) 같은 창의적 발상도구는 자신의 지식과 경험만으로 문제를 해결하려는 심리적 타성을 극복할 수 있고 고정관념에서 탈피할 수 있다.

7) 창의성은 목적 지향적이다

창의성은 아이디어 도출에서 끝나는 것이 아니고, 궁극적으로 문제를 해결하는 것이다.

8) 창의성은 문제해결 능력이다

창의성은 기존아이디어가 아닌 새로운 아이디어로 문제를 해결하는 것이다. 새롭게 도출된 아이디어로 문제를 해결할 때 비로소 창의성에 의미가 생긴다.

4. 창의성 연습

[그림 1-19] 창의성 연습

학습 1	창의공학의 개요
학습 2	**EV3의 개요**
학습 3	EV3 브릭 따라하기
학습 4	EV3 모터 따라하기
학습 5	EV3 센서 따라하기
학습 6	EV3 심화학습(1) 따라하기
학습 7	EV3 심화학습(2) 따라하기
학습 8	EV3 심화학습(3) 따라하기
학습 9	EV3 데이터로깅 따라하기
학습 10	EV3 도구 따라하기
학습 11	EV3 앱응용 따라하기

2-1 EV3의 하드웨어 살펴보기

학습 목표	2-1. EV3 하드웨어 구성과 특징을 이해할 수 있다.

1. EV3의 개요

레고 마인드스톰 교육(LEGO MINDSTORMS Education)은 21세기의 시작에 발맞춰 즐거운 실습을 통해 사용자들을 STEM(Science : 과학, Technology : 기술, Engineering : 공학, Math : 수학) 교육의 길로 이끌고 있다. 현재는 레고 조립 시스템과 LEGO MINDSTORMS Education EV3 기술을 결합하여 로봇 공학을 학습하고, 프로그래밍, 자연과학, 수학의 원칙을 다양한 방식으로 가르치고 있다.

레고 마인드스톰 교육의 심장부에는 모터와 센서를 제어하고 무선 통신까지 지원하는 'EV3 브릭(Brick)'이라는 지능적인 프로그래밍 브릭이 자리잡고 있다. 사용하고 싶은 모터와 센서를 고른 다음 원하는 대로 로봇을 조립해보자.

레고 마인드스톰 교육 EV3 소프트웨어에서 필요한 것들을 모두 찾아 볼 수 있다. EV3 소프트웨어 로비에서는 콘텐츠, 프로그래밍, 데이터로깅, 디지털 워크북 등을 쉽게 이용할 수 있다.

예를 들면 로봇 에듀케이터를 따라하면서 아직 잘 알지 못하는 로봇을 만들고, 프로그래밍하며, 실행해볼 수 있다. 직관적인 아이콘 기반 프로그래밍은 도전정신을 자극하는 가능성으로 가득하며, 데이터로깅 환경은 과학적 질문과 실험을 위한 강력한 도구를 제공한다.

레고 에듀케이션은 경험 많은 교육자들이 개발한 EV3 기반 커리큘럼 패키지를 점점 더 많이 제공하고 있다. 레고 에듀케이션은 MINDSTORMS를 사용하여 교실에서 즉각적인 고객 지원, 전문적인 개발, 지속적인 교육을 제공하고 있다.

진짜 과학자나 공학자처럼 작업하고 싶으세요?

레고 에듀케이션에서 지원하는 FLL(FIRST LEGO League) 경진대회와 세계 로봇 올림피아드(World Robot Olympiad) 경진대회에 참가하여 소중한 지식과 삶의 능력을 배우며 자신감을 키워볼 수 있다.

[그림 2-1] EV3 코아 세트 구성

EV3 코아 세트는 P-브릭(Brick), 라지 모터(Large motor) 2개, 미디엄 모터(Medium motor), 컬러 센서(Color sensor), 터치 센서(Touch sensor) 2개, 초음파 센서(Ultrasonic sensor), 자이로 센서(Gyro sensor), 볼휠(Ball wheel), 와이어(Wires), 충전 배터리(Rechargeable battery), USB 케이블(Cable), 부품수(Piece count) 541개로 구성되어 있다.

[그림 2-2]는 EV3 코아 세트를 가지고 만들 수 있는 기본 모델이다.

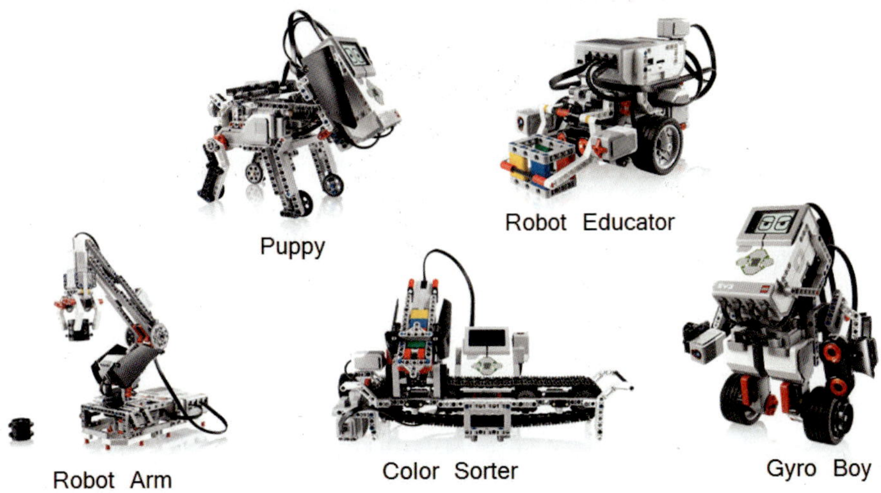

[그림 2-2] EV3 코아 세트 기본 모델

2. EV3 기술

(1) EV3 P-브릭의 기술사양

① ARM 9 Processor, 300MHz

② 각 4개의 입/출력 포트

③ 16MB Flash memory/ 64MB RAM

④ Mini SDHC card reader 32GB

⑤ 3색, 6개의 버튼으로 브릭의 현재 상태를 표현 가능

⑥ 그래프와 센서 데이터 관찰이 가능한 78×128pixel 고해상도 디스플레이

⑦ 고음질 스피커

⑧ 소프트웨어로 업로드가 가능한 On-brick 프로그래밍 & 데이터로깅

⑨ USB 및 Wi-Fi, Bluetooth dongle을 이용해 컴퓨터와 통신 가능

⑩ Daisy chaining, Wi-Fi 통신, USB 메모리 연결 가능

⑪ 2200mAh 리튬이온 충전식 배터리 또는 AA 건전지 6개

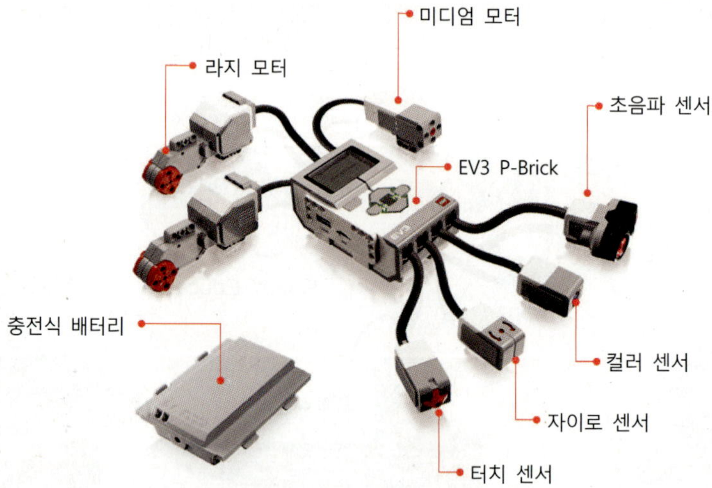

[그림 2-3] EV3 코아 세트에 연결된 센서와 모터

(2) EV3 P-브릭의 개요

디스플레이는 EV3 브릭 내부에서 진행되는 상황을 보여주며, 브릭 인터페이스를 사용할 수 있게 해준다. 프로그래밍이나 실험에 텍스트, 숫자 또는 그래픽 반응을 추가할 수도 있다.

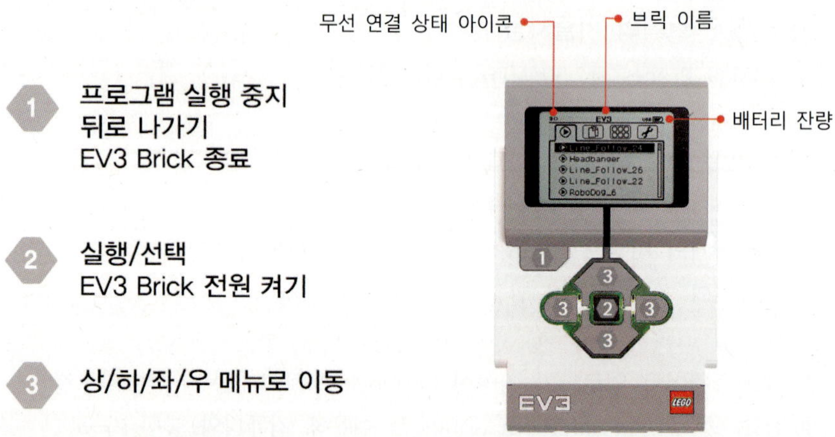

[그림 2-4] P-브릭의 기능 버튼

예를 들면 행복한 얼굴이나 슬픈 얼굴을 대조적인 반응으로 표시하거나, 수학 계산결과를 숫자로 표시하도록 디스플레이를 프로그래밍할 수 있다. 브릭 버튼을 누르면 EV3 브릭 인터페이스 내부를 탐구할 수 있다.

프로그래밍이 가능한 액티베이터를 사용할 수도 있다. 예를 들면, 위 버튼을 누르면 로봇이 팔을 올리고 아래 버튼을 누르면 팔을 내리도록 프로그래밍할 수도 있다.

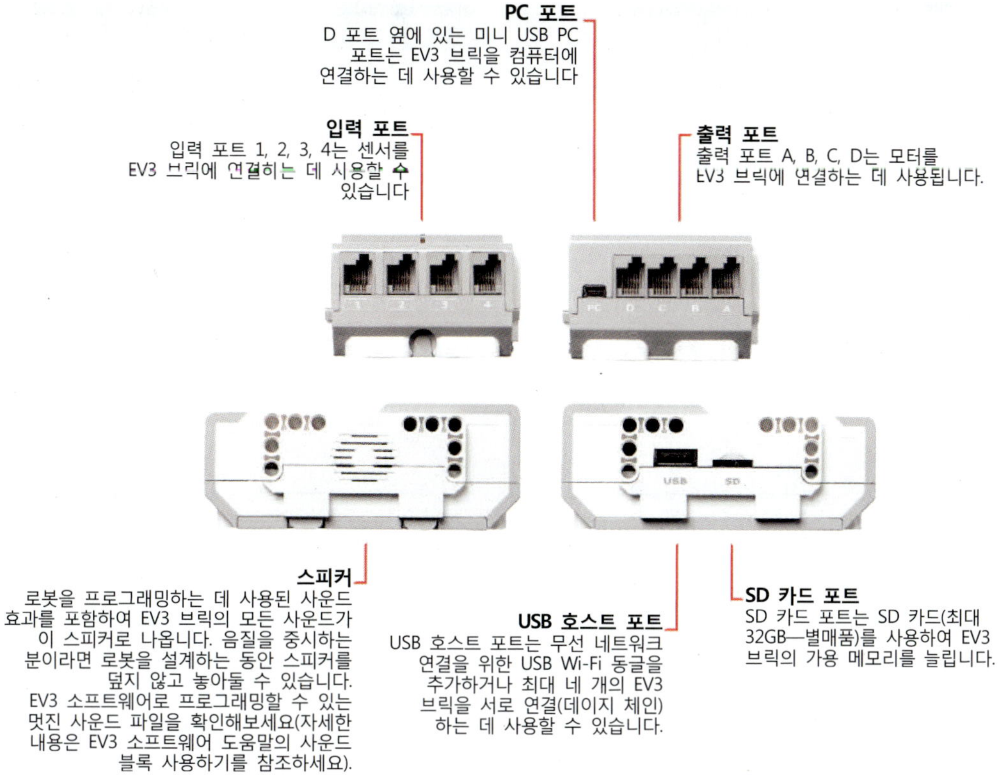

[그림 2-5] P-브릭의 외부 인터페이스 포트

브릭 버튼을 둘러싼 브릭 상태 표시등은 EV3 브릭의 현재 상태를 보여준다. 초록, 주황, 빨강으로 켜지거나 점멸될 수 있다. 브릭 상태 표시등의 코드는 다음과 같다.

브릭 상태 표시등 색상		EV3 동작상태
1	빨강	구동, 업데이트 중, 종료
2	빨강 점멸	작동 중
3	주황	경고, 준비
4	주황 점멸	경고, 실행 중
5	초록	준비
6	초록 점멸	프로그램 실행 중

브릭 상태 표시등이 다양한 색으로 표시되며 조건에 부합되면 점멸하도록 프로그래밍할 수도 있다.

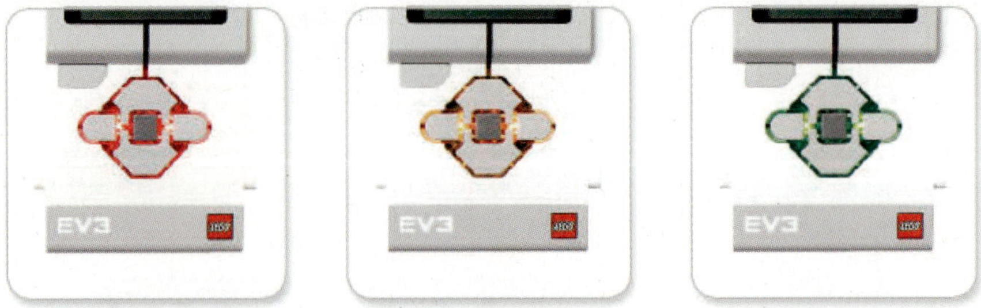

브릭 상태 표시등 - 빨강　　브릭 상태 표시등 - 주황　　브릭 상태 표시등 - 초록

[그림 2-6] P-브릭의 상태 표시등

수행실습 EV3 하드웨어 구성 및 특징

재료 · 자료

EV3 SW, EV3 레고 마이드스톰

기기(장비 · 공구)

컴퓨터, USB 케이블, 충전 어댑터

안전 · 유의사항

-EV3 로봇 플랫폼의 외형의 관리하고 P-브릭에 전원을 충분히 충전한다.

수행순서

01 EV3의 브릭에 배터리를 설치한다.

LEGO MINDSTORMS Education EV3가 있으면 LEGO MINDSTORMS Education EV3 코어 세트에 포함된 EV3 충전식 배터리 팩 또는 일반 AA 배터리를 사용할 수 있다. 2가지 배터리로 실험을 해보면 로봇을 조립할 때 각각 고려할 특성이 있음을 알게 된다.

1. AA 배터리를 설치하는 방법

AA 배터리 6개는 충전식 배터리보다 무겁지만 충전식 배터리가 달린 EV3 브릭은 AA 배터리 6개보다 살짝 크다.

EV3 충전식 배터리는 AA 배터리를 대체하는 편리하고 경제적인 대안이다. 모델에 장착한 상태로 충전이 가능하므로 배터리 교체를 위해 로봇을 분해했다가 다시 조립하는 수고를 덜어준다.

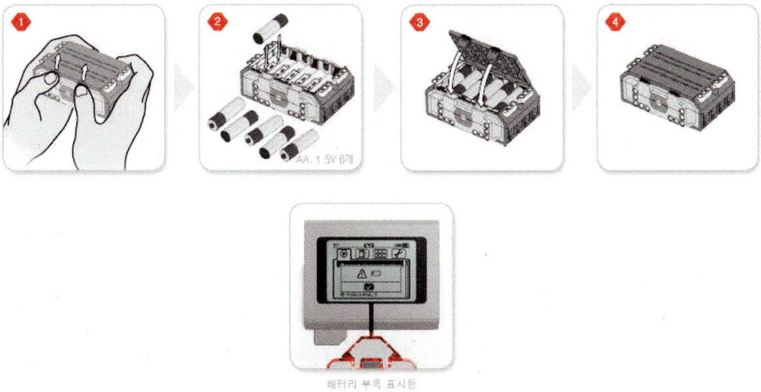

[그림 2-7] P-브릭의 배터리 교체

충전식 배터리를 사용하지 않을 때는 EV3 브릭에 AA/LR6 배터리 6개를 사용해야 한다. 이 때 알카라인 또는 충전식 리튬이온 AA 배터리 사용을 권장한다. AA 배터리는 로봇을 좀 더 무겁게 만들고 싶을 때 좋은 옵션이다.

AA 배터리를 설치하려면 측면의 플라스틱 탭 2개를 눌러 EV3 브릭 뒷면의 배터리 커버를 분리하세요. AA 배터리 6개를 삽입한 후 배터리 커버를 다시 부착한다.

충전하지 않은 배터리를 벽면 콘센트에 꽂으면 빨강 표시등이 켜진다. 충전이 끝나면 빨강 표시등이 꺼지며 초록 표시등이 켜진다. 충전절차는 보통 3~4시간이 걸린다. 배터리를 충전하는 동안 EV3 브릭을 사용하면 충전시간이 길어진다. 충전식 배터리를 처음 사용하기 전에 완전히 충전하는 것이 좋다.

2. EV3 충전식 배터리 팩 설치하는 방법

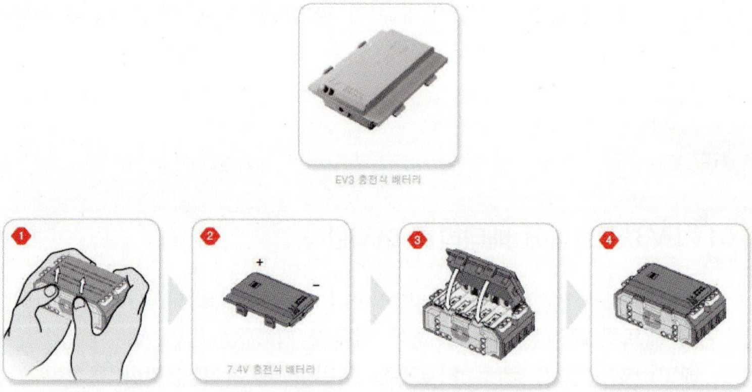

[그림 2-8] P-브릭의 충전 배터리 팩

① EV3 브릭에 충전식 배터리를 설치하려면 측면의 플라스틱 탭 2개를 눌러 EV3 브릭 뒷면의 배터리 커버를 분리하라.
② EV3 브릭에 배터리가 있으면 배터리를 분리하라.
③ 배터리 커버가 달린 슬롯에 충전식 배터리를 삽입하고 제자리에 끼워 넣어라.

이 때 배터리 커버는 사용하지 않는다. 배터리를 맨 처음 사용할 때나 배터리가 완전히 방전된 경우에는 적어도 20분 동안 배터리와 EV3 브릭을 충전하라.

내장된 전원 어댑터 코드를 사용하여 충전식 배터리를 벽면 콘센트에 연결하라. 충전지 코드와 배터리가 발에 걸리거나 젖지 않도록 조심하라.

3. 배터리 관련 중요 정보

① 새 배터리와 오래된 배터리 등 다른 종류의 배터리를 혼용하지 않는다.
② 사용하지 않을 때는 EV3 브릭에서 배터리를 분리한다.
③ 손상된 배터리는 사용하지 않는다.
④ 규격화된 적절한 충전기만 사용한다.

⑤ 충전이 불가능한 일반 배터리는 절대 충전을 시도하지 않는다.

참고 배터리가 부족하면 시작 버튼을 누를 때 빨강 배터리 상태 표시등이 켜지며, 디스플레이에 "시작하는 중" 표시가 계속 나타난다.

4. 배터리 아끼는 방법

① 사용하지 않을 때는 배터리를 분리해 둔다. 전용 배터리 함에 배터리 세트를 보관하여 배터리 혼용을 않는다.
② 음량을 줄여 사용한다.
③ 슬립 시간설정을 조절한다.
④ 사용하지 않을 때는 블루투스와 Wi-Fi를 사용하지 않는다.
⑤ 불필요하게 모터에 장착하지 않는다.

02 EV3 P-브릭을 실행하고 동작과정을 설명한다.

① EV3 브릭을 켜려면 가운데 버튼을 누른다.
② 버튼을 누르면 빨강 브릭 상태 표시등이 켜지며 시작 화면이 표시된다.
③ 표시등이 초록으로 바뀌면 EV3 브릭을 사용할 준비가 끝난 것이다.
④ EV3 브릭을 끄려면 종료 화면이 보일 때까지 뒤로 버튼을 누른다.
⑤ X 중단이 이미 선택되어 있다.
⑥ 오른쪽 버튼을 눌러 승인 확인란을 선택한 후 가운데 버튼을 눌러 확인하라.

이제 EV3 브릭이 꺼진다. X를 선택한 상태에서 확인을 누르면 최근 실행 화면으로 돌아간다.

시작 화면

종료 화면

[그림 2-9] P-브릭 시작과 종료 화면

03 EV3 P-브릭을 컴퓨터 연결하고 USB 케이블, 블루투스, Wi-Fi를 연결하여 실행한다.

1. USB 케이블

① USB 케이블을 사용하여 EV3 브릭의 PC 포트에 미니 USB를 연결한다.

② USB를 컴퓨터에 연결한다.

[그림 2-10] P브릭를 USB 케이블에 연결하기

2. 블루투스

① EV3 블루투스 활성화한다.

② 하드웨어 페이지에서 EV3 브릭을 찾은 후 블루투스 상자를 선택한다.

[그림 2-11] P-브릭을 블루투스에 연결하기

3. Wi–Fi 연결하기

① Wi-Fi 동글 EV3에 삽입한다.

② EV3 Wi-Fi 활성화한다.

③ USB 케이블을 사용하여 EV3 브릭을 컴퓨터에 연결한다.

④ 도구 〉〉 무선 설정에서 연결하려는 네트워크 선택하여 연결한다.

[그림 2-12] P-브릭을 Wi-Fi에 연결하기

수행 Tip

– EV3 소프트웨어의 로비의 간단한 안내 섹션의 도움말과 동영상을 최대한 활용한다.

2-2 EV3 소프트웨어 살펴보기

학습 목표 2-2. EV3 소프트웨어의 구성과 특징을 이해할 수 있다.

1. EV3 소프트웨어

EV3 소프트웨어를 실행하면 [그림 2-13]처럼 EV3 소프트웨어 화면의 로비가 나타나게 된다.

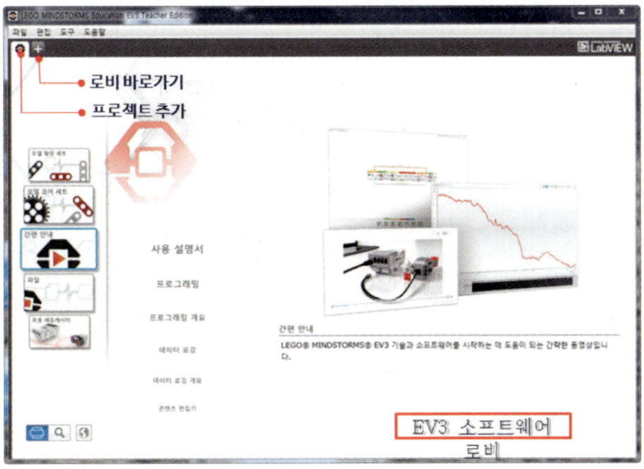

[그림 2-13] EV3 소프트웨어 화면

2. EV3 프로젝트 속성 및 구조

[그림 2-14]와 같이 EV3 프로젝트 속성 및 구조는 프로젝트 설명과 프로젝트 콘텐츠 개요로 구성되어 있다.

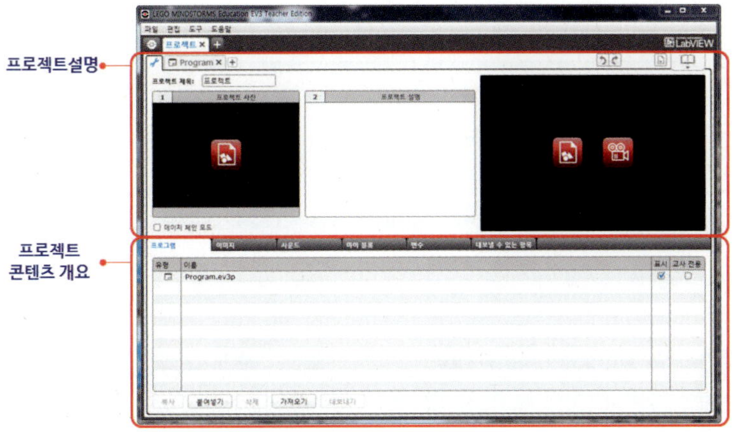

[그림 2-14] EV3 프로젝트 속성 및 구조

3. EV3 소프트웨어 프로그램 화면구성

[그림 2-15]처럼 EV3 소프트웨어 프로그램 화면은 프로그래밍 도구 모음, 프로그래밍 캔버스, 콘텐츠 편집기, 프로그래밍 팔레트, 하드웨어 페이지로 구성되어 있다.

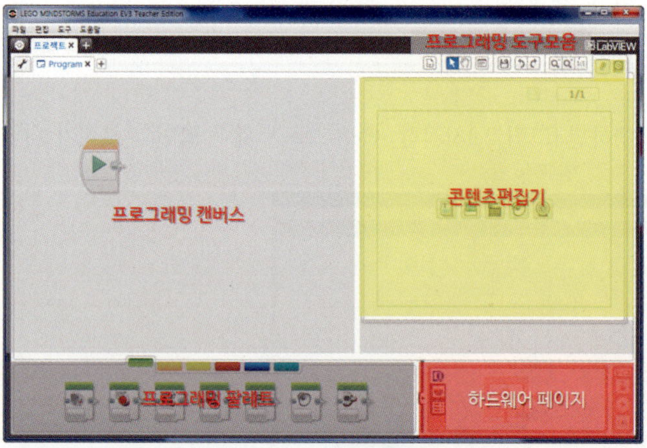

[그림 2-15] EV3 소프트웨어 프로그램 화면구성

4. EV3 프로그래밍 블록과 팔레트

로봇을 조종하는 데 사용된 모든 프로그래밍 블록은 프로그래밍 캔버스의 프로그래밍 환경 그림에서 프로그래밍 팔레트에 자리잡고 있다. 프로그래밍 블록은 형식과 특징에 따라 카테고리로 구분되어 필요한 블록을 쉽게 찾을 수 있다. EV3 프로그래밍 환경에 대해 자세히 알아보고 첫 번째 프로그램을 어떻게 시작하는지 알아보려면 로비의 간편 안내 섹션에서 프로그래밍 및 프로그래밍 개요 동영상을 확인한다.

[그림 2-16] EV3 프로그래밍 블록

[그림 2-16]처럼 EV3 프로그래밍 블록은 5개의 블록(동작, 흐름제어, 센서, 데이터 연산, 고급)과 1개의 마이 블록으로 구성되어 있다.

(1) 동작 블록

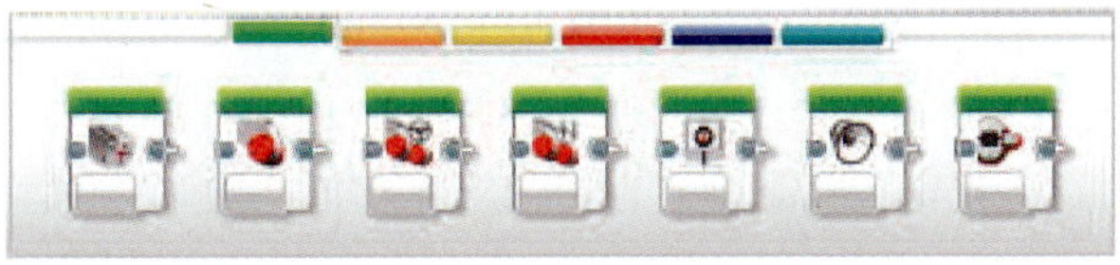

① 미디엄 모터　　② 라지 모터
③ 조향 모드 주행　　④ 탱크모드 주행
⑤ 디스플레이　　⑥ 사운드
⑦ 브릭 상태 표시등

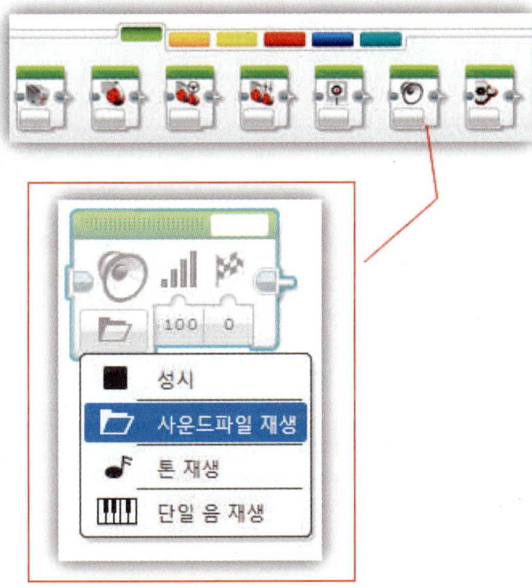

(2) 플로우 블록

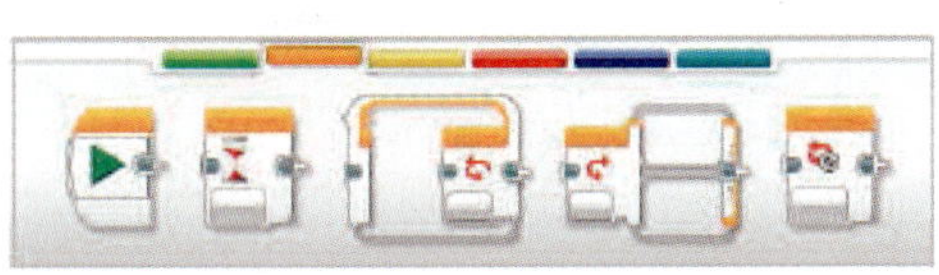

① 시작　　② 대기
③ 루프　　④ 스위치
⑤ 루프 인터럽터

(3) 센서 블록

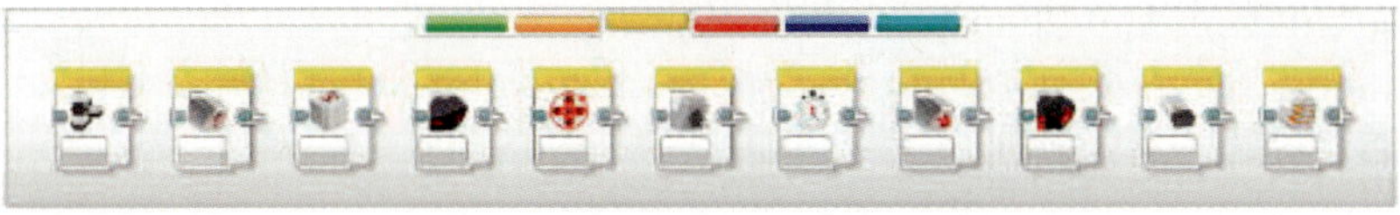

① 브릭 버튼　　　② 컬러 센서
③ 자이로 센서　　④ 적외선 센서
⑤ 모터 회전　　　⑥ 온도 센서
⑦ 타이머　　　　⑧ 터치 센서
⑨ 초음파 센서　　⑩ 에너지미터
⑪ NXT 사운드 센서

(3) 데이터 블록

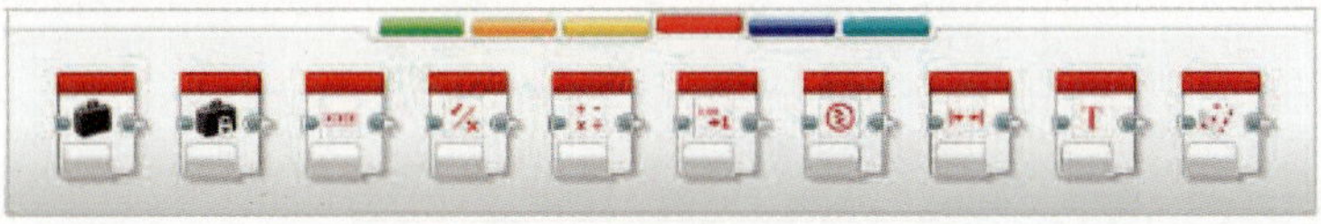

① 변수　　　　② 상수
③ 배열 연산　　④ 논리 연산
⑤ 수학　　　　⑥ 올림/내림
⑦ 비교　　　　⑧ 범위
⑨ 텍스트　　　⑩ 랜덤

(4) 고급 블록

① 파일 접속　　　② 데이터로깅
③ 메시징　　　　④ 블루투스 연결
⑤ 작동 상태유지　⑥ 원시 센서 값
⑦ 비조정 모터　　⑧ 모터 반전
⑨ 프로그램 중지

(6) 마이 블록

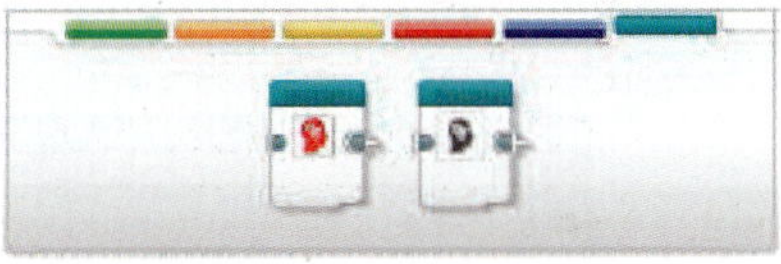

여러 프로그램에서 프로그램의 동일한 세그먼트를 반복해서 사용하면 마이 블록을 생성하기에 좋다. 마이 블록을 생성하면 블록 하나를 동일한 프로젝트의 향후 프로그램에 간단히 삽입할 수 있다.

4. EV3 소프트웨어의 도구

EV3 소프트웨어의 상단 메뉴 표시줄에는 EV3 소프트웨어 체험을 지원하고 추가 기능을 제공할 수 있는 몇 가지 도구가 있다. EV3 소프트웨어 도움말에서 대부분의 도구를 자세히 배워볼 수 있다.

(1) 사운드 편집기

사운드 편집기는 나만의 사운드 효과를 만들거나 EV3 공식 사운드 파일을 선택하여 사용자를 지정한다. 이 사운드는 나중에 사운드 프로그래밍 블록을 사용하여 로봇을 프로그래밍하는 데 사용할 수 있다.

(2) 이미지 편집기

이미지 편집기는 나만의 이미지를 디자인하거나 기존 이미지를 사용자 지정하여 EV3 브릭 디스플레이를 창의적으로 사용할 수 있다. 그런 다음 디스플레이 프로그래밍 블록을 사용하여 로봇을 프로그래밍하는 데에도 사용할 수 있다.

(3) 마이 블록 빌더

마이 블록 빌더는 가끔씩 다른 프로젝트나 프로그램에서 다시 사용할 만한 우수한 프로그램을 만들고 싶을 때가 있다. 마이 블록 빌더는 이 미니프로그램을 만들어 이름, 아이콘, 파라미터를 정의하는 특별한 마이 블록을 생성할 수 있게 도와준다. 마이 블록은 마이 블록 프로그래밍 팔레트에 자동으로 보관된다.

(4) EV3 펌웨어 업데이트

펌웨어 업데이트는 주기적으로 업데이트된 펌웨어를 EV3 브릭에 사용할 수 있다. 사용할 수 있는 새로운 버전이 있으면 설치하는 것이 좋다. 이 도구는 사용 가능한 새 펌웨어 버전이 있는지 알려주며, EV3 브릭에서 이를 업데이트하도록 도와준다. V3를 작동시키기 위해서는 현재 사용 중인 소프트웨어에 맞는 펌웨어로 업데이트해야 한다.
(도구 〉〉 펌웨어 업데이트 클릭!!)

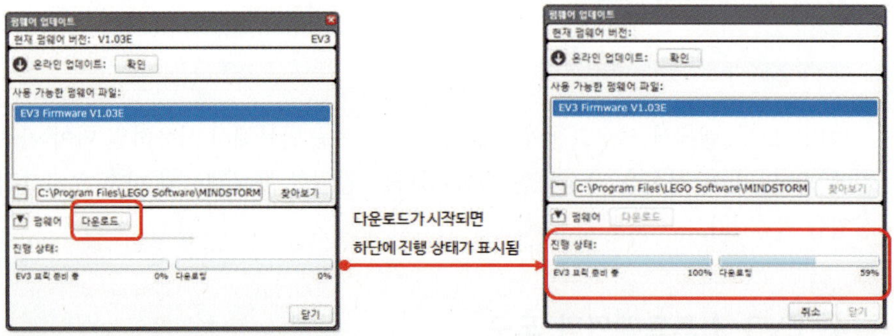

[그림 2-17] EV3 펌웨어 업데이트 과정

업데이트가 완료되면 EV3 브릭이 자동으로 재시작한다.
(다운로드가 완료되기 전에 다운로드 케이블을 뽑으면 오류가 발생하므로 주의!)

(5) 무선 설정

무선조정은 Wi-Fi를 사용하여 EV3 브릭과 EV3 소프트웨어의 통신을 설정하려면 이 도구로 무선 연결을 설정할 수 있다. 이 작업을 하려면 EV3 브릭용 Wi-Fi USB 동글을 준비하고, EV3 브릭에서 Wi-Fi 통신을 활성화해야 한다.

(6) 블록 가져오기

블록 가져오기는 프로그래밍 팔레트에 새 블록을 추가한다. 이는 새 레고 프로그래밍 블록뿐 아니라 다른 센서와 연관하여 다른 제조업체에서 개발한 블록일 수 있다. 이러한 블록은 먼저 컴퓨터로 다운로드한 후 이 도구를 사용하여 EV3 소프트웨어로 가져올 수 있다.

(7) 메모리 브라우저

메모리 브라우저는 EV3 브릭에 저장한 내용은 쉽게 사라져버릴 수 있다. 메모리 브라우저는 EV3 브릭의 메모리 사용을 간단히 보여준다(삽입한 SD 카드가 있으면 이 카드 포함). 메모리 브라우저를 사용하여 프로그램, 사운드, 그래픽, 기타 파일을 EV3 브릭과 컴퓨터 사이에서 이동하고, EV3 브릭에 포함된 파일을 복사 및 삭제할 수 있다.

(8) 앱으로 다운로드

고급 사용자는 EV3 브릭에서 일반 작업용 애플리케이션을 생성해 볼 수 있다. EV3 브릭 앱은 일반 EV3 프로그램으로 만들지만, 이 도구를 사용하여 EV3 브릭으로 다운로드할 때 브릭 앱 화면에 새 앱으로 나타나며, 브릭 프로그래밍 및 포트 보기와 같은 기본 앱과 함께 사용할 수 있다.

(9) 브릭 프로그램 가져오기

브릭 프로그램 가져오기 도구를 사용하면 EV3 브릭의 브릭 프로그램 앱에서 만든 프로그램을 EV3 소프트웨어 프로그래밍 환경으로 가져올 수 있다. 이제 EV3 소프트웨어의 전체 기능을 사용하여 프로그램을 개선할 수 있다.

(10) 데이터 로그 파일 관리자

데이터 로그 파일 관리자 도구를 사용하여 실험에서 EV3 소프트웨어로 생성한 데이터 셋을 보고, 관리하며, 가져올 수 있다. 이 도구는 EV3 브릭에서 원격으로 데이터를 수집할 때 사용된다. 데이터 로그 파일 관리자는 EV3 브릭, SD 카드, 컴퓨터에서 데이터 셋을 가져올 수 있다.

(11) 데이터 셋에서 값 삭제

센서에서 데이터를 수집할 때 나중에 데이터 셋에서 특정값을 삭제하고 싶을 수 있다. 이는 추가 분석을 위해 센서 값의 범위를 좁히거나, 실제값을 측정할 수 없을 때 센서에서 반환한 기본값으로 생성한 잘못된 값이 데이터 셋에 있을 때 실시한다.

(12) 데이터로깅 프로그램 생성

프로그램에 통합하려는 실험이 있을 때 데이터로깅 프로그램 생성도구를 사용하면 유용하다. 항상 같은 곳에서 데이터를 수집하는 대신, 실내 공간의 다른 구역에서 데이터를 수집하도록 로봇을 프로그래밍하고 싶을 수 있다. 이 도구는 프로그래밍 캔버스의 데이터로깅 프로그래밍 블록으로 실험을 전환한다. 이제 프로그램을 구축할 수 있다.

(13) 데이터 셋 내보내기

Microsoft Excel과 같은 다른 소프트웨어 도구에서 데이터 셋으로 추가 작업을 하려면 쉼표로 구분된 값(CSV) 파일로 EV3 데이터 셋을 내보내 컴퓨터에 저장할 수 있다. 그런 다음 선택한 소프트웨어에서 CSV 파일을 열 수 있다. 소프트웨어에서 CSV 파일 형식을 지원하는지 확인한다.

5. 로봇 에듀케이터

로봇 에듀케이터는 총 49가지의 학습내용이 기초학습, 심화학습, 하드웨어, 데이터로깅, 도구 등 5가지의 카테고리로 구분되어 있다.

학습내용은 자습서 형태로 되어 있으며, [그림 2-18]과 같이 로봇 에듀케이터의 구성방식은 목표이해하기, 로봇 조립 및 프로그래밍하기, 테스트하기, 수정하기 방식으로 구성된다.

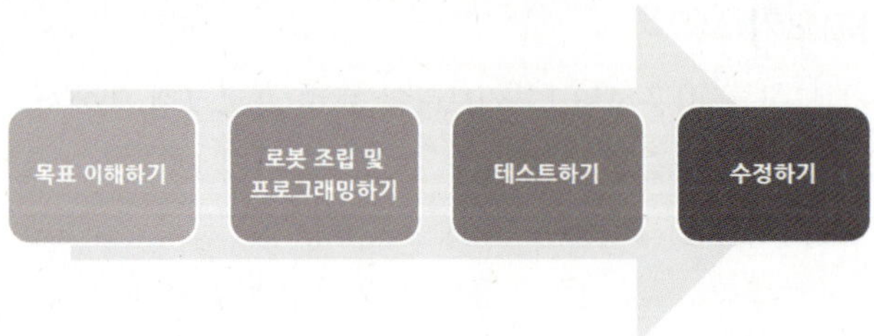

[그림 2-18] 로봇 에듀케이터 구성방식

(1) 목표이해하기

간단한 글과 영상을 통해 학습목표를 안내한다.

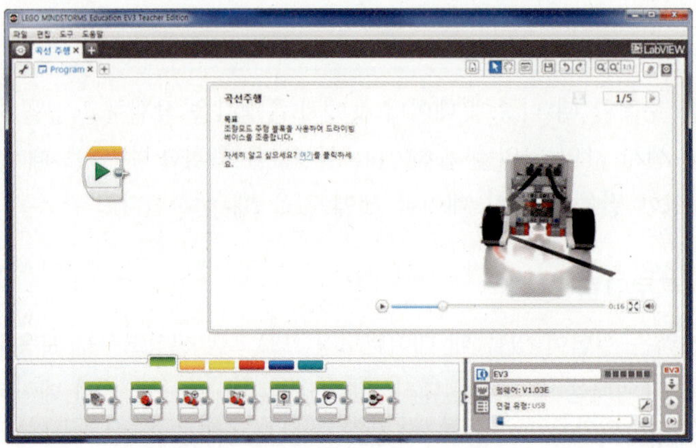

(2) 로봇 조립 및 프로그래밍하기

조립도에 따라 로봇을 조립하고 안내에 따라 프로그램을 작성한다.

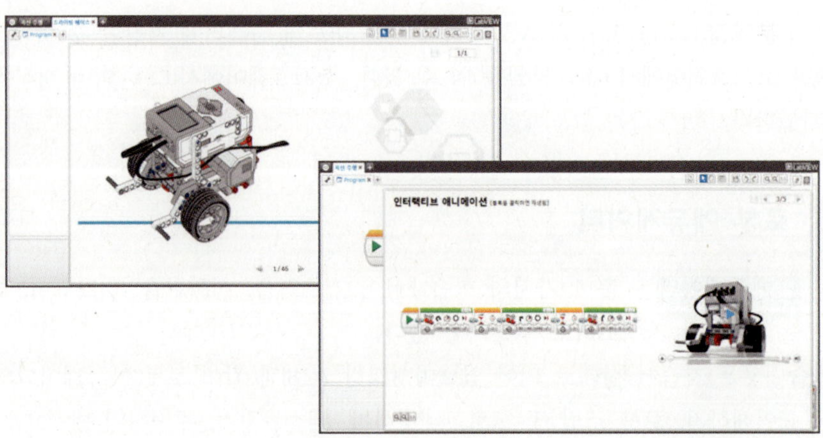

(3) 테스트하기

작성한 프로그램을 EV3 브릭에 다운로드하고 예측한 대로 작동하는지 테스트한다.

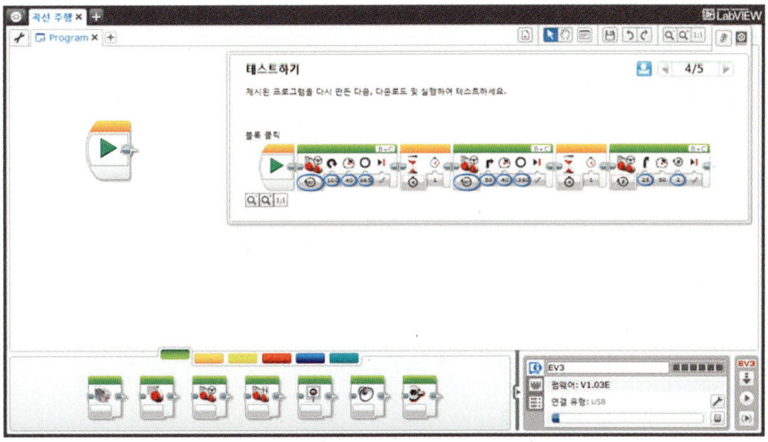

(4) 수정하기

로봇이 제시된 도전과제를 수행할 수 있도록 프로그램을 수정한다.

6. 알고리즘, 순서도 및 프로그래밍

EV3 소프트웨어를 통하여 프로그래밍을 하게 되는데 그 프로그램을 작성하는 방법은 사전에 검토하고 분석하는 일이 반드시 필요하다. 이러한 문제를 해결하는 방법은 처음부터 시작과 끝까지의 단계를 차례대로 단계를 정하여 나열하는 방법이다.

전체 문제에서 세부단계로 구분하여 단순화시키는 기술이 알고리즘 기술이다. 이것을 세부문제로 구체화하여 순서를 정하여 나열하는 방법이 순서도 작성하는 기술이다.

결국 모든 문제를 해결하는 방법에서 세부 문제를 논리적으로 정연하게 순서도를 작성하여 구체적으로 작성하는 기술이 프로그래밍 기술이다.

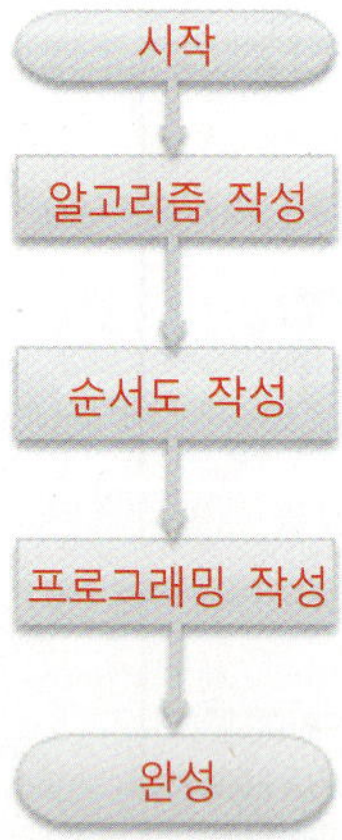

[그림 2-19] 알고리즘, 순서도 및 프로그래밍 작성

(1) 알고리즘

주어진 문제를 해결하기 위하여 절차나 방법이다. 형식과 기호나 언어에 형식과 관계없이 머릿속에 있는 복잡한 생각과 방법을 종이 위에 절차와 방법을 나열하는 기술이다.

(2) 순서도

주어진 문제를 해결하는 방법의 첫 번째가 알고리즘이라면 두 번째 방법이 순서도 작성이다. 보통 컴퓨터 프로그램을 하기 전에 상호 관계를 알기 쉽고 공통된 기호나 도형으로 정의하여 만든 그림이다. 순서도만 제대로 작성하면 프로그래밍을 할 수 있다는 뜻이다.

정의	기호	정의	기호
시작과 끝		미리 정의된 처리	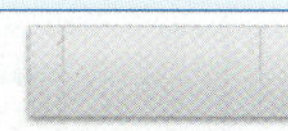
연산, 데이터 이동		준비 : 초기값 설정	
판단		연결자(순서도끼리)	
입력과 출력		처리의 흐름	

수행실습

EV3 소프트웨어 구성 및 특징

재료 · 자료

EV3 SW, EV3 레고 마이드스톰

기기(장비 · 공구)

컴퓨터, USB 케이블, 충전 어댑터

안전 · 유의사항

EV3 로봇 플랫폼의 외형의 관리하고 P-브릭에 전원을 충분히 충전한다.

수행순서

01 EV3 소프트웨어를 설치한다.

컴퓨터가 최소 시스템 요구사항에 부합된다는 사실을 확인하면 소프트웨어를 설치할 준비가 끝난 것이다. 모든 프로그램을 닫고 EV3 소프트웨어 애플리케이션 폴더의 설치 파일을 두 번 클릭한다. 이제 설치가 시작한다.

1. 교수용 및 학생용 에디션을 선택한다.

설치과정에서 교수용(Teaching), 학생용(Student) 중 EV3 소프트웨어의 어떤 에디션을 설치할 것인지 물어보는 메시지가 표시된다. 사용자는 사용자 정의 설치를 선택하면 교수용 에디션을 설치할 수 있다.

교수용 에디션에는 교실 및 기타 교육상황에서 유용하게 사용할 수 있는 추가 정보와 자원이 들어 있다. 확장된 콘텐츠 편집기 기능으로 학생들이 접근할 수 없는 프로그램을 만들어 교육에 유용한 콘텐츠에 접근하고, 콘텐츠를 만들며 관리할 수도 있다. 모든 교육자들은 교수용 에디션을 설치하는 것이 좋다.

02 EV3 소프트웨어를 동작하여 로비 화면을 확인한다.

EV3 소프트웨어를 열면 로비(Lobby) 영역이 자동으로 시작된다. 로비에서는 소프트웨어로 기능을 더 쉽게 찾아 작업할 수 있으며, 필요한 모든 기능을 이용할 수 있다.

EV3 소프트웨어를 열면 로비에서 찾아볼 수 있는 옵션과 자원은 로비 탭, 활동영역, 보기, 검색, 웹사이트로 구성되어 있다.

1. 로비 탭

로비 탭은 항상 로비로 돌아가는 버튼이다.

2. 활동개요

활동개요는 여기에서 콘텐츠에 접근하여 콘텐츠를 구성하고 미리 볼 수 있으며 프로젝트를 시작할 수 있다. 주요 항목은 다음과 같다.

① 코어 모델의 조립설명서
② 간단 소개 동영상 및 EV3 사용설명서 등의 간편 안내자원
③ 새 프로젝트를 시작하거나 기존 프로젝트를 열 수 있는 파일 관리
④ EV3 소프트웨어 및 하드웨어의 사용방법을 설명하는 48단계 자습서가 포함된 로봇 에듀케이터

3. 보기

보기는 활동개요로 돌아가는 버튼이다.

4. 검색

검색은 다양한 필터 옵션을 사용하여 특정 콘텐츠가 있는 프로젝트를 찾는다.

5. 연결 링크

레고 공식 웹사이트인 www.LEGOeducation.com/MINDSTORMS—LEGO® MINDSTORMS® Education 공식 웹 사이트로 연결되는 링크이다.

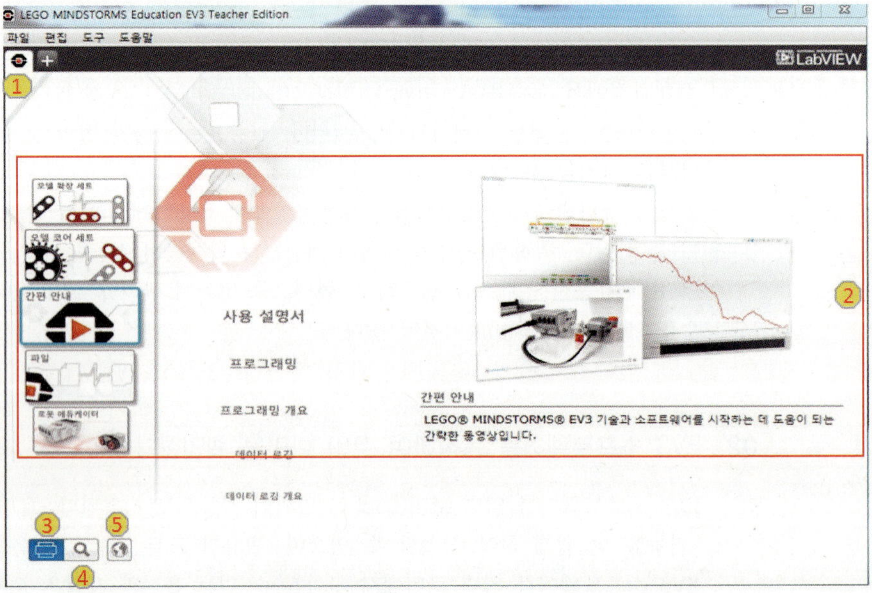

[그림 2-20] 로비 화면의 팝업(Pop-Up)창

03 프로그램 및 실험 탭의 맨 왼쪽에 있는 렌치 모양 탭을 클릭하여 프로젝트 속성 페이지를 실행하고 설명한다.

모든 프로그램, 실험, 이미지, 사운드, 기타 자산을 포함하여 현재 선택한 프로젝트의 디스플레이가 이 페이지에 정렬되어 나타난다. 여기에서 텍스트, 이미지, 동영상으로 로비에서 프로젝트를 설명하는 방법을 결정할 수 있다. EV3 소프트웨어 교사용 버전의 프로젝트 속성 페이지에는 프로젝트의 선택한 프로그램 및 기타 자산에 접근하지 못하도록 제한하는 기능도 있다.

표시된 프로젝트 속성 페이지는 프로젝트 설명, 프로젝트 콘텐츠 설명, 데이지 체인 모드로 구성된 다음 그림과 나타난다.

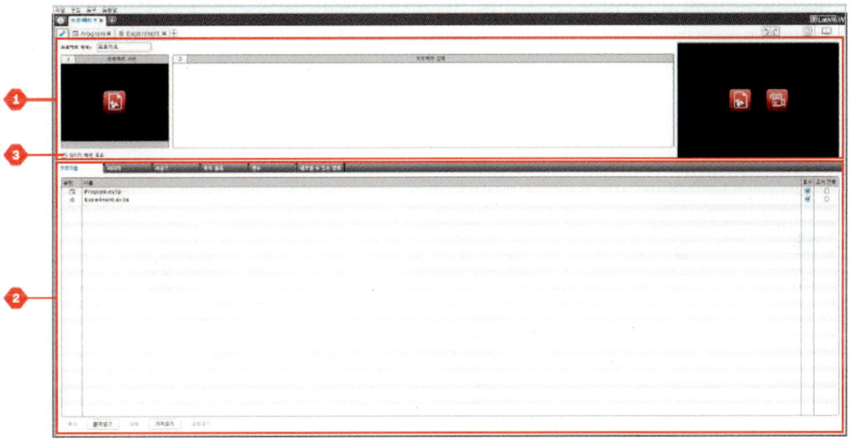

프로젝트 속성 페이지

[그림 2-21] 프로젝트 속성 페이지

1. 프로젝트 설명

프로젝트 설명창은 프로젝트에 제목을 지정하고, 이를 설명하며 프로젝트를 미리 볼 때 로비에 나타나게 하려는 이미지와 동영상을 삽입할 수 있다.

2. 프로젝트 콘텐츠 개요

프로젝트 콘텐츠 개요의 창은 프로그램, 실험, 이미지, 사운드, 마이 블록 등 프로젝트에 포함된 자산을 모두 찾아볼 수 있다.

3. 데이지 체인 모드

이 확인란을 사용하면 데이지 체인 모드를 활성화하여 연결된 EV3 브릭을 4개까지 프로그래밍할 수 있다.

04 EV3 소프트웨어의 프로그래밍, 데이터로깅, 하드웨어의 핵심을 파악할 수 있도록 설계되어 있는 로봇 에듀케이트 학습도구를 실행한다.

로봇 에듀케이터(Robot Educator)는 EV3 소프트웨어에서 찾아볼 기본 로봇과 자습서 양쪽 모두의 이름이다. 로봇 에듀케이터 학습도구는 프로그래밍, 데이터로깅, 하드웨어의 핵심을 파악할 수 있도록 설계되었다.

로봇 에듀케이터는 기초학습, 심화학습, 하드웨어, 데이터로깅, 도구 등으로 구분된 48가지 자습서로 구성되어 있다. 각 자습서는 목표이해하기, 로봇 조립 및 프로그래밍하기, 테스트하기, 수정하기로 구성된다.

로비의 로봇 에듀케이터 섹션에서 모든 관련 조립설명서와 교수용 가이드(EV3 소프트웨어의 교수용 버전에서만 사용 가능)를 찾아볼 수 있다.

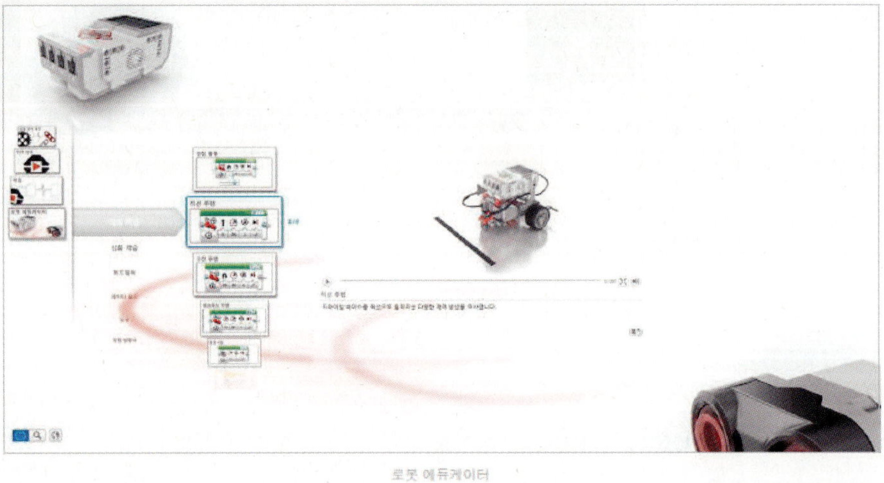

[그림 2-22] 로봇 에듀케이터 실행 화면

05 EV3 소프트웨어의 프로그래밍 환경을 실행하고 설명한다.

프로그램이 없는 로봇은 조각상과 다를 게 없다. 물론 멋지지만 조각상은 조각상일 뿐이다. 로봇을 프로그래밍하면 움직이고, 선을 따라가고, 물체를 피하고, 수학계산을 하는 등 다양한 활동이 가능하다. EV3 소프트웨어는 10세부터 100세까지의 사용자들이 빨리 배워 성공적으로 사용할 수 있는 직관적인 그래픽 기반 형식을 갖추고 있다.

EV3 프로그래밍 환경을 구성하는 기본 영역은 [그림 2-23]과 같다.

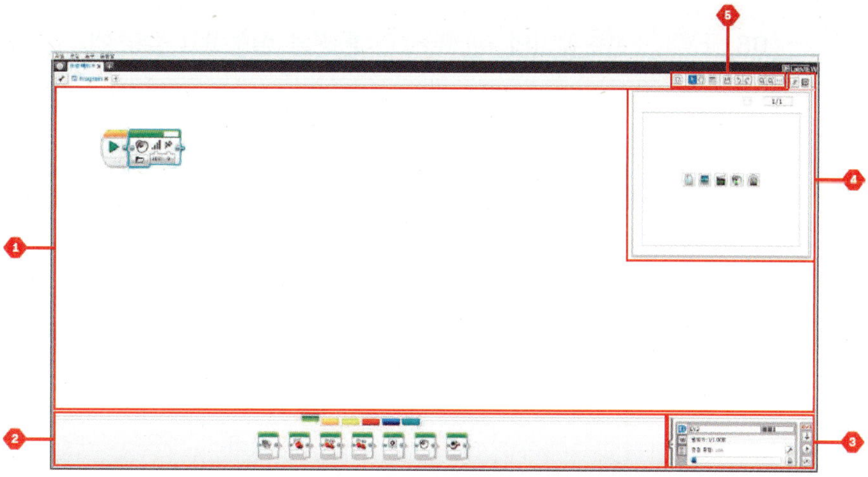

[그림 2-23] EV3 프로그램 환경

1. 프로그래밍 캔버스

프로그래밍 캔퍼스는 프로그램의 레이아웃을 여기서 그려본다.

2. 프로그래밍 팔레트

프로그래밍 팔레트는 프로그램의 조립 블록을 여기서 찾아본다.

3. 하드웨어 페이지

하드웨어 페이지는 EV3 브릭과의 통신을 여기서 설정 및 관리하고, 어떤 모터와 센서가 연결되어 있는지 확인한다. EV3 브릭으로 프로그램을 다운로드할 수도 있다.

4. 콘텐츠 편집기

콘텐츠 편집기는 소프트웨어에 포함되어 있는 디지털 워크북. 설명서를 가져오거나 텍스트, 이미지, 동영상을 사용하여 프로젝트를 문서로 만든다.

5. 프로그래밍 도구 모음

프로그래밍 도구 모음은 프로그램으로 작업할 기본 도구를 찾아볼 수 있다.

06 EV3 소프트웨어의 데이터로깅 환경을 실행하고 설명한다.

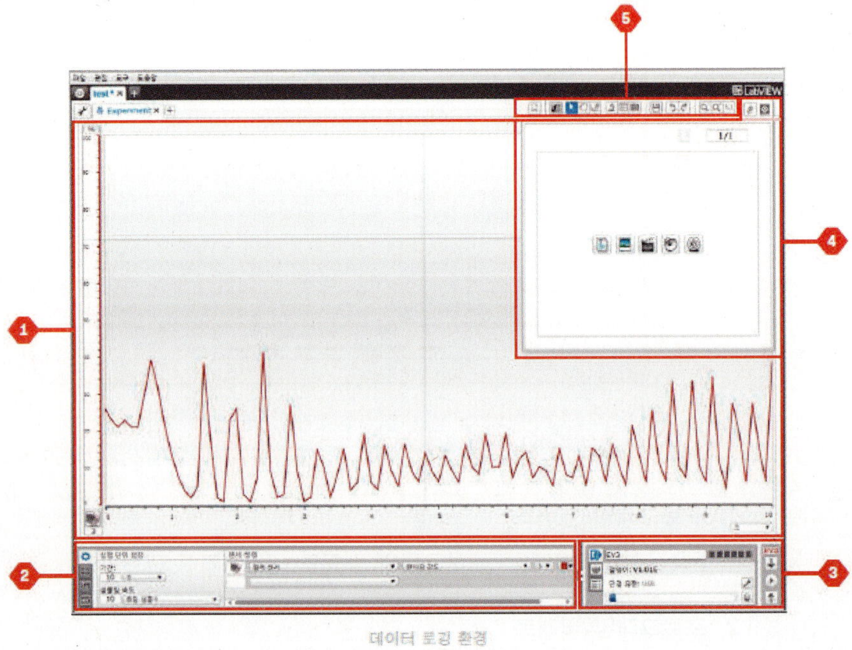

[그림 2-24] 데이터로깅 환경

데이터로깅이란 분석을 위해 정보를 수집하는 활동을 말한다. 예를 들어 기상 캐스터는 하루 동안의 온도값을 수집한 후 저녁 뉴스에 사용할 목적으로 이를 분석할 수 있다. 동물원 사육사는 관람객들이 동물원의 어떤 곳에서 시간을 보내는지에 관한 데이터를 수집할 수 있다. EV3 소프트웨어는 데이터를 단순히 기록할 뿐 아니라 정리하고 분석할 수 있게 도와준다.

EV3 데이터로깅 환경은 그림과 같은 주 영역으로 구성된다.

1. 그래프 영역

그래프 영역은 데이터 플롯을 확인하고 분석하는 영역이다.

2. 구성 패널

구성 패널은 실험을 설정하고 데이터 셋을 관리하며 데이터 셋 계산, 그래프 프로그래밍, 특수 데이터로깅 기능에 접속할 수 있다.

3. 하드웨어 페이지

하드웨어 페이지는 EV3 브릭과의 통신을 설정 및 관리하고 연결된 센서를 확인한다. EV3 브릭으로 실험을 다운로드하고 소프트웨어로 데이터를 업로드할 수 있는 메뉴이기도 한다.

4. 콘텐츠 편집기

콘텐츠 편집기는 소프트웨어에 포함되어 있는 디지털 워크북. 설명서를 가져오거나 텍스트, 이미지, 동영상을 사용하여 프로젝트를 문서로 만든다.

5. 데이터로깅 도구 모음

데이터로깅 도구 모음은 그래프 및 실험 작업을 위한 기본 도구를 찾아본다.

07 EV3 소프트웨어의 구성 패널의 4가지 탭을 실행하고 설명한다.

구성 패널에는 실험 준비, 관리, 분석에 유용한 4가지 탭이 있다. 일부 탭은 동적인 탭이므로 필요할 때 자동으로 표시된다. 수동으로 언제든지 탭을 전환할 수 있다.

1. 실험 구성

여기에서 샘플 시간과 속도를 선택하고 데이터를 수집할 센서를 선택하여 실험을 설정할 수 있다. 대부분의 센서는 다양한 데이터 유형을 제공할 수 있으므로, 센서마다 센서 모드를 선택할 수도 있다.

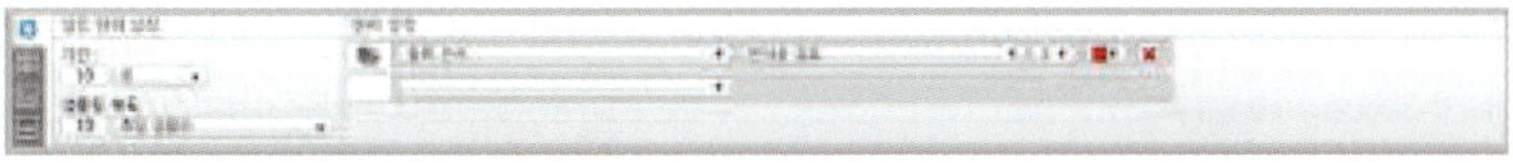

[그림 2-25] 실험 구성 패널

2. 데이터 셋 테이블

그래프 영역에 수집한 데이터를 표시하는 것 외에도 데이터 셋은 데이터 셋 테이블에 표시된다. 여기에서 데이터 셋의 이름을 변경하고 데이터 셋을 삭제하거나 숨기며, 그래프의 플롯 스타일과 색상을 변경할 수 있다.

[그림 2-26] 데이터 셋 데이블 패널

3. 데이터 셋 계산

여기에서 숫자, 함수, 기타 데이터 셋을 사용하여 다양한 계산을 하면서 데이터 셋과 그래프를 조작할 수 있다. 출력결과는 그래프와 데이터 셋 값으로 모두 표시된다.

[그림 2-27] 데이터 셋 계산 패널

4. 그래프 프로그래밍

그래프 영역을 다양한 구역으로 나누면 센서 값이 특정 레벨이나 경계값에 도달할 때 EV3 브릭의 모터나 사운드와 같이 센서 입력값을 사용하여 출력값을 활성화할 수 있다.

[그림 2-28] 그래프 프로그래밍

EV3 데이터로깅 환경에 대해 자세히 알아보고 최초 실험을 어떻게 시작할지 알아보려면, 로비의 간편 안내 섹션에서 데이터로깅 및 데이터로깅 개요 동영상을 확인한다.

08 EV3 소프트웨어의 하드웨어 페이지의 4가지 버튼 기능을 실행하고, 3가지 하드웨어 페이지를 실행하고 설명한다.

1. 하드웨어 페이지 컨트롤러 실행

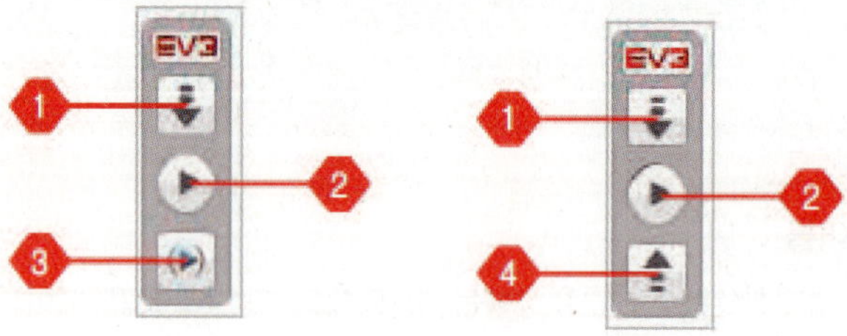

[그림 2-29] 하드웨어 페이지 컨트롤러

하드웨어 페이지에는 현재 연결되어 있는 EV3 브릭에 관한 폭넓은 정보를 보여준다. 프로그램 및 실험 작업을 할 때는 항상 오른쪽 하단 모서리에 있으며, 확장/축소 탭을 사용하여 필요할 때 축소할 수 있다. 축소 상태에서는 프로그램이나 실험을 다운로드하는 하드웨어 페이지 컨트롤러를 볼 수 있다.

하드웨어 페이지 컨트롤러 버튼의 기능은 다음과 같다.

① 다운로드 : 프로그램 또는 실험을 EV3 브릭으로 다운로드한다.
② 다운로드 및 실행 : 프로그램 또는 실험을 EV3 브릭으로 다운로드하여 즉시 실행한다.
③ 다운로드 및 실행 선택 : 선택한 블록만 EV3 브릭으로 다운로드하여 즉시 실행한다.
④ 업로드–EV3 브릭에서 실험으로 수집한 데이터를 업로드한다.

EV3 브릭을 컴퓨터에 연결하면 위쪽 작은 창의 EV3 텍스트가 빨간색으로 변한다.

2. 하드웨어+페이지 실행

(1) 브릭 정보

브릭 정보 탭에는 현재 연결된 EV3 브릭, EV3 브릭 이름, 배터리 잔량, 펌웨어 버전, 연결유형, 메모리 표시 막대와 같이 EV3 브릭에 관한 중요한 정보가 표시된다. 메모리 브라우저 및 무선 설정 도구에도 접속할 수 있다.

[그림 2-30] 브릭 정보

(2) 포트 보기

포트 보기 탭은 EV3 브릭에 연결된 센서와 모터에 관한 정보를 보여준다. EV3 브릭을 컴퓨터에 연결하면 이 정보가 자동으로 식별되며, 실시간 값을 확인할 수도 있다. EV3 브릭을 연결하지 않아도 포트 보기 탭을 수동으로 설정할 수 있다. 포트를 선택한 후 목록에서 적절한 센서나 모터를 선택한다.

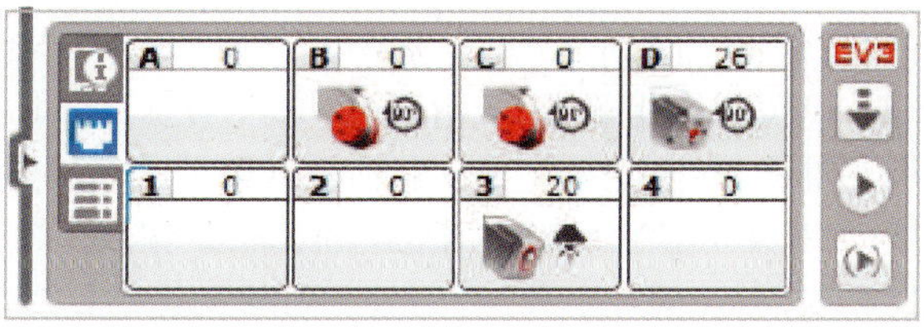

[그림 2-31] 포트 보기

(3) 사용 가능한 브릭

사용 가능한 브릭 탭에는 현재 연결에 사용할 수 있는 EV3 브릭이 표시된다. 연결할 EV3 브릭과 통신유형을 선택할 수 있다. 기존 EV3 브릭 연결을 분리할 수도 있다.

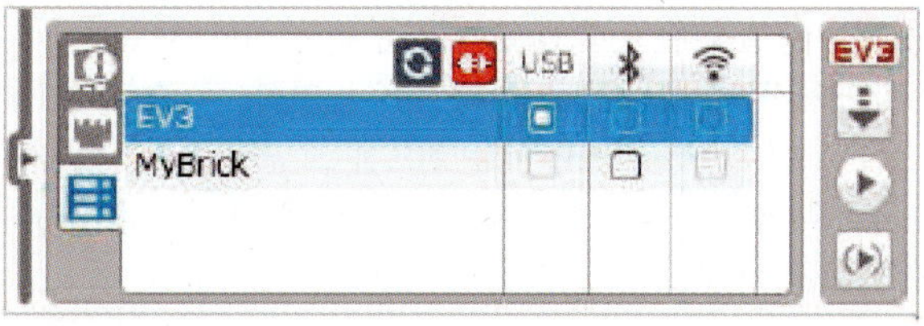

[그림 2-32] EV3 브릭 상태와 통신유형

09 EV3 소프트웨어의 콘텐츠 편집기를 실행하고 설명한다.

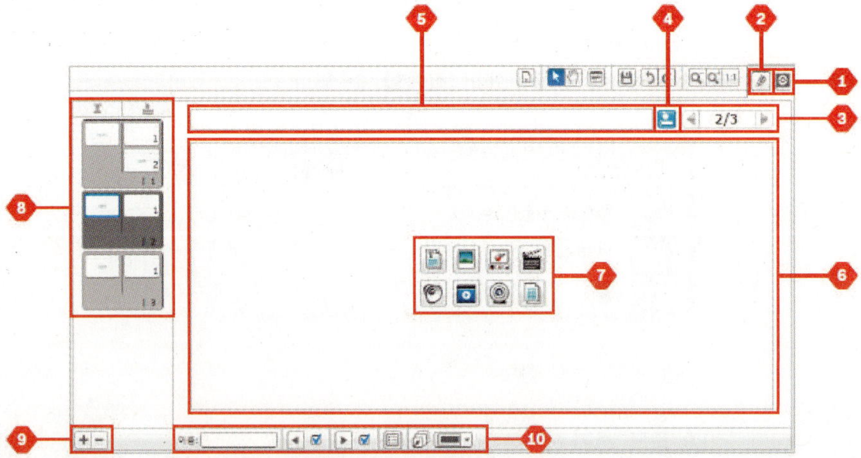

[그림 2-33] 콘텐츠 편집기

콘텐츠 편집기는 사용자가 프로젝트의 목표, 절차, 분석을 문서화하는 편리한 방법을 지원한다. 텍스트, 이미지, 동영상, 사운드 효과뿐 아니라 조립설명서까지 포함시킬 수 있다. 덕분에 교육자들은 종이 없이 편리하게 학생들의 프로젝트를 모니터링하고 평가할 수 있다. 콘텐츠 편집기는 로봇 에듀케이터 자습서, 구입한 레고 에듀케이션 액티비티 팩과 같이 미리 제작된 콘텐츠를 표시하고 사용할 수 있는 곳이기도 한다.

각각의 페이지를 다양한 레이아웃으로 사용자 지정할 뿐 아니라, 특정 프로그램 열기나 특정 프로그래밍 블록 선택과 같은 폭넓은 작업을 자동으로 실행할 수 있다.

콘텐츠 편집기는 EV3 소프트웨어의 오른쪽 상단 모서리에 있으며, 프로그램이나 실험과 함께 작업할 수 있다. 책 아이콘이 그려진 큰 버튼을 사용하여 콘텐츠 편집기를 열 수 있다. 편집기를 열면 로봇 에듀케이터 자습서와 같이 프로젝트용으로 생성한 콘텐츠를 확인할 수 있다.

콘텐츠 편집기를 구성하는 기본 영역과 기능은 다음과 같다.

① 콘텐츠 편집기 열기/닫기 : 콘텐츠 편집기 열기/닫기에서 콘텐츠 편집기를 열고 닫을 수 있다.

② 편집/보기 모드 : 편집/보기 모드에서 페이지를 보거나 편집할 수 있다.

③ 페이지 탐색 : 페이지 탐색에서 다음 페이지나 이전 페이지로 이동한다.

④ 교수/학생 전환 : 교수/학생 전환에서 콘텐츠를 보면서 학생 페이지와 교수 노트를 전환한다. 이 기능은 EV3 소프트웨어의 교사용 버전에서만 사용할 수 있다.

⑤ 페이지 제목 : 페이지 제목에서 페이지의 제목을 추가한다.

⑥ 페이지 영역 : 페이지 영역에서 메인 콘텐츠를 보고 편집할 수 있는 곳이다.

⑦ 미디어 아이콘 : 미디어 아이콘에서 페이지 영역에 추가하려는 콘텐츠 유형을 선택한다.

⑧ 페이지 축소 보기 : 페이지 축소 보기에서 축소판 이미지를 사용하여 특정 페이지로

이동한다. EV3 소프트웨어의 교수용 버전에서는 교사 노트를 사용할 수도 있다.

⑨ 페이지 추가/삭제 : 페이지 추가/삭제에서 페이지를 추가할 때 14가지 다양한 템플릿을 선택할 수 있다.

⑩ 페이지 설정 : 페이지 설정에서 형식, 페이지 작업, 다음 페이지 탐색 등 각 페이지의 특수 설정을 실시한다.

수행 Tip

– EV3 소프트웨어의 로비의 간단한 안내 섹션의 도움말과 동영상을 최대한 활용한다.

3-1 브릭 사운드(Brick Sound) 따라하기

학습 목표	3-1. EV3 브릭의 내장 스피커를 통해 사운드를 재생하는 프로그래밍을 할 수 있다.

1. 사운드 블록

사운드 블록은 EV3 브릭 내 스피커를 사용하여 사운드를 만들어낸다. 미리 녹음된 사운드 파일을 재생하거나 음계 또는 톤을 지정할 수 있다.

(1) 사운드 모드 선택

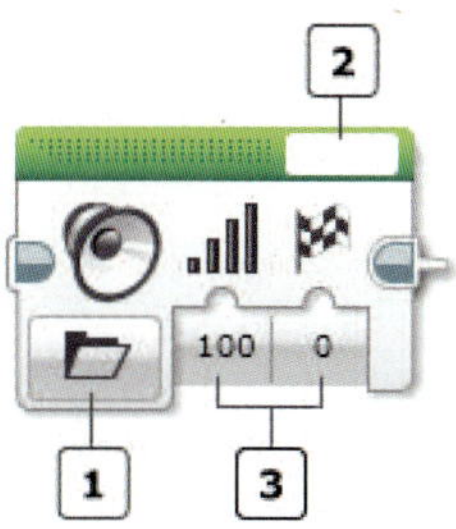

1 모드 선택
2 파일 이름 입력
3 입력

모드 선택을 사용하여 어떤 종류의 사운드를 만들고 싶은지 선택하라. 모드를 선택한 후에는 입력에 대한 값을 선택할 수 있다. 사용 가능한 입력은 모드에 따라 바뀐다. 모드와 입력은 아래 설명되어 있다.

(모드 : 사운드 파일 재생, 톤 재생, 단일음 재생, 정지)

(2) 모 드

1) 사운드 파일 재생

사운드 파일 재생은 미리 녹음된 사운드 파일을 재생한다.

파일 이름 입력은 블록 상단에 있다. 효과음, 음성 단어 및 어구 목록에서 선택할 수 있다. "LEGO Sounds" 카테고리에 있는 사운드는 EV3 소프트웨어와 함께 제공되는 사운드 파일이다. "Project Sounds" 카테고리에 있는 사운드 목록은 프로젝트에서 이미 사용한 사운드이다. 이렇게 한 프로그램이나 프로젝트에서 동일한 사운드를 여러 번 쉽게 사용할 수 있다.

블록 상단의 파일 이름 입력에서 "유선"을 선택하는 경우, 파일 이름 입력은 사운드 블록의 입력 영역에 나타난다. 그래서 데이터 와이어를 통해 사운드 파일의 이름을 제공할 수 있다. 우선 파일 이름 입력에 있는 사운드 파일을 선택하여 프로젝트에 사운드 파일을 추가해야 한다.

음량 입력은 사운드의 세기를 조절한다.

재생 유형 입력은 사운드가 끝날 때까지 블록이 대기한 후 프로그램이 다음 블록을 계속할 것인지 사운드가 반복될 것인지를 조절한다.

(사용한 입력 : 파일 이름, 음량, 재생 유형)

예 1

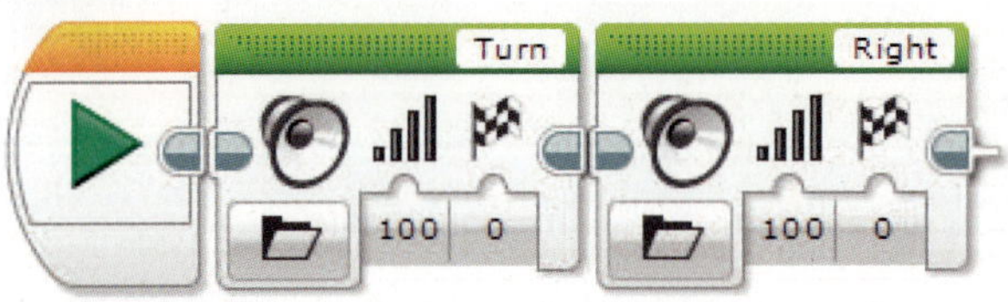

프로그램에서 EV3 브릭은 2가지 사운드 파일을 재생하는데 앞에 있는 파일이 완료될 때까지 기다린 후 뒤에 있는 파일을 재생하기 때문에 "Turn Right"이라고 말한다.

- **팁과 요령**

EV3 브릭은 미리 녹음된 사운드 파일에 저장된 음성 단어 사운드만 재생할 수 있다. 파일 이름 입력에 있는 텍스트는 기존 사운드 파일의 이름이어야 한다.

예 2

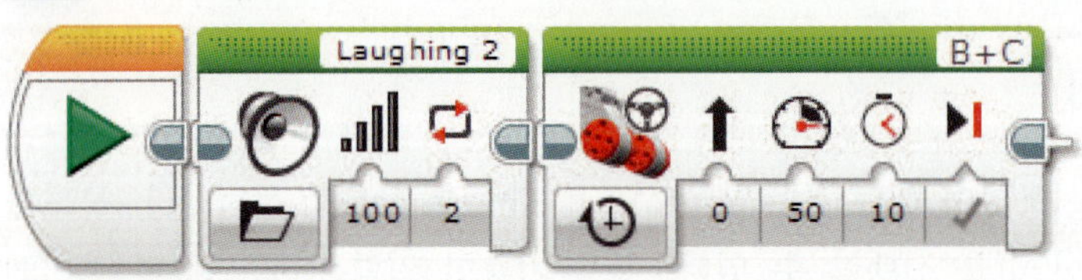

이 프로그램에서 로봇은 앞으로 10초 간 주행하면서 동시에 웃음소리를 연속으로 낸다. 재생 유형 입력에 반복을 사용하면 이렇게 된다.

2) 톤 재생

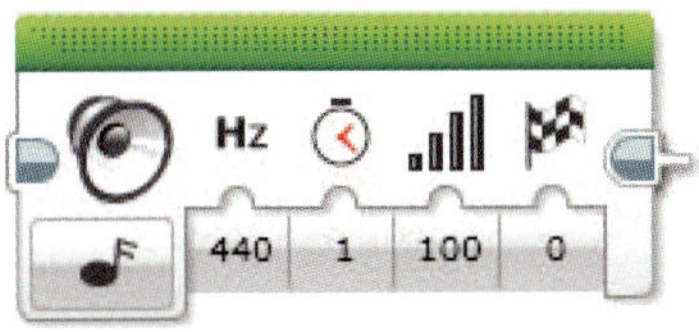

톤 재생 모드는 지정된 주파수의 톤을 재생한다. 톤의 주파수는 피치, 다시 말해서 음의 높낮이를 조절한다.

주파수 입력은 톤의 주파수를 Hz(초당 주기) 단위로 지정한다. 주파수의 숫자를 입력하거나 표준 음계 주파수 목록에서 주파수를 선택할 수 있다.

수행시간 입력은 톤의 지속시간을 초 단위로 조절한다.

(사용한 입력 : 주파수, 수행시간, 음량, 재생 유형)

■ 팁과 요령

- 톤 재생 모드에서 재생되는 톤은 단일음 재생 모드에서 재생되는 음계와 동일하게 재생할 수 있지만 톤 재생을 사용하면 특정한 주파수를 지정할 수 있다.
- 음량 입력은 사운드의 세기를 조절한다.
- 재생 유형 입력은 사운드가 끝날 때까지 블록이 대기한 후 프로그램이 다음 블록을 계속할 것인지 사운드가 반복될 것인지를 조절한다.

(사용한 입력 : 주파수, 수행시간, 음량, 재생 유형)

예 3

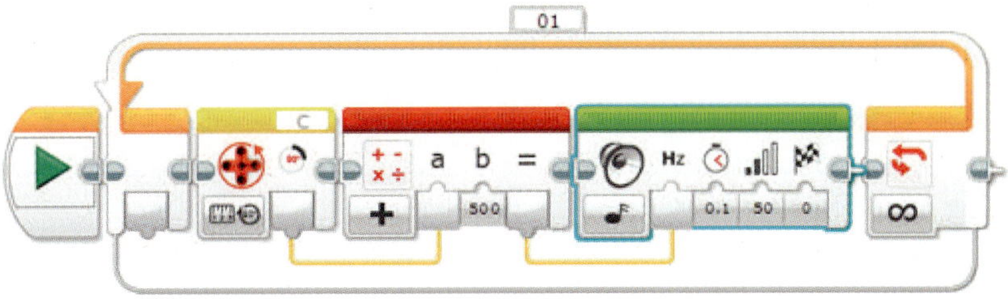

프로그램에서 톤은 모터 회전 센서의 위치에 따라 주파수가 다르다. 모터를 손으로 돌리면 톤이 바뀐다.

3) 단일음 재생

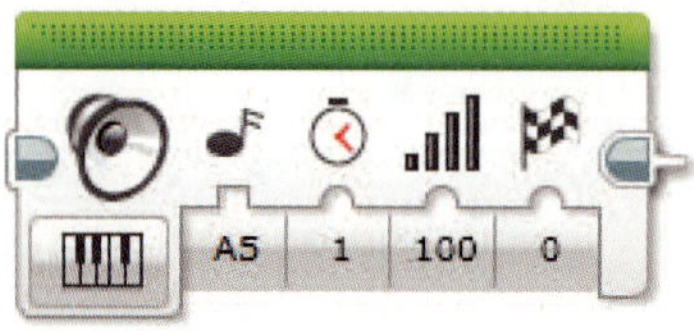

단일음 재생 모드는 하나의 음계를 재생한다.
음계 입력에서는 피아노 키보드 제어에서 음계를 선택할 수 있다.
수행시간 입력은 음계의 지속시간을 초 단위로 조절한다.
(사용한 입력 : 음계, 수행시간, 음량, 재생 유형)

■ **팁과 요령**

- 수행시간 입력에 소수점을 사용하여 매우 짧은 간격을 포함하여 정확한 시간을 지정할 수 있다. 예를 들면, 0.1초는 음계를 10분의 1초 동안 재생한다.
- 음량 입력은 사운드의 세기를 조절한다.
- 재생 유형 입력은 사운드가 끝날 때까지 블록이 대기한 후 프로그램이 다음 블록을 계속할 것인지 사운드가 반복될 것인지를 조절한다.

예 4

이 프로그램은 3가지 음계를 재생하여 짧은 선율을 재생한다.

4) 정지

정지 모드는 EV3 브릭에서 현재 재생 중인 사운드를 정지한다. 이는 사운드가 끝날 때까지 기다리지 않은 사운드 블록에 의해 프로그램 초기에 시작된 사운드를 정지하는 데 주로 사용된다.

예 5

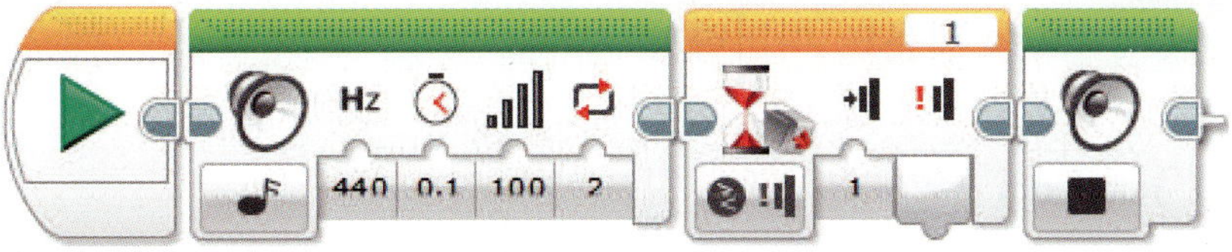

이 프로그램은 터치 센서가 눌릴 때까지 톤을 재생하다가 톤을 정지하게 된다.

(3) 입 력

사운드 블록의 입력은 재생되는 사운드의 상세정보를 제어한다. 블록에 직접 입력값을 입력할 수 있다. 데이터 와이어를 통해 프로그래밍 블록의 출력에서 값을 제공할 수 있다.

입력	유형	허용값	비 고
파일 이름	텍스트	기존 사운드 파일의 이름	예를 들면, "Laughing 2"
음계	텍스트	"C"부터 "B"까지, "4"부터 "6"까지, "#"은 선택.	A~G는 음계 이름이다. 4~6은 옥타브 숫자이다. "#"은 "반음 높은 음"을 의미한다. 예 "C4"는 표준 피아노의 "중간 C"이고, "C4#"은 반음 높은 음이다.
주파수	숫자	300~10000	톤 주파수(Hz)
수행시간	숫자	≥ 0	음계 또는 톤의 수행시간(초)
음량	숫자	0~100	최대 음량의 백분율
재생 유형	숫자	0, 1, 또는 2	0 = 완료될 때까지 기다린다 : 사운드는 한 번 재생되며, 프로그램은 사운드가 끝날 때까지 기다린 후 계속된다. 1 = 1회 : 사운드는 한 번 재생되며, 프로그램이 즉시 계속된다. 2 = 반복 : 또 다른 사운드 블록이 실행될 때까지 사운드는 계속 반복되며, 프로그램이 즉시 계속된다.

번호	계명
A-G	Do, Ré, Mi
C	Do
D	Ré
E	Mi
F	Fa
G	Sol
A	La
B	Si

수행실습 브릭 사운드 따라하기

재료 · 자료

EV3 SW, EV3 레고 마이드스톰

기기(장비 · 공구)

컴퓨터, USB 케이블, 충전 어댑터

안전 · 유의사항

EV3 로봇 플랫폼의 외형의 관리하고 P-브릭에 전원을 충분히 충전한다.

수행순서

01 사운드 블록의 모드 선택을 통하여 단일음 재생, 톤 재생, 사운드 파일 재생을 이용하여 다음의 프로그램을 만들고 테스트하라.

프로그램

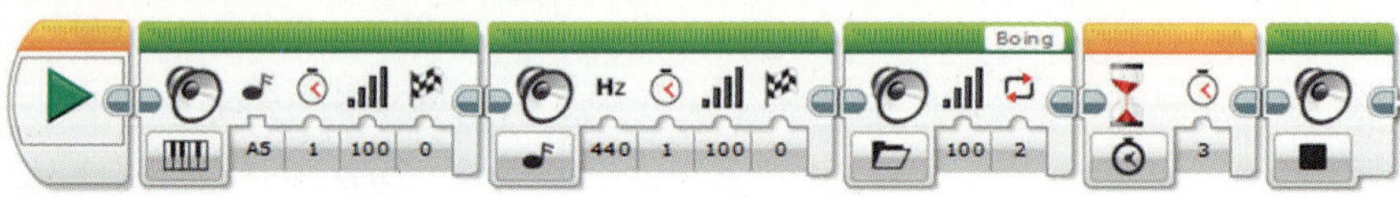

02 프로그램에서 EV3 브릭은 2가지 사운드 파일을 재생하는데 앞에 있는 파일이 완료될 때까지 기다린 후 뒤에 있는 파일을 재생하기 때문에 "Turn Right"이라고 말한다.

프로그램

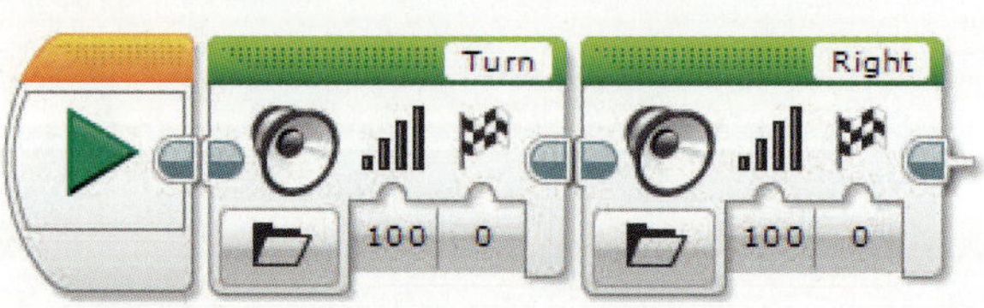

03 이 프로그램에서 로봇은 앞으로 10초 간 주행하면서 동시에 웃음소리를 연속으로 낸다. 재생 유형 입력에 반복을 사용하면 이렇게 된다.

프로그램

04 프로그램에서 톤은 모터 회전 센서의 위치에 따라 주파수가 다르다. 모터를 손으로 돌리면 톤이 바뀐다.

프로그램

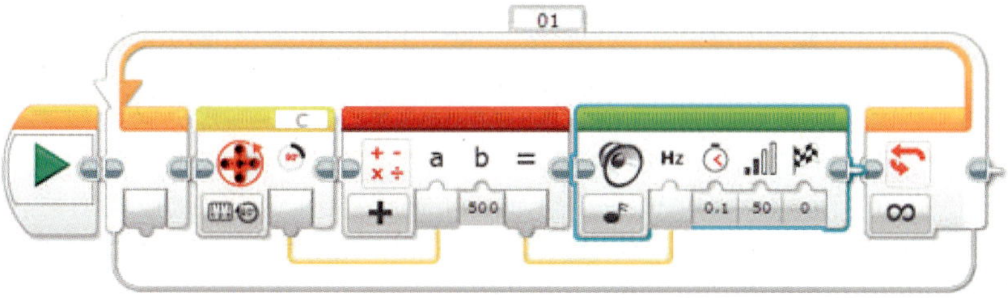

05 3가지 음계를 재생하여 짧은 선율을 재생한다.

프로그램

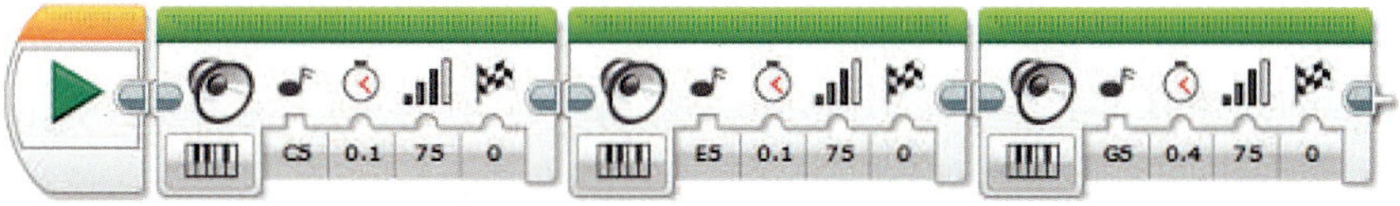

06 터치 센서가 눌릴 때까지 톤을 재생하다가 톤을 정지하게 된다.

프로그램

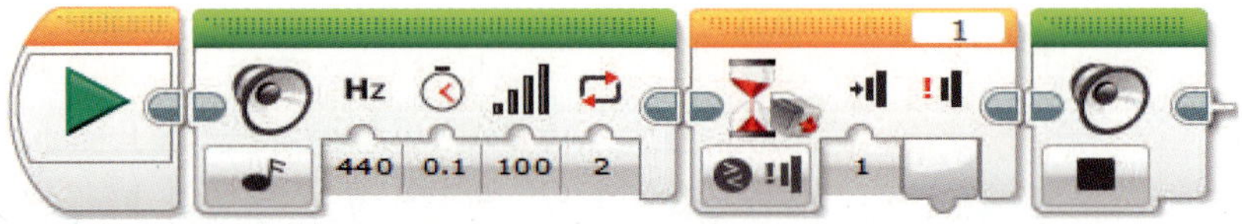

07 브릭 사운드 도전과제

학교종이 땡땡땡을 연주해 보자.

프로그램

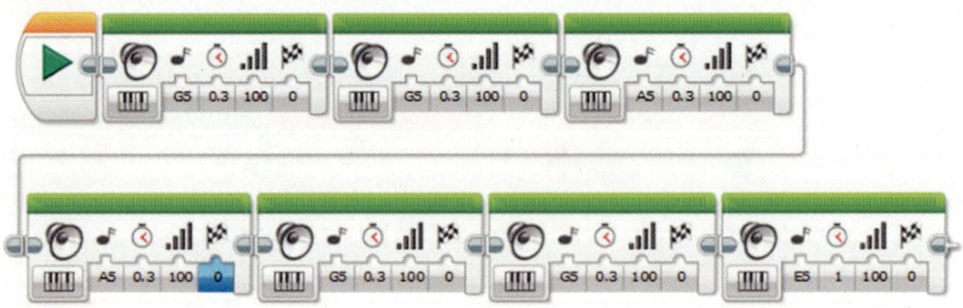

수행 Tip

EV3 소프트웨어의 로비의 간단한 안내 섹션의 도움말과 동영상을 최대한 활용한다.

3-2 브릭 상태 표시등(Brick Light) 따라하기

학습 목표	3-2. 브릭 상태 표시등을 초록, 주황, 빨강색으로 On/Off 또는 점멸하게 프로그래밍을 할 수 있다.

1. 브릭 상태 표시등 블록

브릭 상태 표시등 블록은 브릭 상태 표시등을 제어한다. 브릭 상태 표시등은 EV3 브릭 전면의 브릭 버튼을 둘러싼다. 브릭 상태 표시등을 초록, 주황, 빨강으로 켜거나 끄거나 또는 점멸하게 만들 수 있다.

(1) 제어 선택

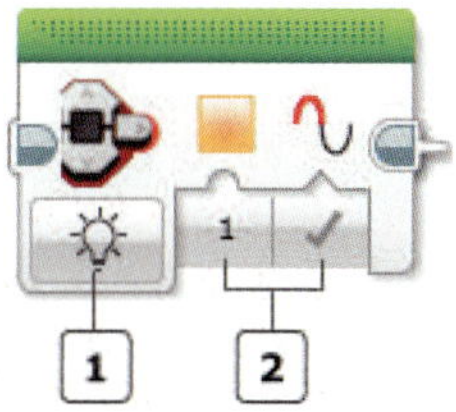

1 모드 선택

2 입력

모드 선택을 사용하여 브릭 상태 표시등을 어떻게 제어하려는지 선택하라. 켜짐 모드를 선택하는 경우, 입력을 사용하여 색상과 점멸 옵션을 선택할 수 있다. 모드와 입력은 아래 설명되어 있다.

(2) 모드 : 켜짐, 꺼짐, 초기화

1) 켜짐

켜짐 모드는 브릭 상태 표시등으로 바뀐다.

색상 입력을 사용하여 표시등의 색상을 선택할 수 있다.

점멸이 참이면, 표시등이 반복적으로 켜졌다 꺼졌다 점멸한다.

켜짐 모드를 사용한 후에는 브릭 상태 표시등 블록이 실행될 때까지 또는 프로그램이 끝날 때까지 표시등이 계속 켜져 있거나 점멸한다.

(사용한 입력 : 색상, 점멸)

예

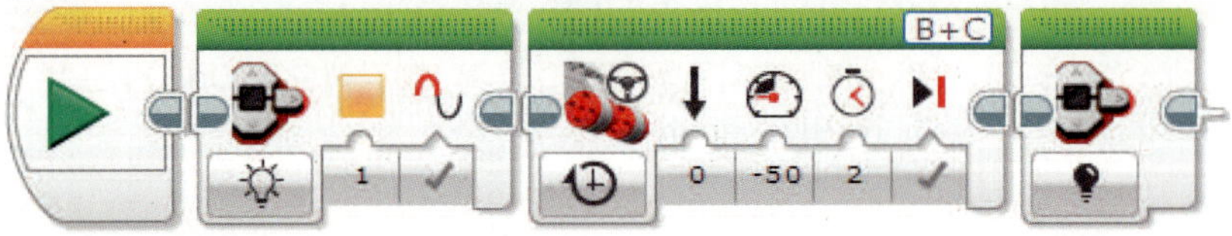

이 프로그램은 로봇이 후진하는 동안 브릭 상태 표시등을 주황색으로 점멸하게 만들다가 표시등을 끈다.

2) 꺼짐

꺼짐 모드는 브릭 상태 표시등을 끈다.

3) 초기화

초기화 모드는 EV3 브릭에서 프로그램이 실행 중임을 나타내는 표준 초록 깜박임 패턴으로 브릭 상태 표시등을 돌려놓는다.

■ 팁과 요령

표준 초록 깜박임 패턴은 점멸 옵션을 사용하는 결과와 다르다.

(3) 입 력

켜짐 모드에서 브릭 상태 표시등 블록의 입력은 브릭 상태 표시등의 작용 방식을 제어한다. 블록에 직접 입력값을 입력할 수 있다. 데이터 와이어를 통해 프로그래밍 블록의 출력에서 값을 제공할 수 있다.

입력	유형	허용값	비 고
색상	숫자	0, 1 또는 2	0 = 초록 1 = 주황색 2 = 빨강
점멸	논리	참/거짓	참이면 표시등이 반복적으로 켰다 꺼졌다 점멸한다. 거짓이면 표시등이 계속 켜져 있다.

수행실습

브릭 상태 표시등 따라하기

재료 · 자료

EV3 SW, EV3 레고 마이드스톰, A4용지, 필기류

기기(장비 · 공구)

컴퓨터, USB 케이블, 충전 어댑터

안전 · 유의사항

- EV3 로봇 플랫폼의 외형의 관리하고 P-브릭에 전원을 충분히 충전한다.

수행순서

01 브릭 상태 표시등 블록의 모드 선택의 켜짐과 색상, 점멸을 이용하여 다음의 프로그램을 만들고 테스트하라.

프로그램

수정하기 : 모드에 있는 꺼짐, 초기화를 이용하여 테스트해보자.

02 로봇이 후진하는 동안 브릭 상태 표시등을 주황색으로 점멸하게 만들다가 표시등을 끈다.

프로그램

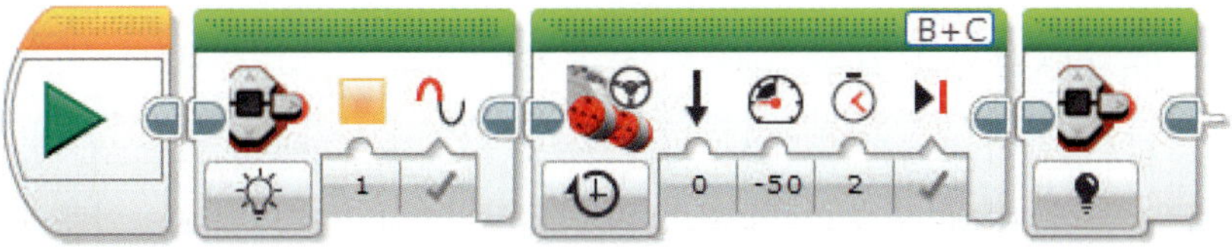

수행 Tip

- EV3 소프트웨어의 로비의 간단한 안내 섹션의 도움말과 동영상을 최대한 활용한다.

3-3 브릭 디스플레이(Brick Display) 따라하기

학습 목표 3-3. EV3 브릭 디스플레이에 텍스트나 그래픽을 프로그래밍을 할 수 있다.

1. 디스플레이 블록

디스플레이 블록은 EV3 브릭 디스플레이에 텍스트나 그래픽을 표시할 수 있다.

(1) 디스플레이 모드 선택

1 모드 선택
2 블록 텍스트 필드
3 입력
4 디스플레이 미리보기 버튼

모드 선택을 사용하여 표시하려는 텍스트나 그래픽의 유형을 선택하라. 모드를 선택한 후에는 입력에 대한 값을 선택할 수 있다. 사용 가능한 입력은 모드에 따라 바뀐다. 모드와 입력은 아래 설명되어 있다.

디스플레이 미리보기 버튼을 클릭하여 디스플레이 블록이 EV3 디스플레이에 어떻게 표시되는지 미리 볼 수 있다. 블록에 대한 입력값을 선택하는 동안 미리보기를 계속 열어둘 수 있다.

(2) 디스플레이 좌표

디스플레이 블록은 대부분 X와 Y좌표를 사용하여 항목을 그릴 위치를 지정한다. 좌표는 EV3 브릭 디스플레이에서의 화소 위치를 지정한다. 위치(0, 0)는 아래 이미지에 나온 대로 디스플레이의 왼쪽 상단 모서리이다.

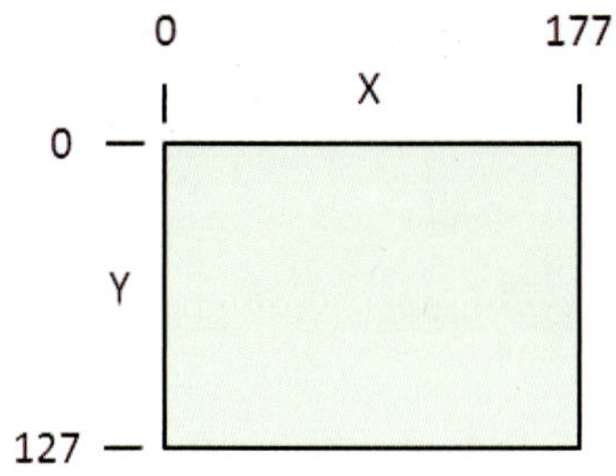

디스플레이는 폭 178화소, 높이 128화소이다. X좌표값은 디스플레이 왼쪽의 0부터 오른쪽의 177까지이다. Y좌표값은 상단의 0부터 하단의 127까지이다.

■ 팁과 요령

디스플레이 블록의 왼쪽 상단 모서리에 있는 디스플레이 미리보기 버튼을 사용하여 올바른 디스플레이 좌표를 알아내라.

(3) 모 드

텍스트 – 화소, 텍스트 – 눈금, 모양 – 라인, 모양 – 원형, 모양 – 사각형, 모양 – 점, 이미지, 화면 초기화

1) 텍스트 – 화소

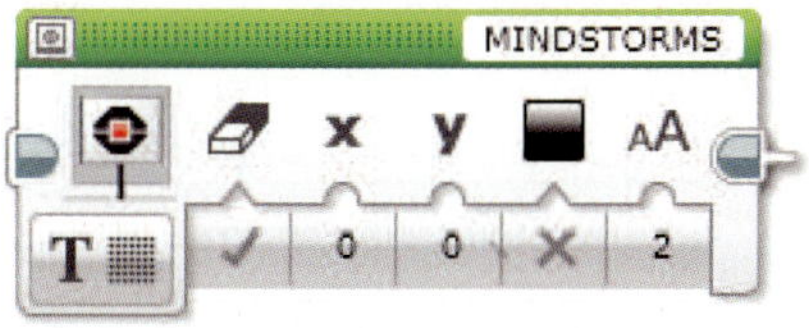

텍스트 – 화소 모드는 EV3 브릭 디스플레이의 어느 위치에서든 텍스트를 표시할 수 있다.

화면 지우기가 참인 경우, 텍스트가 작성되기 이전에 있던 디스플레이가 지워진다.

텍스트 입력은 블록 상단에 있으며 그 안에는 표시할 수 있는 '지원되는 문자열'이 포함되어 있다. 데이터 와이어를 통해서도 텍스트를 표시할 수 있는데 그러기 위해서는 "유선"을 선택하라. 텍스트에는 지원되는 문자열을 모두 사용할 수 있다.

X 및 Y 입력은 텍스트의 시작점에 대한 디스플레이 좌표를 지정하는데, 이는 곧 텍스트의 왼쪽 상단 모서리를 말한다.

색상 입력을 사용하여 텍스트의 색상을 선택하라. 검정을 선택하는 경우 흰색 배경에 검정 텍스트가 표시된다. 흰색을 선택하는 경우, 검정 배경에 흰색 텍스트가 표시된다.

글꼴 입력을 사용하여 3가지 서체(보통, 굵게, 크게) 중에 원하는 글꼴을 선택할 수 있다.

(사용한 입력 : 화면 지우기, 텍스트, X, Y, 색상, 글꼴)

예 1

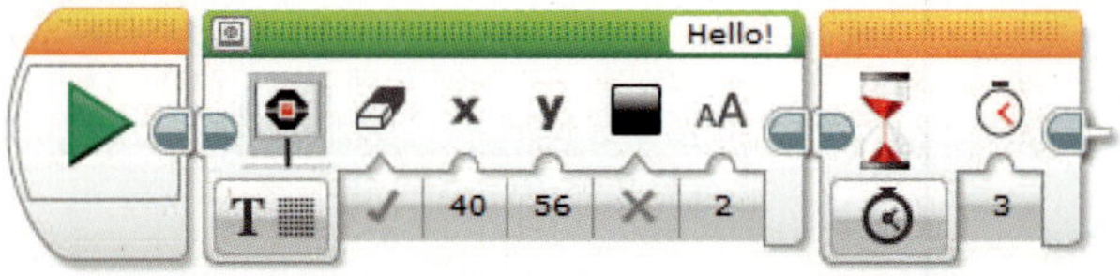

이 프로그램은 디스플레이 중앙부에 "안녕하세요!"를 큰 글꼴로 표시한다.

2) 텍스트 – 눈금

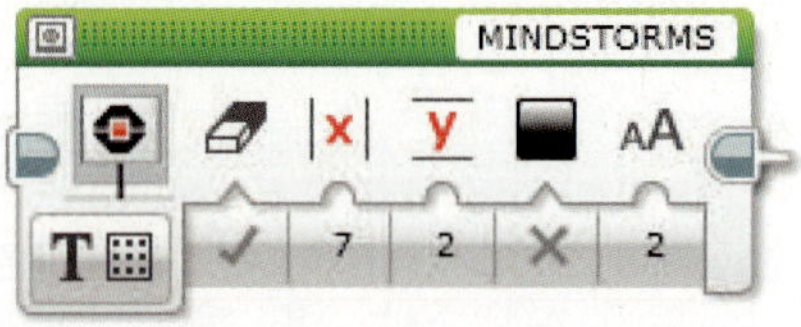

텍스트–눈금 모드는 행–열 눈금에 맞춰 텍스트를 표시한다. 그러면 여러 줄의 텍스트를 표시하고 정렬하기가 쉽다. 한 행의 높이는 보통 또는 굵은 글꼴의 텍스트 한 줄을 표시하기에 충분한 공간이며, 이런 글꼴의 각 문자는 폭이 1열이다.

화면 지우기가 참인 경우 텍스트가 작성되기 이전에 있던 디스플레이가 지워진다. 텍스트 입력은 블록 상단에 있으며 그 안에는 표시할 수 있는 문자열이 포함되어 있다. 데이터 와이어를 통해서도 텍스트를 표시할 수 있는데 그러기 위해서는 "유선"을 선택하라. 텍스트에는 지원되는 문자열을 모두 사용할 수 있다.

열 입력은 텍스트의 시작 열(수평 위치)을 지정한다. 각 열은 폭이 8화소이다. 열은 왼쪽의 0부터 오른쪽의 21까지 번호가 매겨진다.

행 입력은 텍스트의 행 또는 "줄 번호"(세로 위치)를 지정한다. 각 행은 높이가 10화소이다. 0행은 디스플레이 상단에 있고, 11행은 디스플레이 하단 가까이에 있다.

(사용한 입력 : 화면 지우기, 텍스트, 열, 행, 색상, 글꼴)

■ 팁과 요령

- 한 열의 폭은 보통 글꼴과 굵은 글꼴로 된 문자 하나의 폭과 똑같으므로, 열에 1을 더하면 이런 글꼴을 사용할 때 문자 하나만큼 오른쪽으로 텍스트가 시작된다. 큰 글꼴의 문자는 보통 글꼴과 비교해 폭이 2배, 높이가 2배이므로, 각 문자는 열 2개와 행 2개를 차지한다.
- 색상 입력을 사용하여 텍스트의 색상을 선택하라. 검정을 선택하는 경우, 흰색 배경에 검정 텍스트가 표시된다. 흰색을 선택하는 경우 검정 배경에 흰색 텍스트가 표시된다.
- 글꼴 입력을 사용하여 3가지 서체(보통, 굵게, 크게) 중에 원하는 글꼴을 선택할 수 있다.

(사용한 입력 : 화면 지우기, 텍스트, 열, 행, 색상, 글꼴)

예 2

이 프로그램은 두 줄의 텍스트를 표시한다. 두 번째 디스플레이 블록은 화면 지우기 입력에 거짓을 사용하여 첫 번째 줄을 지우지 않고 두 번째 줄을 추가한다.

- **팁과 요령**

  큰 글꼴로 여러 줄의 텍스트를 표시할 때는 각 줄 사이 행 입력에 2를 더해 줄들이 겹치지 않도록 하라.

3) 모양 – 라인

모양–라인 모드는 디스플레이에 두 점을 잇는 직선을 그린다.

화면 지우기가 참인 경우, 라인이 그려지기 이전에 있던 디스플레이가 지워진다.

X1 및 Y1 입력은 라인 첫 번째 점의 디스플레이 좌표를 지정한다.

X2 및 Y2 입력은 두 번째 점의 좌표를 지정한다.

색상 입력을 사용하여 검정 또는 흰색 라인을 선택할 수 있다. 화면 지우기가 거짓이고 이전 디스플레이 블록에서 검게 표시된 영역 위로 라인이 그려지는 경우, 흰색 라인만 보인다.

(사용한 입력 : 화면 지우기, X1, Y1, X2, Y2, 색상)

예 3

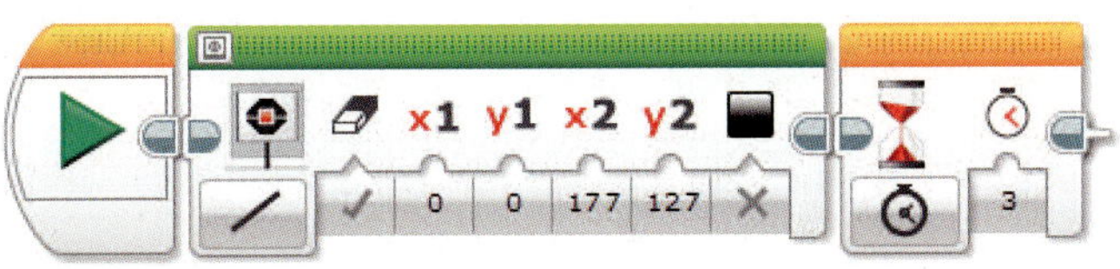

이 프로그램은 EV3 브릭 디스플레이에 대각선을 그린다.

4) 모양 – 원형

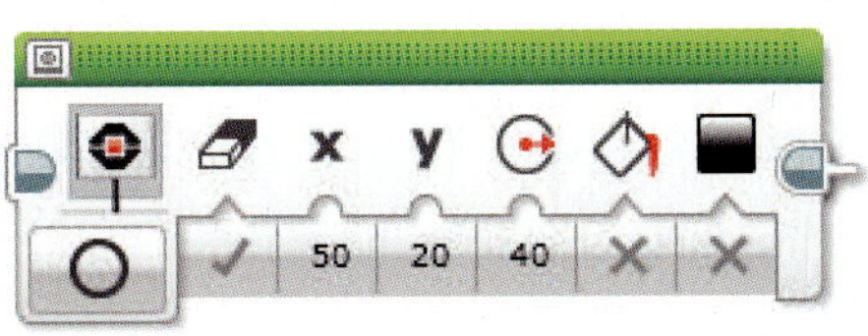

모양–원형 모드는 디스플레이에 원형을 그린다.

화면 지우기가 참인 경우, 원형이 그려지기 이전에 있던 디스플레이가 지워진다.

X 및 Y 입력은 원형 중심의 디스플레이 좌표를 지정한다. 반지름 입력은 원형의 반지름을 화소로 지정한다.

채우기가 참인 경우, 원형 내부가 채워진다. 채우기가 거짓인 경우, 원형의 윤곽선만 그려진다.

색상 입력을 사용하여 검정 또는 흰색 원형을 선택할 수 있다. 화면 지우기가 거짓이고 이전 디스플레이 블록에서 검게 표시된 영역 위로 원형이 그려지는 경우, 흰색 원형만 보인다.

(사용한 입력 : 화면 지우기, X, Y, 반지름, 채우기, 색상)

예 4

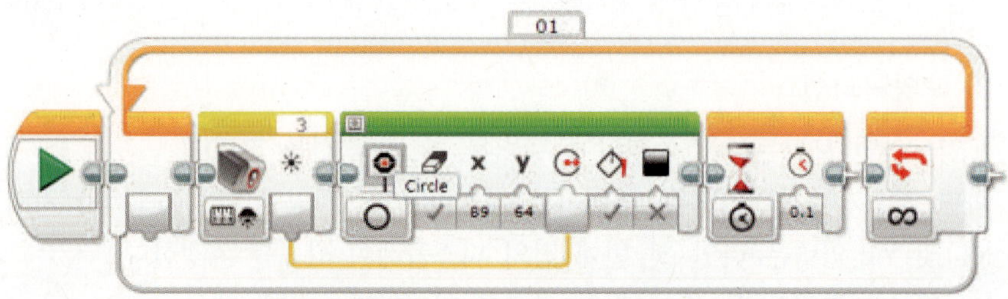

이 프로그램은 컬러 센서의 주변광 강도값을 반지름으로 하는 채워진 원형을 계속해서 표시한다. 디스플레이는 0.1초마다 업데이트된다.

5) 모양 – 사각형

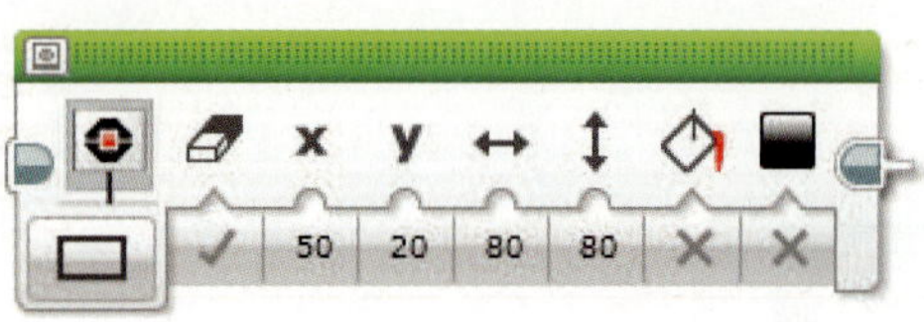

모양–사각형 모드는 디스플레이에 사각형을 그린다.

화면 지우기가 참인 경우, 사각형이 그려지기 이전에 있던 디스플레이가 지워진다.

X 및 Y 입력은 사각형 왼쪽 상단 모서리의 디스플레이 좌표를 지정한다. 폭 및 높이 입력은 사각형의 크기를 화소로 지정한다.

채우기가 참인 경우, 사각형 내부가 채워진다. 채우기가 거짓인 경우, 사각형의 윤곽선만 그려진다.

색상 입력을 사용하여 검정 또는 흰색 사각형을 선택할 수 있다. 화면 지우기가 거짓이고 이전 디스플레이 블록의 동일한 디스플레이 영역에 검정 물체가 표시된 경우, 흰색 사각형만 보인다.

(사용한 입력 : 화면 지우기, X, Y, 폭, 높이, 채우기, 색상)

예 5

이 프로그램은 채워진 큰 사각형을 사용하여 디스플레이 전체를 검정으로 채운다. 그런 다음 그 위에 윤곽선이 있는 더 작은 흰색 사각형을 그린다.

■ 팁과 요령

채워진 흰색 사각형을 사용하여 디스플레이의 다른 부분에 영향을 주지 않고 디스플레이의 일부를 지울 수 있다.

6) 모양 – 점

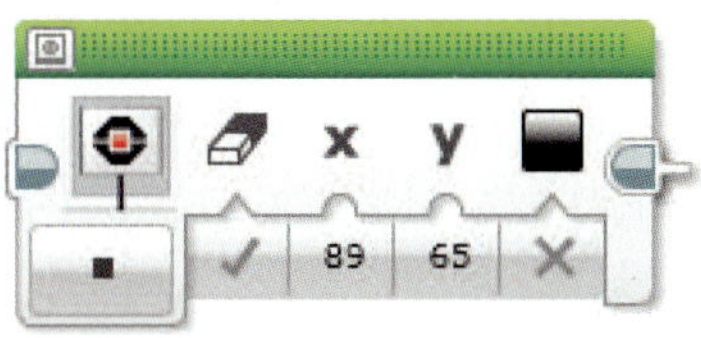

모양–점 모드는 디스플레이에 화소 하나를 그린다.

화면 지우기가 참인 경우, 화소가 그려지기 이전에 있던 디스플레이가 지워진다.

X 및 Y 입력은 그릴 화소의 디스플레이 좌표를 지정한다.

색상 입력을 사용하여 검정 또는 흰색으로 화소를 그릴 수 있다. 흰색으로 그리기는 이전 디스플레이 블록으로 그린 검정 화소를 지우는 데 사용할 수 있다.

(사용한 입력 : 화면 지우기, X, Y, 색상)

7) 이미지

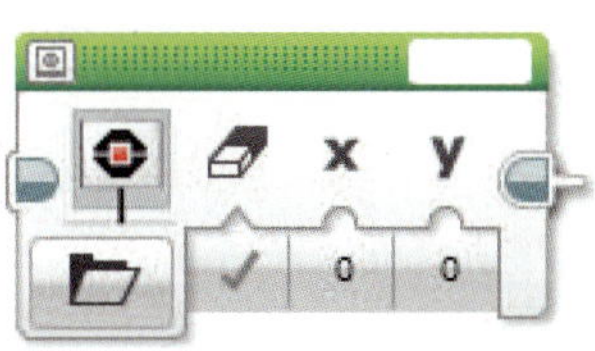

이미지 모드는 그래픽 이미지 파일을 그린다.

파일 이름 입력은 블록 상단에 있다. 이미지 파일 목록에서 선택할 수 있다. "LEGO Images" 카테고리에 있는 이미지는 EV3 소프트웨어와 함께 제공되는 이미지 파일이다. "Project Images" 카테고리에 나와 있는 이미지는 프로젝트에서 이미 사용한 이미지이다. 그러면 한 프로그램이나 프로젝트에서 동일한 이미지를 여러 번 쉽게 사용할 수 있다.

화면 지우기가 참인 경우, 이미지가 그려지기 이전에 있던 디스플레이가 지워진다.

X 및 Y 입력은 이미지 왼쪽 상단 모서리의 디스플레이 좌표를 지정한다. 이미지 전체를 그리는 데 필요한 만큼 충분한 공간을 사용하여 아래와 이 점 오른쪽으로 이미지가 그려진다. 디스플레이 전체를 채우기 위해 크기를 조정하는 이미지 파일의 경우, X=0과 Y=0을 사용하라.

(사용한 입력 : 화면 지우기, 파일 이름, X, Y)

8) 화면 초기화

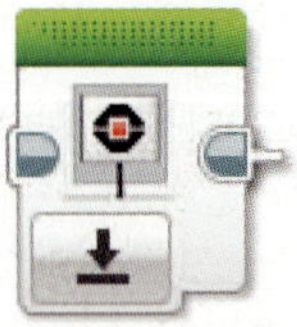

화면 초기화 모드를 선택하면 EV3 브릭 디스플레이는 프로그램이 실행 중일 때 보이는 일반 정보 화면으로 돌아간다. 이 화면은 프로그램의 이름과 기타 피드백을 보여준다. EV3 브릭에서 프로그램을 실행하면 프로그램의 첫 번째 디스플레이 블록이 실행될 때까지 이 화면이 보인다.

(4) 표시된 항목 계속 표시

EV3 프로그램이 끝나면 EV3 브릭의 디스플레이가 지워지고 EV3 브릭 메뉴 디스플레이로 돌아간다. 그러면 프로그램에 의해 표시된 텍스트나 그래픽이 지워진다. 예를 들어, 프로그램에 디스플레이 블록이 하나 들어 있고 이어지는 것이 아무것도 없는 경우, 프로그램이 끝날 때 디스플레이가 너무 빨리 지워져서 디스플레이 블록의 결과를 볼 기회를 얻지 못하게 된다.

프로그램이 끝나도 디스플레이가 계속 보이기를 원한다면 다음 예처럼 프로그램이 당장 끝나지 않도록 프로그램 끝에 블록을 하나 추가해야 한다.

예 6

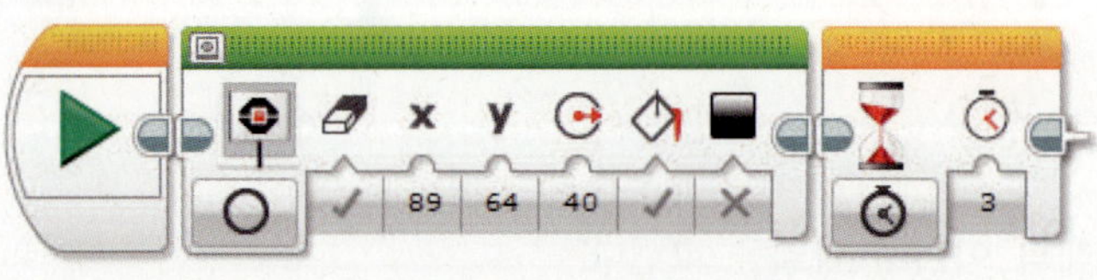

이 프로그램은 대기 블록을 사용하여 프로그램이 끝날 때 3초의 지연을 둔다. 그러면 프로그램이 끝날 때 디스플레이가 지워지기 전 3초 동안 원형이 계속 표시된다.

예 7

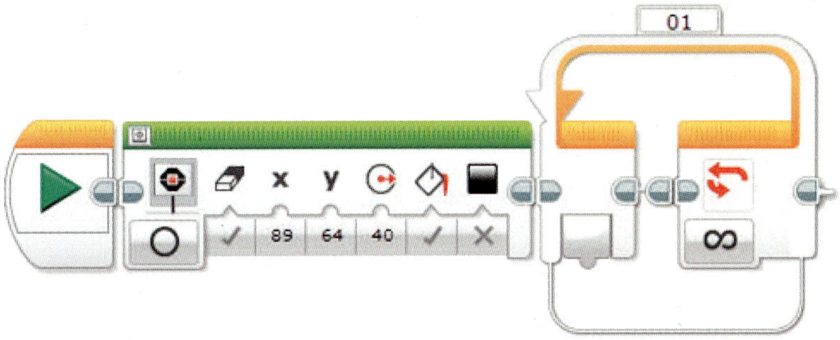

이 프로그램은 프로그램 끝에 루프를 사용하여 프로그램이 영원히 실행되도록 한다. 그러면 EV3 브릭에서 뒤로 가기 버튼을 눌러 프로그램을 정지할 때까지 원형이 계속 표시된다.

(5) 복수 항목 표시

텍스트나 그래픽 항목 여러 개를 동시에 표시하기를 원한다면 항목과 항목 사이의 EV3 브릭 디스플레이를 지우지 않아야 한다. 모든 디스플레이 블록 모드에는 화면 지우기 입력이 있다. 화면 지우기가 참인 경우, 항목이 표시되기 전에 디스플레이 전체가 지워진다. 따라서 항목 여러 개를 표시하려면 첫 블록을 제외하고 모든 디스플레이 블록에 대해 화면 지우기를 거짓으로 설정해야 한다.

텍스트-눈금 모드와 모양-사각형 모드에 있는 프로그래밍 예를 참조하라.

(6) 숫자 표시

데이터 와이어를 디스플레이 텍스트 블록의 텍스트 입력에 연결하여 숫자 값을 표시할 수 있다. 숫자 데이터 와이어는 데이터 와이어 유형 변환에 의해 자동으로 텍스트로 변환된다(자세한 내용은 데이터 와이어 참조).

- **팁과 요령**

데이터 와이어를 통해서도 텍스트를 표시할 수 있는데 그러기 위해서는 블록 상단의 텍스트에서 "유선"을 선택하라.

예 8

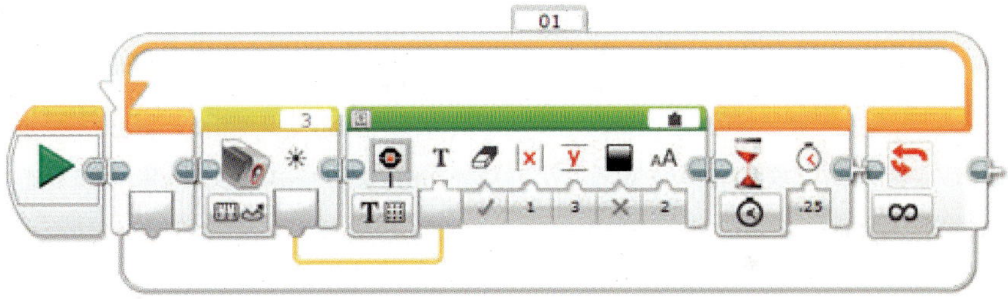

이 프로그램은 0.25초마다 디스플레이를 업데이트하며 컬러 센서의 반사광 강도값을 디스플레이에 계속해서 표시한다.

(7) 입 력

디스플레이 블록의 입력은 표시할 텍스트나 그래픽과 표시 방식을 지정한다. 블록에 직접 입력값을 입력할 수 있다. 데이터 와이어를 통해 프로그래밍 블록의 출력에서 값을 제공할 수 있다.

입력	유형	허용값	비 고
화면 지우기	논리	참/거짓	참인 경우, 항목이 그려지기 이전에 있던 디스플레이가 지워진다.
파일 이름	텍스트	기존 이미지 파일의 이름	자세한 내용은 이미지 편집기를 참조하라. 데이터 와이어를 통해 파일 이름을 입력하려면 블록 상단의 파일 이름 입력에서 "유선"을 선택하라.
텍스트	텍스트	지원 텍스트 문자 집합의 문자들	표시할 텍스트. 데이터 와이어를 통해 텍스트를 입력하려면 블록 상단의 텍스트 입력에서 "유선"을 선택하라.
열	숫자	0~21	수평 시작 열 열은 폭이 8화소이다. 0열은 디스플레이 왼쪽에 있다.
행	숫자	0~11	수직 텍스트 행 또는 "줄번호" 행은 높이가 10화소이다. 0라인은 디스플레이 상단에 있다.
X	숫자	0~177	X좌표 0은 디스플레이 왼쪽에 있다.
Y	숫자	0~127	Y좌표 0은 디스플레이 하단에 있다.
X1	숫자	0~177	라인 첫 번째 점의 X좌표
Y1	숫자	0~127	라인 첫 번째 점의 Y좌표
X2	숫자	0~177	라인 두 번째 점의 X좌표
Y2	숫자	0~127	라인 두 번째 점의 Y좌표
반지름	숫자	≥ 0	원형의 반지름(화소)
폭	숫자	≥ 0	사각형의 폭(화소)
높이	숫자	≥ 0	사각형의 높이(화소)
채우기	논리	참/거짓	참인 경우, 모양의 내부가 채워진다.
색상	논리	거짓 = 검정 참 = 흰색	• 텍스트를 흰색으로 작성하면 문자들 주변에 검정 배경이 둘러진다. • 모양을 흰색으로 그리면 디스플레이의 검정 화소가 지워진다.
글꼴	숫자	0 = 보통 1 = 굵게 2 = 크게	• 보통 글꼴은 높이 9화소, 폭 8화소이다. • 굵은 글꼴은 높이 8화소, 폭 8화소이다. • 큰 글꼴은 높이 16화소, 폭 16화소이다.

수행실습 브릭 디스플레이 따라하기

재료 · 자료

EV3 SW, EV3 레고 마이드스톰, A4용지, 필기류

기기(장비 · 공구)

컴퓨터, USB 케이블, 충전 어댑터

안전 · 유의사항

-EV3 로봇 플랫폼의 외형의 관리하고 P-브릭에 전원을 충분히 충전한다.

수행순서

01 모드 선택의 이미지, 텍스트를 이용하여 다음의 프로그램을 만들고 테스트하라.

프로그램

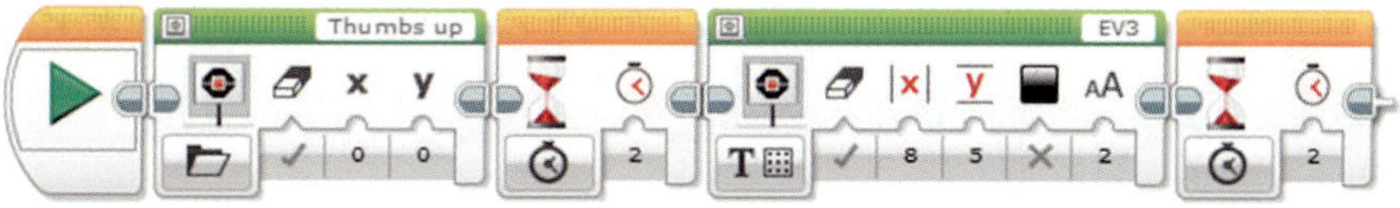

수정하기 : 모드에 있는 모양, 화면초기화를 이용하여 이미지, 텍스트 모드의 각 파라미터에 입력들을 바꾸어 보고 좌표설정을 통해 디스플레이의 출력의 위치를 지정해보자.

02 디스플레이 중앙부에 "Hello!"를 큰 글꼴로 표시한다.

프로그램

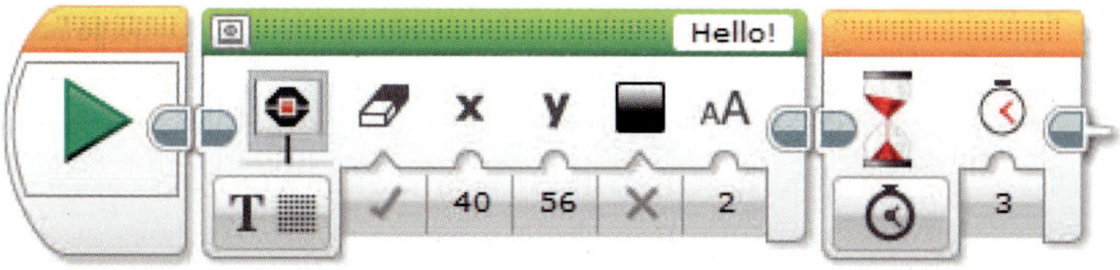

03 EV3 브릭 디스플레이에 대각선을 그린다.

프로그램

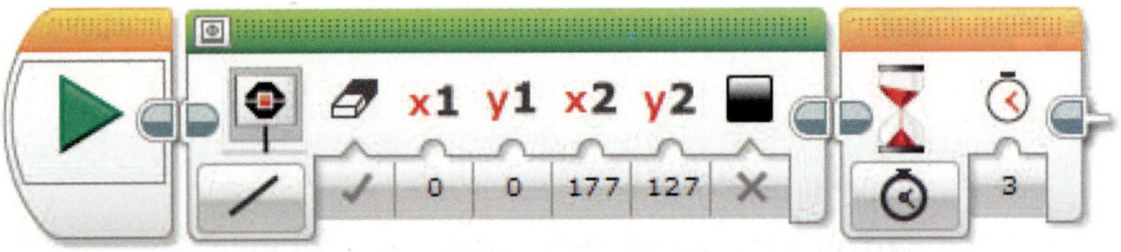

04 컬러 센서의 주변광 강도값을 반지름으로 하는 채워진 원형을 계속해서 표시한다. 디스플레이는 0.1초마다 업데이트된다.

프로그램

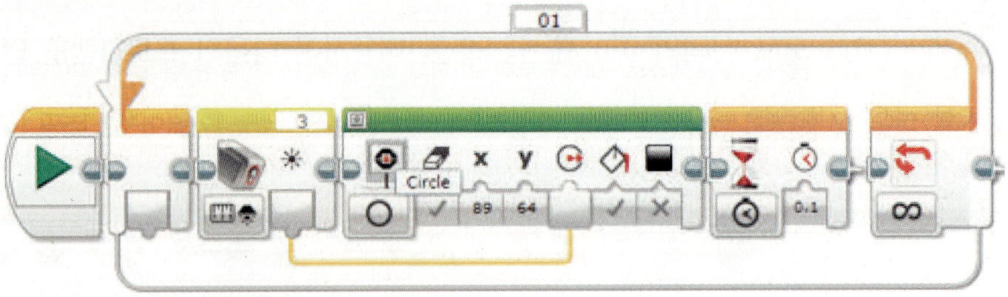

05 채워진 큰 사각형을 사용하여 디스플레이 전체를 검정으로 채운다. 그런 다음 그 위에 윤곽선이 있는 더 작은 흰색 사각형을 그린다.

프로그램

06 대기 블록을 사용하여 프로그램이 끝날 때 3초의 지연을 둔다. 그러면 프로그램이 끝날 때 디스플레이가 지워지기 전 3초 동안 원형이 계속 표시된다.

프로그램

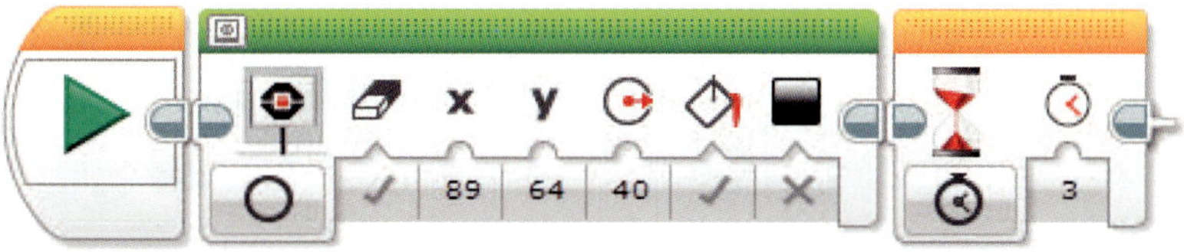

07 프로그램 끝에 루프를 사용하여 프로그램이 영원히 실행되도록 한다. 그러면 EV3 브릭에서 뒤로 가기 버튼을 눌러 프로그램을 정지할 때까지 원형이 계속 표시된다.

프로그램

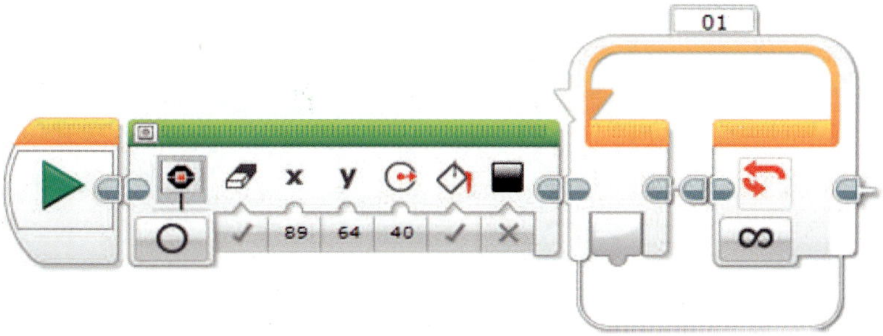

08 0.25초마다 디스플레이를 업데이트하며 컬러 센서의 반사광 강도값을 디스플레이에 계속해서 표시한다.

프로그램

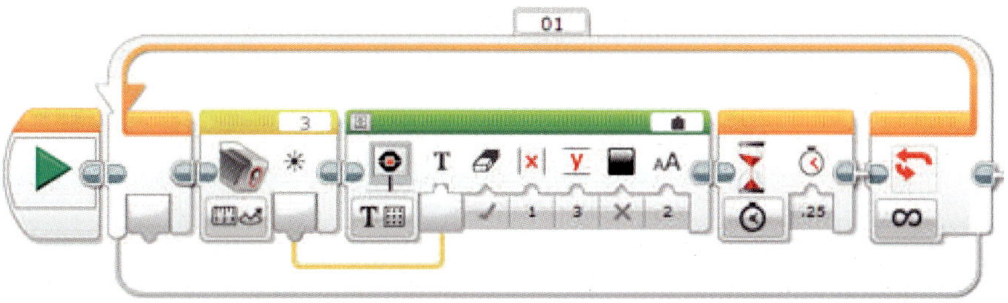

09 도전과제

디스플레이의 중앙에서 3개의(20, 40, 60) 동심원을 그려보자.
디스플레이 모드 선택에서 모양-원을 이용한다.

프로그램

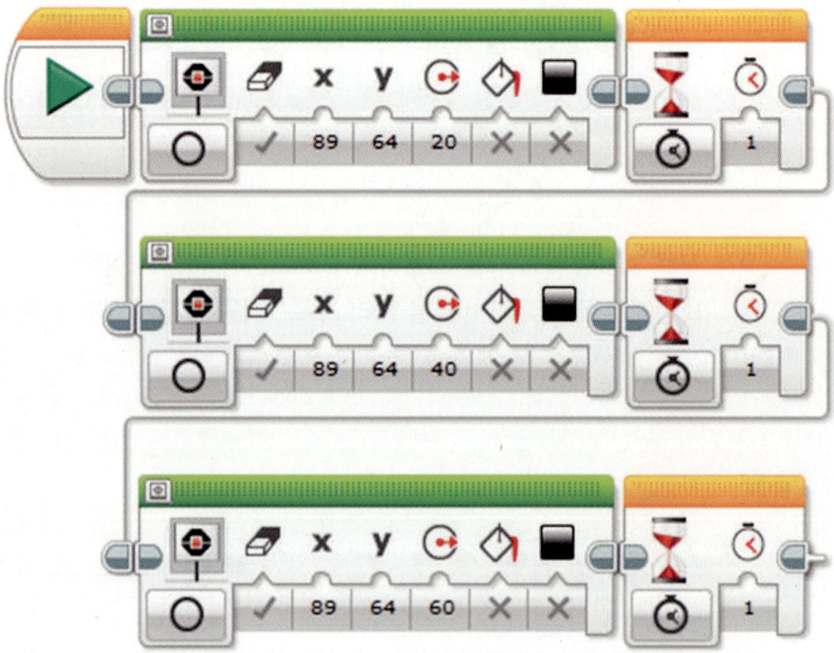

수행 Tip

- EV3 소프트웨어의 로비의 간단한 안내 섹션의 도움말과 동영상을 최대한 활용한다.

3-4 브릭 버튼(Brick Button) 따라하기

학습 목표	3-4. EV3 브릭의 내장 버튼을 사용하여 EV3 브릭을 프로그래밍을 할 수 있다.

1. 브릭 버튼 블록

브릭 버튼 블록은 브릭 버튼에서 데이터를 얻는다. EV3 브릭의 전면에 버튼 5개(왼쪽, 가운데, 오른쪽, 위, 아래)가 있다. 어떤 버튼이 눌려 있는지 알아내 숫자 출력을 얻을 수 있다. 버튼이 눌려 있는지, 눌려 있지 않은지 또는 접촉 후 떨어졌는지 하나 이상의 버튼을 테스트하여 논리(참 또는 거짓) 출력을 얻을 수도 있다.

브릭 버튼에서 제공하는 데이터에 대한 자세한 내용과 프로그래밍 예는 브릭 버튼 사용을 참조하라.

(1) 모드 선택

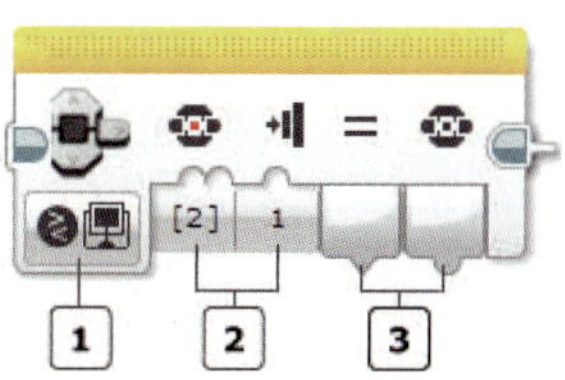

1 모드 선택
2 입력
3 출력

모드 선택을 사용하여 블록의 모드를 선택하라. 사용 가능한 입력 및 출력은 모드에 따라 바뀐다. 모드는 아래 설명되어 있다.

(2) 모 드

1) 측정

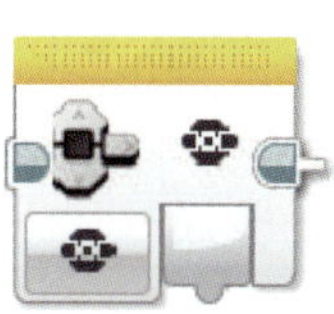

측정 모드는 현재 눌려 있는 버튼의 ID를 버튼 ID에 출력한다.

브릭 버튼 사용에 나온 프로그래밍(예 3)을 참조하라.

2) 비교

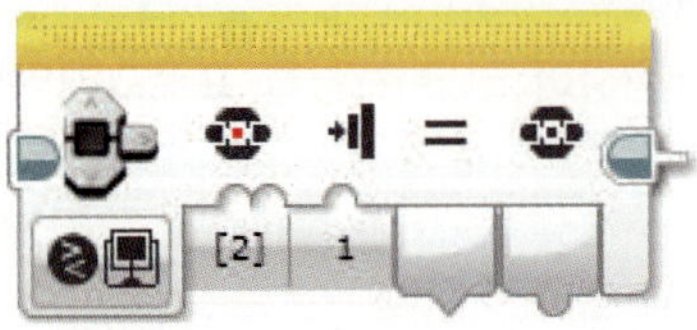

비교 모드에서는 동작 입력에서 테스트할 버튼의 상태(눌리지 않음, 눌림, 접촉 후 떨어짐)를 선택할 수 있다. 버튼 모음도 테스트하여 지정된 상태와 일치하는 버튼이 있는지 확인할 수 있다. 브릭 버튼 ID 모음에서 테스트하려는 버튼이나 버튼 모음을 선택하라. 선택한 버튼 중에 지정된 동작과 일치하는 것이 하나라도 있는 경우, 비교 결과는 참이 된다. 지정된 동작과 일치하는 버튼 ID는 버튼 ID에 출력된다.

(3) 입력 및 출력

브릭 버튼 블록에 사용 가능한 입력은 선택한 모드에 따라 달라진다. 블록에 직접 입력값을 입력할 수 있다. 데이터 와이어를 통해 프로그래밍 블록의 출력에서 입력값을 제공할 수 있다.

입력	유형	허용값	비 고
브릭 버튼 ID 모음	숫자형 배열	(각 요소) 0~5	각 요소 0 = 선택안함 1 = 왼쪽 2 = 가운데 3 = 오른쪽 4 = 위 5 = 아래
동작	숫자	0~2	테스트할 버튼 상태 0 = 눌리지 않음 1 = 눌림 2 = 접촉 후 떨어짐

사용 가능한 출력은 선택한 모드에 따라 달라진다. 출력을 사용하려면 데이터 와이어를 통해 또 다른 프로그래밍 블록에 출력을 연결하라.

출력	유형	비 고
버튼 ID	숫자	눌린 버튼 0 = 선택안함 1 = 왼쪽 2 = 가운데 3 = 오른쪽 4 = 위 5 = 아래
비교 결과	논리	비교 모드의 참/거짓 결과

수행실습 브릭 버튼 따라하기

재료 · 자료

EV3 SW, EV3 레고 마이드스톰, A4용지, 필기류

기기(장비 · 공구)

컴퓨터, USB 케이블, 충전 어댑터

안전 · 유의사항

-EV3 로봇 플랫폼의 외형의 관리하고 P-브릭에 전원을 충분히 충전한다.

수행순서

01 대기-브록 모드 선택에서 브릭 버튼을 이용하여 다음 프로그램을 만들고, 아래, 가운데, 위 버튼을 순서대로 눌러 테스트하라.

프로그램

수정하기 : 대기-브릭 버튼의 상태입력을 다르게 하여 테스트하라.

02 도전과제

가운데 브릭 버튼을 누르면 EV3 디스플레이 중심에서 수평으로 직선이 디스플레이되고, 1초 후에 수직으로 직선이 디스플레이된다.

프로그램

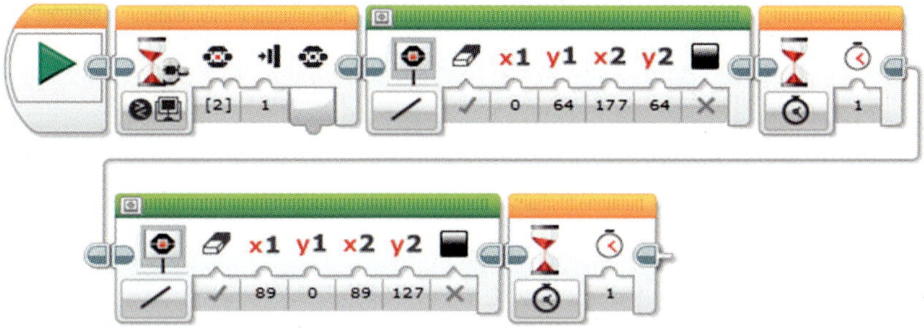

수행 Tip

- EV3 소프트웨어의 로비의 간단한 안내 섹션의 도움말과 동영상을 최대한 활용한다.

학습 1	창의공학의 개요
학습 2	EV3의 개요
학습 3	EV3 브릭 따라하기
학습 4	**EV3 모터 따라하기**
학습 5	EV3 센서 따라하기
학습 6	EV3 심화학습(1) 따라하기
학습 7	EV3 심화학습(2) 따라하기
학습 8	EV3 심화학습(3) 따라하기
학습 9	EV3 데이터로깅 따라하기
학습 10	EV3 도구 따라하기
학습 11	EV3 앱응용 따라하기

4-1 라지 모터(Large Motor)

학습 목표 4-1. EV3의 라지 모터를 이해하고 라지 모터의 응용 프로그래밍할 수 있다.

1. 라지 모터 블록

라지 모터 블록은 라지 모터를 제어한다. 모터의 켜짐/꺼짐을 실행하거나 모터의 파워 레벨을 조절하거나 지정된 시간 동안 또는 지정된 회전수와 일치할 때까지 모터를 켤 수 있다.

(1) 모터 포트와 제어 모드 선택

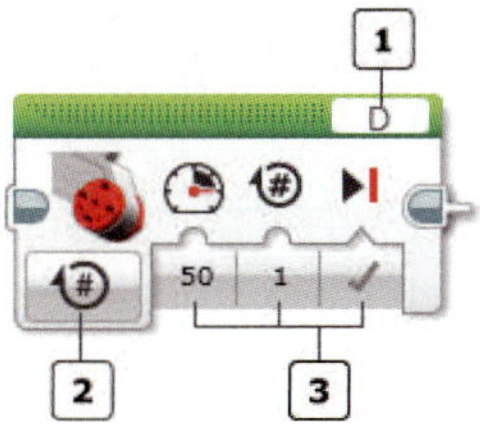

[1] 포트 선택
[2] 모드 선택
[3] 입력

블록 상단의 포트 선택을 사용하여 라지 모터 블록으로 제어하려는 모터(A, B, C, D)를 선택하라. 모드 선택을 사용하여 원하는 모터 제어 방식을 선택하라. 모드를 선택한 후에는 입력에 대한 값을 선택할 수 있다. 사용 가능한 입력은 모드에 따라 바뀐다. 모드와 입력은 다음에 설명되어 있다.

(2) 모 드

켜짐, 꺼짐, 시간(초)으로 동작, 각도로 동작, 회전수로 동작

1) 켜짐

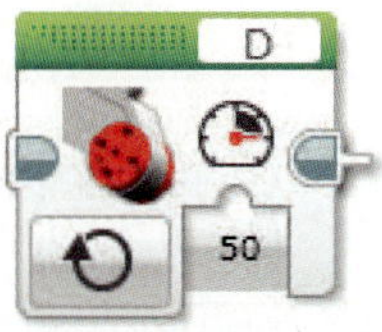

켜짐 모드를 선택하면 모터가 켜지고 그런 다음 즉시 프로그램에 있는 다음 블록을 계속한다. 파워 입력을 사용하여 모터의 속도와 방향을 제어할 수 있다. 모터는 나중에 프로그램에 있는 다른 블록에 의해 정지 또는 변경될 때까지 또는 프로그램이 끝날 때까지 작동한다.
(사용한 입력 : 파워)

예 1

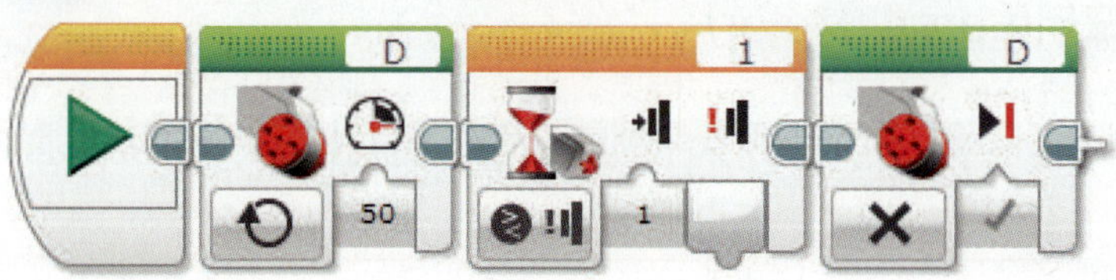

프로그램에 있는 다른 블록으로 모터가 켜져 있는 시간을 제어하고 싶을 때는 켜짐 모드를 사용하라. 프로그램에서 모터는 터치 센서를 누를 때까지 작동하다가 정지된다.

2) 꺼짐

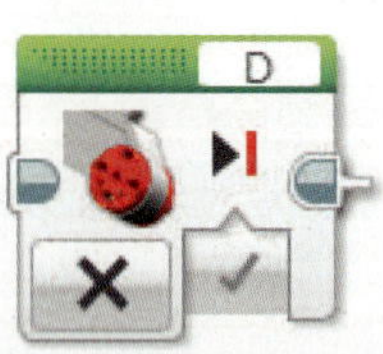

꺼짐 모드를 선택하면 모터가 꺼진다. 이는 보통 켜짐 모드로 구동한 모터를 정지하는 데 사용된다. 위 예를 참조하라.

정지 방식이 참인 경우, 모터는 즉시 정지된다. 또 다른 모터 블록이 모터를 구동할 때까지 또는 프로그램이 끝날 때까지 모터는 정지된 채로 고정된다. 정지 방식이 거짓인 경우, 모터 파워는 그냥 꺼진다. 모터는 멈출 때까지 또는 또 다른 블록이 구동할 때까지 남은 운동량을 사용하여 부드럽게 정지한다.
(사용한 입력 : 정지 방식)

■ **팁과 요령**

거짓으로 설정된 정지 방식의 꺼짐 모드를 사용하여 정지된 채로 고정된 모터를 "해제"할 수 있다. 그러면 프로그램 도중에 모터의 위치를 직접 조정할 수 있다.

3) 시간(초)으로 동작

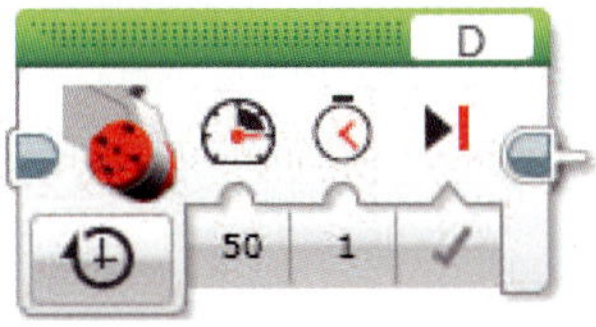

시간(초)으로 동작을 선택하면 모터가 초 입력에 지정된 초 동안 켜져 있다가 꺼진다. 시간이 경과할 때까지 블록이 대기한 후 프로그램이 다음 블록을 계속한다.

파워 입력을 사용하여 모터의 속도와 방향을 제어할 수 있다. 정확히 지정된 초 후에 모터를 정지하려면 정지 방식에 참을 사용한다.

(사용한 입력 : 파워, 초, 정지 방식)

■ **팁과 요령**

초 입력에 소수점을 사용하면 3.5초에 해당하는 3.5와 0.25초에 해당하는 0.25 같이 정확한 시간을 사용할 수 있다.

4) 각도로 동작

각도로 동작을 선택하면 모터가 각도 입력에 지정된 회전 각도와 일치할 때까지 켜져 있다가 꺼진다. 360도 회전을 선택하면 결국 모터가 완전히 1바퀴 회전한다.

파워 입력을 사용하여 모터의 속도와 방향을 제어할 수 있다. 정확히 지정된 각도와 일치할 때 모터를 정지하려면 정지 방식에 참을 사용하라.

(사용한 입력 : 파워, 각도, 정지 방식)

예 2

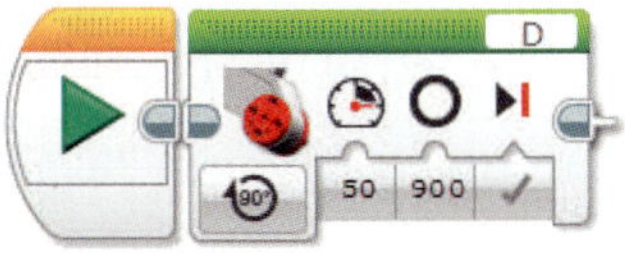

프로그램에서 포트 D의 모터는 50%의 파워에서 정확히 900도(2바퀴 반) 동안 작동하다가 정지된다.

■ 팁과 요령

라지 모터의 내부 회전 센서는 회전 각도를 측정한다. 각도로 동작을 사용하면 모터가 정확히 지정된 각도만큼 돌 때까지 블록이 대기한 후 프로그램이 다음 블록을 계속한다. 모터가 저항 또는 물리적 한계와 만나 지정된 각도를 완수할 수 없는 경우, 블록은 계속 대기한다. 저항이 없어질 때까지 프로그램에 있는 어떤 블록도 실행되지 않는다.

5) 회전수로 동작

회전수로 동작을 선택하면 모터가 회전 입력에 지정된 회전수와 일치할 때까지 켜져 있다가 꺼진다.

파워 입력을 사용하여 모터의 속도와 방향을 제어할 수 있다. 정확히 지정된 회전수와 일치할 때 모터를 정지하려면 정지 방식에 참을 사용하라.

(사용한 입력 : 파워, 회전, 정지 방식)

■ 팁과 요령

회전수로 동작 모드는 다른 회전 단위를 사용한다는 점을 제외하고는 각도로 동작 모드와 똑같다. 1바퀴 미만의 값을 얻기 위해 회전 입력에 소수점도 사용할 수 있다. 다음 표는 동일한 회전량을 얻는 2가지 방식을 보여준다.

회전	각도
1	360
2	720
0.5	180
1.25	450
7.2	2,592

(3) 모터 파워와 방향

파워 입력에는 −100부터 100까지 숫자를 넣을 수 있다. 위 표에 나온 대로 라지 모터는 양수냐 음수냐에 따라 회전 방향이 달라진다.

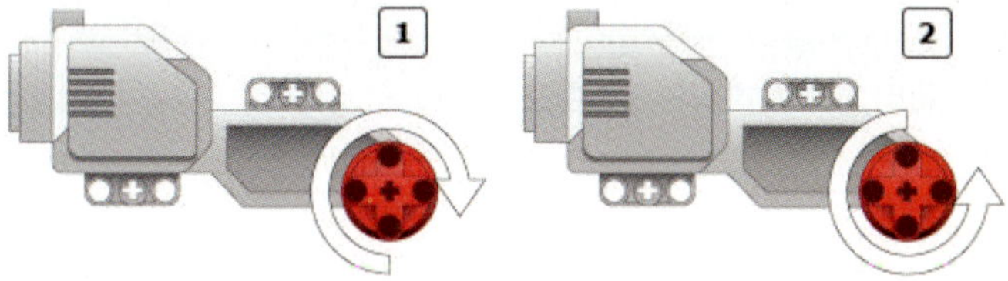

1 양의 파워
2 음의 파워

모터 반전 블록을 사용하여 모터의 기본 회전 방향을 변경할 수 있다. 모터 방향이 바뀐 경우, 음양 파워 레벨의 효과는 위에 보이는 것의 반대가 된다.

■ 팁과 요령

모터의 회전속도는 모터에 가해지는 부하량에도 영향을 받지만 지정된 파워 레벨과 거의 비례한다.

(4) 입 력

라지 모터 블록의 입력은 모터 작동 방식의 세세한 부분을 제어한다. 블록에 직접 입력값을 입력할 수 있다. 데이터 와이어를 통해 프로그래밍 블록의 출력에서 값을 제공할 수 있다. 사용 가능한 입력과 그 기능은 선택한 제어 모드에 따라 달라진다.

입력	유형	허용값	비 고
파워	숫자	−100~100	모터 파워 레벨 모터 파워와 방향을 참조하라.
정지 방식	논리	참/거짓	블록이 끝나면 적용된다. 참인 경우, 모터는 즉시 정지되고 고정된다. 거짓인 경우, 모터 파워는 멈추고 모터는 부드럽게 정지한다.
초	숫자	≥ 0	초 단위의 이동시간
각도	숫자	모든 숫자	각도 단위의 이동량. 360도면 완전히 1바퀴가 된다.
회전	숫자	모든 숫자	회전수 단위의 이동량

수행실습

라지 모터의 이해와 프로그래밍

재료 · 자료

EV3 SW, EV3 레고 마이드스톰, A4용지, 필기류

기기(장비 · 공구)

컴퓨터, USB 케이블, 충전 어댑터

안전 · 유의사항

- EV3 로봇 플랫폼의 외형의 관리하고 P-브릭에 전원을 충분히 충전한다.
- EV3에 프로그램을 동작시킬 때 USB 케이블을 제거한 후 실행한다.

수행순서

01 다른 블록으로 모터가 켜져 있는 시간을 제어하고 싶을 때는 켜짐 모드를 사용하고 모터는 터치 센서를 누를 때까지 작동하다가 정지되도록 프로그램을 작성한다.

프로그램

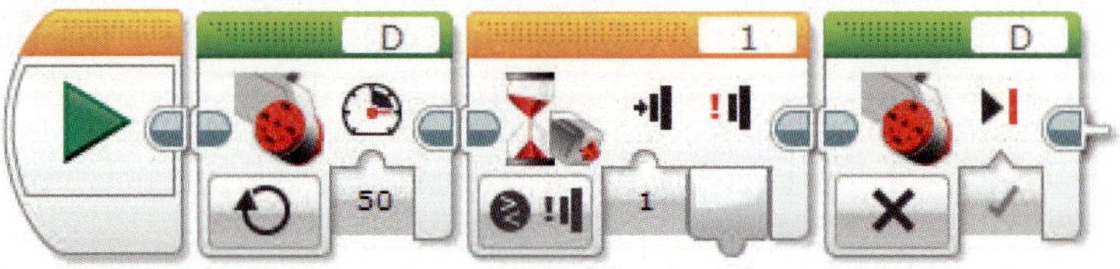

02 포트 D의 모터는 50%의 파워에서 정확히 900도(2바퀴 반) 동안 작동하다가 정지되도록 프로그램을 한다.

프로그램

03 제시된 프로그램을 만든 후 테스트하라.

프로그램

수정하기 : 라지 모터 블록의 다양한 모드(시간, 각도, 회전수)의 입력 파라미터에 값을 넣어 다양하게 실험해 보자.

04 도전과제

모드 선택의 각도로 동작−360도와 회전수로 동작−1회전의 회전수를 비교해 보자. 이외에 더 각도와 회전수를 더 크게 하여 비교해 본다.

프로그램

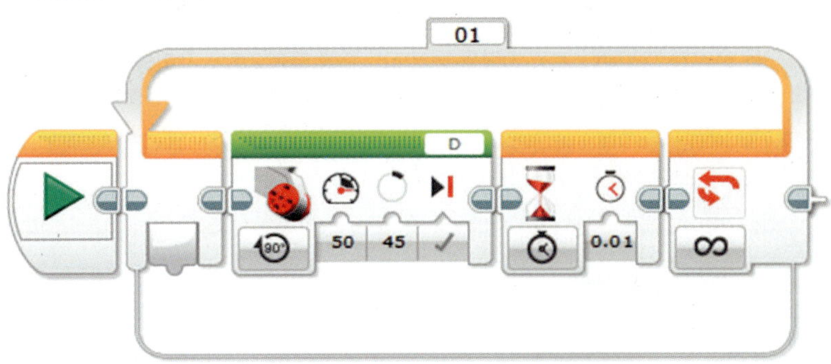

DC 모터를 스테핑 모터 방식으로 구동

수행 Tip

− EV3 소프트웨어의 로비의 간단한 안내 섹션의 도움말과 동영상을 최대한 활용한다.

4-2 조향 모드 주행

학습 목표	4-2. EV3의 조향 모드 주행을 이해하고 조향 모드 주행의 응용 프로그래밍을 할 수 있다.

1. 조향 모드 주행 블록

조향 모드 주행 블록은 로봇을 전진, 후진, 회전 또는 정지하게 만들 수 있다. 조향을 조정하여 로봇을 똑바로 가거나 포물선을 그리며 주행하거나 급선회하게 만들 수 있다.

라지 모터가 2개 달려 있어 한 모터가 차량 왼쪽을 움직이고 다른 모터가 오른쪽을 움직이는 로봇 차량의 경우 조향 모드 주행 블록을 사용하라. 조향 모드 주행 블록은 두 모터를 모두 동시에 제어하여 원하는 방향으로 차량을 주행한다.

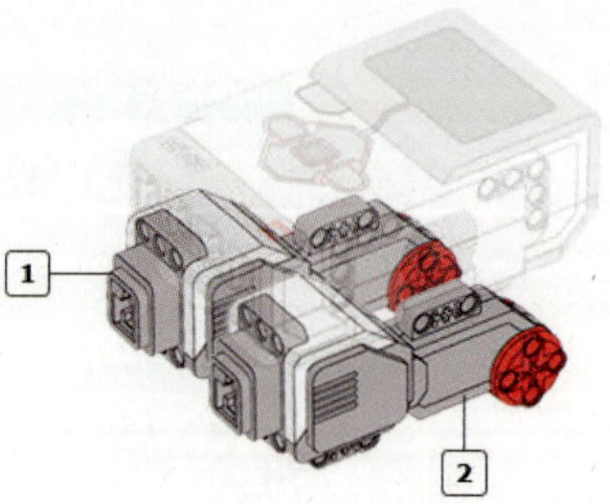

1 왼쪽 모터
2 오른쪽 모터

■ 팁과 요령

구동 모터가 2개 달린 로봇 차량은 탱크모드 주행 블록으로도 제어할 수 있다. 탱크모드 주행 블록은 조향 모드 주행 블록과 비슷하지만 회전 제어 방식이 다르다.

(1) 모터 포트와 제어 모드 선택

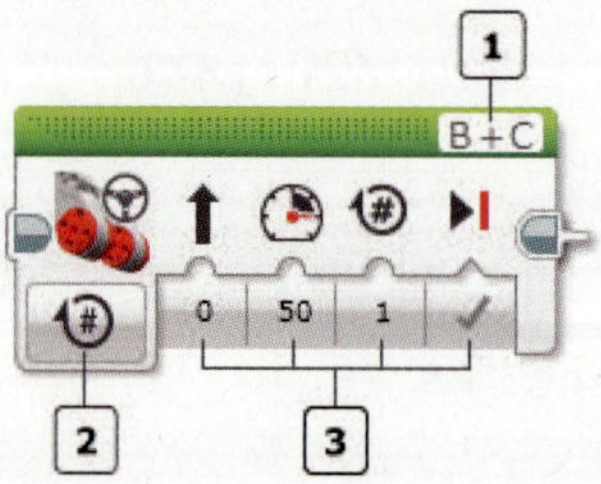

1 포트 선택
2 모드 선택
3 입력

블록 상단의 포트 선택을 사용하여 조향 모드 주행 블록으로 제어하려는 모터 2개(A, B, C, D)를 선택하라. 각 모터 문자를 클릭하여 해당 모터의 포트를 선택하라.

첫 번째 포트는 차량 왼쪽의 모터, 두 번째 포트는 오른쪽의 모터가 되어야 한다.

■ **팁과 요령**

로봇이 "앞으로" 향하고 있을 때 왼쪽의 모터가 포트 선택에 첫 번째 모터로 올라 있는지 확인하세요. 그렇지 않으면 로봇이 잘못된 방향으로 돌아간다.
모드 선택을 사용하여 원하는 모터 제어 방식을 선택하라. 모드를 선택한 후에는 입력에 대한 값을 선택할 수 있다. 사용 가능한 입력은 모드에 따라 바뀐다. 모드와 입력은 아래 설명되어 있다.

(2) 모드 : 켜짐, 꺼짐, 시간(초)으로 동작, 각도로 동작, 회전수로 동작

1) 켜짐

켜짐 모드를 선택하면 두 모터 모두 켜지고 그런 다음 즉시 프로그램에 있는 다음 블록을 계속한다. 파워 및 조향 입력을 사용하여 모터의 속도와 방향을 제어할 수 있다. 모터는 나중에 프로그램에 있는 다른 블록에 의해 정지 또는 변경될 때까지 또는 프로그램이 끝날 때까지 작동한다.
(사용한 입력 : 파워, 조향)

프로그램에 있는 다른 블록으로 모터가 켜져 있는 시간을 제어하고 싶을 때는 켜짐 모드를 사용하라. 프로그램에서 로봇은 전진한다. 터치 센서를 누르면 로봇이 멈춘다.

2) 꺼짐

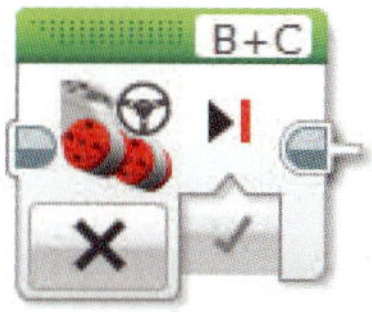

꺼짐 모드를 선택하면 모터 2개가 모두 꺼진다. 프로그램 초반에 켜짐 모드로 구동한 로봇을 정지하려면 꺼짐 모드를 사용하라. 위 예를 참조하라.

정지 방식이 참인 경우, 모터 끝날 때까지 모터는 정지된 채로 고정된다. 정지 방식이 거짓인 경우, 모터 파워는 그냥 꺼진다. 모터가 멈출 때까지 또는 또 다른 주행 블록이나 모터 블록이 구동할 때까지 모터는 남은 운동량을 사용하여 부드럽게 정지한다.

(사용한 입력 : 정지 방식)

3) 시간(초)으로 동작

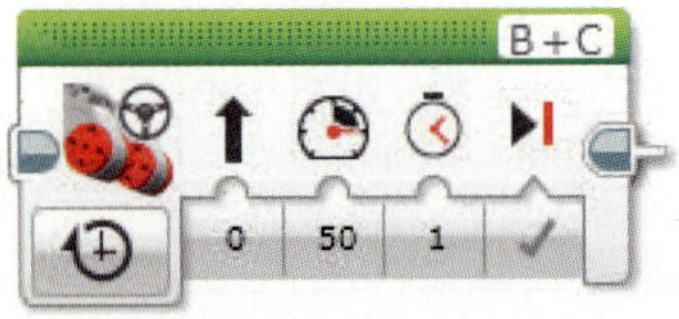

시간(초)으로 동작을 선택하면 모터 2개가 초 입력에 지정된 초 동안 켜져 있다가 꺼진다. 시간이 경과할 때까지 블록이 대기한 후 프로그램이 다음 블록을 계속한다.

파워 및 조향 입력을 사용하여 로봇의 속도와 방향을 제어할 수 있다. 정확히 지정된 초 후에 로봇을 정지하려면 정지 방식에 참을 사용하라.

(사용한 입력 : 파워, 조향, 초, 정지 방식)

예 1

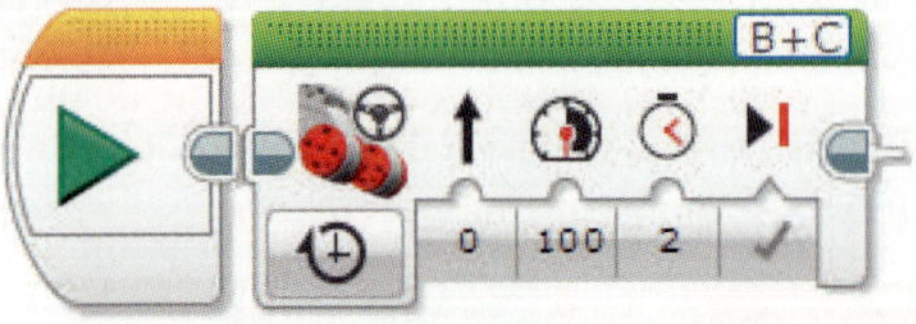

프로그램에서 로봇은 2초 동안 전력을 다해 똑바로 전진하다가 멈춘다.

■ **팁과 요령**

초 입력에 소수점을 사용하면 3.5초에 해당하는 3.5와 0.25초에 해당하는 0.25 같이 정확한 시간을 사용할 수 있다.

4) 각도로 동작

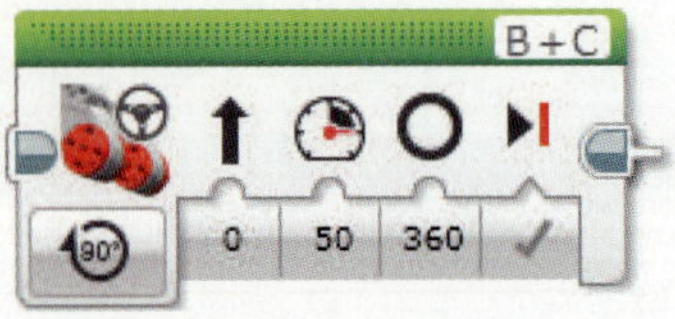

각도로 동작을 선택하면 두 모터 모두 켜지고, 그 중 한 모터가 각도 입력에 있는 회전 각도와 일치할 때까지 대기한 후 두 모터 모두 꺼진다. 이를 사용하면 로봇을 특정한 거리만큼 이동하거나 특정한 양만큼 돌게 만들 수 있다. 360도 회전은 모터가 완전히 1바퀴 도는 것에 해당한다.

파워 및 조향 입력을 사용하여 로봇의 속도와 방향을 제어할 수 있다. 정확히 지정된 각도와 일치할 때 로봇을 정지하려면 정지 방식에 참을 사용하라.

(사용한 입력 : 파워, 조향, 각도, 정지 방식)

예 2

아래 프로그램에서 로봇은 모터가 900도(2바퀴 반) 돌 때까지 75%의 파워로 똑바로 전진하다가 정지한다.

로봇의 이동거리는 각도 입력에 따라 달라진다. 하지만 이동거리는 사용한 구동 바퀴의 지름과 기타 물리적 요인에 따라서도 달라진다. 모터의 내부 회전 센서는 모터 중심의 회전량을 측정한다. 조향 입력이 0이 아닌 경우, 두 모터 중 하나의 속도가 느려지거나 방향이 뒤바뀌면서 로봇이 돌게 된다. 이런 경우 더 빨리 도는 모터의 각도 입력을 측정하게 된다.

예 3

프로그램에서 로봇은 25%와 50%의 조향값을 사용하여 포물선을 그리며 오른쪽으로 돈다. 왼쪽 모터(바깥쪽의 더 빠른 모터)가 정확히 1,000도 돌아갈 때까지 회전을 계속하다가 로봇이 멈춘다.

■ **팁과 요령**

각도 입력은 돌고 있는 로봇의 방향 변경이 아니라 더 빠른 모터의 모터 회전량을 측정한다. 로봇의 방향 변경은 바퀴 지름, 바퀴 간격, 기타 요인에 따라 달라진다.

5) 회전수로 동작

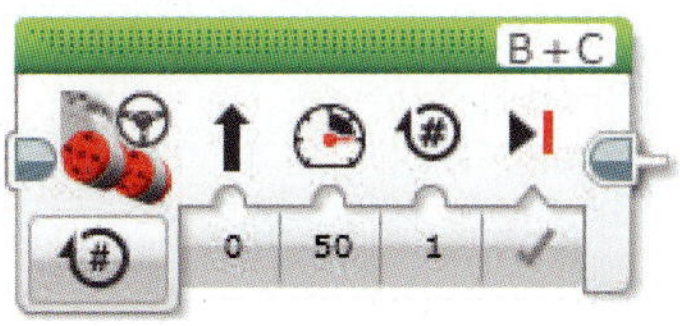

회전수로 동작을 사용하면 두 모터 모두 켜지고, 그 중 한 모터가 회전 입력에 있는 회전수와 일치할 때까지 대기한 후 두 모터 모두 꺼진다. 이를 사용하면 로봇을 특정한 거리만큼 이동하거나 특정한 양만큼 돌게 만들 수 있다.

파워 및 조향 입력을 사용하여 로봇의 속도와 방향을 제어할 수 있다. 정확히 지정된 모터 회전수와 일치할 때 로봇을 정지하려면 정지 방식에 참을 사용하라.

(사용한 입력 : 파워, 조향, 회전, 정지 방식)

■ **팁과 요령**

조향 입력이 0이 아닌 경우, 두 모터 중 하나의 속도가 느려지거나 방향이 뒤바뀌면서 로봇이 돌게 된다. 이런 경우 더 빨리 도는 모터의 회전 입력을 측정하게 된다.

예 4

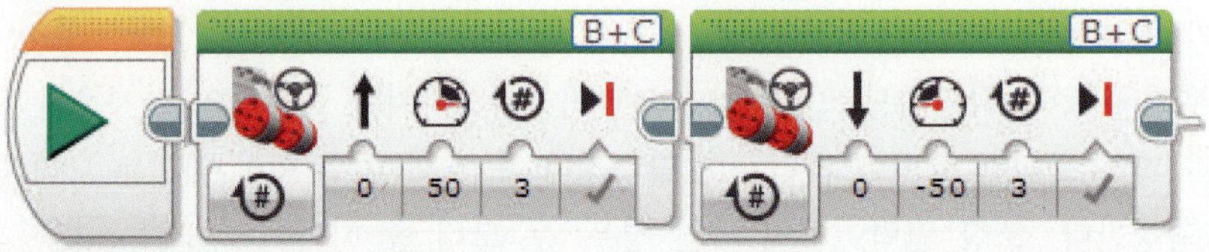

프로그램에서 모터가 완전히 3바퀴 돌 때까지 로봇은 50%의 파워로 똑바로 전진한다. 그런 다음 모터가 3회전 하는 동안 로봇은 (음의 파워를 사용하여) 똑바로 후진하다가 출발 지점에서 멈춘다.

■ **팁과 요령**

회전수로 동작 모드는 다른 회전 단위를 사용하지만 각도로 동작 모드와 똑같다. 1바퀴 미만의 값을 얻기 위해 회전 입력에 소수점도 사용할 수 있다. 다음 예는 동일한 회전량을 얻는 2가지 방식을 보여준다.

회전	각도
1	360
2	720
0.5	180
1.25	450
7.2	2592

(3) 모터 파워와 방향

파워 입력에는 −100부터 100까지 숫자를 넣을 수 있다. 위 그림에 나온 대로 라지 모터는 파워가 양수냐 음수냐에 따라 회전 방향이 달라진다.

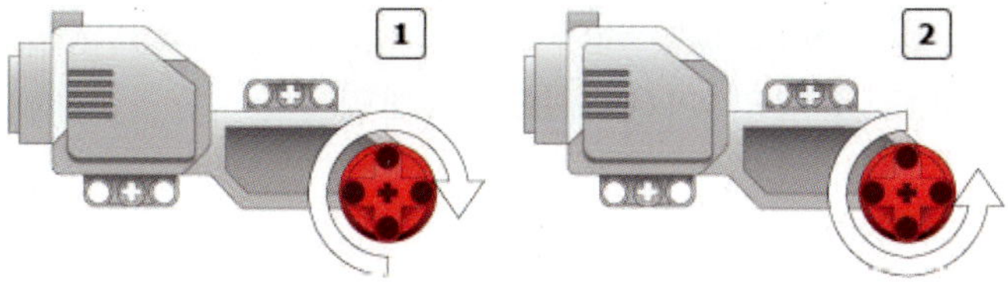

1 양의 파워
2 음의 파워

모터 반전 블록을 사용하여 모터의 기본 회전 방향을 변경할 수 있다. 모터 방향이 바뀐 경우, 음양 파워 레벨의 효과는 위에 보이는 것의 반대가 된다.

■ **팁과 요령**

모터의 회전속도는 모터에 가해지는 부하량에도 영향을 받지만 지정된 파워 레벨과 거의 비례한다.

(4) 조향과 모터 속도

조향 입력에는 −100부터 100까지 숫자를 넣을 수 있다. 영(0)의 값을 넣으면 로봇이 똑바로 주행한다. 양수(0보다 큼)를 넣으면 로봇이 오른쪽으로 돌고, 음수를 넣으면 로봇이 왼쪽으로 돈다. 조향값이 0에서 멀어질수록 회전이 급격하게 이루어진다.

조향 모드 주행 블록은 두 모터를 다른 속도로 돌게 하여 로봇을 회전하게 만든다. 회전이 매우 급격하면 두 모터 중 하나의 방향이 뒤바뀐다.

■ **팁과 요령**

양쪽 모터에서 사용하는 파워 레벨을 직접 제어하려면 조향 모드 주행 블록 대신 탱크모드 주행 블록을 사용하면 된다.

(5) 입 력

조향 모드 주행 블록의 입력은 모터 작동 방식의 세세한 부분을 제어한다. 블록에 직접 입력값을 입력할 수 있다. 데이터 와이어를 통해 프로그래밍 블록의 출력에서 값을 제공할 수 있다. 사용 가능한 입력과 그 기능은 선택한 제어 모드에 따라 달라진다.

입력	유형	허용값	비 고
파워	숫자	−100~100	모터 파워 레벨 모터 파워와 방향을 참조하라.
조향	숫자	−100~100	조향 방향 조향과 모터 속도를 참조하라.
정지 방식	논리	참/거짓	블록이 끝나면 적용된다. 참인 경우, 모터는 즉시 정지되고 고정된다. 거짓인 경우, 모터 파워가 멈춰지고 모터는 부드럽게 정지된다.
초	숫자	≥ 0	초 단위의 이동 시간
각도	숫자	모든 숫자	각도 단위의 이동량. 360도면 완전히 1바퀴가 된다.
회전	숫자	모든 숫자	회전수 단위의 이동량

수행실습 조향 모드 주행의 이해와 프로그래밍

재료 · 자료

EV3 SW, EV3 레고 마이드스톰, A4용지, 필기류

기기(장비 · 공구)

컴퓨터, USB 케이블, 충전 어댑터

안전 · 유의사항

- EV3 로봇 플랫폼의 외형의 관리하고 P-브릭에 전원을 충분히 충전한다.
- EV3에 프로그램을 동작시킬 때 USB 케이블을 제거한 후 실행한다.

수행순서

01 다른 블록으로 모터가 켜져 있는 시간을 제어하고 싶을 때는 켜짐 모드를 사용하고 로봇이 전진하다가 터치 센서를 누르면 로봇이 멈추도록 프로그램을 한다.

프로그램

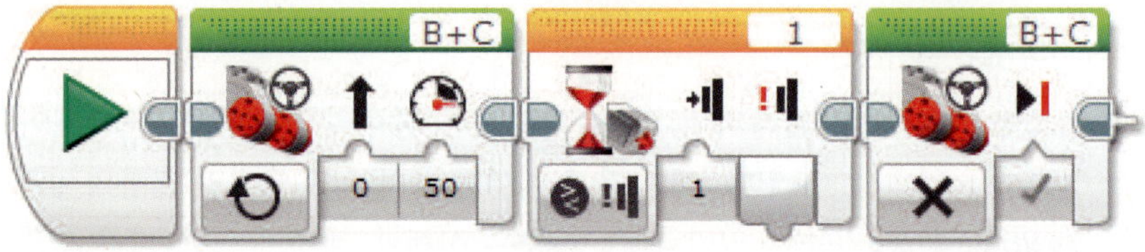

02 로봇은 2초 동안 전력을 다해 똑바로 전진하다가 멈추도록 프로그램을 한다.

프로그램

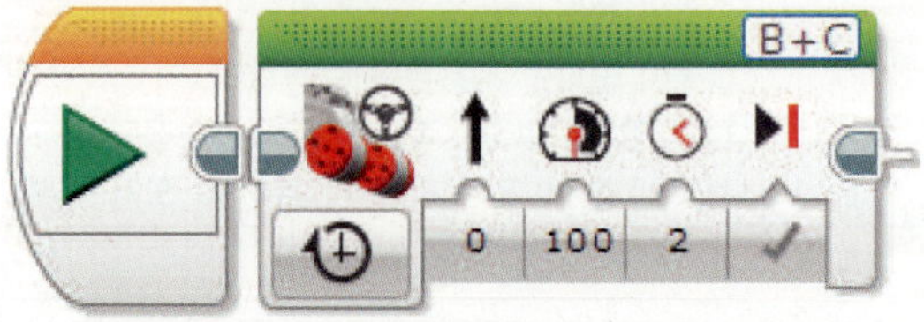

03 로봇은 모터가 900도(2바퀴 반) 돌 때까지 75%의 파워로 똑바로 전진하다가 정지하도록 프로그램을 한다.

프로그램

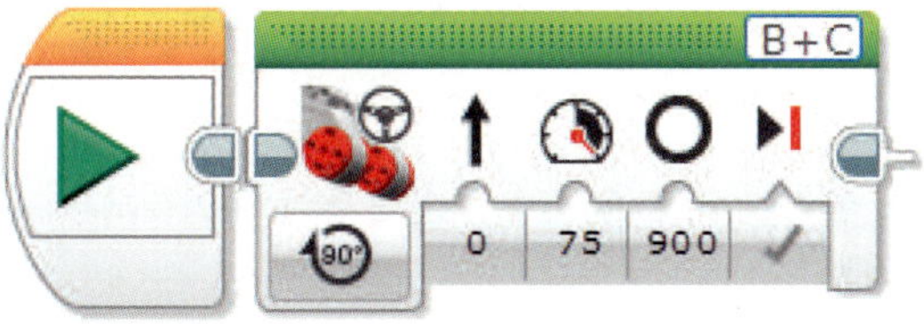

04 로봇은 25%와 50%의 조향값을 사용하여 포물선을 그리며 오른쪽으로 돈다. 왼쪽 모터(바깥쪽의 더 빠른 모터)가 정확히 1,000도 돌아갈 때까지 회전을 계속하다가 로봇이 멈추도록 프로그램을 한다.

프로그램

05 모터가 완전히 3바퀴 돌 때까지 로봇은 50%의 파워로 똑바로 전진한 다음 모터가 3회전 하는 동안 로봇은 (음의 파워를 사용하여) 똑바로 후진하다가 출발 지점에서 멈추도록 프로그램을 한다.

프로그램

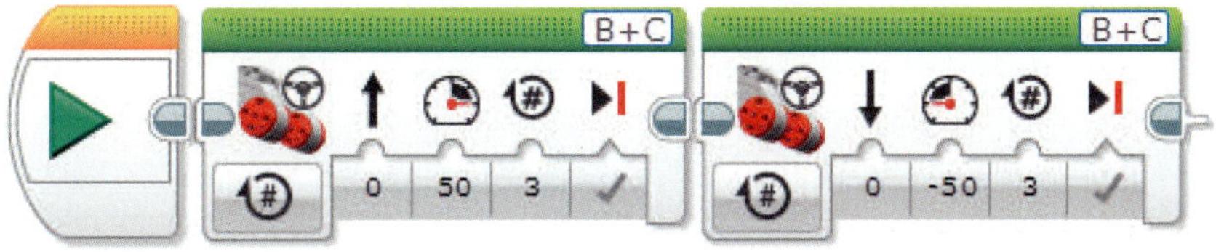

06 제시된 프로그램을 만든 후 테스트하라.

프로그램

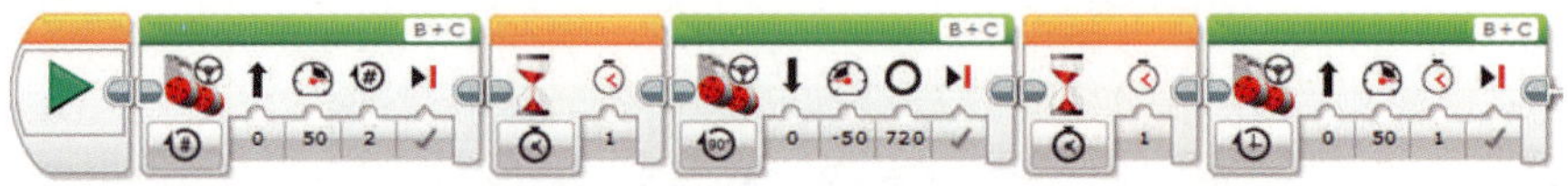

수정하기 : 조향 모드 블록의 조향을 조절하여 로봇을 제어해보자.

07 로봇이 어떻게 움직일지 예상해보고 테스트해보자.

프로그램

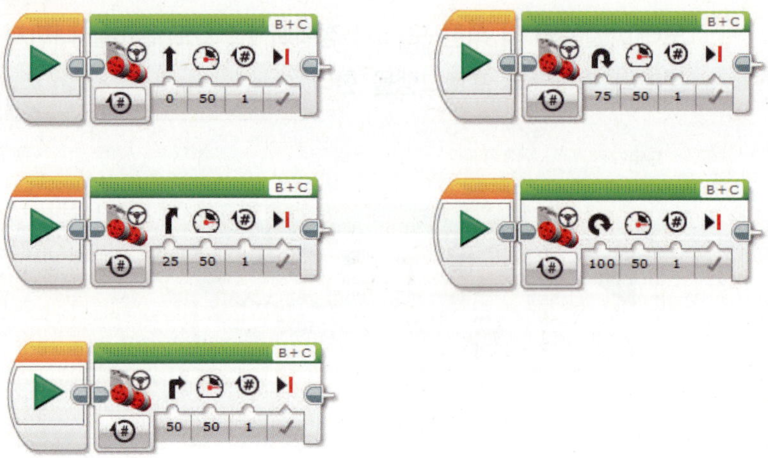

수행 Tip

– EV3 소프트웨어의 로비의 간단한 안내 섹션의 도움말과 동영상을 최대한 활용한다.

4-3 탱크모드 주행

학습 목표	4-3. EV3의 탱크모드 블록의 모터 2개의 진행속도를 다르게 하여 로봇을 주행할 수 있다.

1. 탱크모드 주행 블록

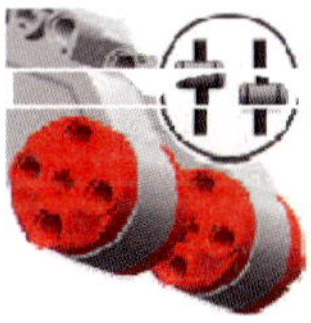

탱크모드 주행 블록은 로봇을 전진, 후진, 회전 또는 정지하게 만들 수 있다. 라지 모터 2개가 달려 있어 모터 1개는 차량 왼쪽을, 다른 모터는 오른쪽을 움직이는 로봇 차량의 경우 탱크모드 주행 블록을 사용한다. 모터 2개의 진행속도를 다르게 하거나 방향을 다르게 하여 로봇을 회전시킬 수 있다.

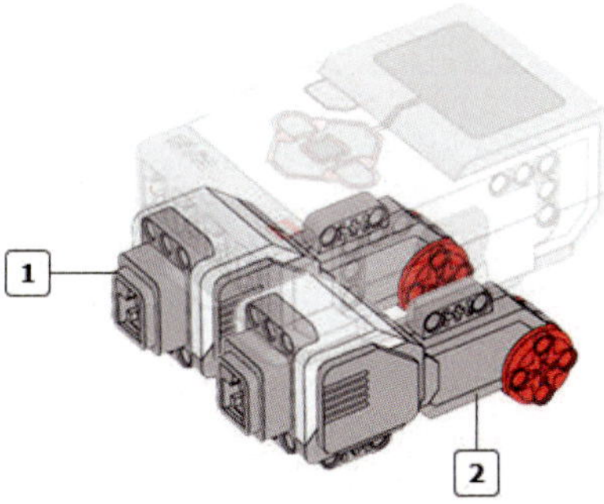

1 왼쪽 모터
2 오른쪽 모터

■ 팁과 요령

구동 모터가 2개 달린 로봇 차량은 조향 모드 주행 블록으로도 제어할 수 있다. 조향 모드 주행 블록은 탱크모드 주행 블록과 비슷하지만 회전 제어 방식이 다르다.

(1) 모터 포트와 제어 모드 선택

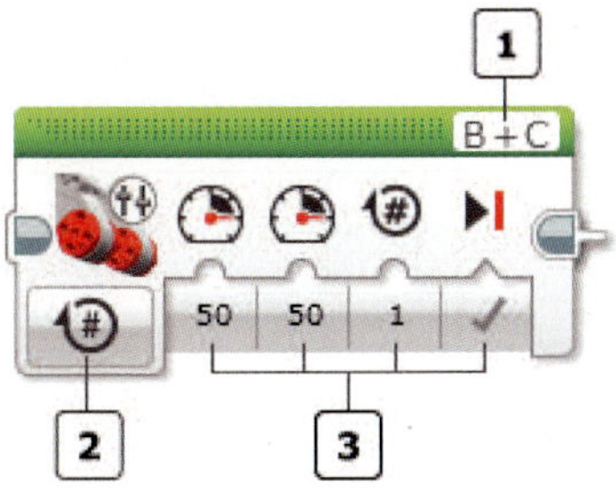

1 포트 선택
2 모드 선택
3 입력

블록 상단의 포트 선택을 사용하여 탱크모드 주행 블록으로 제어하려는 모터 2개(A, B, C, D)를 선택하라. 각 모터 문자를 클릭하여 해당 모터의 포트를 선택하라. 첫 번째 포트는 차량 왼쪽의 모터, 두 번째 포트는 오른쪽의 모터가 되어야 한다.

■ **팁과 요령**

로봇이 "앞으로" 향하고 있을 때 왼쪽의 모터가 포트 선택에 첫 번째 모터로 올라 있는지 확인하라. 그러지 않으면, 로봇이 잘못된 방향으로 돌아간다.
모드 선택을 사용하여 원하는 모터 제어 방식을 선택하라. 모드를 선택한 후에는 입력에 대한 값을 선택할 수 있다. 사용 가능한 입력은 모드에 따라 바뀐다. 모드와 입력은 아래 설명되어 있다.

(2) 모드 : 켜짐, 꺼짐, 시간(초)으로 동작, 각도로 동작, 회전수로 동작

1) 켜짐

켜짐 모드를 선택하면 두 모터 모두 켜지고 그런 다음 즉시 프로그램에 있는 다음 블록을 계속한다. 왼쪽 파워 입력과 오른쪽 파워 입력을 사용하여 모터의 속도와 방향을 제어할 수 있다. 모터는 나중에 프로그램에 있는 다른 블록에 의해 정지 또는 변경될 때까지, 프로그램이 끝날 때까지 작동한다.
(사용한 입력 : 왼쪽 파워, 오른쪽 파워)

예 1

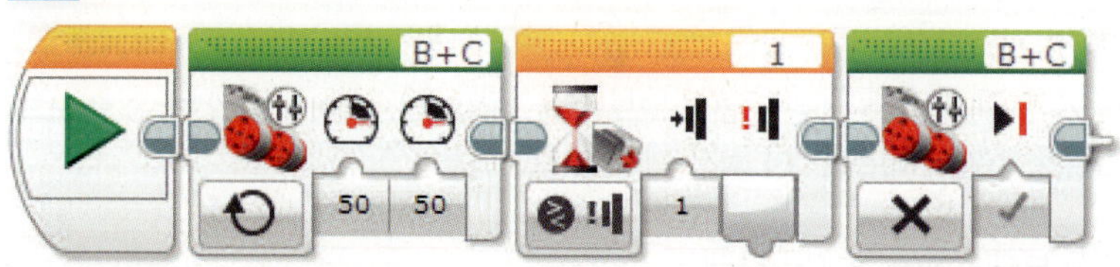

프로그램에 있는 다른 블록으로 모터가 켜져 있는 시간을 제어하고 싶을 때는 켜짐 모드를 사용하라. 이 프로그램에서 로봇은 똑바로 전진한다. 터치 센서를 누르면 로봇이 멈춘다.

2) 꺼짐

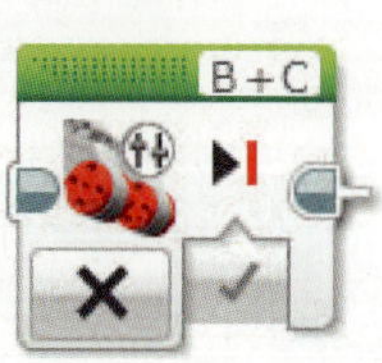

꺼짐 모드를 선택하면 모터 2개가 모두 꺼진다. 프로그램 초반에 켜짐 모드로 구동한 로봇을 정지하려면 꺼짐 모드를 사용하세요. 위 예를 참조하라.

정지 방식이 참인 경우, 모터는 즉시 정지된다. 또 다른 주행 블록이나 모터 블록이 모터를 구동할 때까지 또는 프로그램이 끝날 때까지 모터는 정지된 채로 고정된다. 정지 방식이 거짓인 경우, 모터 파워는 그냥 꺼진다. 모터가 멈출 때까지 또는 또 다른 주행 블록이나 모터 블록이 구동할 때까지 모터는 남은 운동량을 사용하여 부드럽게 정지한다.

(사용한 입력 : 정지 방식)

3) 시간(초)으로 동작

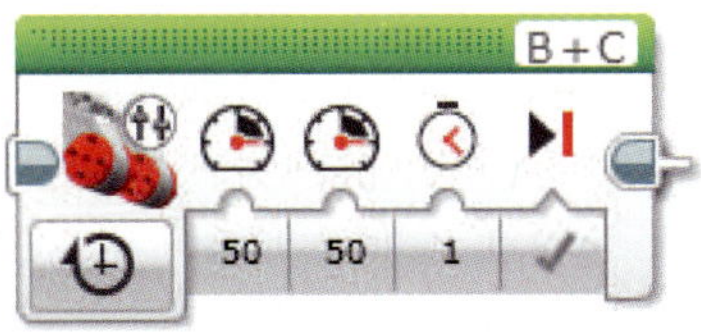

시간(초)으로 동작을 선택하면 모터 2개가 초 입력에 지정된 초 동안 켜져 있다가 꺼진다. 시간이 경과할 때까지 블록이 대기한 후 프로그램이 다음 블록을 계속한다.

왼쪽 파워 입력과 오른쪽 파워 입력을 사용하여 로봇의 속도와 방향을 제어할 수 있다. 정확히 지정된 초 후에 로봇을 정지하려면 정지 방식에 참을 사용하라.

(사용한 입력 : 왼쪽 파워, 오른쪽 파워, 초, 정지 방식)

예 2

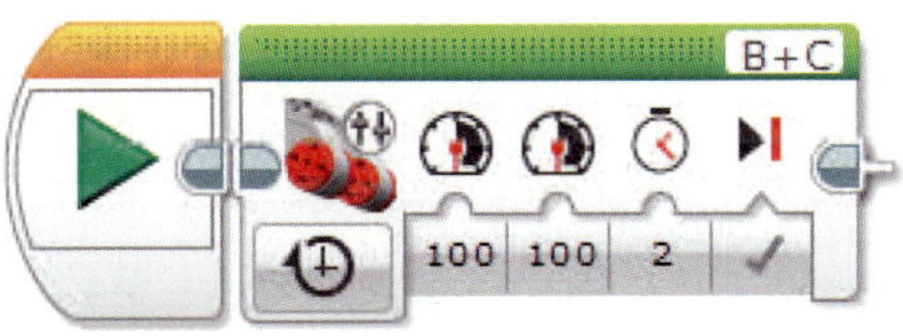

프로그램에서 로봇은 2초 동안 전력을 다해 똑바로 전진하다가 멈춘다.

- **팁과 요령**

  초 입력에 소수점을 사용하면 3.5초에 해당하는 3.5와 0.25초에 해당하는 0.25 같이 정확한 시간을 얻을 수 있다.

4) 각도로 동작

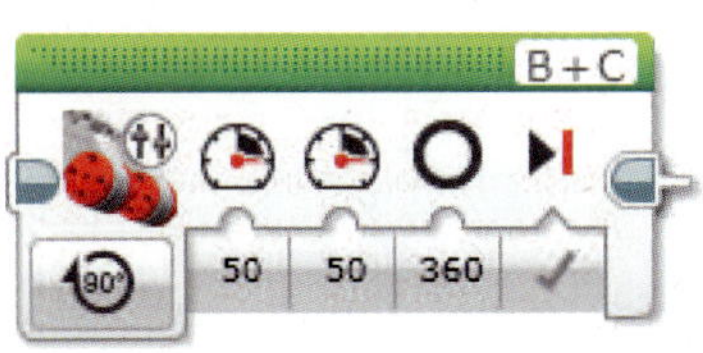

각도로 동작을 선택하면 모터 2개 모두 켜지고, 그 중 한 모터가 각도 입력에 있는 회전 각도와 일치할 때까지 대기한 후 모터 2개가 모두 꺼진다. 이를 사용하면 로봇을 특정한 거리만큼 이동하거나 특정한 양만큼 돌게 만들 수 있다. 360도 회전은 모터가 완전히 1바퀴 도는 것에 해당한다.

왼쪽 파워 입력과 오른쪽 파워 입력을 사용하여 로봇의 속도와 방향을 제어할 수 있다. 정확히 지정된 초 후에 로봇을 정지하려면 정지 방식에 참을 사용하라.

(사용한 입력 : 왼쪽 파워, 오른쪽 파워, 각도, 정지 방식)

예 3

프로그램에서 모터가 900도(2바퀴 반) 돌 때까지 로봇은 75%의 파워로 똑바로 전진하다가 멈춘다. 왼쪽 파워와 오른쪽 파워에 동일한 값을 사용하면 로봇이 똑바로 주행한다.

■ **팁과 요령**

로봇의 이동거리는 각도 입력에 따라 달라진다. 하지만 이동거리는 사용한 구동 바퀴의 지름과 기타 물리적 요인에 따라서도 달라진다. 모터의 내부 회전 센서는 모터 중심의 회전량을 측정한다.

예 4

아래 프로그램에서 로봇은 포물선을 그리며 오른쪽으로 돈다. 왼쪽 파워가 오른쪽 파워보다 크기 때문이다. 왼쪽 모터(바깥쪽의 더 빠른 모터)가 정확히 900도 돌아갈 때까지 회전을 계속하다가 로봇이 멈춘다.

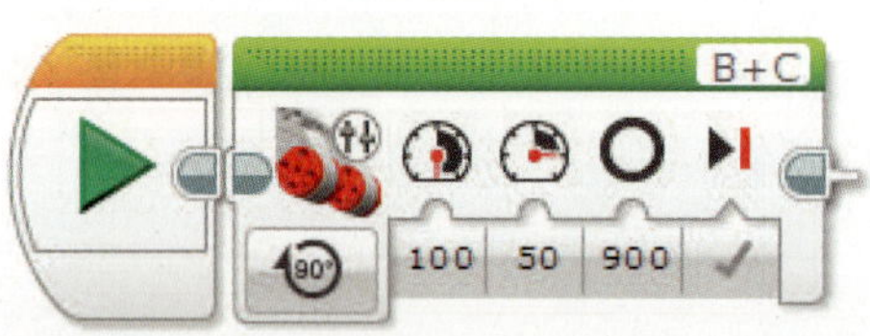

예 5

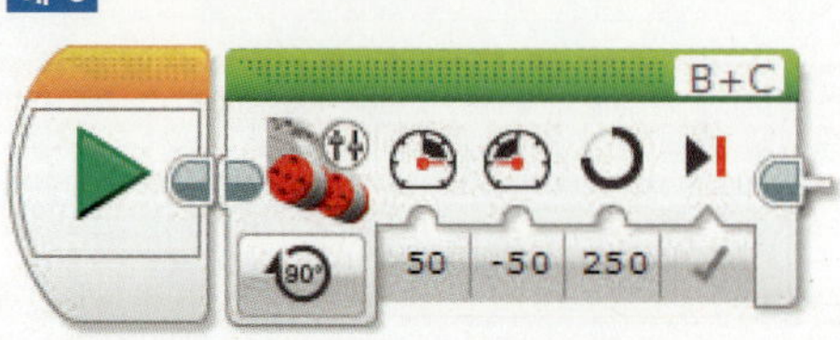

이 프로그램은 2개의 모터를 서로 다른 방향으로 회전시켜 로봇을 "스핀 턴"하게 만든다. 오른쪽 파워에 음수를 사용하면 오른쪽 모터가 뒤로 회전한다. 왼쪽 모터가 앞으로 250도 회전할 때까지 로봇이 돌다가 멈춘다. 오른쪽 모터는 뒤로 250도 회전한다.

■ **팁과 요령**

각도 입력은 돌고 있는 로봇의 방향 변경이 아니라 순방향 또는 더 빠른 모터의 모터 회전량을 측정한다. 로봇의 방향 변경은 바퀴 지름, 바퀴 간격, 기타 요인에 따라 달라진다.

5) 회전수로 동작

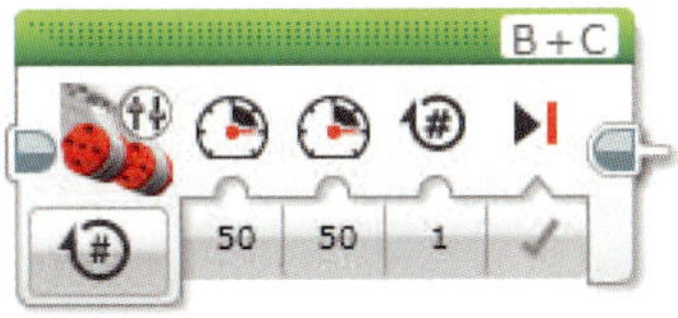

회전수로 동작을 사용하면 두 모터 모두 켜지고, 그 중 한 모터가 회전 입력에 있는 회전수와 일치할 때까지 대기한 후 두 모터 모두 꺼진다. 이를 사용하면 로봇을 특정한 거리만큼 이동하거나 특정한 양만큼 돌게 만들 수 있다.

왼쪽 파워 입력과 오른쪽 파워 입력을 사용하여 로봇의 속도와 방향을 제어할 수 있다. 정확히 지정된 초 후에 로봇을 정지하려면 정지 방식에 참을 사용하라.

(사용한 입력 : 왼쪽 파워, 오른쪽 파워, 회전, 정지 방식)

예 6

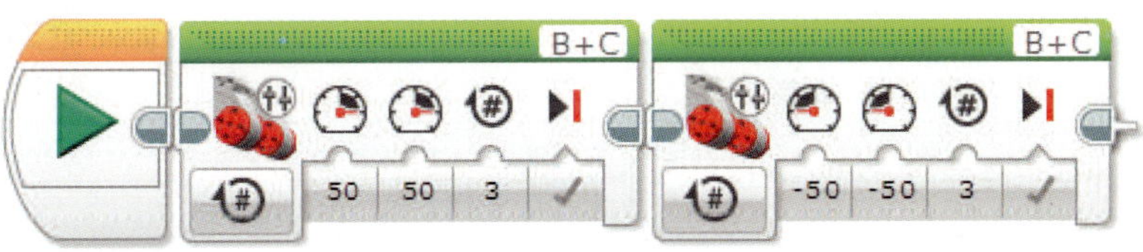

프로그램에서 모터가 완전히 3바퀴 돌 때까지 로봇은 50%의 파워로(왼쪽 파워와 오른쪽 파워 모두 50을 사용함) 똑바로 전진한다. 그 후 모터가 3회전 하는 동안 로봇은 (음의 파워를 사용하여) 똑바로 후진하다가 출발지점에서 멈춘다.

■ **팁과 요령**

회전수로 동작 모드는 다른 회전 단위를 사용하지만 각도로 동작 모드와 똑같다. 1바퀴 미만의 값을 얻기 위해 회전 입력에 소수점도 사용할 수 있다. 다음 예는 동일한 회전량을 얻는 2가지 방식을 보여준다.

회전	각도	회전	각도
1	360	1.25	450
2	720	7.2	2,592
0.5	180		

(3) 모터 파워와 방향

왼쪽 파워와 오른쪽 파워 입력에는 −100에서 100까지 숫자를 넣을 수 있다. 위 그림에 나온 대로 양수냐 음수냐에 따라 라지 모터의 회전 방향이 달라진다.

1 양의 파워
2 음의 파워

모터 반전 블록을 사용하여 모터의 기본 회전 방향을 변경할 수 있다. 모터 방향이 바뀐 경우, 음양 파워 레벨의 효과는 위에 보이는 것의 반대가 된다.

■ **팁과 요령**

모터의 회전 속도는 모터에 가해지는 부하량에도 영향을 받지만 지정된 파워 레벨과 거의 비례한다.

(4) 입 력

탱크모드 주행 블록의 입력은 모터 작동 방식의 세세한 부분을 제어한다. 블록에 직접 입력값을 입력할 수 있다. 데이터 와이어를 통해 프로그래밍 블록의 출력에서 값을 제공할 수 있다. 사용 가능한 입력과 그 기능은 선택한 제어 모드에 따라 달라진다.

입력	유형	허용값	비 고
왼쪽 파워	숫자	−100~100	왼쪽 모터의 모터 파워 레벨 모터 파워와 방향을 참조하라.
오른쪽 파워	숫자	−100~100	오른쪽 모터의 모터 파워 레벨 모터 파워와 방향을 참조하라.
정지 방식	논리	참/거짓	블록이 끝나면 적용된다. 참인 경우, 모터는 즉시 정지되고 고정된다. 거짓인 경우, 모터 파워가 멈춰지고 모터는 부드럽게 정지된다.
초	숫자	≥ 0	초 단위의 이동시간
각도	숫자	모든 숫자	각도 단위의 이동량. 360도면 완전히 1바퀴가 된다.
회전	숫자	모든 숫자	회전수 단위의 이동량

수행실습

탱크모드 주행의 이해와 프로그래밍

재료 · 자료

EV3 SW, EV3 레고 마이드스톰, A4용지, 필기류

기기(장비 · 공구)

컴퓨터, USB 케이블, 충전 어댑터

안전 · 유의사항

- EV3 로봇 플랫폼의 외형의 관리하고 P-브릭에 전원을 충분히 충전한다.
- EV3에 프로그램을 동작시킬 때 USB 케이블을 제거한 후 실행한다.

수행순서

01 다른 블록으로 모터가 켜져 있는 시간을 제어하고 싶을 때는 켜짐 모드를 사용하고 로봇이 똑바로 전진하고 터치 센서를 누르면 로봇이 멈추도록 프로그램을 한다.

프로그램

02 로봇이 2초 동안 전력을 다해 똑바로 전진하다가 멈추도록 프로그램을 한다.

프로그램

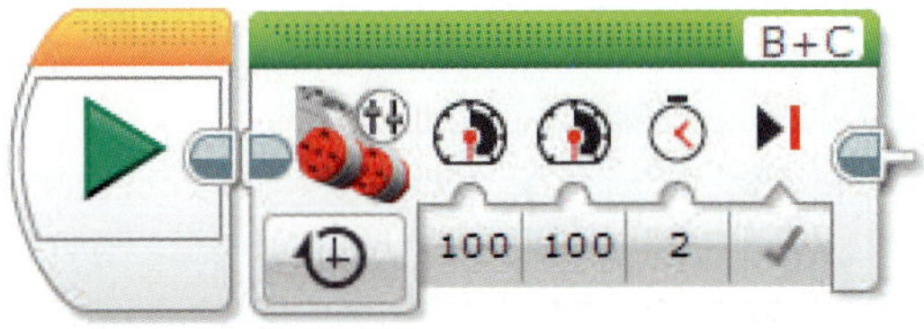

03 모터가 900도(2바퀴 반) 돌 때까지 로봇은 75%의 파워로 똑바로 전진하다가 멈추고. 왼쪽 파워와 오른쪽 파워에 동일한 값을 사용하면 로봇이 똑바로 주행하도록 프로그램을 한다.

프로그램

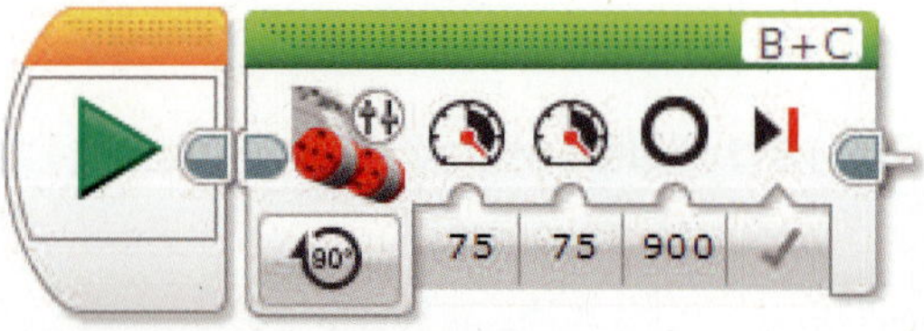

04 로봇은 포물선을 그리며 오른쪽으로 돈다. 왼쪽 파워가 오른쪽 파워보다 크기 때문이다. 왼쪽 모터(바깥쪽의 더 빠른 모터)가 정확히 900도 돌아갈 때까지 회전을 계속하다가 로봇이 멈추도록 프로그램을 한다.

프로그램

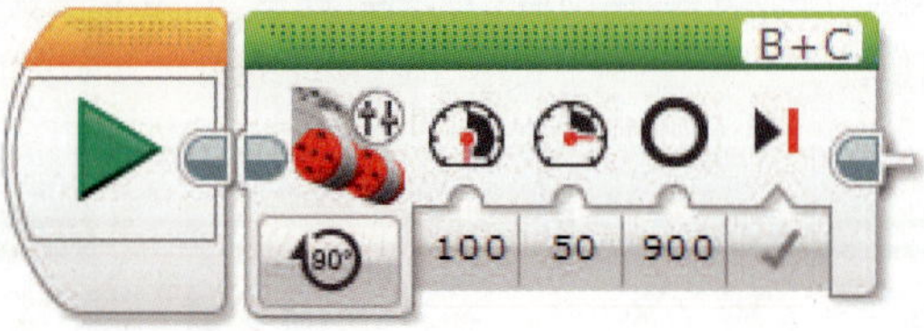

05 2개의 모터를 서로 다른 방향으로 회전시켜 로봇을 "스핀 턴"하게 만들고 오른쪽 파워에 음수를 사용하면 오른쪽 모터가 뒤로 회전한다. 왼쪽 모터가 앞으로 250도 회전할 때까지 로봇이 돌다가 멈추고 오른쪽 모터는 뒤로 250도 회전하도록 프로그램을 한다.

프로그램

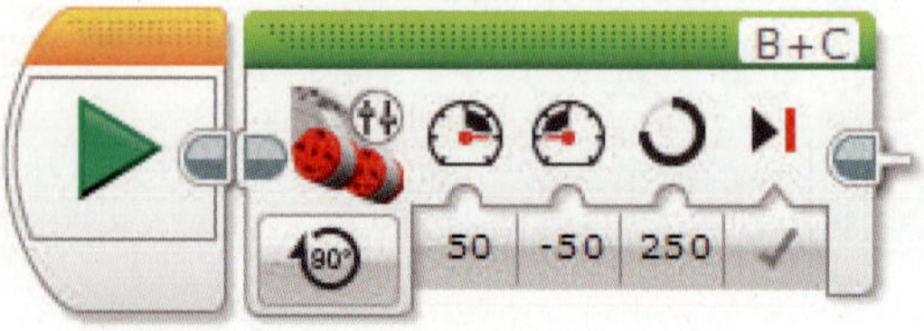

06 모터가 완전히 3바퀴 돌 때까지 로봇은 50%의 파워로(왼쪽 파워와 오른쪽 파워 모두 50을 사용함) 똑바로 전진한 후 모터가 3회전 하는 동안 로봇은 (음의 파워를 사용하여) 똑바로 후진하다가 출발 지점에서 멈추도록 프로그램을 한다.

프로그램

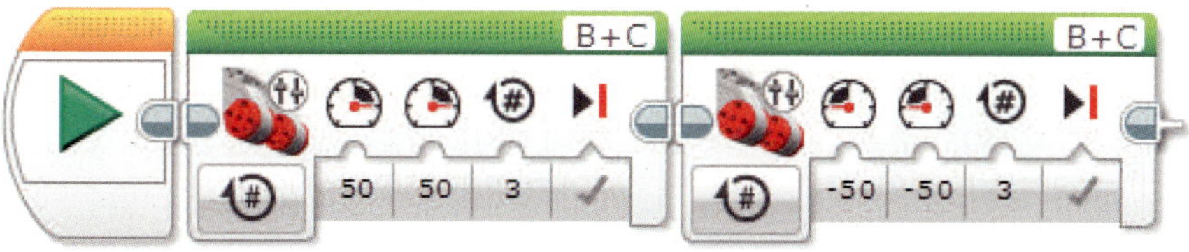

07 제시된 프로그램을 만든 후 테스트하라.

프로그램

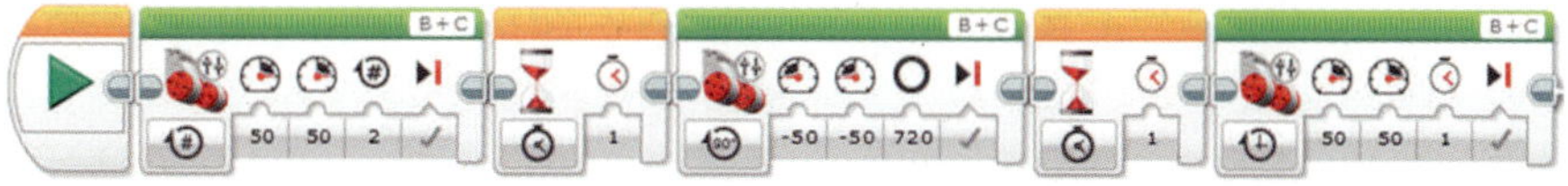

수정하기 : 탱크모드 블록의 2개의 모터 속도를 다양하게 입력하여 로봇을 제어해보자.

수행 Tip

– EV3 소프트웨어의 로비의 간단한 안내 섹션의 도움말과 동영상을 최대한 활용한다.

4-4 미디엄 모터(Medium Motor)

학습 목표	4-4. EV3의 미디엄 모터를 다양한 방식으로 제어를 이해하고 미디엄 모터의 응용 프로그래밍을 할 수 있다.

1. 미디엄 모터 블록

미디엄 모터 블록은 미디엄 모터를 제어한다. 모터의 켜짐/꺼짐을 실행하거나 모터의 파워 레벨을 조절하거나 지정된 시간 동안 또는 지정된 회전수와 일치할 때까지 모터를 켤 수 있다.

(1) 모터 포트와 제어 모드 선택

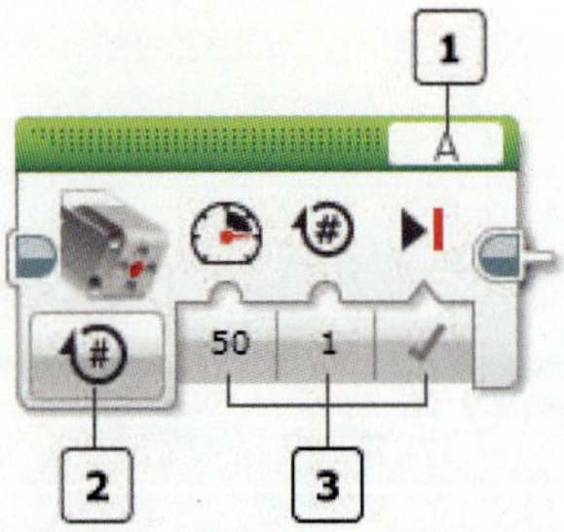

1 포트 선택
2 모드 선택
3 입력

블록 상단의 포트 선택을 사용하여 미디엄 모터 블록으로 제어하려는 모터(A, B, C, D)를 선택하라. 모드 선택을 사용하여 원하는 모터 제어 방식을 선택하라. 모드를 선택한 후에는 입력에 대한 값을 선택할 수 있다. 사용 가능한 입력은 모드에 따라 바뀐다. 모드와 입력은 아래 설명되어 있다.

(2) 모 드

켜짐, 꺼짐, 시간(초)으로 동작, 각도로 동작, 회전수로 동작

1) 켜짐

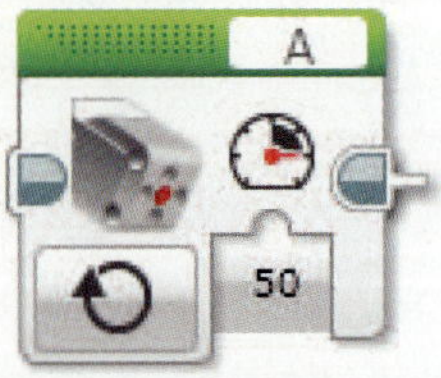

켜짐 모드를 선택하면 모터가 켜지고 그런 다음 즉시 프로그램에 있는 다음 블록을 계속한다. 파워 입력을 사용하여 모터의 속도와 방향을 제어할 수 있다. 모터는 나중에 프로그램

에 있는 다른 블록에 의해 정지 또는 변경될 때까지 또는 프로그램이 끝날 때까지 작동한다.
(사용한 입력 : 파워)

예 1

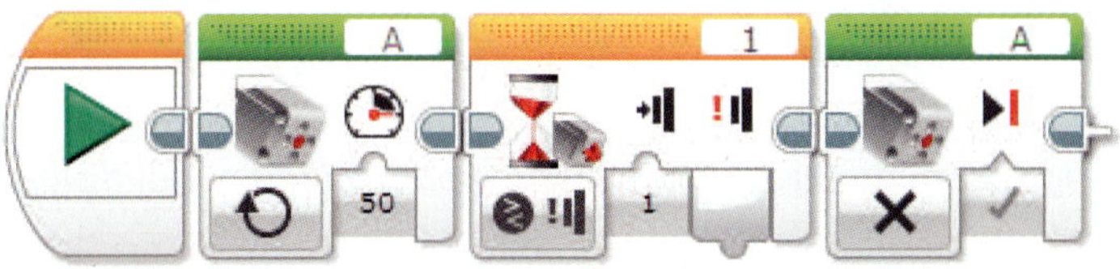

프로그램에 있는 다른 블록으로 모터가 켜져 있는 시간을 제어하고 싶을 때는 켜짐 모드를 사용하라. 프로그램에서 모터는 터치 센서를 누를 때까지 작동하다가 정지된다.

2) 꺼짐

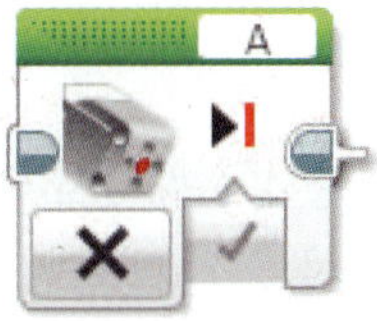

꺼짐 모드를 선택하면 모터가 꺼진다. 이는 보통 켜짐 모드로 구동한 모터를 정지하는 데 사용된다. 위 예를 참조하라.

정지 방식이 참인 경우, 모터는 즉시 정지된다. 또 다른 모터 블록이 모터를 구동할 때까지 또는 프로그램이 끝날 때까지 모터는 정지된 채로 고정된다. 정지 방식이 거짓인 경우, 모터 파워는 그냥 꺼진다, 모터는 멈출 때까지 또는 또 다른 블록이 구동할 때까지 남은 유동량을 사용하여 부드럽게 정지한다.
(사용한 입력 : 정지 방식)

■ 팁과 요령

거짓으로 설정된 정지 방식의 꺼짐 모드를 사용하여, 정지된 채로 고정된 모터를 "해제"할 수 있다. 그러면 프로그램 도중에 모터의 위치를 직접 조정할 수 있다.

3) 시간(초)으로 동작

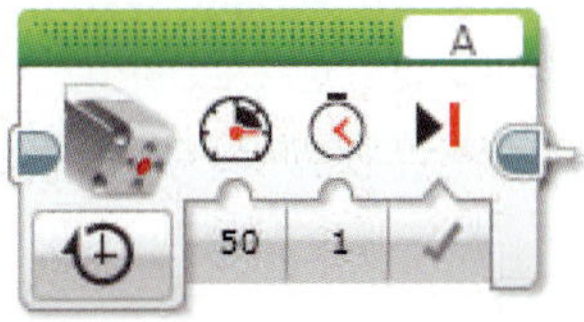

시간(초)으로 동작을 선택하면 모터가 초 입력에 지정된 초 동안 켜져 있다가 꺼진다. 시

간이 경과할 때까지 블록이 대기한 후 프로그램이 다음 블록을 계속한다.

파워 입력을 사용하여 모터의 속도와 방향을 제어할 수 있다. 정확히 지정된 초 후에 모터를 정지하려면 정지 방식에 참을 사용하라.

(사용한 입력 : 파워, 초, 정지 방식)

■ **팁과 요령**

초 입력에 소수점을 사용하면 3.5초에 해당하는 3.5와 0.25초에 해당하는 0.25 같이 정확한 시간을 사용할 수 있다.

4) 각도로 동작

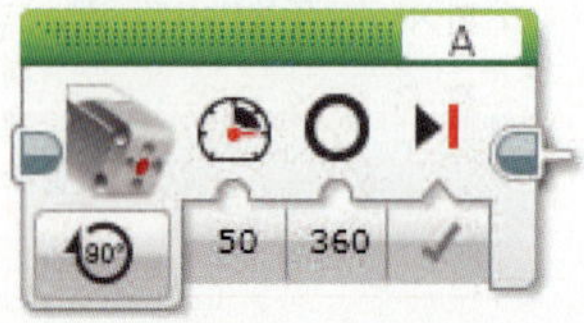

각도로 동작을 선택하면 모터가 각도 입력에 지정된 각도와 일치할 때까지 켜져 있다가 꺼진다. 360도를 선택하면 모터가 완전히 1바퀴 돌거나 회전한다.

파워 입력을 사용하여 모터의 속도와 방향을 제어할 수 있다. 정확히 지정된 각도와 일치할 때 모터를 정지하려면 정지 방식에 참을 사용하라.

(사용한 입력 : 파워, 각도, 정지 방식)

예 2

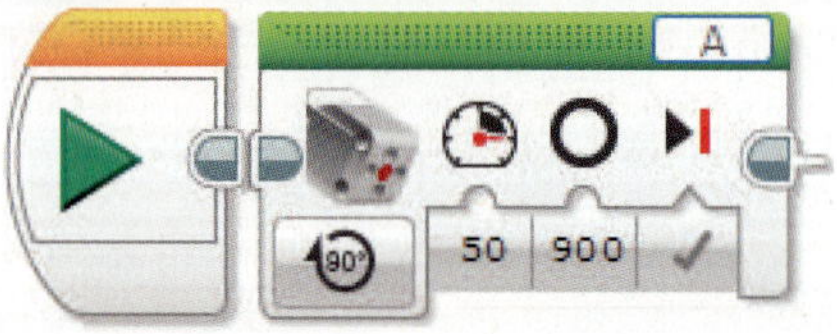

프로그램에서 포트 A의 모터는 50%의 파워에서 정확히 900도(2바퀴 반) 동안 작동하다가 정지된다.

■ **팁과 요령**

미디엄 모터의 내부 회전 센서는 회전 각도를 측정한다. 각도로 동작을 사용하면 모터가 정확히 지정된 각도만큼 돌 때까지 블록이 대기한 후 프로그램이 다음 블록을 계속한다. 모터가 저항 또는 물리적 한계와 만나 지정된 각도를 완수할 수 없는 경우, 블록은 계속 대기한다. 저항이 없어질 때까지 프로그램에 있는 어떤 블록도 실행되지 않는다.

5) 회전수로 동작

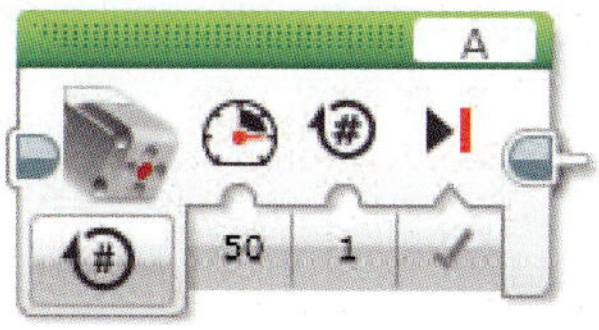

회전수로 동작을 선택하면 모터가 회전 입력에 지정된 회전수와 일치할 때까지 켜져 있다가 꺼진다.

파워 입력을 사용하여 모터의 속도와 방향을 제어할 수 있다. 정확히 지정된 회전수와 일치할 때 모터를 정지하려면 정지 방식에 참을 사용하라.

(사용한 입력 : 파워, 회전, 정지 방식)

■ 팁과 요령

회전수로 동작 모드는 다른 회전 단위를 사용한다는 점을 제외하고는 각도로 동작 모드와 똑같다. 1바퀴 미만의 값을 얻기 위해 회전 입력에 소수점도 사용할 수 있다. 다음 표는 동일한 회전량을 얻는 2가지 방식을 보여준다.

회전	각도
1	360
2	720
0.5	180
1.25	450
7.2	2,592

(3) 모터 파워와 방향

파워 입력에는 −100부터 100까지 숫자를 넣을 수 있다. 아래 그림에 나온 대로 숫자가 양수면 미디엄 모터가 시계 방향으로 돌아가고, 음수면 모터가 시계 반대 방향으로 돌아간다.

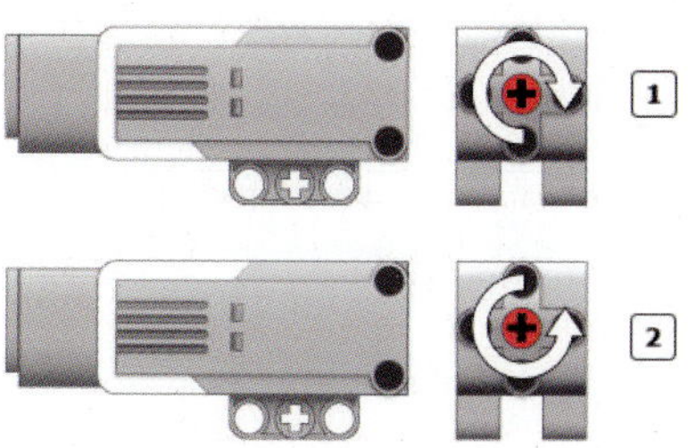

1 양의 파워
2 음의 파워

모터 반전 블록을 사용하여 모터의 기본 회전 방향을 변경할 수 있다. 모터 방향이 바뀐 경우, 음양 파워 레벨의 효과는 위에 보이는 것의 반대가 된다.

■ 팁과 요령

모터의 회전 속도는 모터에 가해지는 부하량에도 영향을 받지만 지정된 파워 레벨과 거의 비례한다.

(4) 입 력

미디엄 모터 블록의 입력은 모터 작동 방식의 세세한 부분을 제어한다. 블록에 직접 입력 값을 입력할 수 있다. 데이터 와이어를 통해 프로그래밍 블록의 출력에서 값을 제공할 수 있다. 사용 가능한 입력과 그 기능은 선택한 제어 모드에 따라 달라진다.

입력	유형	허용값	비 고
파워	숫자	−100~100	모터 파워 레벨 모터 파워와 방향을 참조하라.
정지 방식	논리	참/거짓	블록이 끝나면 적용된다. 참인 경우, 모터는 즉시 정지되고 고정된다. 거짓인 경우, 모터 파워는 멈추고 모터는 부드럽게 정지한다.
초	숫자	≥ 0	초 단위의 이동시간
각도	숫자	모든 숫자	각도 단위의 이동량. 360도면 완전히 1바퀴가 된다.
회전	숫자	모든 숫자	회전수 단위의 이동량

수행실습 미디엄 모터 이해와 프로그래밍

재료 · 자료

EV3 SW, EV3 레고 마이드스톰, A4용지, 필기류

기기(장비 · 공구)

컴퓨터, USB 케이블, 충전 어댑터

안전 · 유의사항

- EV3 로봇 플랫폼의 외형의 관리하고 P-브릭에 전원을 충분히 충전한다.
- EV3에 프로그램을 동작시킬 때 USB 케이블을 제거한 후 실행한다.

수행순서

01 다른 블록으로 모터가 켜져 있는 시간을 제어하고 싶을 때는 켜짐 모드를 사용하고 모터가 터치 센서를 누를 때까지 작동하다가 정지하도록 프로그램을 한다.

프로그램

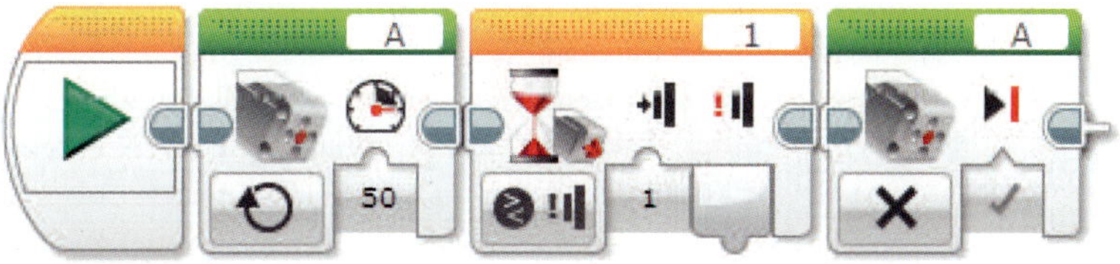

02 포트 A의 모터는 50%의 파워에서 정확히 900도(2바퀴 반) 동안 작동하다가 정지하도록 프로그램을 한다.

프로그램

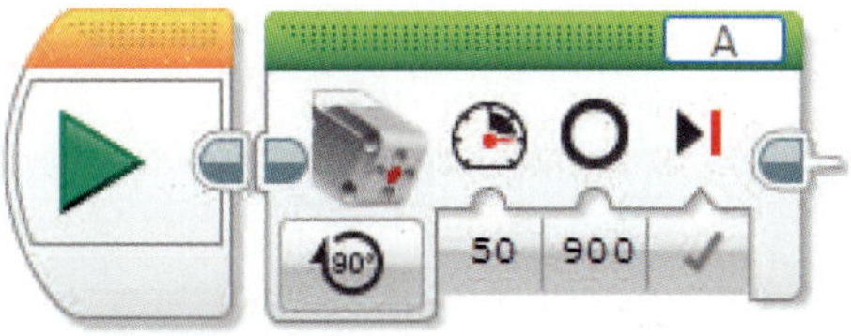

03 제시된 프로그램을 만든 후 테스트하라.

프로그램

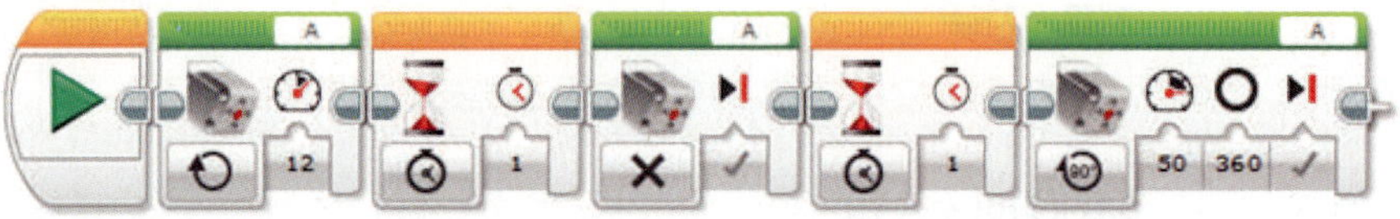

수정하기 : 미디엄 모터 블록의 다양한 모드(시간, 각도, 회전수)의 입력 파라미터에 -값을 넣어 다양하게 실험해 보자. 이것이 라지 모터의 특성과 같은지 파악하라.

04 도전과제

사각형의 박스를 따라 빠르게 회전하여 멈추도록 프로그램을 한다.

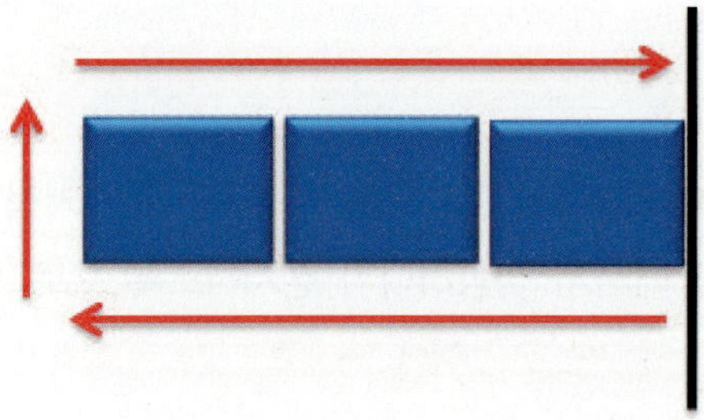

프로그램

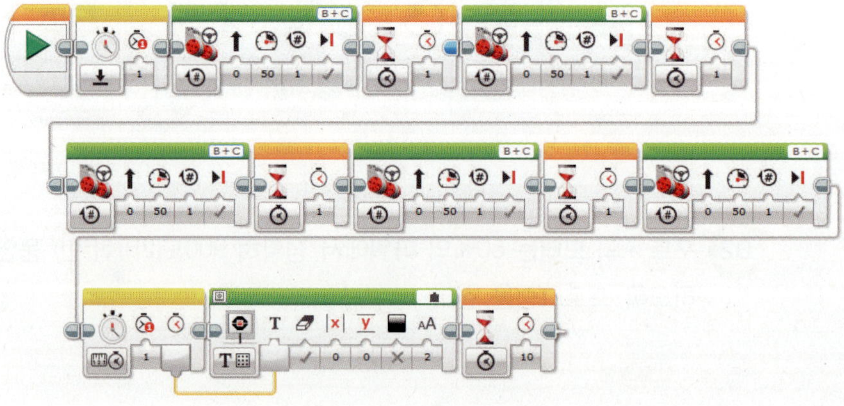

05 모터의 RPM 측정하도록 프로그램을 한다.

3초간 회전각도 측정×20=분당 회전 각도
분당 회전각도÷360=모터의 RPM

프로그램

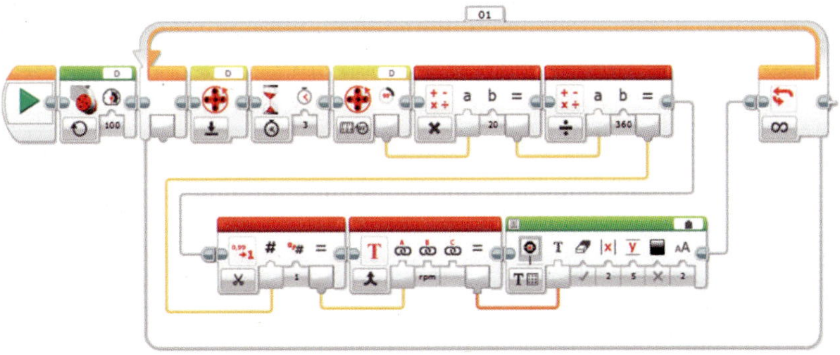

수행 Tip

– EV3 소프트웨어의 로비의 간단한 안내 섹션의 도움말과 동영상을 최대한 활용한다.

5-1 터치 센서(Touch Sensor) 이해와 프로그래밍

학습 목표 5-1. EV3의 터치 센서를 통해 EV3 브릭을 제어하는 방법을 이해하고 터치 센서의 응용 프로그래밍을 할 수 있다.

1. EV3의 입력 센서

EV3의 입력 센서는 사람의 감각기관의 역할을 하는 터치 센서, 컬러 센서, 초음파 센서, 자이로 센서로 구성되어 있다.

입력 센서와 관련된 블록은 대기(Wait) 블록과 센서(Sensor) 블록이 있다.

(1) 대기 블록

대기(Wait) 블록은 입력 센서로 입력되는 값이 사용자가 설정한 조건을 만족할 때까지 기다리는 기능이다.

대기 블록의 모든 선택 속성은 13개의 입력 센서들과 관련된 메뉴로 구성되어 있다. 즉 EV3의 기본 입력 센서(터치 센서, 초음파 센서, 컬러 센서, 자이로 센서)와 브릭 버튼, 적외선 센서, 모터회전, 온도 센서, 타이머, 에너지미터, NXT 사운드 센서, 메시징/통신 모드, 시간으로 구성되어 있다. 다른 입력 센서는 옵션으로 구매해야만 한다. 특히 NXT 사운드 센서는 기존의 NXT에 있는 센서를 사용해도 된다.

모드 선택에서는 모두 비교(Compare)와 변경(Change)이라는 하위 모드를 가지고 있다.

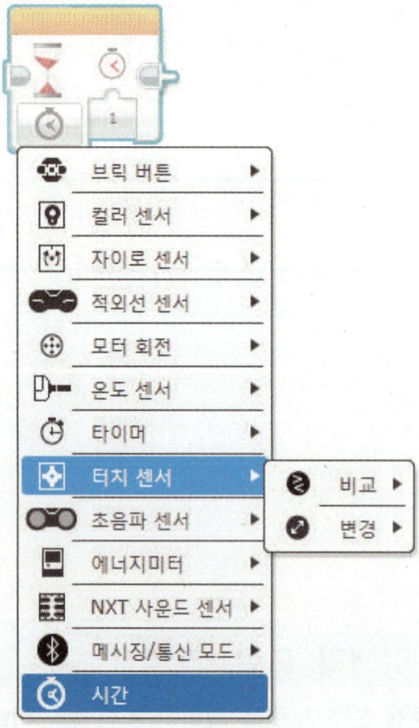

(2) 비교 모드와 변경 모드

비교 모드는 작성하려는 프로그램이 시작할 때 입력 센서가 인식한 초기값(Starting value)과 작성하려는 프로그램을 설정한 임계값(Threshold value)을 비교(크다, 작다, 같다 등)할 때 사용한다. 예들 들면 계속 전진하다가 벽과 EV3의 로봇의 거리가 50cm이하가 되면 멈추는 로봇을 비교 모드를 사용한 것이다.

변경 모드는 작성하려는 프로그램이 시작할 때 입력 센서가 인식한 값이 프로그램을 설정한 값(Amount)만큼 변했을 때 사용된다. 예를 들면 현재 위치에서 20cm만큼 움직인 후 멈추는 로봇인 경우는 변경 모드를 사용한 것이다.

2. 터치 센서 사용

터치 센서는 센서 전면의 버튼이 안으로 눌려 있는지 감지한다. 예를 들면, 터치 센서를 사용하여 로봇이 무언가를 향해 주행하는 때를 감지할 수 있다. 터치 센서를 손가락으로 눌러서도 동작을 실행할 수 있다.

터치 센서는 안으로 눌려 있는지 아닌지를 알려준다. 버튼이 얼마나 멀리 얼마나 심하게 안으로 눌려 있는지 측정하지는 못한다. 터치 센서는 논리 데이터(참 또는 거짓)를 제공한다. 터치 센서 버튼의 위치는 상태라고 불리며, 안으로 눌려 있으면 참이고 그렇지 않으면(눌려 있지 않으면) 거짓이다.

터치 센서는 버튼이 과거에 눌렸다가 눌리지 않았는지도 기억할 수 있다. 이를 접촉 후 떨어짐이라고 하며, 손가락으로 누르는 것을 감지하는 데 유용하다. 자세한 내용은 접촉 후 떨어짐 이해를 참조하라.

(1) 터치 센서 데이터

터치 센서는 다음과 같은 데이터를 제공할 수 있다.

데이터	유형	비 고
상태	논리	버튼이 안으로 눌려 있는 경우에는 참이고 그렇지 않으면 거짓이다.
눌림	논리	눌려 있으면 참이고 그렇지 않으면 거짓이다(상태와 동일).
눌리지 않음	논리	눌려 있으면 거짓이고 그렇지 않으면 참이다(상태와 반대).
접촉 후 떨어짐	논리	버튼을 과거에 눌렀다가 놓으면 참이다. 그 다음 번 접촉 후 떨어짐은 새로 눌렀다가 놓는 과정을 필요로 한다.

(2) 눌림 사용의 예

터치 센서의 눌림 데이터를 어떻게 사용하는지에 대한 몇 가지 예가 아래 나와 있다.

예 1 터치 센서가 눌릴 때까지 주행

프로그램에서 로봇은 터치 센서가 눌릴 때까지 똑바로 전진하다가 멈춘다. 이 프로그램은 터치 센서–비교–터치 모드에 있는 대기 블록을 사용하여 눌림을 테스트한다.

- **팁과 요령**

  센서의 감지를 기다리는 동안 계속 주행하고 싶다면 조향 모드 주행 블록의 켜짐 모드를 사용하는 것을 잊지 마라.

예 2 터치 센서가 눌려 있을 때마다 모터 작동(방법 1)

프로그램에서 모터는 터치 센서가 눌려 있을 때마다 작동한다. 모터는 터치 센서가 눌리지 않을 때마다 정지된다. 이 프로그램은 터치 센서–비교–터치 모드에 있는 스위치 블록을 사용하여 눌림을 테스트한다. 테스트 결과는 모터 켜기와 끄기 중에 선택하는 데 사용한다. 테스트는 루프에서 계속 반복된다.

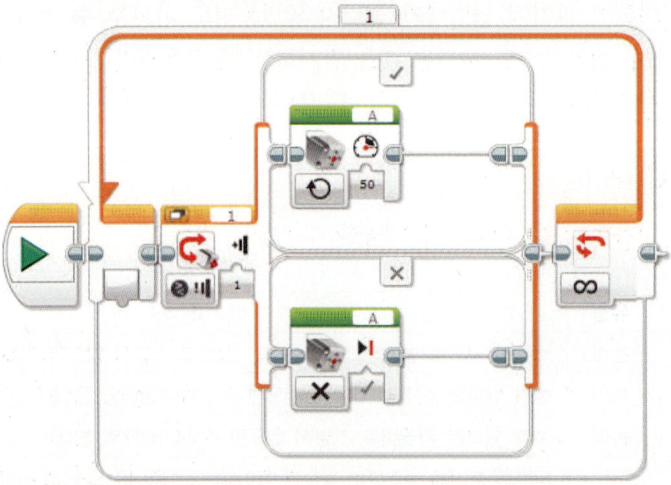

예 3 터치 센서가 눌려 있을 때마다 브릭 상태 표시등 점멸하게 만들기

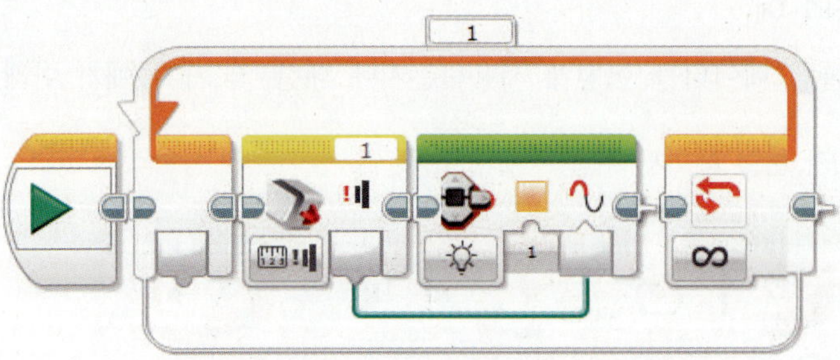

프로그램을 실행하면 브릭 상태 표시등에 주황색 불이 들어오고, 터치 센서가 눌려 있을 때마다 표시등이 자주색으로 된다. 프로그램은 측정 모드의 터치 센서 블록을 사용하여 터치 센서의 상태를 얻는다. 그 결과는 논리 데이터 와이어와 함께 브릭 버튼 블록의 점멸 입력에 연결된다.

(3) 눌리지 않음 사용의 예

터치 센서의 눌리지 않음 데이터를 어떻게 사용할 수 있는지에 대한 예가 아래 나와 있다.

예 4 터치 센서를 누를 때마다 경고음 발생

이 프로그램은 터치 센서가 눌릴 때마다 짧은 음을 낸다. 누를 때마다 한 톤만 들린다. 이 프로그램은 터치 센서-비교-터치 모드의 대기 블록을 사용하여 눌림을 테스트한 다음, 또 다른 대기 블록을 사용하여 눌리지 않음을 기다린 후 루프를 계속한다.

■ 팁과 요령

프로그램에서 눌리지 않음 대기를 삭제하면 터치 센서가 눌려 있는 동안 경고음이 반복된다. 이는 터치 센서가 이미 눌려 있는 경우 눌림 대기가 즉시 다음 번 블록을 계속하기 때문이다. 시도해 보라!

예 5 터치 센서가 눌려 있을 때마다 모터 작동(방법 2)

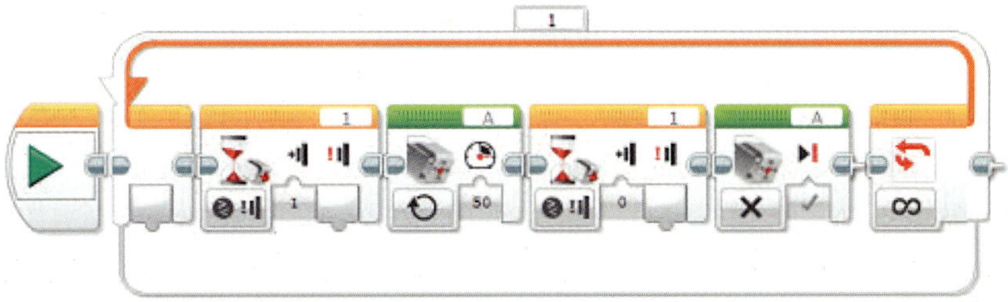

프로그램에서 모터는 터치 센서가 눌려 있을 때마다 작동한다. 모터는 터치 센서가 눌리지 않을 때마다 정지된다. 이 프로그램은 터치 센서-비교-터치 모드의 대기 블록을 사용하여 눌림이 모터를 구동하기를 기다린 다음, 또 다른 대기 블록을 사용하여 눌리지 않음을 기다린 후 모터를 정지시킨다. 루프에서 이 프로세스가 반복된다.

■ 팁과 요령

이 프로그램은 방법은 다르지만 위의 예 2와 똑같은 것을 수행한다.

(4) 접촉 후 떨어짐 이해

터치 센서 버튼이 현재 눌려 있는지 눌려 있지 않은지를 알려주는 것 외에도 터치 센서는 과거에 눌렸는지, 눌리지 않았는지도 기록하는데, 이를 접촉 후 떨어짐이라고 한다. 그래서 터치 센서가 누름 버튼처럼 눌렸는지도 쉽게 알 수 있다. 터치 센서가 눌려 있는지 끊임없이 확인한 다음 눌리지 않을 때까지 기다리지 않아도 된다.

일단 터치 센서가 접촉 후 떨어짐이었음을 나타내면 터치 센서는 새로 눌려서 놓일 때까지 접촉 후 떨어짐을 다시 나타내지 않는다. 예를 들면 한 번 누름이 일회성 동작 하나와 대응된다는 것을 쉽게 확인할 수 있다.

다음 표는 터치 센서를 어디서 눌렀다가 놓았는지에 대한 단계를 보여준다. 이 표는 각 동작 후 눌림, 눌리지 않음, 접촉 후 떨어짐에 대한 프로그램 테스트의 결과를 보여준다.

단계	동 작	눌림	눌리지 않음	접촉 후 떨어짐
1	처음에 버튼이 눌려 있지 않다.	거짓	참	거짓
2	버튼이 눌린 상태이다.	참	거짓	거짓
3	버튼이 눌리지 않은 상태로 돌아간다.	거짓	참	참
4	버튼은 여전히 눌리지 않은 상태이고, 프로그램은 터치 센서를 다시 테스트한다.	거짓	참	거짓
5	버튼은 두 번째로 눌린 상태이다.	참	거짓	거짓
6	버튼은 눌려 있는 상태이고, 프로그램은 터치 센서를 다시 테스트한다.	참	거짓	거짓
7	버튼이 눌리지 않은 상태로 돌아간다.	거짓	참	참
8	버튼은 여전히 눌리지 않은 상태이고, 프로그램은 터치 센서를 다시 테스트한다.	거짓	참	거짓

버튼이 눌려 있으면 터치 센서는 프로그램이 눌림을 테스트할 때마다 눌림을 계속 나타난다. 하지만 일단 버튼이 눌려 있지 않으면 센서는 프로그램이 접촉 후 떨어짐을 테스트할 때마다 접촉 후 떨어짐만 나타낸다. 센서는 새로 눌러서 놓을 때까지 접촉 후 떨어짐을 다시 나타내지 않는다.

(5) 접촉 후 떨어짐 사용의 예

터치 센서의 접촉 후 떨어짐 데이터를 어떻게 사용할 수 있는지에 대한 몇 가지 예가 있다.

예 6 터치 센서가 눌릴 때 디스플레이 변경

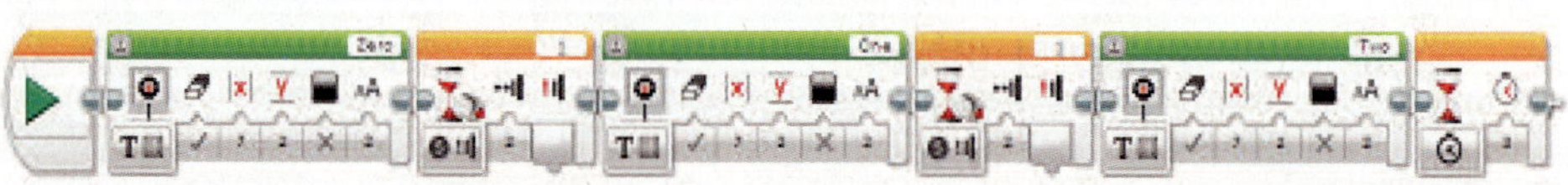

프로그램에서 EV3 브릭 디스플레이는 터치 센서가 접촉 후 떨어질 때마다(눌렸다가 놓일 때마다) 디스플레이를 바꾸면서 "0", 그 다음 "1", 그 다음 "2"를 표시한다.

▪ **팁과 요령**

프로그램에서 블록에 대한 대기를 변경하여 접촉 후 떨어짐 대신 눌림을 테스트하면 디스플레이는 "0"에서 "1"을 건너뛰어서 곧장 "2"로 이동한다. 시도해 보라! 이는 눌림 테스트에 대한 두 번째 대기가 진행될 때 손가락이 처음 누를 때부터 계속 버튼을 누르고 있어서 두 번째 대기가 즉시 종료될 정도로 디스플레이 블록이 빠르게 실행되기 때문이다. 접촉 후 떨어짐을 테스트하면 각각의 누름에 대해 한 테스트만 성공한다.

예 7 터치 센서가 눌릴 때까지 패턴으로 주행

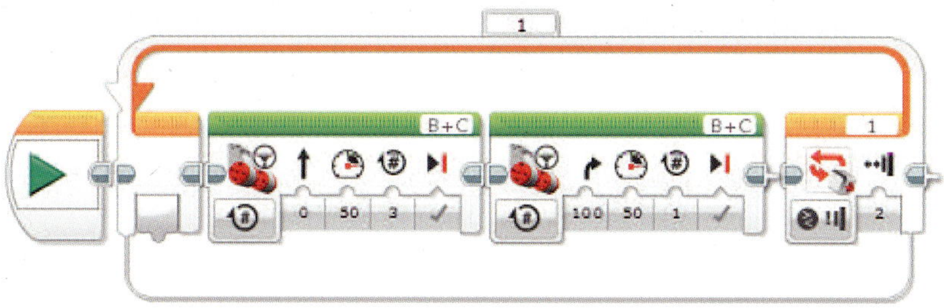

이 프로그램에서 로봇은 "정지" 버튼 역할을 하는 터치 센서가 눌릴 때까지 직선 주행하다가 회전하는 패턴을 반복한다. 터치 센서가 눌린 후, 로봇은 다음 번 회전 후에 멈춘다. 이 프로그램은 터치 센서 모드의 루프를 사용하여 터치 센서가 접촉 후 떨어질 때까지(눌렸다가 놓일 때까지) 주행을 반복한다.

■ **팁과 요령**

접촉 후 떨어짐 대신 눌림을 사용하여 이 프로그램을 시도하면 터치 센서를 눌러도 보통 로봇은 멈추지 않음을 알게 될 것이다. 시도해 보자. 2개의 주행 블록을 완료한 후 일시적으로 루프가 센서를 테스트하기 때문이다. 2개의 주행 블록이 실행되는 동안 센서를 누르고 놓는 경우, 눌림 상태는 보이지 않게 된다. 접촉 후 떨어짐을 사용하면 터치 센서는 센서가 과거에 눌렸다가 놓인 것을 기억한다.

(6) 터치 센서 블록과 모드

표는 터치 센서로 사용할 수 있는 모든 프로그래밍 블록과 모드를 보여준다.

블록	모드	사 용 법
대기	터치 센서-비교	터치 센서가 눌리거나 눌리지 않거나 접촉 후 떨어지기를 기다린다.
대기	터치 센서-변경	터치 센서 상태가 바뀌기를 기다린다.
루프	터치 센서	터치 센서가 눌리거나 눌리지 않거나 접촉 후 떨어질 때까지 블록 시퀀스를 반복한다.
스위치 블록	터치 센서	터치 센서가 눌려 있는지, 눌리지 않았는지, 접촉 후 떨어졌는지에 따라 2개의 블록 시퀀스 중에 선택한다.
터치 센서	측정	논리 데이터 와이어에서 현재의 터치 센서 상태(눌려 있는지 아닌지)를 얻는다.
터치 센서	비교	터치 센서에 대한 눌림, 눌리지 않음 또는 접촉 떨어짐을 테스트하고, 논리 데이터 와이어에서 결과를 얻는다.
데이터로깅		데이터로깅을 참조하라.

수행실습 터치 센서 따라하기

재료 · 자료

EV3 SW, EV3 레고 마이드스톰, A4용지, 필기류

기기(장비 · 공구)

컴퓨터, USB 케이블, 충전 어댑터

안전 · 유의사항

- EV3 로봇 플랫폼의 외형의 관리하고 P-브릭에 전원을 충분히 충전한다.

수행순서

01 터치 센서가 눌릴 때까지 주행

로봇은 터치 센서가 눌릴 때까지 똑바로 전진하다가 멈추고 터치 센서-비교-터치 모드에 있는 대기 블록을 사용하여 눌림을 테스트하도록 프로그램을 작성한다.

프로그램

02 터치 센서가 눌려 있을 때마다 모터 작동(방법 1)

모터는 터치 센서가 눌려 있을 때마다 작동하고 모터는 터치 센서가 눌리지 않을 때마다 정지되고 터치 센서-비교-터치 모드에 있는 스위치 블록을 사용하여 눌림을 테스트하고, 테스드 결과는 모터 켜기와 끄기 중에 선택하는 데 사용하고, 테스트는 루프에서 계속 반복되도록 프로그램을 작성한다.

프로그램

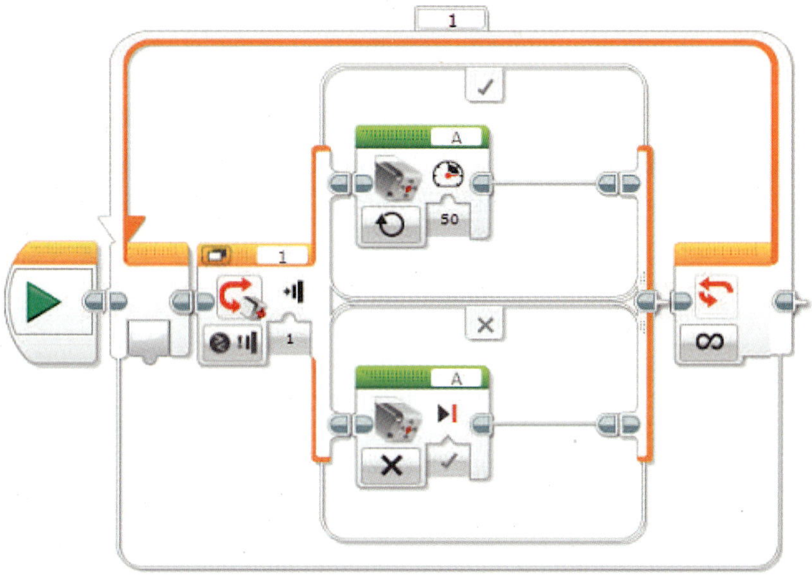

03 터치 센서가 눌려 있을 때마다 브릭 상태 표시등 점멸하게 만들기

브릭 상태 표시등에 주황색 불이 들어오고, 터치 센서가 눌려 있을 때마다 표시등이 자주색으로 되고, 측정 모드의 터치 센서 블록을 사용하여 터치 센서의 상태를 얻고, 그 결과는 논리 데이터 와이어와 함께 브릭 버튼 블록의 점멸 입력에 연결되도록 프로그램을 작성한다.

프로그램

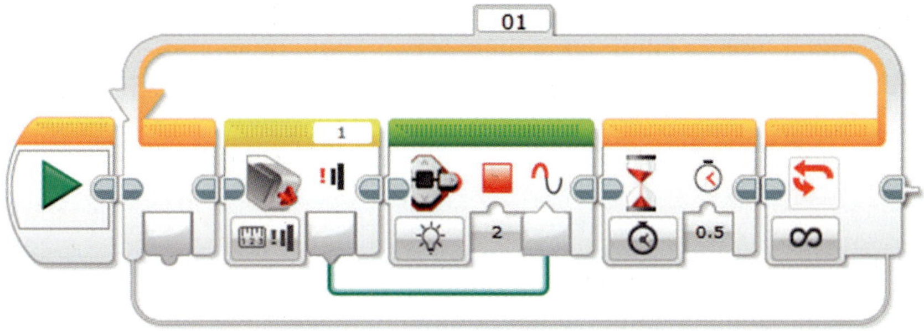

04 터치 센서를 누를 때마다 경고음 발생

터치 센서가 눌릴 때마다 짧은 음을 낸다. 누를 때마다 한 톤만 들리고 터치 센서-비교-터치 모드의 대기 블록을 사용하여 눌림을 테스트한 다음, 또 다른 대기 블록을 사용하여 눌리지 않음을 기다린 후 루프를 계속하는 프로그램을 작성한다.

프로그램

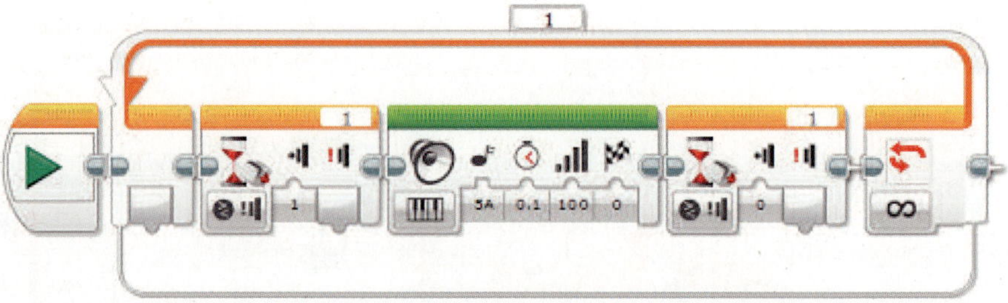

05 터치 센서가 눌려 있을 때마다 모터 작동(방법 2)

모터는 터치 센서가 눌려 있을 때마다 작동하고 모터는 터치 센서가 눌리지 않을 때마다 정지되고 터치 센서-비교-터치 모드의 대기 블록을 사용하여 눌림이 모터를 구동하기를 기다린 다음, 또 다른 대기 블록을 사용하여 눌리지 않음을 기다린 후 모터를 정지시키고 루프에서 이 프로세스가 반복되는 프로그램을 작성한다.

프로그램

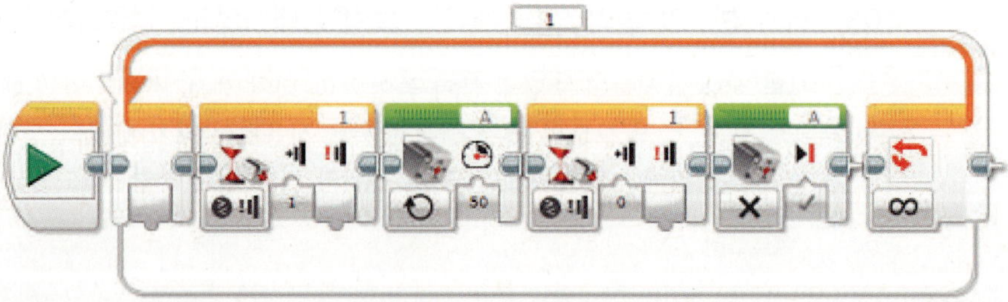

06 터치 센서가 눌릴 때 디스플레이 변경

EV3 브릭 디스플레이는 터치 센서가 접촉 후 떨어질 때마다(눌렸다가 놓일 때마다) 디스플레이를 바꾸면서 "0", 그 다음 "1", 그 다음 "2"를 표시하도록 프로그램을 작성한다.

프로그램

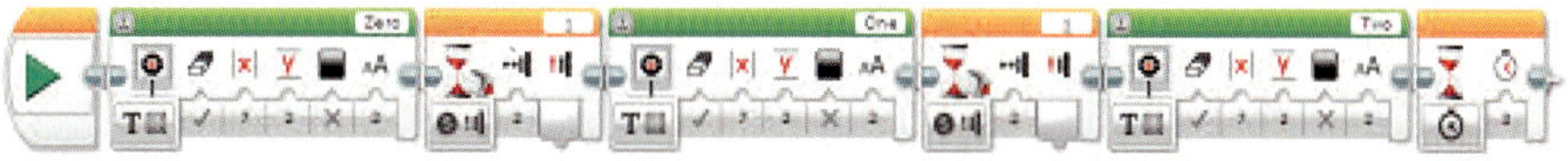

07 터치 센서가 눌릴 때까지 패턴으로 주행

로봇은 "정지" 버튼 역할을 하는 터치 센서가 눌릴 때까지 직선 주행하다가 회전하는 패턴을 반복한다. 터치 센서가 눌린 후, 로봇은 다음 번 회전 후에 멈추고 터치 센서 모드의 루프를 사용하여 터치 센서가 접촉 후 떨어질 때까지(눌렸다가 놓일 때까지) 주행을 반복하는 프로그램을 작성한다.

프로그램

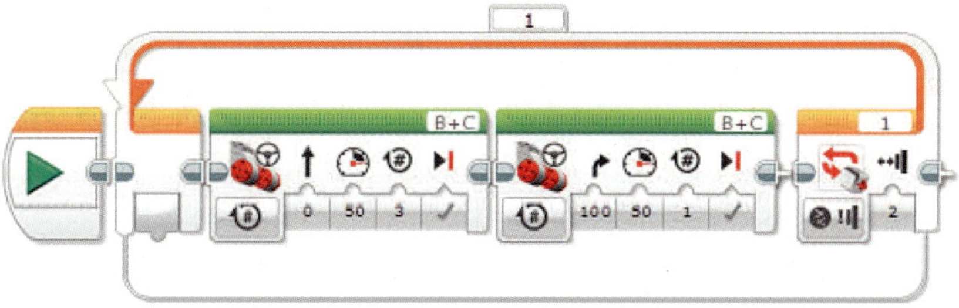

08 제시된 프로그램을 만든 후 테스트하라.

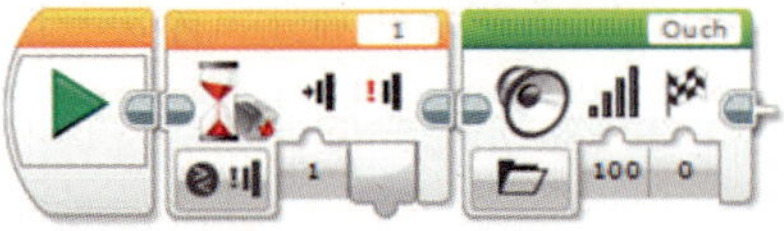

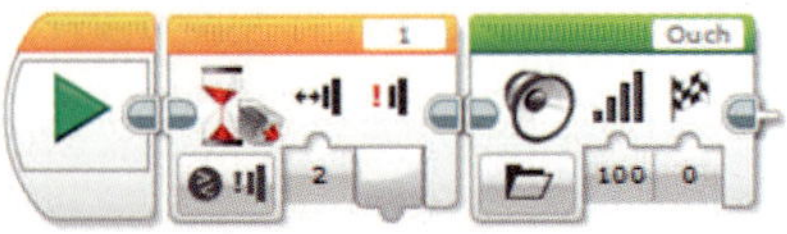

수정하기 : 대기－터치 센서 블록 뒤에 다양한 동작을 넣어 테스트하라.

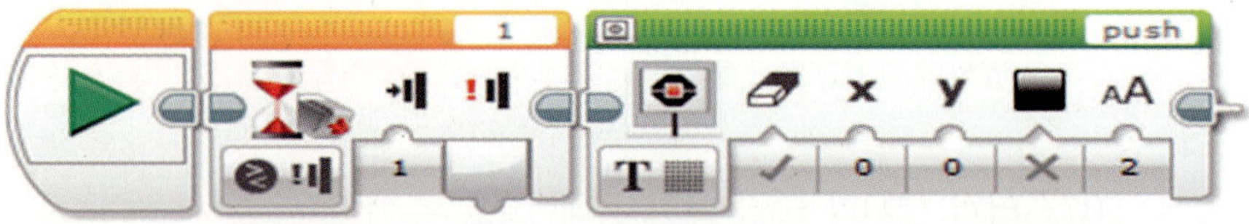

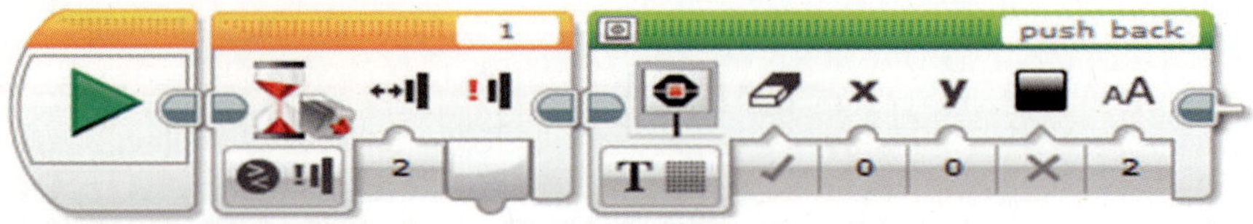

수행 Tip

－ EV3 소프트웨어의 로비의 간단한 안내 섹션의 도움말과 동영상을 최대한 활용한다.

5-2 초음파(Ultrasonic) 센서의 이해와 프로그래밍

학습 목표 5-2. EV3의 초음파 센서를 이용하여 물체와의 거리를 인식해 EV3 브릭을 제어하는 방법을 이해하고 초음파 센서의 응용 프로그래밍을 할 수 있다.

1. 초음파 센서 사용

초음파 센서는 센서 앞 물체와의 거리를 측정할 수 있다. 이를 위해 음파를 보내고 사운드가 센서에 반사되는 데 시간이 얼마나 걸리는지 측정한다. 음향 주파수는 귀가 들을 수 없을 정도로 높다("초음파"). 인치 또는 센티미터 단위로 물체와의 거리를 측정할 수 있다. 이를 사용하면 로봇을 벽에서 일정한 거리를 두고 정지시킬 수도 있다. 초음파 센서를 사용하면 가까운 또 다른 초음파 센서가 작동 중인지 여부도 감지할 수 있다. 예를 들어, 초음파 센서를 사용하면 가까이서 초음파 센서를 사용 중인 또 다른 로봇의 존재 여부를 감지할 수 있다. 이러한 "listen only" 모드의 초음파 센서는 음향 신호를 듣기만 하고 보내지는 않는다.

(1) 초음파 센서 데이터

초음파 센서는 다음과 같은 데이터를 제공할 수 있다.

데이터	유형	범위	비 고
거리(cm)	숫자	0~255	물체와의 거리(cm)
거리(인치)	숫자	0~100	물체와의 거리(인치)
초음파 감지	논리	참/거짓	또 다른 초음파 센서가 감지되면 참이다.

■ 팁과 요령

- 초음파 센서는 소리를 잘 반향하는 딱딱한 표면을 포함한 물체를 감지하는 데 가장 적합하다. 천과 같은 부드러운 물체는 음파를 흡수하여 감지되지 않을 수 있다. 표면이 둥글거나 각진 물체도 감지하기가 어렵다.
- 초음파 센서는 센서와 매우 가까운(3cm 또는 1.5인치보다 가까운) 물체를 감지할 수 없다.
- 센서는 "시야"가 넓기 때문에 정면의 먼 물체 대신 측면의 가까운 물체를 감지할 수 있다.

(2) 초음파 센서 사용의 예

프로그램에서 초음파 센서를 어떻게 사용할 수 있는지에 대한 몇 가지 예가 나와 있다.

예 1 벽에서 일정한 거리를 두고 정지

프로그램에서 로봇은 초음파 센서가 10인치 이내 거리에서 물체를 감지할 때까지 전진하다가 정지한다. 이 프로그램은 초음파 센서-비교-거리(인치) 모드의 대기 블록을 사용하여 감지 거리가 10인치보다 작아질 때까지 기다린다. 초음파 센서가 앞으로 향하고 있으면 로봇은 벽에서 10인치 정도 앞에서 멈춘다.

- **팁과 요령**

  센서의 감지를 기다리는 동안 계속 주행하고 싶다면 조향 모드 주행 블록의 켜짐 모드를 사용하는 것을 잊지 마라.

예 2 물체가 가까이서 감지되면 경보음 내기

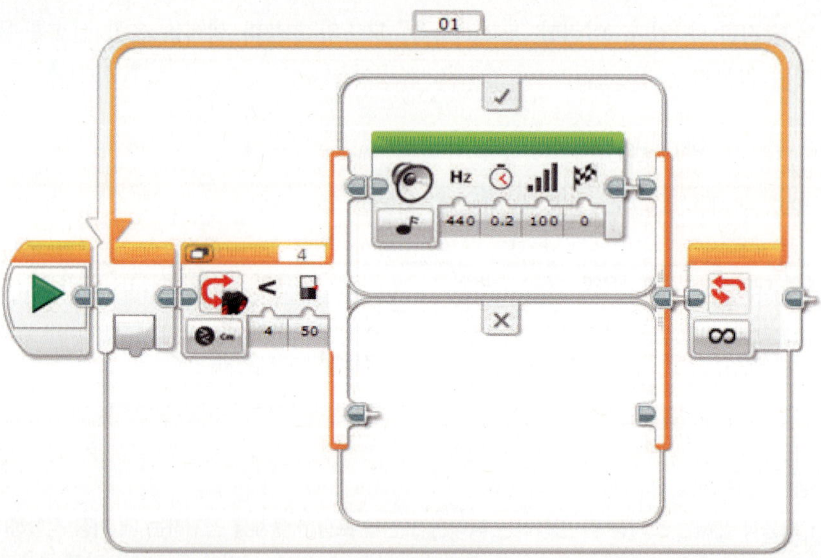

프로그램에서 로봇은 초음파 센서가 50cm 이내 거리에서 물체를 감지할 때마다 소리를 낸다. 이 프로그램은 초음파 센서-비교-거리(cm) 모드의 스위치 블록을 사용하여 감지거리가 50cm보다 작은지를 테스트한다. 그렇다면, 스위치 블록은 소리를 낸다. 테스트가 계속 반복될 수 있도록 스위치 블록이 루프에서 반복된다.

- **팁과 요령**

  이 프로그램을 실행하는 동안 센서 앞 여기 저기로 물체를 옮기면서 센서의 "시야"가 얼마나 넓은지 실험해 보라.

예 3 물체에 도달하기 전에 서서히 속도 늦추기

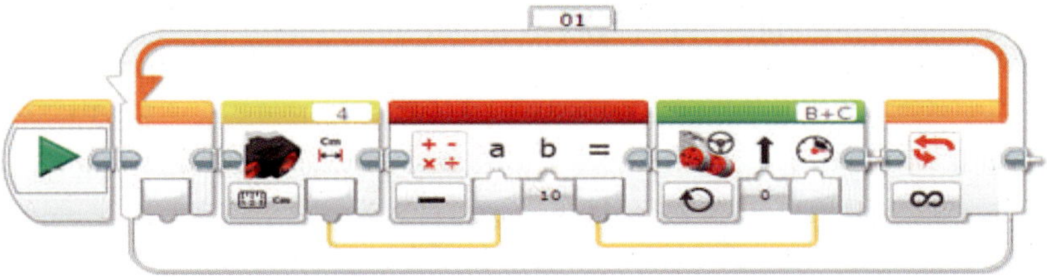

프로그램에서 로봇은 서서히 속도를 늦춘 다음 그 앞에서 감지되는 물체와 10cm 정도 떨어진 거리에서 멈춘다. 로봇이 물체에 가까워질수록 주행속도가 느려진다.

이 프로그램은 측정-거리(cm) 모드의 초음파 센서 블록을 사용하여 거리 측정값을 얻고, 데이터 와이어에서 그 결과로 나온 숫자를 얻는다. 그런 다음 수학 블록은 거리 측정값에서 10을 빼며, 그 결과는 조향 모드 주행 블록의 파워 입력에 연결된다. 거리가 짧을수록 파워가 낮아지며, 거리가 10cm에 이르면 파워는 0이 되고 로봇은 멈추게 된다. 새로운 거리 측정에 따라 모터 파워를 계속 조정할 수 있도록 이 프로세스가 루프에서 반복된다.

- **팁과 요령**

프로그램이 실행되는 동안 물체를 옮겨볼 수도 있다. 로봇은 계속 자기 속도를 조정한다.

(3) 초음파 센서 블록과 모드

아래 표는 초음파 센서로 사용할 수 있는 모든 프로그래밍 블록과 모드를 보여준다. 거리 모드 내 하위 모드에서는 센티미터와 인치 중에 선택할 수 있다.

블록	모드	사 용 법
대기	초음파 센서-비교-거리	거리가 일정한 값에 도달하기를 기다린다.
	초음파 센서-비교-존재 유무 감지	"listen only" 모드에서 초음파 신호가 감지되기를 기다린다.
	초음파 센서-변경-거리	거리가 일정량만큼 바뀌기를 기다린다.
루프	초음파 센서-비교-거리	거리가 일정한 값에 도달할 때까지 블록 시퀀스를 반복한다.
	초음파 센서-비교-존재 유무 감지	"listen only" 모드에서 초음파 신호가 감지될 때까지 블록 시퀀스를 반복한다.
	초음파 센서-변경-거리	거리가 일정량만큼 바뀔 때까지 블록 시퀀스를 반복한다.
스위치 블록	초음파 센서-비교-거리	거리에 따라 2개의 블록 시퀀스 중에 선택한다.
스위치 블록	초음파 센서-비교-존재 유무 감지	"listen only" 모드에서 초음파 신호가 감지되는지에 따라 2개의 블록 시퀀스 중 선택한다.
초음파 센서	측정-거리	거리를 측정하고 숫자 데이터 와이어에서 결과를 얻는다.
초음파 센서	측정-존재 유무 감지	"listen only" 모드에서 다른 초음파 신호를 듣고, 논리 데이터 와이어에서 결과를 얻는다.
	비교-거리	거리를 경계값과 비교하고, 논리 데이터 와이어에서 결과를 얻는다.
	비교-존재 유무 감지	"listen only" 모드에서 다른 초음파 신호를 듣고, 논리 데이터 와이어에서 결과를 얻는다.
	고급	측정-거리와 비슷하지만 "핑"하는 단일음만 내는 옵션이 붙어 있다.
데이터로깅		데이터로깅을 참조하라.

수행실습

초음파 센서 따라하기

재료 · 자료

EV3 SW, EV3 레고 마이드스톰, A4용지, 필기류

기기(장비 · 공구)

컴퓨터, USB 케이블, 충전 어댑터

안전 · 유의사항

- EV3 로봇 플랫폼의 외형의 관리하고 P-브릭에 전원을 충분히 충전한다.

수행순서

01 벽에서 일정한 거리를 두고 정지

로봇은 초음파 센서가 10인치 이내 거리에서 물체를 감지할 때까지 전진하다가 정지한다. 이 프로그램을 초음파 센서-비교-거리(인치) 모드의 대기 블록을 사용하여 감지 거리가 10인치보다 작아질 때까지 기다리고 초음파 센서가 앞으로 향하고 있으면, 로봇은 벽에서 10인치 정도 앞에서 멈추도록 프로그램을 작성한다.

프로그램

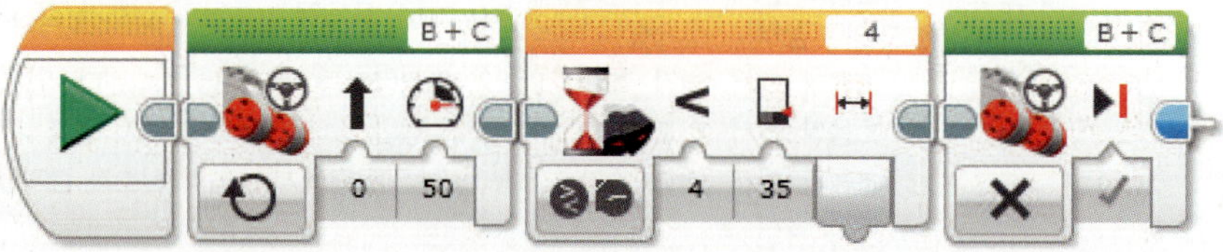

02 물체가 가까이서 감지되면 경보음 내기

로봇은 초음파 센서가 50cm 이내 거리에서 물체를 감지할 때마다 소리를 낸다. 이 프로그램을 초음파 센서-비교-거리(cm) 모드의 스위치 블록을 사용하여 감지거리가 50cm보다 작은지를 테스트하고 스위치 블록은 소리를 내고 테스트가 계속 반복될 수 있도록 스위치 블록이 루프에서 반복되도록 프로그램을 작성한다.

프로그램

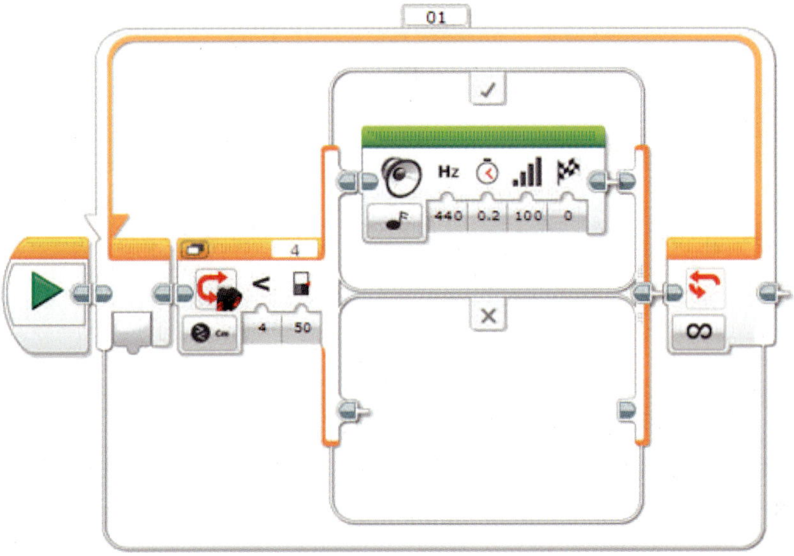

03 물체에 도달하기 전에 서서히 속도 늦추기

로봇은 서서히 속도를 늦춘 다음 그 앞에서 감지되는 물체와 10cm 정도 떨어진 거리에서 멈추고 로봇이 물체에 가까워질수록 주행속도가 느려지도록 프로그램을 작성한다.

프로그램

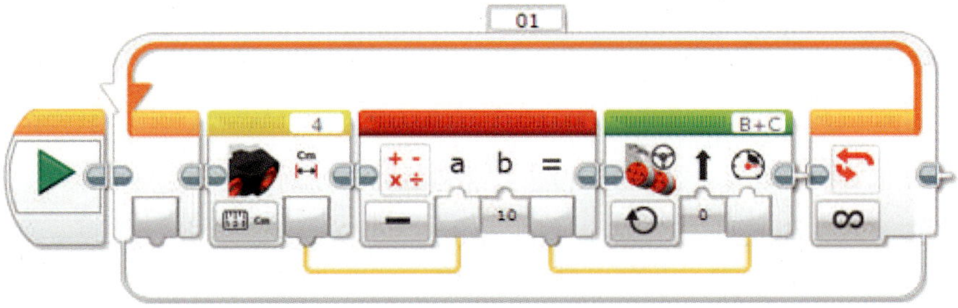

04 로봇이 물체와의 거리를 일정하게 유지하도록 프로그램(10cm)

프로그램

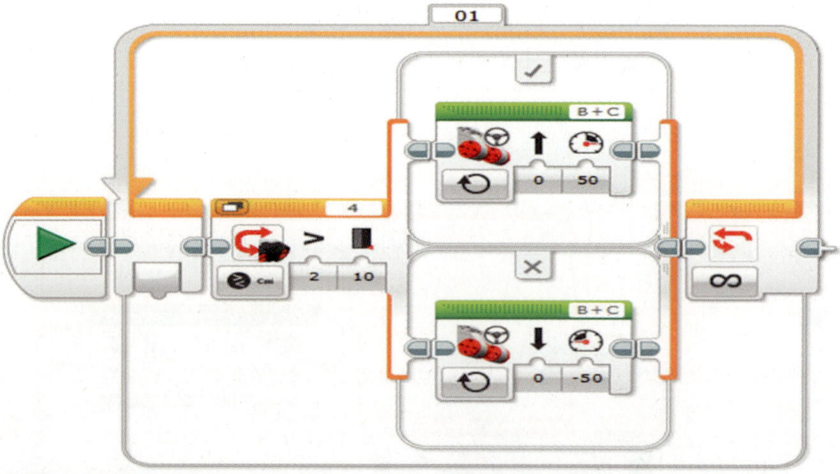

05 초음파 센서를 이용한 거리 측정기 만들기

프로그램

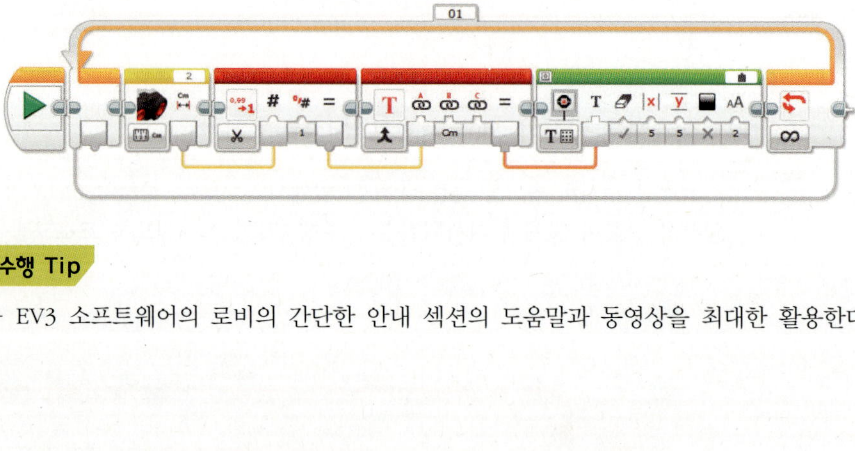

수행 Tip

- EV3 소프트웨어의 로비의 간단한 안내 섹션의 도움말과 동영상을 최대한 활용한다.

5-3 컬러(Color) 센서의 이해와 프로그래밍

학습 목표	5-3. EV3의 컬러 센서를 이용하여 색과 명암을 인식해 EV3 브릭을 제어하는 방법을 이해하고 컬러 센서의 응용 프로그래밍을 할 수 있다.

1. 컬러 센서

컬러 센서는 센서 전면의 작은 창으로 들어오는 색상이나 빛의 세기를 감지할 수 있다. 컬러 센서는 3가지 모드, 색상 모드, 반사광 강도 모드, 주변광 강도 모드에서 사용할 수 있다.

(1) 색상 모드

색상 모드에서 컬러 센서는 가까운 물체의 색상 또는 센서와 가까운 표면의 색상을 감지할 수 있다. 색상 모드를 사용하여 센서와 가까이 붙어 있는 레고 부품의 색상 또는 종이에 보이는 색다른 반점의 색상을 감지할 수 있다.

■ 팁과 요령

컬러 센서가 색상 모드에 있으면 센서 전면의 빨간색, 녹색, 파란색 LED 표시등이 켜진다.
센서는 검정, 파랑, 초록, 노랑, 빨강, 흰색, 갈색 등 7가지 색상을 감지할 수 있다. 이를 제외한 색상의 물체는 "색상 없음"으로 감지하거나 비슷한 색상으로 감지할 수 있다. 예를 들어, 주황색 물체는 주황색 안에 빨강이 얼마나 들어 있냐에 따라 빨강이나 노랑으로 감지할 수 있다. 주황색이 매우 어둡거나 센서에서 너무 멀리 떨어져 있는 경우 갈색이나 검정으로 감지할 수도 있다.

■ 팁과 요령

물체나 표면은 센서와 매우 가까워야(그렇지만 닿지 않아야 한다) 정확하게 감지할 수 있다.

(2) 반사광 강도 모드

반사광 강도 모드에서 컬러 센서는 센서에 들어오는 빛의 세기를 감지한다. 빛의 세기는 0에서 100까지 백분율로 측정하는데, 0이 매우 어두운 것이고 100이 매우 밝은 것이다.

컬러 센서가 반사광 강도 모드에 있으면 센서 전면의 빨간색 LED 표시등이 켜진다. 센서가 물체나 표면과 가까우면 물체에 반사된 이 빨간색 빛이 센서에 들어와 감지된다. 이 빛을 사용하여 표면이나 물체에 있는 색상의 색조를 측정할 수 있다. 색상의 색조가 어두우면 센서로 반사하는 빨간색 빛이 적기 때문이다.

이 모드를 사용하면 로봇이 흰색 표면의 검정 라인을 따라가게 만들 수도 있다. 센서가 검정 라인 위를 지나갈 때, 센서가 검정 라인에 더 가까워질수록 광량 측정값이 서서히 감소한다, 이를 통해 로봇이 라인에 얼마나 가까운지 알 수 있다.

■ 팁과 요령

반사광 강도 모드는 센서에 들어오는 빛의 총량을 측정한다. 여기에는 빨간색 LED의 반사와 방 안의 빛도 포함된다. 센서는 측정하려는 표면에 가까이(그렇지만 닿지 않도록) 놓아야 외부 광원의 영향을 줄일 수 있다.

(3) 주변광 강도 모드

반사광 강도 모드와 마찬가지로 주변광 강도 모드에서 컬러 센서는 센서에 들어오는 빛의 세기를 감지한다. 빛의 세기는 0에서 100까지 백분율로 측정하는데, 0이 매우 어두운 것이고 100이 매우 밝은 것이다.

주변광 강도 모드에서는 센서 전면의 파란색 LED 표시등이 희미하게 켜진다. 이 파란색 표시등은 센서가 주변광 강도 모드임을 알려주지만, 물체가 센서에 매우 가까이 있지 않는 한 광량 측정에 영향을 주지 않는다.

이 모드를 사용하면 실내 조명 또는 센서를 비추는 다른 광원의 밝기를 감지할 수 있다. 이 모드를 사용하면 실내 조명이 켜지거나 손전등이 로봇에 비춰지는 때를 감지할 수 있다.

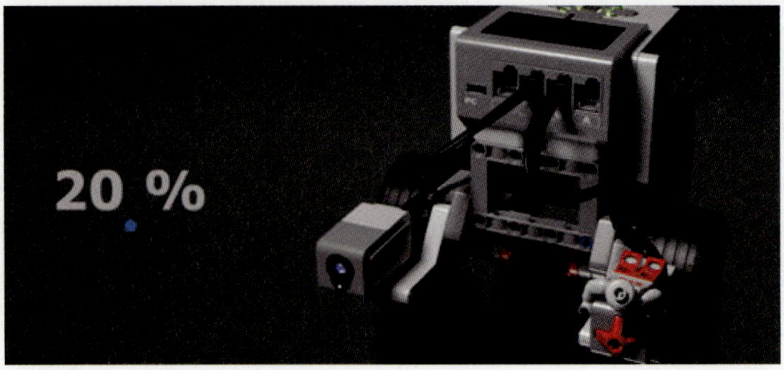

(4) 컬러 센서 데이터

컬러 센서는 다음과 같은 데이터를 제공할 수 있다.

데이터	유형	범위	비 고
색상	숫자	0~7	색상 모드에서 사용 0 = 색상 없음 1 = 검정 2 = 파랑 3 = 초록 4 = 노랑 5 = 빨강 6 = 흰색 7 = 갈색
광량/빛 값	숫자	0~100	반사광 강도 모드와 주변광 강도 모드에서 사용. 광 강도를 백분율로 측정하는데, 0이 가장 어두운 것이고 100이 가장 밝은 것이다.

예 1 검정 라인에 도달할 때까지 주행(방법 1)

프로그램에서 로봇은 컬러 센서가 검정색을 감지할 때까지 주행하다가 정지한다. 이 프로그램은 컬러 센서－비교－색상 모드에 있는 대기 블록을 사용하여 검정색을 테스트한다.

■ **팁과 요령**

로봇의 컬러 센서를 밝은색 표면 가까이 아래로 향하게 하고 이 프로그램을 사용하면 로봇은 라인에 도달할 때까지 주행할 수 있다.

예 2 검정 라인에 도달할 때까지 주행(방법 2).

프로그램에서 로봇은 컬러 센서가 어두운 색을 감지할 때까지 주행하다가 정지한다. 이 프로그램은 컬러 센서－비교－반사광 강도 모드에 있는 대기 블록을 사용하여 광 강도가 50% 미만이 될 때까지 대기한다.

■ **팁과 요령**

위 예 1에 있는 방법과 비교하여 이 프로그램을 실행하면 경계값(여기서는 50%)을 변경하여 라인이 얼마나 어두워야 하는지 조정할 수 있다. 또한 로봇은 그냥 검정색이 아닌 어두운 색일 때 멈춘다.

예 3 실내 조명이 켜져 있을 때만 주행

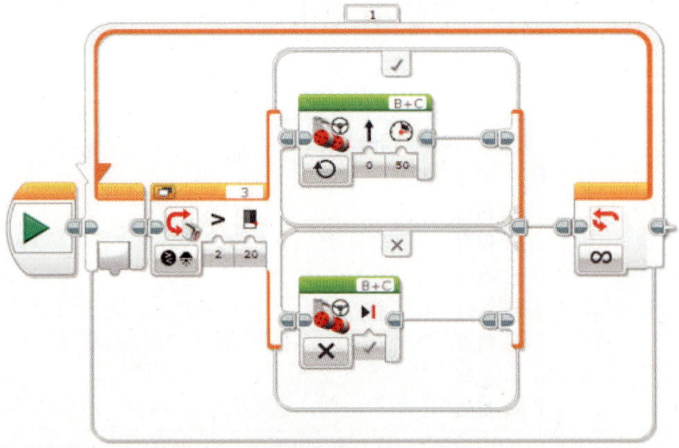

프로그램에서 로봇은 실내 조명이 켜져 있을 때 주행하고 조명을 끄면 정지한다. 이 프로그램은 컬러 센서-비교-주변광 강도 모드에 있는 스위치 블록을 사용하여 광량이 20%보다 큰지 테스트한다. 스위치 블록은 모터를 켤지 끌지를 선택한다. 로봇이 빛의 변화에 계속 반응할 수 있도록 스위치 블록이 루프에서 반복된다.

예 4 색상이 감지되면 "Red", "Green", "Blue"라고 말하기

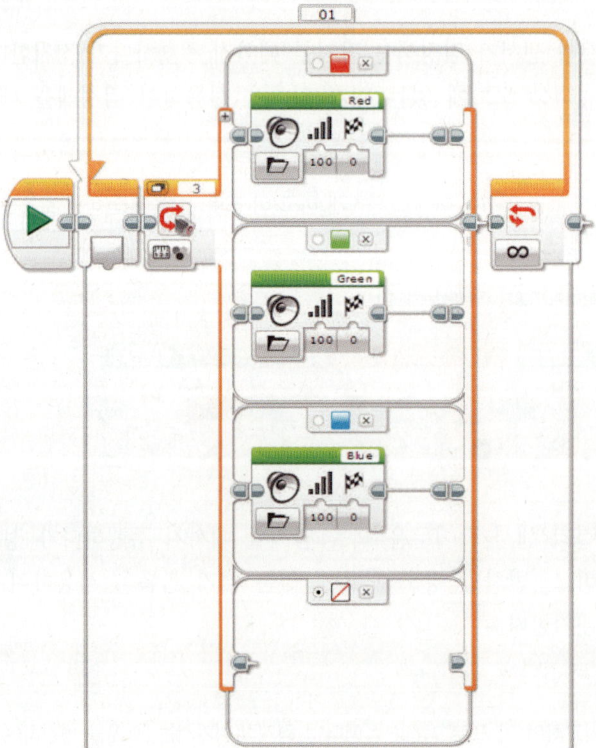

프로그램에서 EV3는 컬러 센서가 색상을 감지할 때 "Red", "Green", "Blue"라고 말한다. 이 프로그램은 컬러 센서–측정–색상 모드에 있는 스위치 블록을 사용하여 어떤 색상이 감지되느냐에 따라 다양한 사운드 블록 중에 선택한다. 3가지 색상 중에 하나도 보이지 않을 때 EV3가 아무 말도 하지 않도록 "색상 없음" 사례를 추가하여 기본값으로 선택한다.

예 5 반사광 미터 표시

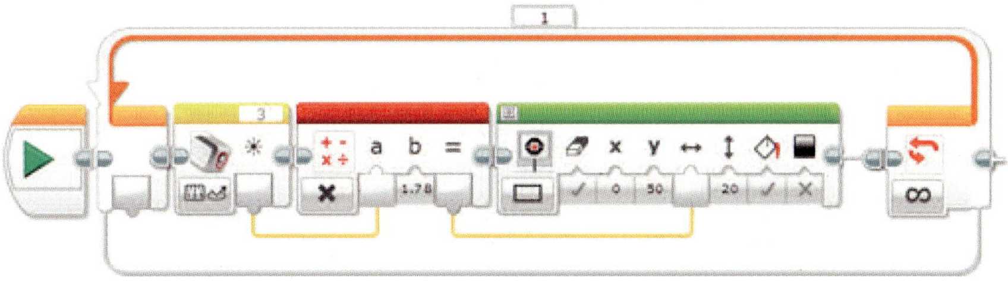

이 프로그램은 EV3 디스플레이에 그래픽 라이트 미터를 장착한다. 이 프로그램은 측정–반사광 강도 모드에 있는 컬러 센서 블록을 사용하여 반사광(0~100)을 측정하고 데이터 와이어에 대한 결과를 얻는다. 이 결과에 1.78을 곱하여 크기를 EV3 화면 폭(178화소)으로 조정한 다음 채워진 사각형의 폭으로 사용한다. 디스플레이가 계속 업데이트될 수 있도록 이 프로세스가 루프에서 반복된다.

■ **팁과 요령**

프로그램을 실행하는 동안 다양한 색상과 색조의 표면 위로 컬러 센서를 움직여 보라. 그러면 어떤 색상이 더 많은 빛을 반사하는지 알 수 있다.

(5) 컬러 센서 블록과 모드

아래 표는 컬러 센서로 사용할 수 있는 모든 프로그래밍 블록과 모드를 보여준다.

블록	모드	사 용 법
대기	컬러 센서–비교–색상	선택한 색상 중 하나를 센서가 감지하기를 기다린다.
대기	컬러 센서–비교–반사광 강도	반사광 강도가 일정한 값에 도달하기를 기다린다.
대기	컬러 센서–비교–주변광 강도	주변광 강도가 일정한 값에 도달하기를 기다린다.
대기	컬러 센서–변경–색상	감지한 색상이 변경되기를 기다린다.
대기	컬러 센서–변경–반사광 강도	반사광 강도가 일정량만큼 바뀌기를 기다린다.
대기	컬러 센서–변경–주변광 강도	주변광 강도가 일정량만큼 바뀌기를 기다린다.
루프	컬러 센서–색상	선택한 색상 중 하나가 감지될 때까지 블록 시퀀스를 반복한다.
루프	컬러 센서–반사광 강도	반사광 강도가 일정한 값에 도달할 때까지 블록 시퀀스를 반복한다.
루프	컬러 센서–주변광 강도	주변광 강도가 일정한 값에 도달할 때까지 블록 시퀀스를 반복한다.

블록	모드	사 용 법
스위치 블록	컬러 센서-측정-색상	어떤 색상이 감지되느냐에 따라 2 이상의 다양한 블록 시퀀스 중에 선택한다.
스위치 블록	컬러 센서-비교-색상	선택한 색상 중 하나가 감지되는지 여부에 따라 2개의 블록 시퀀스 중에 선택한다.
스위치 블록	컬러 센서-비교-반사광 강도	반사광 강도에 따라 2개의 블록 시퀀스 중에 선택한다.
스위치 블록	컬러 센서-비교-주변광 강도	주변광 강도에 따라 2개의 블록 시퀀스 중에 선택한다.
컬러 센서	측정-색상	감지한 색상(0~7)을 측정하고 숫자 데이터 와이어에서 결과를 얻는다.
컬러 센서	측정-반사광 강도	반사광 강도(0~100)를 측정하고 숫자 데이터 와이어에서 결과를 얻는다.
컬러 센서	측정-주변광 강도	주변광 강도(0~100)를 측정하고 숫자 데이터 와이어에서 결과를 얻는다.
컬러 센서	비교-색상	감지한 색상을 선택한 색상 하나 이상과 비교하고, 논리 데이터 와이어에서 결과를 얻는다(선택한 색상 중 하나라도 일치하는 것이 있으면 참).
컬러 센서	비교-반사광 강도	반사광 강도를 경계값과 비교하고, 논리 데이터 와이어에서 결과를 얻는다.
컬러 센서	비교-주변광 강도	주변광 강도를 경계값과 비교하고, 논리 데이터 와이어에서 결과를 얻는다.
데이터로깅		데이터로깅을 참조하라.

수행실습 컬러 센서 따라하기

재료 · 자료

EV3 SW, EV3 레고 마이드스톰, A4용지, 필기류

기기(장비 · 공구)

컴퓨터, USB 케이블, 충전 어댑터

안전 · 유의사항

- EV3 로봇 플랫폼의 외형의 관리하고 P-브릭에 전원을 충분히 충전한다.

수행순서

01 검정 라인에 도달할 때까지 주행(방법 1)

로봇은 컬러 센서가 검정색을 감지할 때까지 주행하다가 정지한다. 이 프로그램을 컬러 센서-비교-색상 모드에 있는 대기 블록을 사용하여 검정색을 테스트하도록 프로그램을 작성한다.

프로그램

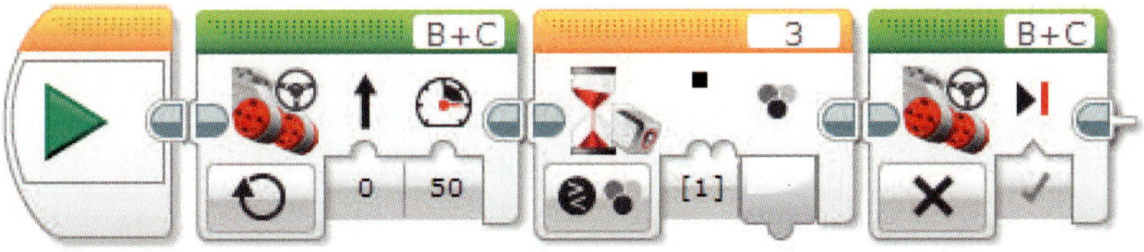

02 검정 라인에 도달할 때까지 주행(방법 2)

로봇은 컬러 센서가 어두운 색을 감지할 때까지 주행하다가 정지한다. 이 프로그램을 컬러 센서-비교-반사광 강도 모드에 있는 대기 블록을 사용하여 광 강도가 50% 미만이 될 때까지 대기하도록 프로그램을 작성한다.

프로그램

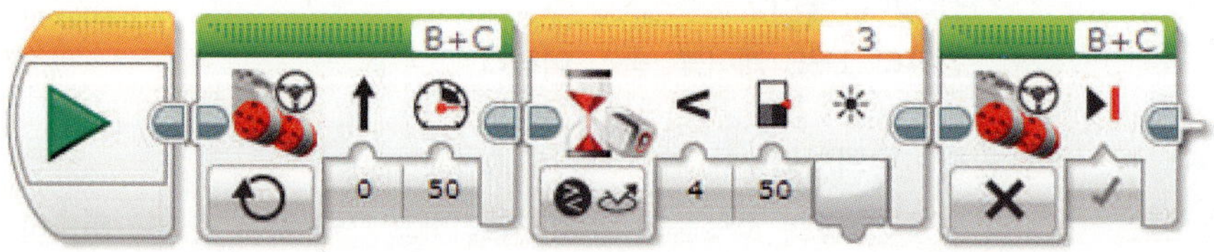

03 실내 조명이 켜져 있을 때만 주행

로봇은 실내 조명이 켜져 있을 때 주행하고 조명을 끄면 정지한다. 이 프로그램을 컬러 센서-비교-주변광 강도 모드에 있는 스위치 블록을 사용하여 광량이 20%보다 큰지 테스트하고 스위치 블록은 모터를 결지 끌지를 선택하고 로봇이 빛의 변화에 계속 반응할 수 있도록 스위치 블록이 루프에서 반복되도록 프로그램을 작성한다.

프로그램

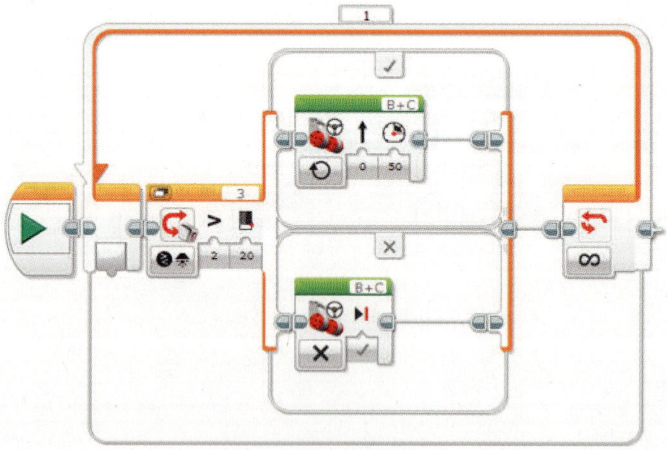

04 색상이 감지되면 "Red", "Green", "Blue"라고 말하기

EV3는 컬러 센서가 색상을 감지할 때 "Red", "Green", "Blue"라고 말한다. 이 프로그램을 컬러 센서-측정-색상 모드에 있는 스위치 블록을 사용하여 어떤 색상이 감지되느냐에 따라 다양한 사운드 블록 중에 선택하고, 3가지 색싱 중에 하나도 보이지 않을 때 EV3가 아무 말도 하지 않도록 "색상 없음" 사례를 추가하여 기본값으로 선택하도록 프로그램을 작성한다.

프로그램

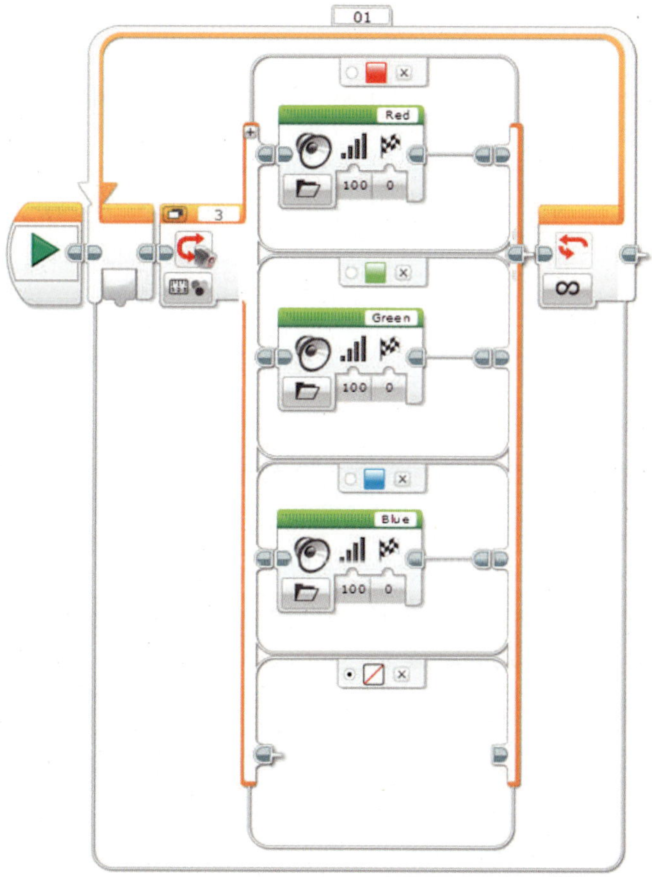

05 반사광 미터 표시

EV3 디스플레이에 그래픽 라이트 미터를 장착한다. 이 프로그램을 측정－반사광 강도 모드에 있는 컬러 센서 블록을 사용하여 반사광(0~100)을 측정하고 데이터 와이어에 대한 결과를 얻고 이 결과에 1.78을 곱하여 크기를 EV3 화면 폭(178화소)으로 조정한 다음 채워진 사각형의 폭으로 사용하고 디스플레이가 계속 업데이트될 수 있도록 이 프로세스가 루프에서 반복되도록 프로그램을 작성한다.

프로그램

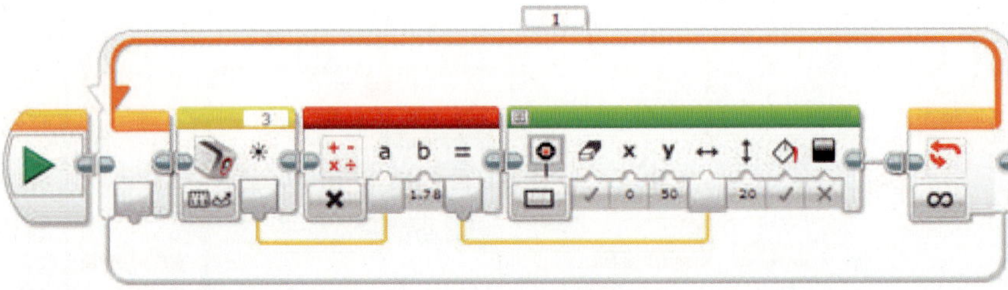

(1.78의 의미는 반사광이 최대 100이고 EV3의 LCD창 화소 178이므로 환산하기 위하여 1.78을 곱한다)

06 컬러 센서를 이용하여 색을 인식해 EV3 브릭을 제어하는 제시된 프로그램을 만든 후 테스트하라.

프로그램

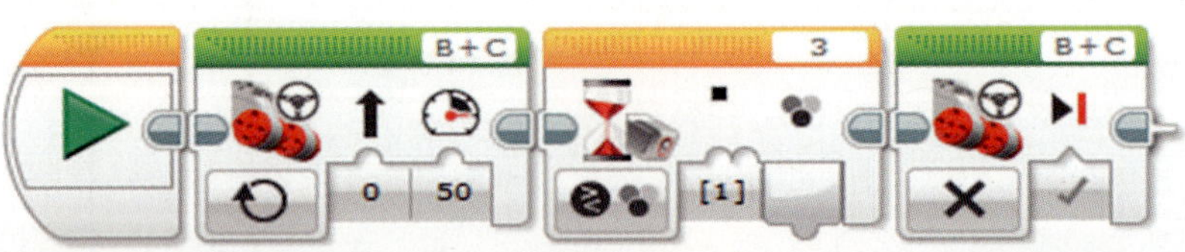

07 컬러 센서를 이용하여 명암을 인식해 EV3 브릭을 제어하는 제시된 프로그램을 만든 후 테스트하라.

프로그램

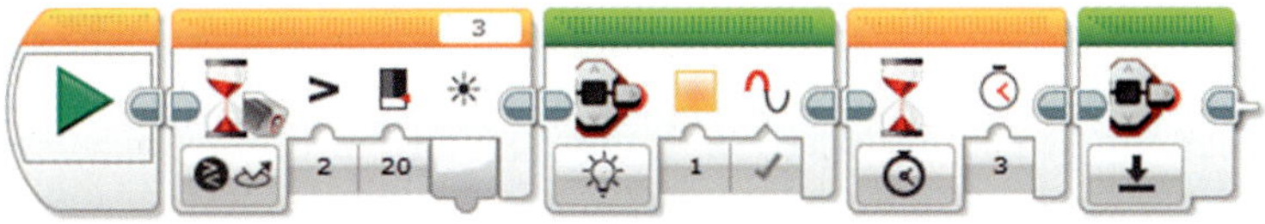

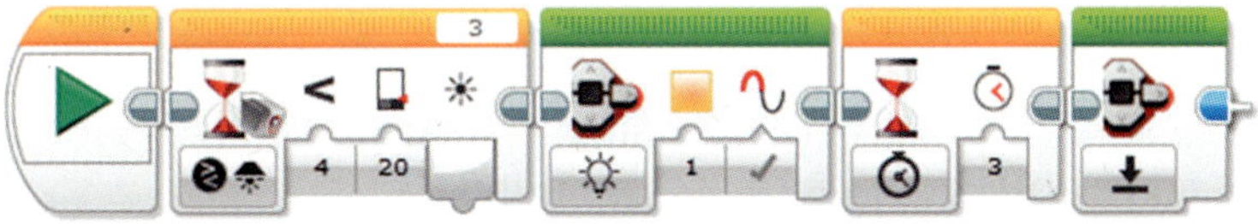

08 컬러 센서의 반사광 값이 40 이상이면 표시등을 주황색으로 점멸하기.

프로그램

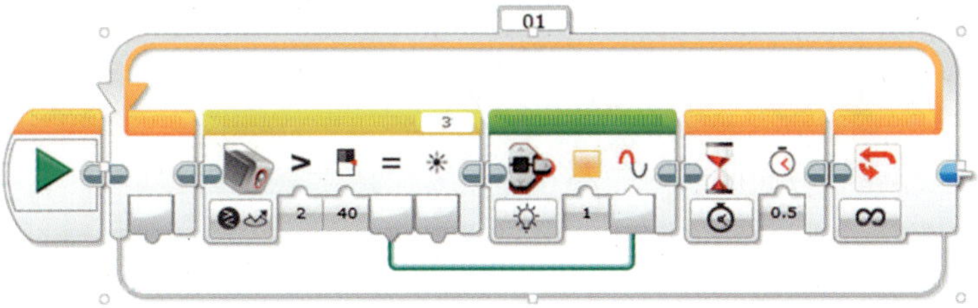

09 책상 끝에서 떨어지지 않고 자유롭게 움직이기.

프로그램

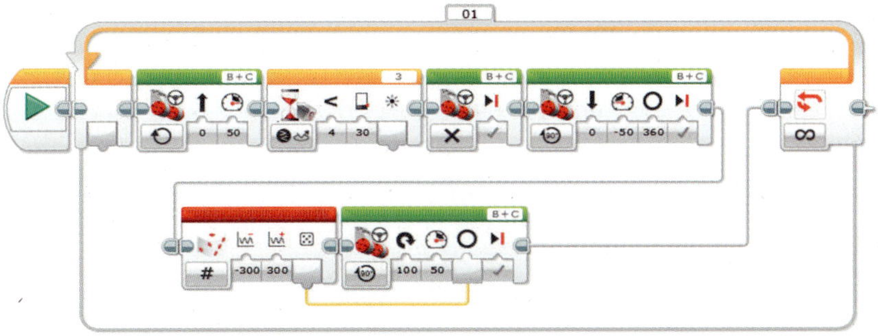

10 컬러 센서의 반사광을 이용하여 LCD창에 레벨미터 형식으로 표현하기.

프로그램

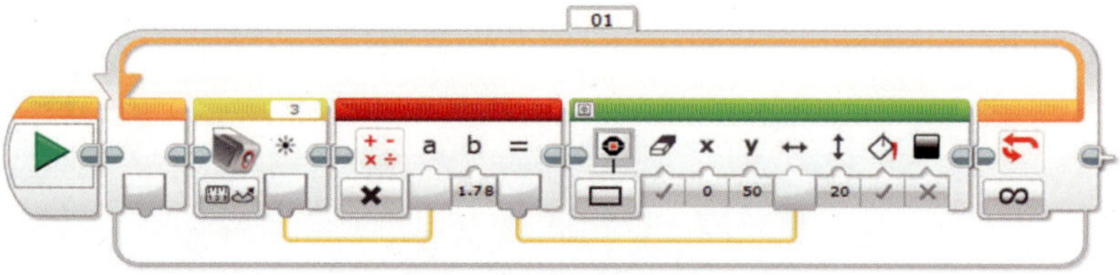

11 하나의 센서를 이용하여 라인을 따라가기.

프로그램

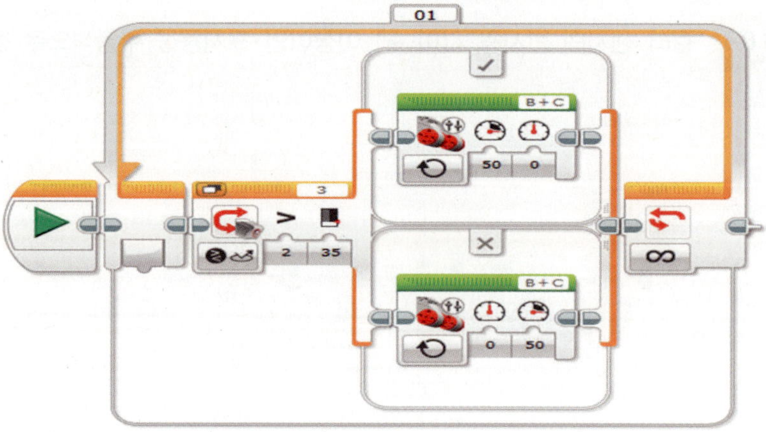

수행 Tip

– EV3 소프트웨어의 로비의 간단한 안내 섹션의 도움말과 동영상을 최대한 활용한다.

5-4 자이로(Gyro) 센서의 이해와 프로그래밍

학습 목표	5-4. EV3의 자이로 센서를 이해하고 자이로 센서의 응용 프로그래밍을 할 수 있다.

1. 자이로 센서 사용

자이로 센서는 회전 동작을 감지한다. 자이로 센서를 센서 케이스에 있는 화살표 방향으로 회전하면 센서는 초당 각도 단위의 회전 속도를 감지할 수 있다.

회전 속도를 사용하면 로봇의 일부가 돌고 있을 때 또는 로봇이 쓰러지고 있을 때 감지할 수 있다.

또한, 자이로 센서는 각도 단위의 총 회전 각도를 추적한다. 이 회전 각도를 사용하여 로봇이 얼마나 많이 회전했는지 감지할 수 있다.

(1) 자이로 센서 데이터

자이로 센서는 다음과 같은 데이터를 제공할 수 있다.

데이터	유형	비 고
각도	숫자	각도 단위의 회전 각도 마지막 초기화 때부터 측정. 자이로 센서 블록의 초기화 모드로 초기화한다.
속도	숫자	초당 각도 단위의 회전 속도

■ 팁과 요령

- 자이로 센서는 단일 회전축을 중심으로 한 동작만 감지할 수 있다. 이 방향은 센서의 케이스에 있는 화살표로 표시된다. 올바른 방향으로 로봇에 센서를 장착하여 원하는 방향으로 회전을 측정하라.
- 각도와 속도는 둘 다 양수 또는 음수일 수 있다. 시계 방향 회전은 양수이고 시계 반대 방향은 음수이다.
- 자이로 센서를 EV3 브릭에 연결할 때는 "드리프트(drift)"를 최소화하기 위해 자이로 센서를 완벽하게 고정시켜야 한다.
- 각도는 시간이 흐르면서 "드리프트(drift)"가 발생하면 정확성이 떨어질 수 있다. 최선의 결과를 얻으려면, 각도를 측정하려는 모든 동작에 앞서 자이로 센서 블록의 초기화 모드를 사용하여 각도를 초기화하라.
- 모터 회전 센서도 각도 단위로 회전을 측정할 수 있지만 이는 모터의 회전 부품에 한한다.

(2) 자이로 센서 사용의 예

프로그램에서 자이로 센서를 어떻게 사용하는지에 대한 예가 아래 나와 있다.

예 1 지정된 각도만큼 회전

이 프로그램은 로봇이 왼쪽으로 90도 돌아가게 한다. 자이로 센서-변경-각도 모드로 대기 블록을 사용하여 회전 각도가 90도 바뀌기를 기다린다.

■ **팁과 요령**

위 프로그램은 대기 블록의 변경 모드를 사용하기 때문에 대기 블록의 시작과 관련지어 각도의 변경을 측정한다. 따라서 주행에 앞서 자이로 센서를 초기화하지 않아도 된다.

예 2 회전 속도 미터 표시

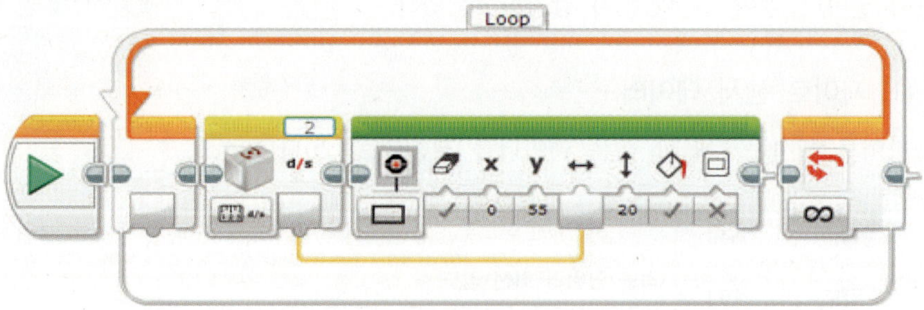

이 프로그램은 로봇이 회전 속도를 그래픽 방식으로 표시하게 한다. 자이로 센서 블록은 회전 속도의 숫자값을 측정하며, 이 값은 EV3 디스플레이에 있는 사각형의 폭을 변경하는 데 사용된다.

(3) 자이로 센서 블록과 모드

아래 표는 자이로 센서로 사용할 수 있는 모든 프로그래밍 블록과 모드를 보여준다.

블록	모드	사 용 법
대기	자이로 센서-비교	회전 각도가 일정한 값에 도달하기를 기다린다.
	자이로 센서-변경	회전 각도나 속도가 일정량만큼 바뀌기를 기다린다.
루프	자이로 센서	회전 각도나 속도가 일정한 값에 도달할 때까지 블록 시퀀스를 반복한다.
스위치 블록	자이로 센서	회전 각도나 속도에 따라 2개의 블록 시퀀스 중에 선택한다.
자이로 센서	측정	회전 각도 및/또는 속도를 측정하고, 숫자 데이터 와이어에서 결과를 얻는다.
	비교	회전 각도나 속도를 경계값과 비교하고, 논리 데이터 와이어에서 결과를 얻는다.
	초기화	회전 각도를 0으로 초기화한다.
데이터로깅	자이로 각도 자이로 속도	데이터로깅을 참조하라.

수행실습

자이로 센서 따라하기

재료 · 자료

EV3 SW, EV3 레고 마이드스톰, A4용지, 필기류

기기(장비 · 공구)

컴퓨터, USB 케이블, 충전 어댑터

안전 · 유의사항

- EV3 로봇 플랫폼의 외형의 관리하고 P-브릭에 전원을 충분히 충전한다.

수행순서

01 지정된 각도만큼 회전

로봇이 왼쪽으로 90도 돌아가게 한다. 자이로 센서-변경-각도 모드로 대기 블록을 사용하여 회전 각도가 90도 바뀌기를 기다리도록 프로그램을 작성한다.

프로그램

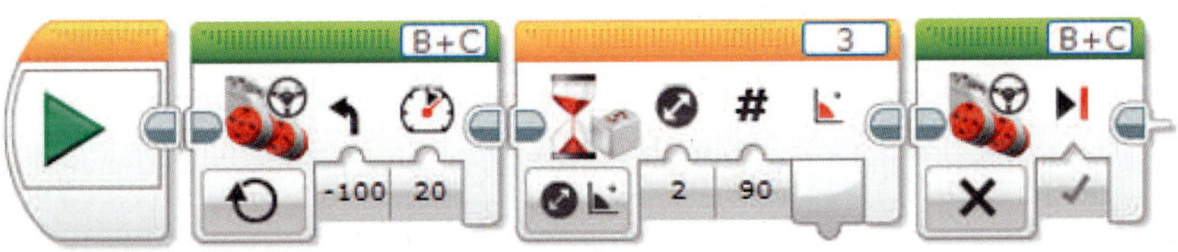

02 회전 속도 미터 표시

로봇이 회전 속도를 그래픽 방식으로 표시하게 한다. 자이로 센서 블록은 회전 속도의 숫자값을 측정하며, 이 값은 EV3 디스플레이에 있는 사각형의 폭을 변경하는 데 사용되도록 프로그램을 작성한다.

프로그램

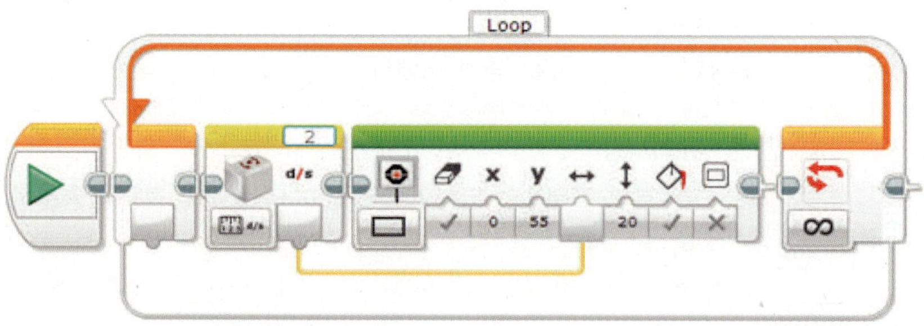

03 자이로 센서를 통해 EV3 브릭을 제어하는 제시된 프로그램을 만든 후 테스트하라.

프로그램

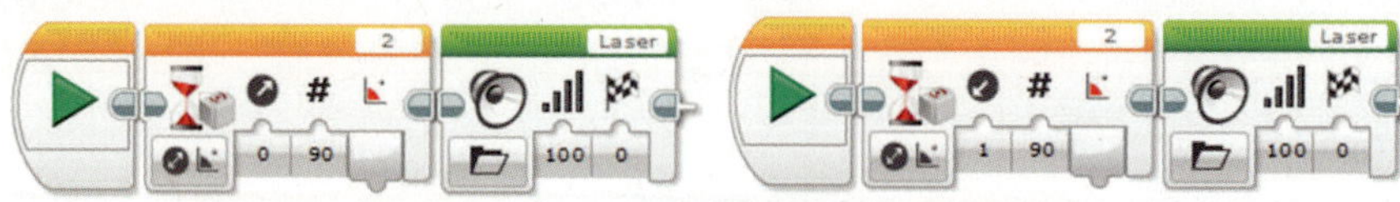

수정하기 : 대기 -자이로센서 블록의 비교모드를 이용한 프로그램을 해보자. 샘플링 속도도 측정해 보자.

04 로봇이 제자리에서 180도 우회전을 하면 멈춘다.

프로그램

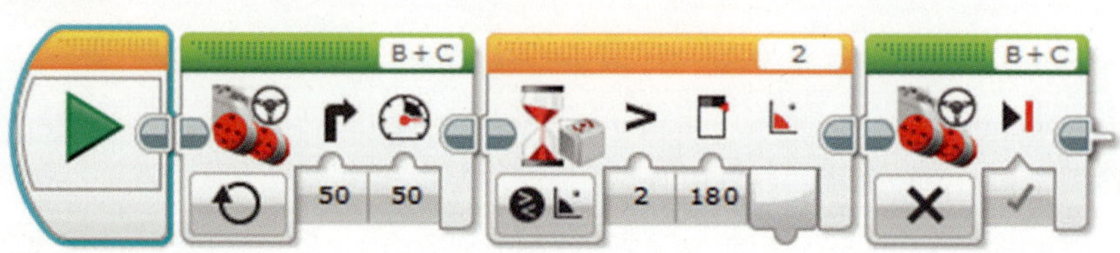

수행 Tip

- EV3 소프트웨어의 로비의 간단한 안내 섹션의 도움말과 동영상을 최대한 활용한다.

학습 1	창의공학의 개요
학습 2	EV3의 개요
학습 3	EV3 브릭 따라하기
학습 4	EV3 모터 따라하기
학습 5	EV3 센서 따라하기
학습 6	**EV3 심화학습(1) 따라하기**
학습 7	EV3 심화학습(2) 따라하기
학습 8	EV3 심화학습(3) 따라하기
학습 9	EV3 데이터로깅 따라하기
학습 10	EV3 도구 따라하기
학습 11	EV3 앱응용 따라하기

6-1 멀티태스킹

학습 목표 6-1. EV3의 멀티테스킹을 통해 EV3 브릭을 제어하는 방법을 이해하고 멀티태스킹의 응용 프로그래밍을 할 수 있다.

1. 프로그램 블록

(화면 하단의 프로그래밍 팔레트에서) 프로그래밍 블록을 프로그래밍 캔버스에 드래그해서 프로그램을 만들 수 있다.

프로그래밍 블록들은 서로 가까우면 자동으로 스냅 결합된다.

프로그램을 실행하면 프로그래밍 블록은 화면에 나타나는 순으로 왼쪽에서 오른쪽으로 실행된다.

(1) 프로그래밍 블록 편집

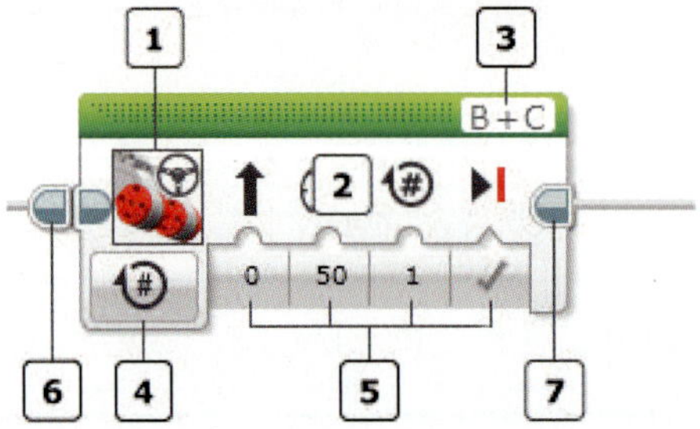

1 블록 유형 : 블록 유형을 나타내는 아이콘

2 블록 이동 부분 : 여기를 클릭하여 블록을 선택하거나 드래그한다.

3 포트 선택

4 모드 선택 : 여기를 클릭하여 모드 드롭다운을 열고, 모드를 선택한다.

5 입력 파라미터 값 : 입력을 선택하거나 여기에 입력할 수 있다.

6 시퀀스 연결 시작점

7 시퀀스 연결 끝점

(2) 시퀀스 와이어

프로그래밍 블록들이 바로 옆에 있지 않으면 이들 블록을 연결할 수 있다. 첫 번째 블록의 시퀀스 와이어를 두 번째 블록까지 드래그한다.

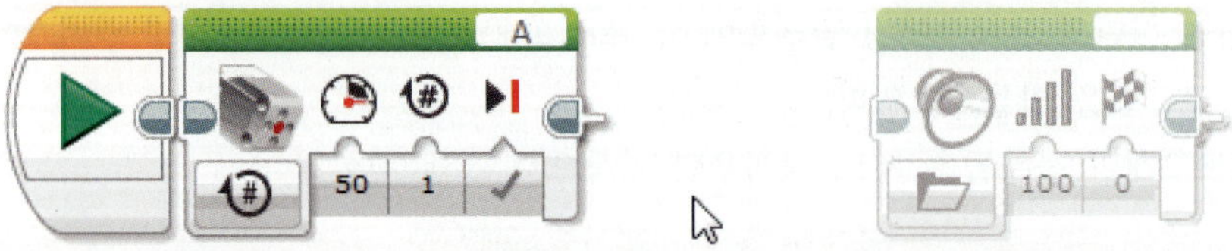

두 번째 블록의 시퀀스 연결 시작점을 클릭하여 시퀀스 와이어를 삭제할 수 있다.

(3) 코드 청크(코드 블록으로 이루어진 덩어리)

긴 프로그램의 경우, 코드 청크들 사이에 간격을 두면서 프로그램을 더 작은 덩어리의 프로그래밍 블록으로 나누는 것이 유용할 수 있다. 그러면 프로그램을 이해하기가 더 쉽다.

프로그래밍 블록의 시퀀스 연결 끝점을 클릭하면 공간과 시퀀스 와이어가 생성된다. 공간과 시퀀스 와이어를 삭제하려면 시퀀스 연결 끝점을 다시 클릭하면 된다.

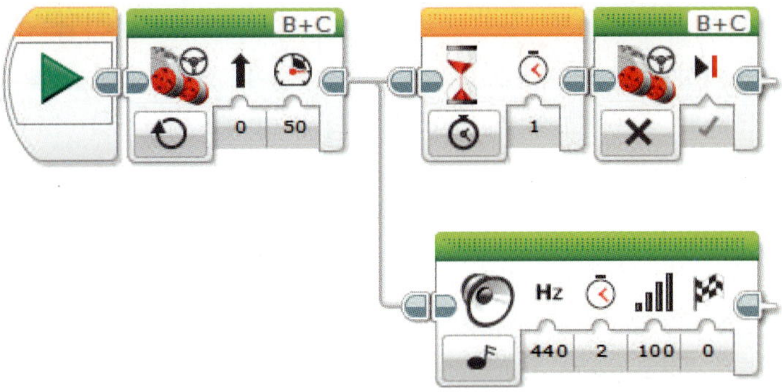

- **팁과 요령**

로봇의 다른 동작마다 별도 청크를 만든다. 그러면 프로그램을 따라가기가 쉽다.

(4) 플로우 프로그래밍 블록 크기 조정

루프 블록과 스위치 블록은 크기 조정이 가능하다. 프로그래밍 블록이 깔끔하게 들어맞을 수 있도록 두 블록을 더 크게 만들 수 있다. 블록 크기 조정을 드래그해서 이들 프로그래밍 블록의 크기를 조정한다.

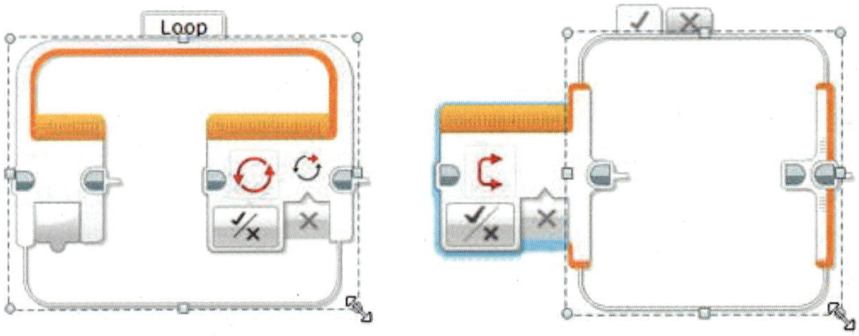

스위치 블록의 경우 조건별로 크기를 따로 조정할 수 있다.

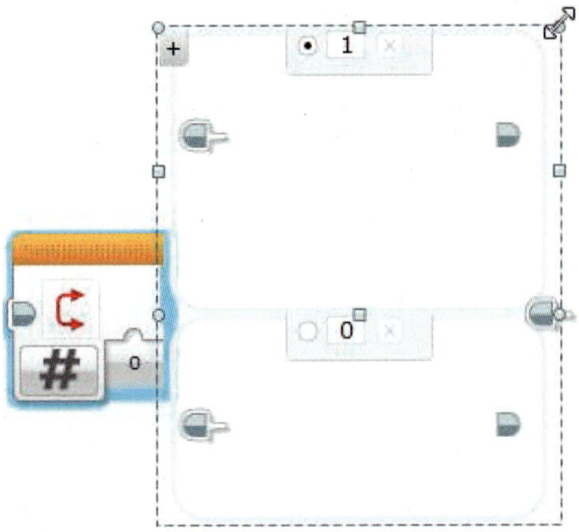

(5) 병렬 시퀀스

작업 모음을 하나 이상 동시에 실행할 수 있다. 예를 들어, 프로그래밍 블록의 한 시퀀스로는 로봇의 전진 동작을 제어하고 프로그래밍 블록의 두 번째 시퀀스로는 로봇 맨 위에 있는 로봇 팔을 제어할 수 있다.

병렬 시퀀스에 앞서 프로그래밍 블록의 시퀀스 연결 끝점에서 새로운 시퀀스 와이어를 드래그해서 병렬 시퀀스를 생성할 수 있다.

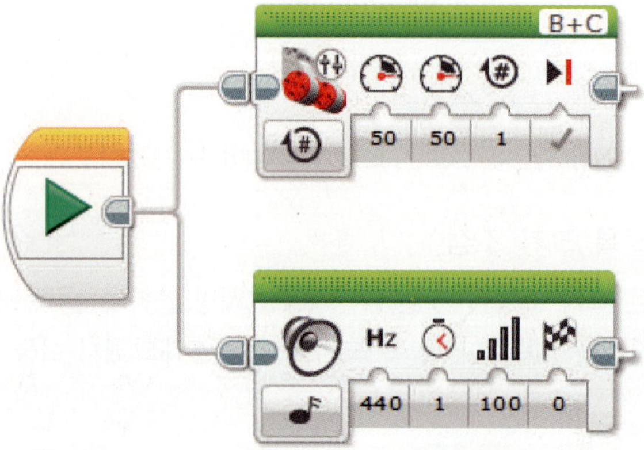

■ 팁과 요령

리소스 충돌을 조심한다(아래 나와 있음). 리소스 충돌은 동시 작업을 실행할 때 일어날 수 있다. 예를 들어, 프로그래밍 블록의 한 시퀀스는 로봇을 왼쪽으로 조종하려 하고, 또 다른 시퀀스는 이와 동시에 로봇을 오른쪽으로 조종하려고 한다. EV3 브릭은 예상대로 작동하지 않는다.

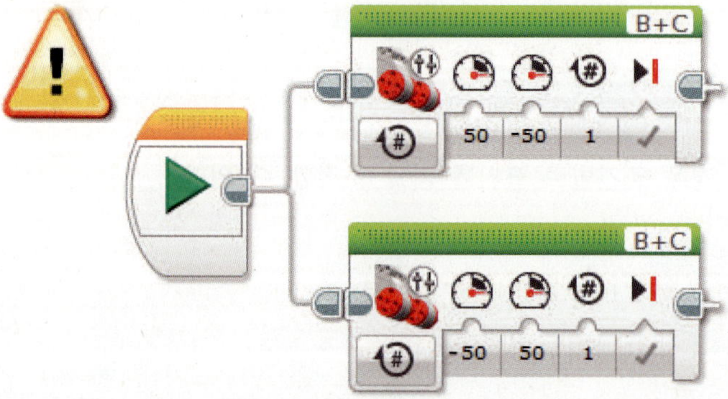

수행실습 멀티태스킹 따라하기

재료 · 자료

EV3 SW, EV3 레고 마이드스톰, A4용지, 필기류

기기(장비 · 공구)

컴퓨터, USB 케이블, 충전 어댑터

안전 · 유의사항

- EV3 로봇 플랫폼의 외형의 관리하고 P-브릭에 전원을 충분히 충전한다.
- EV3에 프로그램을 동작시킬 때 USB 케이블을 제거한 후 실행한다.

수행순서

01 멀티태스킹을 이용하여 2가지의 동작을 동시에 수행하는 제시된 프로그램을 만든 후 테스트하라.

프로그램

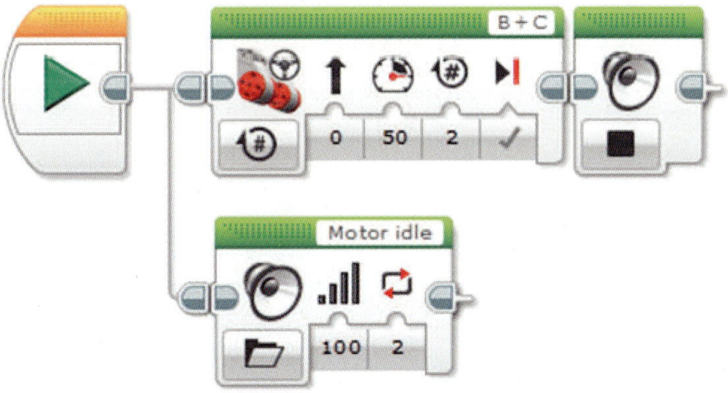

02 멀티태스킹을 이용하여 2가지의 동작을 동시에 수행하는 제시된 프로그램을 만든 후 테스트하라.

프로그램

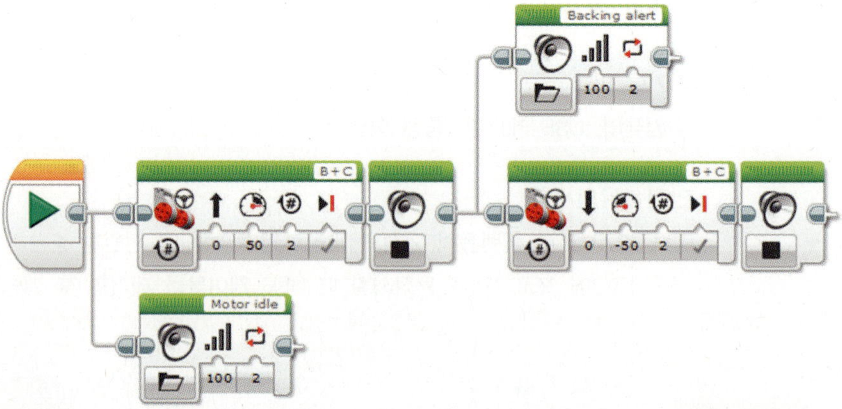

수행 Tip

- EV3 소프트웨어의 로비의 간단한 안내 섹션의 도움말과 동영상을 최대한 활용한다.

6-2 루 프

학습 목표 6-2. EV3의 루프를 이용하여 원하는 만큼 프로그램을 반복할 수 있도록 EV3 브릭을 제어하는 방법을 이해하고 루프의 응용 프로그래밍을 할 수 있다.

1. 루프 블록

루프 블록은 프로그래밍 블록 시퀀스를 수용할 수 있는 컨테이너이다. 루프 안 블록 시퀀스를 반복하게 만든다. 영원히, 일정한 횟수만큼, 센서 테스트나 기타 조건이 참일 때까지 블록을 반복시킬 수 있다. 오직 루프 안 블록만 반복하게 된다. 루프가 끝난 후 프로그램은 루프 뒤에 있는 블록으로 계속된다.

■ **팁과 요령**

블록을 드래그해서 루프 안으로 옮겨라. 루프 블록은 확장하여 안에 블록이 들어갈 공간을 만든다.

(1) 루프 모드 선택

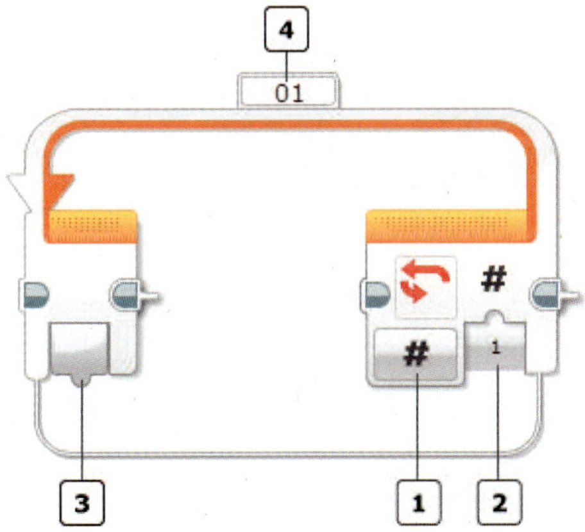

모드 선택을 사용하여 루프가 얼마나 반복될지 제어하라. 다양한 모드는 어떤 조건일 때 루프가 끝날지를 지정한다. 예를 들면, 루프를 일정 횟수만큼 반복하게 하거나 센서 데이터 값이 일정한 경계값에 도달할 때까지 반복하게 하거나 영원히 반복하게 할 수 있다. 사용 가능한 입력은 모드에 따라 바뀐다. 모드는 아래 설명되어 있다.

루프 블록 상단의 루프 이름 필드에 루프의 이름을 입력할 수 있다. 이 이름은 루프 인터럽트 블록에서 또 다른 방식으로 루프를 끝내는 데 사용한다.

루프 안 블록은 횟수 출력을 사용하여 루프가 몇 번 반복했는지 알려줄 수 있다. 자세한 내용은 횟수 출력 사용을 참조하라.

(2) 모드 : 무한, 횟수, 시간, 논리, 센서 모드

1) 켜짐

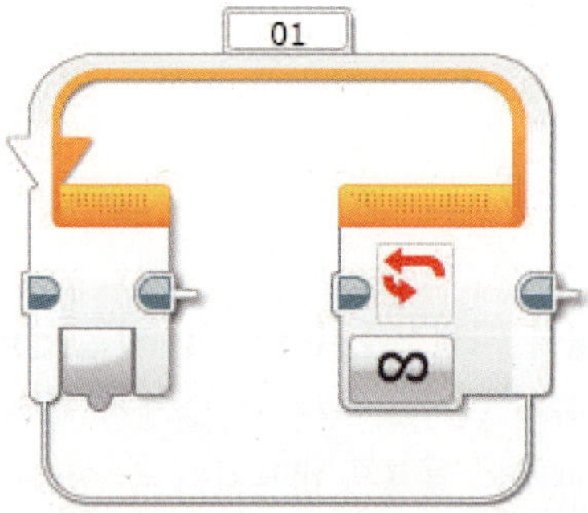

켜짐 모드에서 루프 안 블록은 영원히 반복된다. 루프 뒤에 위치한 블록에는 절대 도달하지 않는다.

예 1

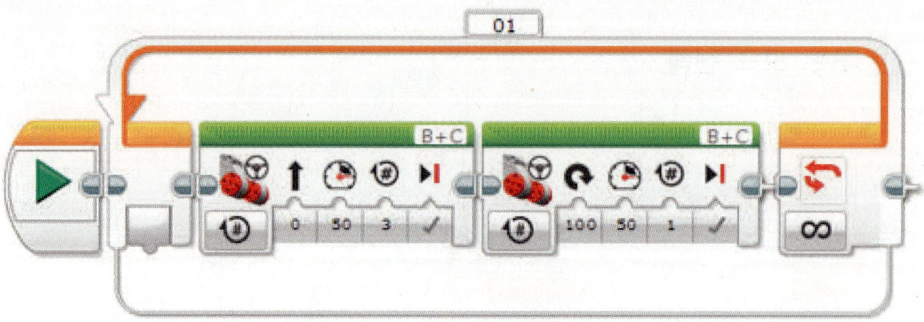

프로그램에서 로봇은 직선/회전 시퀀스를 번갈아가며, 계속 반복하며 또는 프로그램이 정지될 때까지 주행한다.

▪ 팁과 요령

EV3의 뒤로 가기 버튼을 사용하면 프로그램이 정지된다.

예 2

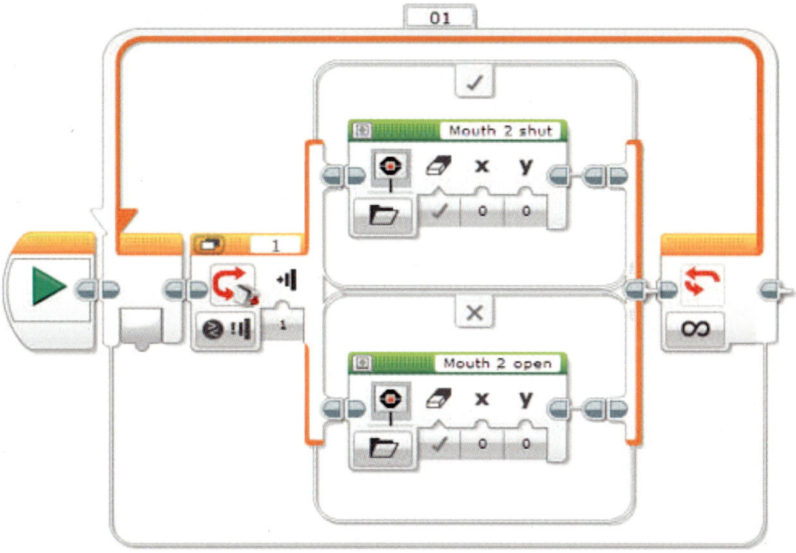

이 프로그램은 터치 센서가 눌릴 때마다 EV3 디스플레이에 꼭 다문 입을 표시하고, 그러지 않으면 열린 입을 표시한다. 루프에 의해 스위치 블록 안 센서 테스트는 계속 반복된다.

2) 횟수

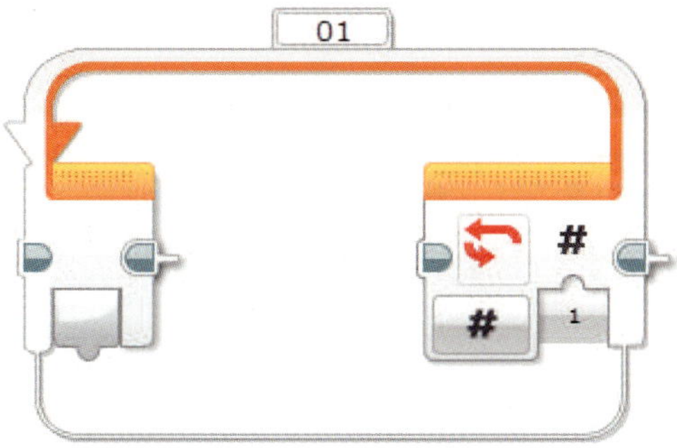

횟수 모드에서 횟수 입력은 루프 안 블록을 몇 번 반복시키는지 지정한다.

예 3

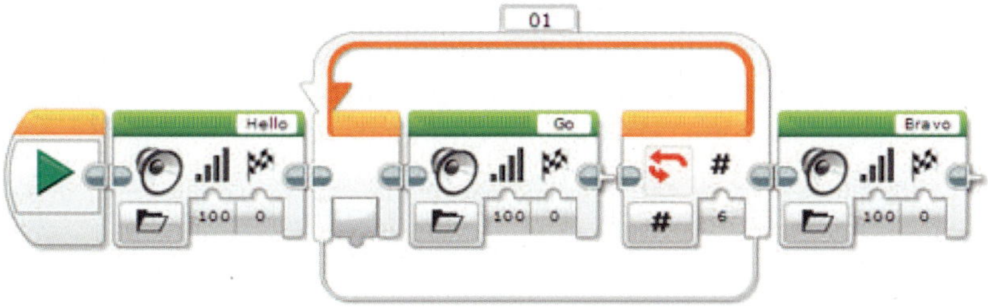

프로그램에서 로봇이 "Hello"는 한 번, "Go"는 여섯 번, "Bravo"는 한 번 말한다. 루프 블록은 사운드 블록 하나를 포함하며, 여섯 번 반복하도록 구성한다.

3) 시간

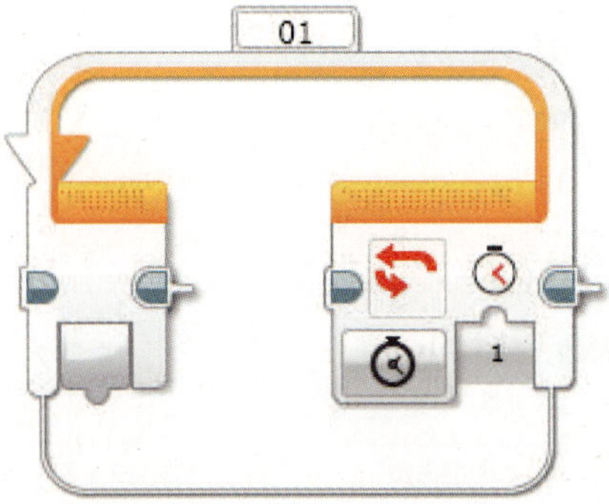

시간 모드에서는 루프가 반복되는 시간을 초 입력에 지정할 수 있다. 시간은 루프가 시작될 때부터 측정한다.

제한 시간은 루프 시퀀스가 끝날 때만 테스트한다. 루프 시퀀스는 항상 최소 한 번은 실행되며, 그때 경과 시간이 초 보다 작은 경우에만 루프가 처음으로 돌아가서 계속된다.

4) 논리

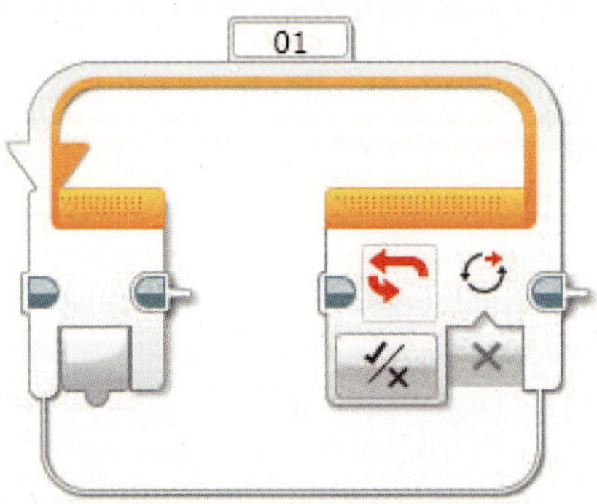

논리 모드에서는 루프 시퀀스가 끝날 때 다음 조건까지 입력이 참일 때까지 루프가 반복된다. 루프 시퀀스는 항상 최소 한 번은 실행되며, 루프 반복이 끝날 때마다 다음 조건까지 입력을 테스트한다.

데이터 와이어를 사용하여 다음 조건까지 입력을 루프 안 프로그래밍 블록의 논리 출력에 연결하라. 루프를 끝내려면 이 출력이 참이어야 한다.

예 4

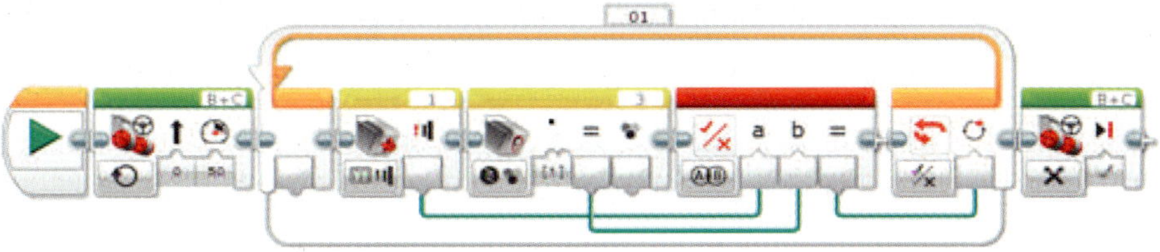

프로그램에서 로봇은 터치 센서가 눌릴 때까지 또는 컬러 센서가 검정색을 감지할 때까지(둘 중 먼저인 쪽) 전진한다. 논리 연산 블록의 출력은 루프의 다음 조건까지 입력에 사용된다. 루프가 끝나면, 로봇이 정지된다.

▪ **팁과 요령**

센서 하나만 관여하는 많은 센서 테스트는 루프 블록에서 아래 설명된 센서 모드를 사용하여 직접 테스트할 수 있다.

5) 센서 모드

루프 블록에는 센서 데이터를 읽고 입력값과 비교하는 여러 가지 모드가 들어 있다. 센서 유형별로 모드가 다르다. 센서 데이터 중 어떤 유형은 경계값과 비교할 수 있고, 또 어떤 유형은 특정한 값과 비교할 수 있다.

(3) 센서 데이터와 경계값 비교

경계값 입력을 포함한 모드일 때 루프 블록은 경계값 비교가 참이 될 때까지 루프 안 블록 시퀀스를 반복한다. 예를 들면, 컬러 센서가 지정된 경계값보다 작은 반사광 강도값을 감지할 때까지 루프를 반복시킬 수 있다.

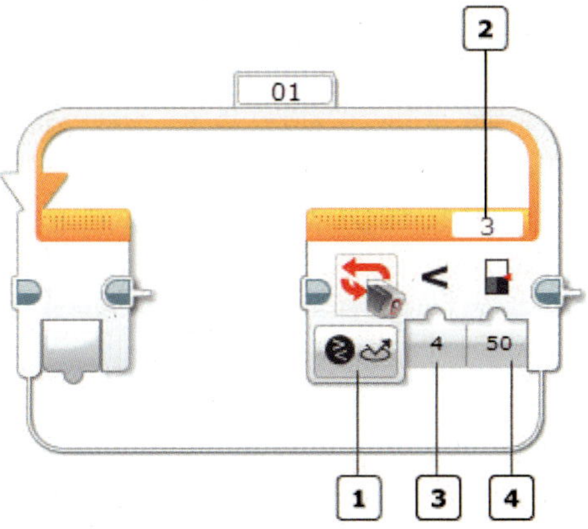

1 모드 선택
2 포트 선택
3 비교 유형 입력
4 경계값 입력

모드 선택을 사용하여 경계값 입력을 포함한 센서 모드를 선택하라. 모드에서 포트를 사용하는 경우, 포트 선택을 사용하여 해당 포트가 센서 또는 모터와 연결된 EV3 브릭의 포트와 일치하는지 확인하라.

비교 유형 목록에서 사용하려는 비교 유형을 선택하고, 경계값을 입력하라.

루프 안 블록 시퀀스가 끝날 때마다 루프 블록은 센서 데이터를 읽고 경계값을 테스트한다. 테스트가 거짓이면 루프가 반복된다. 테스트가 참이면 루프는 끝나고, 루프가 끝난 후 프로그램이 다음 번 블록으로 계속된다.

다양한 센서 유형의 사용과 센서에서 제공하는 데이터에 대한 자세한 내용은 "센서 사용" 도움말 항목을 참조하라.

예 5

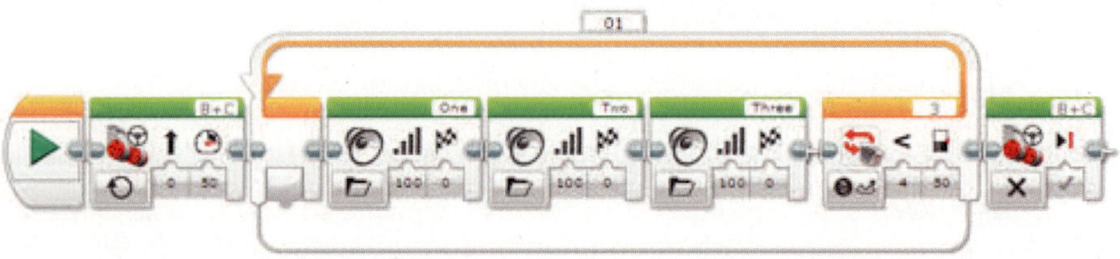

이 프로그램에서 로봇은 컬러 센서가 50보다 작은 반사광 강도를 감지할 때까지 3가지 사운드를 반복하면서 전진하다가 정지된다.

■ **팁과 요령**

센서 경계값은 루프 시퀀스가 끝날 때만 테스트한다. 위 예에서 컬러 센서가 루프 중간에 있는 어두운 색 위를 지나가는 경우, 로봇은 어두운 색을 보지 못하고 정지하지 않을 수도 있다.

(4) 센서 데이터와 특정한 값 비교

다음의 센서 모드에서 루프는 센서 데이터를 특정한 입력값과 비교할 수 있다. 루프는 센서 데이터가 지정된 입력값과 같을 때까지 반복된다.

모 드	비 고
브릭 버튼	루프는 선택한 버튼 중 하나가 선택한 동작을 수행할 때까지 반복된다. 브릭 버튼 사용을 참조하라.
컬러 센서-색상	루프는 선택한 색상 중 하나가 감지될 때까지 반복된다. 컬러 센서 사용을 참조하라.
적외선 센서-원격	루프는 선택한 버튼 중 하나가 IR 비콘에서 눌릴 때까지 반복된다. 적외선 센서 원격 모드 사용을 참조하라.
터치 센서	루프는 터치 센서가 선택한 상태에 있을 때까지 반복된다. 터치 센서 사용을 참조하라.
초음파 센서-존재 유무 감지	루프는 초음파 신호가 감지될 때까지 반복된다. 초음파 센서 사용을 참조하라.
메시징/통신 모드	루프는 지정된 메시지 유형이 수신될 때까지 반복된다. 메시징 블록을 참조하라.

■ 팁과 요령

센서는 루프 시퀀스가 끝날 때만 테스트한다. 루프 시퀀스가 실행되는 동안 아주 잠시 센서 데이터가 지정된 입력값과 일치하는 경우, 루프는 멈추지 않을 수도 있다.

(5) 횟수 출력 사용

루프 블록 초반의 횟수 출력은 루프 시퀀스가 몇 번 실행되었는지 알려준다. 루프 안 횟수를 사용하여 루프가 반복될 때마다 루프 시퀀스가 뭔가 다른 것을 하도록 만들 수 있다.

루프를 처음 실행할 때 반복 횟수가 0이며, 루프를 반복할 때마다 횟수가 1씩 증가한다.

예 6

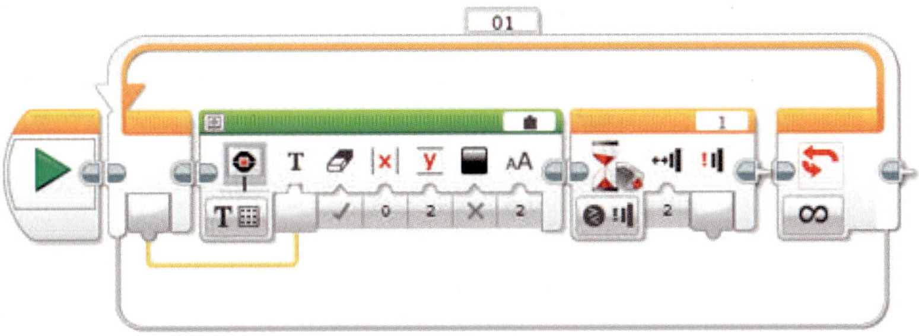

2이 프로그램은 EV3 디스플레이의 터치 센서가 접촉 후 떨어진(눌렀다가 놓일 때까지) 횟수를 표시한다. 루프 안 대기 블록은 터치 센서가 접촉 후 떨어질 때마다 반복에 앞서 루프를 대기하도록 만들며, 횟수는 디스플레이 블록의 텍스트 입력에 사용된다.

(6) 루프 크기 조정

루프 블록은 보통 자동으로 확장하여 안에 새로운 프로그래밍 블록을 드래그해서 놓을 공간을 만든다. 필요한 경우 루프 블록의 크기도 직접 조정할 수 있다. 루프 크기를 조정하려면, 루프 블록을 선택한 다음 밖에 보이는 블록 크기 조정을 드래그하라.

예 7

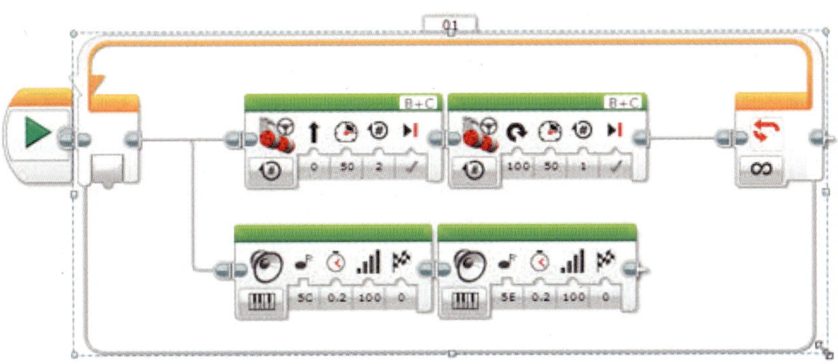

안에 두 번째 블록 시퀀스가 들어갈 공간을 만들기 위해 이 루프 블록의 크기를 조정 중이다.

(7) 입력 및 출력

루프 블록에 사용 가능한 입력은 선택한 모드에 따라 달라진다. 블록에 직접 입력값을 입력할 수 있다. 데이터 와이어를 통해 프로그래밍 블록의 출력에서 입력값을 제공할 수 있다.

입력	유형	비 고
횟수	숫자	횟수 모드에서 루프를 반복하는 횟수
초	숫자	시간 모드에서 루프를 반복하는 시간(초)
다음 조건까지	논리	논리 모드에서 루프는 입력이 참일 때 끝난다.
비교 유형	숫자	경계값을 포함한 센서 모드의 비교 유형 0 : = (같음) 1 : ≠ (같지 않음) 2 : 〉(보다 큼) 3 : ≥ (보다 크거나 같음) 4 : 〈(보다 작음) 5 : ≤ (보다 작거나 같음)
경계값	숫자	경계값을 포함한 센서 모드의 경우 센서 데이터와 비교하는 값
(개별 센서 유형의 입력)		센서 데이터에 대한 자세한 내용은 개별 센서 유형에 대한 도움말을 참조하라.

루프 블록의 출력은 루프가 반복된 횟수이다. 출력을 사용하려면 데이터 와이어를 통해 출력을 루프 안 또는 뒤의 프로그래밍 블록에 연결하라.

출력	유형	비 고
횟수	숫자	루프가 완료된 횟수. 루프를 처음 실행할 때 횟수는 0이다.

수행실습 루프 따라하기

재료 · 자료

EV3 SW, EV3 레고 마이드스톰, A4용지, 필기류

기기(장비 · 공구)

컴퓨터, USB 케이블, 충전 어댑터

안전 · 유의사항

- EV3 로봇 플랫폼의 외형의 관리하고 P-브릭에 전원을 충분히 충전한다.
- EV3에 프로그램을 동작시킬 때 USB 케이블을 제거한 후 실행한다.

수행순서

01 로봇은 직선/회전 시퀀스를 번갈아가며, 계속 반복하며 정지될 때까지 주행하도록 프로그램을 작성한다.

프로그램

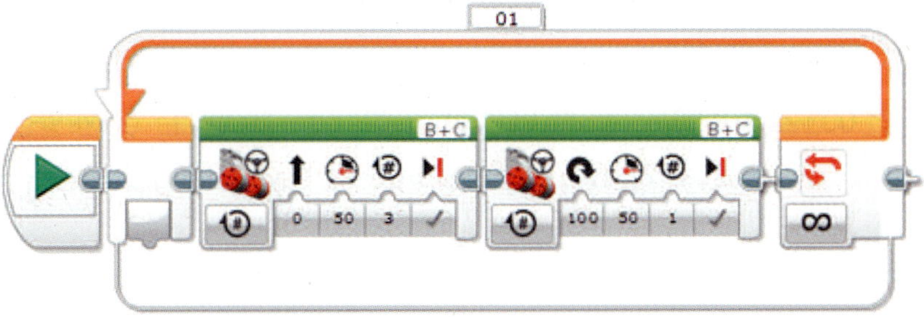

02 터치 센서가 눌릴 때마다 EV3 디스플레이에 꼭 다문 입을 표시하고, 그러지 않으면 열린 입을 표시한다. 루프에 의해 스위치 블록 안 센서 테스트는 계속 반복되도록 프로그램을 작성한다.

프로그램

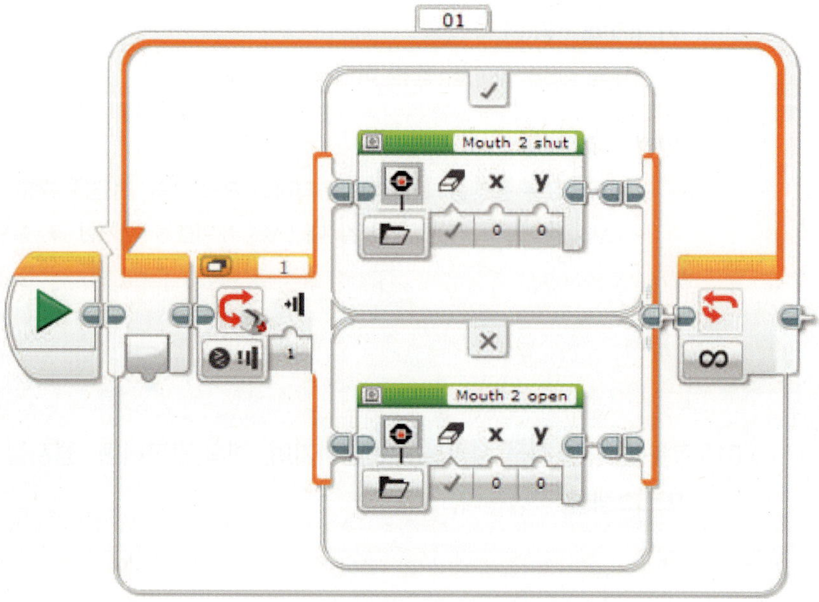

03 로봇이 "Hello"는 한 번, "Go"는 여섯 번, "Bravo"는 한 번 말한다. 루프 블록은 사운드 블록 하나를 포함하며, 여섯 번 반복하도록 프로그램을 작성한다.

프로그램

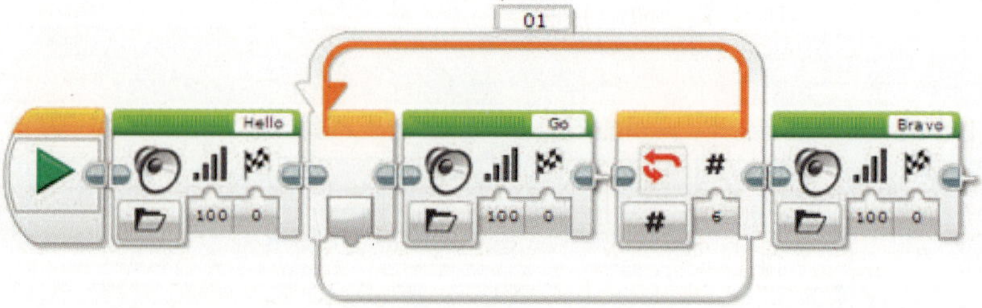

04 로봇은 터치 센서가 눌릴 때까지 또는 컬러 센서가 검정색을 감지할 때까지(둘 중 먼저인 쪽) 전진한다. 논리 연산 블록의 출력은 루프의 다음 조건까지 입력에 사용되고 루프가 끝나면 로봇이 정지되도록 프로그램을 작성한다.

프로그램

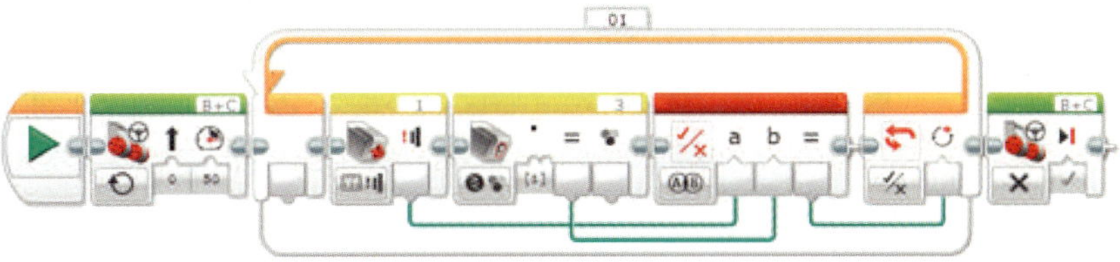

05 로봇은 컬러 센서가 50보다 작은 반사광 강도를 감지할 때까지 3가지 사운드를 반복하면서 전진하다가 정지되도록 프로그램을 작성한다.

프로그램

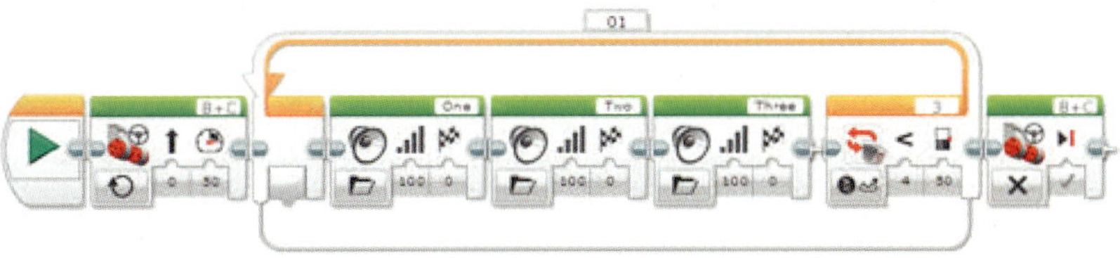

06 EV3 디스플레이의 터치 센서가 접촉 후 떨어진(눌렸다가 놓일 때까지) 횟수를 표시한다. 루프 안 대기 블록은 터치 센서가 접촉 후 떨어질 때마다 반복에 앞서 루프를 대기하도록 만들며, 횟수는 디스플레이 블록의 텍스트 입력에 사용되도록 프로그램을 작성한다.

프로그램

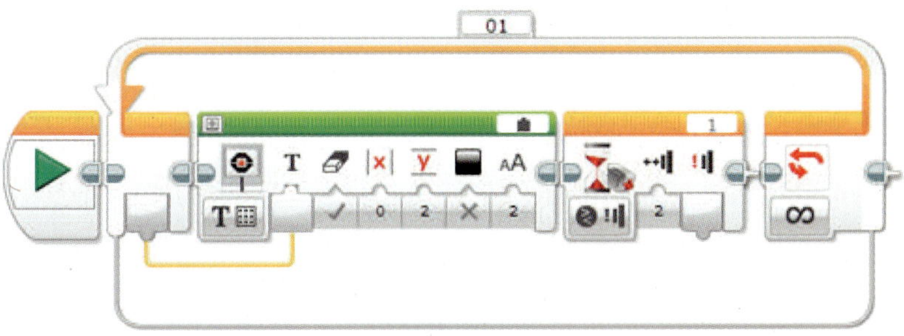

07 루프를 이용하여 원하는 만큼 프로그램을 반복하도록 제시된 프로그램을 만든 후 테스트하라.

프로그램

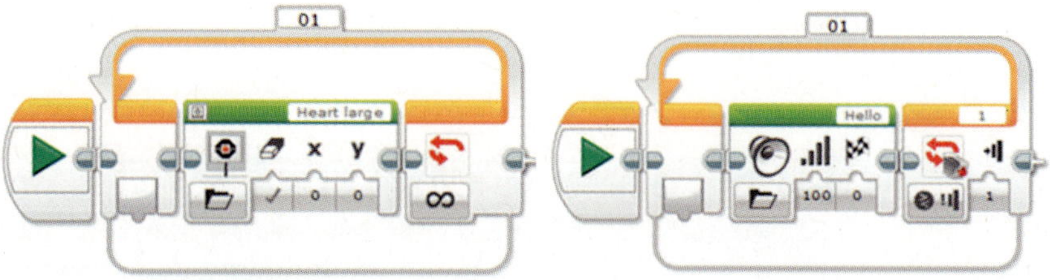

08 다음의 프로그램을 보고 로봇이 어떻게 동작할지 예상해보자.

프로그램

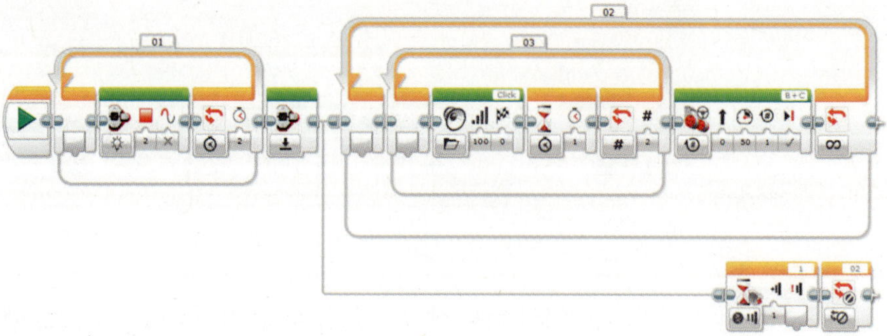

수행 Tip

– EV3 소프트웨어의 로비의 간단한 안내 섹션의 도움말과 동영상을 최대한 활용한다.

6-3 스위치/다중스위치 블록

학습 목표	6-3. EV3의 스위치/다중스위치를 통해 EV3 브릭을 제어하는 방법을 이해하고 스위치/다중스위치의 응용 프로그래밍을 할 수 있다.

1. 스위치 블록

스위치 블록은 프로그래밍 블록 시퀀스를 둘 이상 수용할 수 있는 컨테이너이다. 각 시퀀스는 케이스라고 한다. 스위치 블록 초반의 테스트는 어떤 케이스가 실행될지를 결정한다. 스위치 블록이 실행될 때마다 오직 한 케이스만이 실행된다.

여기에 나온 스위치 블록 테스트는 센서 데이터 값 또는 데이터 와이어의 값에 따라 어떤 케이스를 실행할지 결정할 수 있다. 케이스 하나가 선택되고 실행된 후, 프로그램은 스위치 블록 뒤 임의의 블록으로 계속된다.

예 1

아래 프로그램은 로봇이 "Touch"라고 말하게 한 후, 터치 센서가 눌려 있는지 알아보기 위한 테스트이다. 만약 눌려 있으면 참(상단) 케이스가 실행되고, 로봇은 "Thumbs up"을 표시하며 "Yes"라고 말한다. 터치 센서가 눌려 있지 않으면 거짓(하단) 케이스가 실행되고, 로봇은 "Thumbs down"을 표시하며 "No"라고 말한다. 스위치 블록이 끝나면 로봇이 "Thank you"라고 말한다.

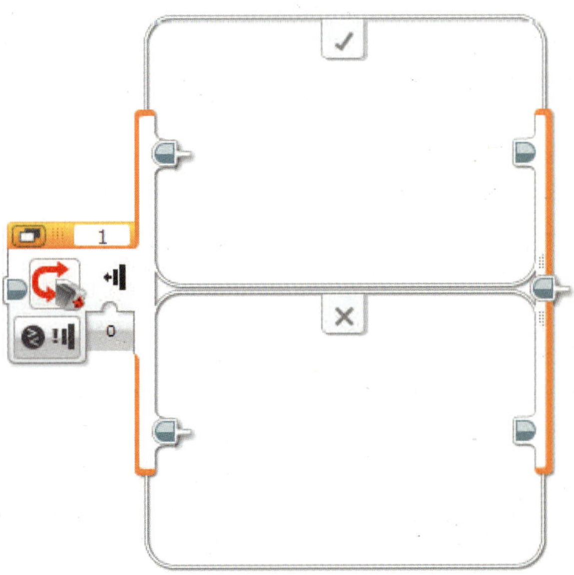

예 2

로봇이 "Touch"라는 말을 마치자마자 터치 센서가 테스트를 받는다. 그 순간에 센서가 눌려 있는 상태이면 스위치 블록은 참 케이스를 실행하고, 그러지 않으면 거짓 케이스를 실행한다.

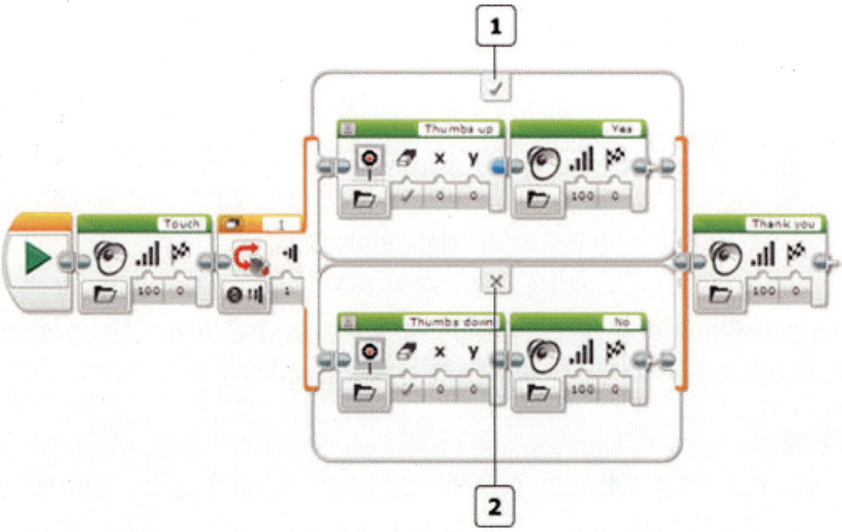

1 참 케이스

2 거짓 케이스

■ **팁과 요령**

- 스위치 블록은 센서 데이터 값이나 데이터 와이어가 일정한 값에 도달하기를 기다리지 않는다. 스위치 블록이 시작되자마자 테스트가 실행되며, 테스트 후 케이스 중 하나가 즉시 선택되어 실행된다.
- 위 프로그램에서는 스위치 블록이 참 케이스를 실행할 수 있도록 테스트 전에(또는 심지어 프로그램이 시작되기 전에) 터치 센서를 누르고 테스트 중에 계속 누르고 있을 수 있다. 센서를 누른 상태에서도 여전히 로봇이 "Yes"라고 말하는지 알아보라.
- 로봇이 그 상황에서 아무것도 하지 않기를 원한다면 스위치 블록에 있는 어떤 케이스든 비워 두어라. 위 프로그램 내 거짓 케이스에서 블록 2개를 삭제해 보고 어떤 일이 벌어지는지 확인하라.

(1) 탭 뷰

스위치 블록은 위 예처럼 플랫 뷰에 표시되거나 아래 나온 대로 탭 뷰에 표시될 수 있다. 플랫 뷰에서는 보이는 모든 케이스가 서로 행이 다르다. 탭 뷰에서는 한 번에 오직 한 케이스만 보인다.

탭 뷰를 사용하면 프로그램이 화면에 차지하는 공간을 줄일 수 있다. 이 보기는 스위치 블록의 실행 방식에 영향을 주지 않는다.

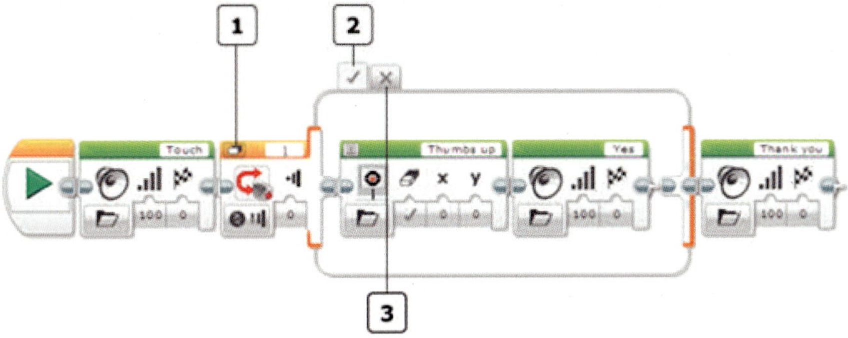

1 플랫/탭 선택
2 참 케이스
3 거짓 케이스

플랫 뷰와 탭 뷰를 오가며 스위치 블록을 전환하려면 플랫/탭 선택을 클릭하라. 탭 뷰에서 스위치 블록 안의 다른 케이스를 표시하려면 스위치 블록 테두리 상단의 다른 탭을 클릭하라.

■ 팁과 요령

탭 스위치의 모든 케이스에 있는 블록은 한 번에 몇 개만 볼 수 있다 하더라도 프로그램의 일부이다.

(2) 스위치 테스트 선택

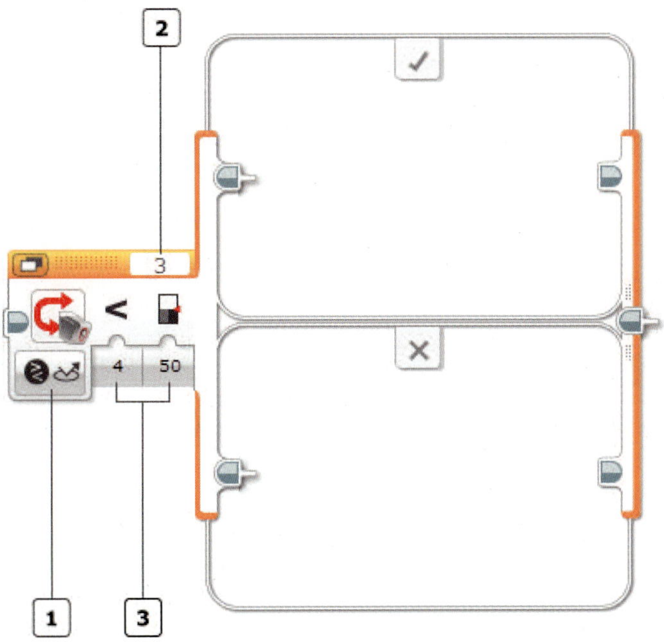

1 모드 선택
2 포트 선택
3 입력

모드 선택을 사용하여 스위치 블록이 어떤 케이스를 실행할지 선택하는 데 사용할 테스트 유형을 선택하라. 센서 값 또는 데이터 와이어 값을 테스트할 수 있다.

포트를 사용하는 모드를 선택하는 경우, 포트 선택을 사용하여 해당 포트가 센서 또는 모터와 연결된 EV3 브릭의 포트와 일치하는지 확인하라.

사용 가능한 입력은 모드에 따라 바뀐다. 어떤 모드에서는 센서 값을 경계값과 비교하고, 또 어떤 모드에서는 특정한 센서 값이 있는지 테스트할 수 있다. 모드는 아래 설명되어 있다.

(3) 센서 경계값 테스트

스위치 블록은 숫자 센서 데이터 값을 읽고 경계값과 비교하여 참 또는 거짓 결과를 얻는 여러 가지 모드를 수용한다. 예를 들면, 컬러 센서－비교－반사광 강도 모드에서는 컬러 센서의 반사광 강도가 50보다 작은지를 테스트할 수 있다.

이 모드에서 스위치 블록은 케이스 2개를 수용한다. 테스트 결과가 참이면 참 케이스가 실행되고, 그러지 않으면 거짓 케이스가 실행된다.

■ 팁과 요령

참 케이스는 체크 마크가 표시된 플랫 뷰의 상단 케이스이다. 거짓 케이스는 "X"라고 표시된 하단 케이스이다.

센서 경계값을 포함한 모드를 사용하려면 비교 유형(예를 들면 보다 작음)을 선택하고, 센서 데이터와 비교할 경계값(예를 들면 50)을 입력하라. 스위치 블록은 단일 센서 값을 가져다 경계값과 비교하여 참 또는 거짓 결과를 얻는다.

예 3

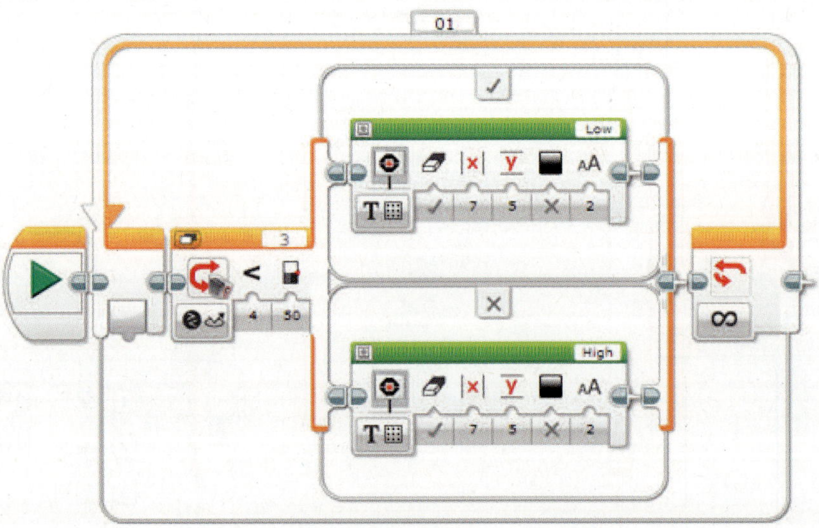

이 프로그램에서 스위치 블록은 컬러 센서－비교－반사광 강도 모드를 사용하여 반사광 강도가 50보다 작은지를 테스트한다. 만약 그렇다면 스위치 블록은 "Low"를 표시하고, 그렇

지 않으면 "High"를 표시한다. 새로운 센서 테스트에 따라 디스플레이가 계속 업데이트될 수 있도록 스위치 블록은 루프에서 반복된다.

- 팁과 요령

센서 테스트는 매우 빠르게 벌어진다. 위 예에서 루프가 없다면, 프로그램은 센서를 한 번만 테스트하고 사용자가 알아차리지 못할 정도로 매우 빨리 끝날 것이다.

(4) 특정한 센서 값 테스트

다음 모드에서 스위치는 특정한 센서 값이 있는지 테스트할 수 있다. 스위치 블록에 테스트하려는 서로 다른 값에 대응하는 케이스를 둘 이상 생성할 수 있으며, 스위치 블록은 일치하는 케이스를 선택한다.

모드	사 용 법	참조
브릭 버튼-측정	어떤 브릭 버튼이 눌려 있느냐에 따라 둘 이상의 케이스 중에 선택한다.	브릭 버튼 사용
브릭 버튼-비교	선택한 브릭 버튼 중 하나가 눌려 있거나 눌리지 않았거나 접촉 후 떨어졌는지 여부에 따라 두 케이스 중에서 선택한다.	브릭 버튼 사용
컬러 센서-측정-색상	어떤 색상이 감지되느냐에 따라 둘 이상의 케이스 중에서 선택한다.	컬러 센서 사용
컬러 센서-비교-색상	선택한 색상 중 하나가 감지되는지 여부에 따라 두 케이스 중에 선택한다.	컬러 센서 사용
적외선 센서-측정-원격	IR 비콘에서 어떤 버튼이 눌려 있는지에 따라 둘 이상의 케이스 중에 선택한다.	적외선 센서 원격 모드 사용
적외선 센서-비교-원격	IR 비콘에서 지정된 버튼이 눌려 있는지 여부에 따라(또는 지정된 버튼 모음 중 하나가 눌려 있는지 여부에 따라) 두 케이스 중에 선택한다.	적외선 센서 원격 모드 사용
터치 센서	터치 센서가 눌려 있는지, 눌리지 않았는지, 접촉 후 떨어졌는지 여부에 따라 두 케이스 중에 선택한다.	터치 센서 사용
초음파 센서-비교-존재 유무 감지	"listen only" 모드에서 초음파 신호가 감지되는지 여부에 따라 두 케이스 중에 선택한다.	초음파 센서 사용
메시징/통신 모드	메시지 값에 따라 두 케이스 중에 선택한다.	메시징/통신 모드

(5) 복수 값 테스트

스위치 블록의 센서 측정 모드에서는 테스트할 센서 값을 여러 개(둘 이상) 지정할 수 있다. 값마다 스위치 블록의 케이스를 다르게 부여할 수 있다. 예를 들면, 컬러 센서-측정-색상 모드에서는 검정, 흰색, 빨강이 있는지 테스트하고 색상 하나에 케이스 하나씩 총 3가지 케이스를 생성할 수 있다.

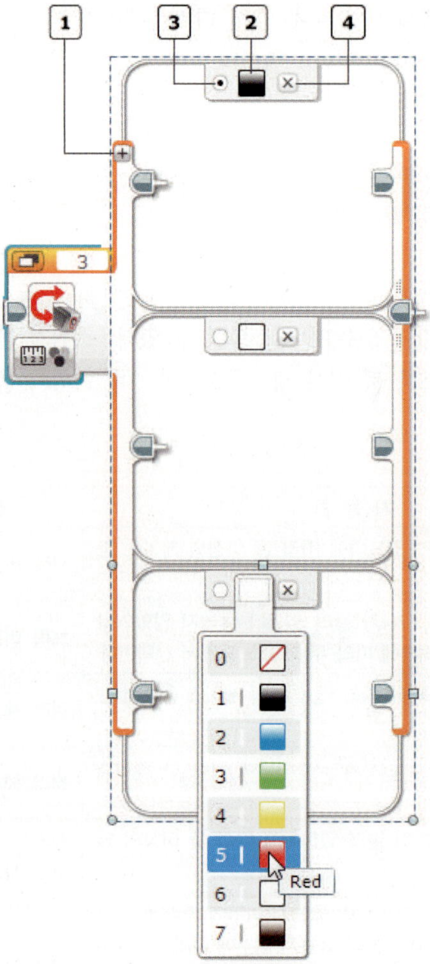

1 케이스 추가
2 케이스 값
3 기본 케이스
4 케이스 삭제

센서 측정 모드에서 케이스를 여러 개 사용하려면 케이스 추가 버튼을 클릭하여 원하는 개수의 케이스를 생성하라. 케이스별로 케이스 값을 클릭하여 센서에 대한 값을 목록에서 선택하라. 케이스 삭제 버튼을 클릭하여 케이스를 삭제할 수 있다.

기본 케이스 버튼을 클릭하여 케이스 하나를 기본 케이스로 표시하라. 센서가 스위치 블록에 있는 어떤 케이스와도 일치하지 않는 값을 감지하면 기본 케이스가 실행된다.

〈프로그래밍 예 참조〉

－컬러 센서 사용에서 감지되면 각기 "Red", "Green" 그리고 "Blue"라고 말한다.

－브릭 버튼 사용에 있는 브릭 버튼 제어판

(6) 데이터 와이어의 값 테스트

논리, 텍스트, 숫자 모드에서 스위치 블록은 데이터 와이어의 입력값에 따라 어떤 케이스를 실행할지 선택할 수 있다.

(7) 모 드

1) 논리 모드

논리 모드에서 스위치 블록은 논리 입력의 값에 따라 참 케이스와 거짓 케이스 중에 선택한다. 데이터 와이어를 사용하여 프로그래밍 블록의 논리 출력을 논리 입력에 연결할 수 있다.

〈프로그래밍 예〉

－비교 블록을 참조하라

2) 텍스트 모드

텍스트 모드에서 스위치 블록은 값 하나에 케이스 하나씩 지정한 둘 이상의 텍스트 값을 텍스트 입력값과 비교한다. 텍스트 입력과 일치하는 값을 가진 케이스가 실행된다. 일치하는 값이 없으면 기본 케이스가 실행된다.

복수 케이스를 생성하는 것에 대한 자세한 내용은 복수 값 테스트를 참조하라. 텍스트 모드의 각 케이스는 해당 케이스 값에 직접 입력할 수 있는 텍스트 값을 갖게 된다.

예 4

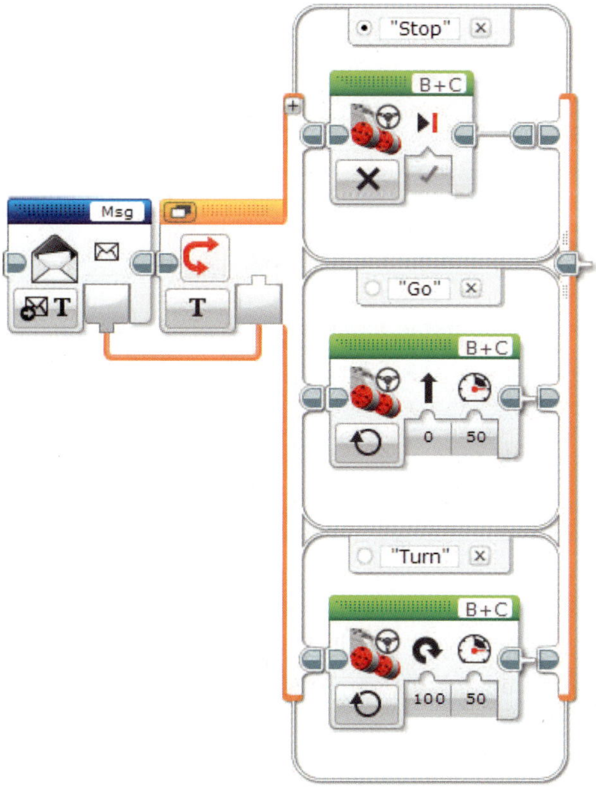

이 예에서 텍스트 모드의 스위치 블록은 어떤 메시지가 수신되는지에 따라 메시징 블록의 출력을 사용하여 3가지 케이스 중에 선택한다.

3) 숫자 모드

숫자 모드에서 스위치 블록은 값 하나에 케이스 하나씩 지정한 둘 이상의 숫자값을 숫자 입력값과 비교한다. 숫자 입력과 일치하는 값을 가진 케이스가 실행된다. 일치하는 값이 없으면 기본 케이스가 실행된다.

복수 케이스를 생성하는 것에 대한 자세한 내용은 복수 값 테스트를 참조하라. 숫자 모드의 각 케이스는 해당 케이스 값에 직접 입력할 수 있는 숫자값을 갖게 된다.

예 5

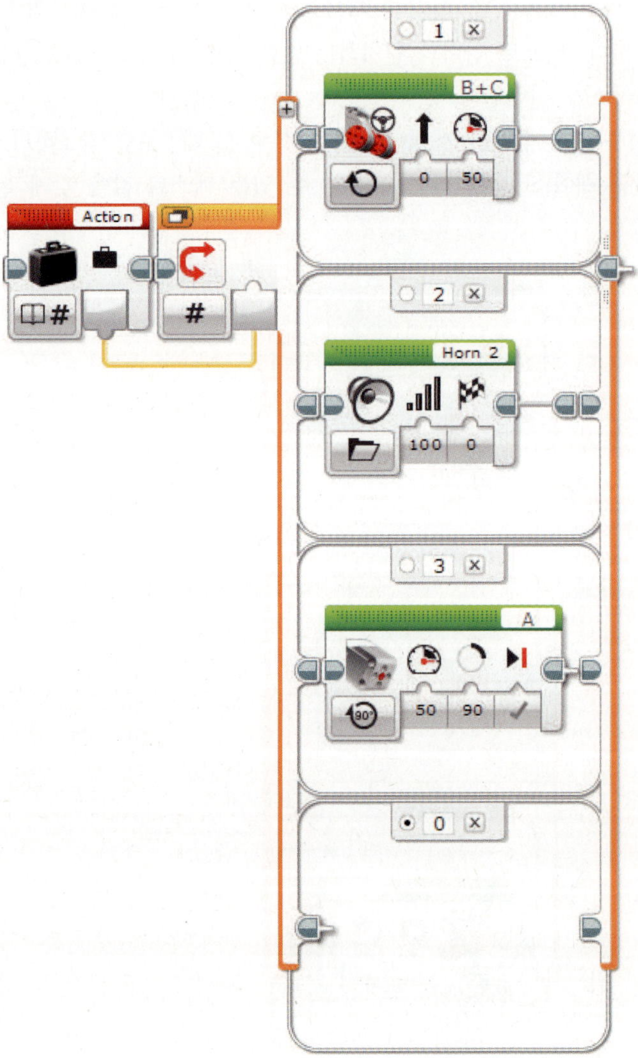

이 예에서 숫자 모드의 스위치 블록은 변수 블록의 출력을 사용하여 3가지 케이스 중에 선택한다. 스위치 블록의 기본 케이스는 비어 있으므로, “동작” 변수의 값은 1, 2, 3을 제외한 값이며 스위치 블록은 아무것도 하지 않을 것이다.

(8) 스위치 블록 크기 조정

스위치 블록은 보통 자동으로 확장하여 블록 안 케이스에 새로운 프로그래밍 블록을 드래그해서 놓을 공간을 만든다. 필요한 경우 케이스의 크기도 직접 조정할 수 있다. 플랫 뷰에서 스위치 블록 안 케이스 크기를 조정하려면, 크기를 조정하려는 케이스 옆 스위치 블록의 왼쪽이나 오른쪽 테두리를 클릭한 다음, 바깥에 보이는 블록 크기 조정을 드래그하라.

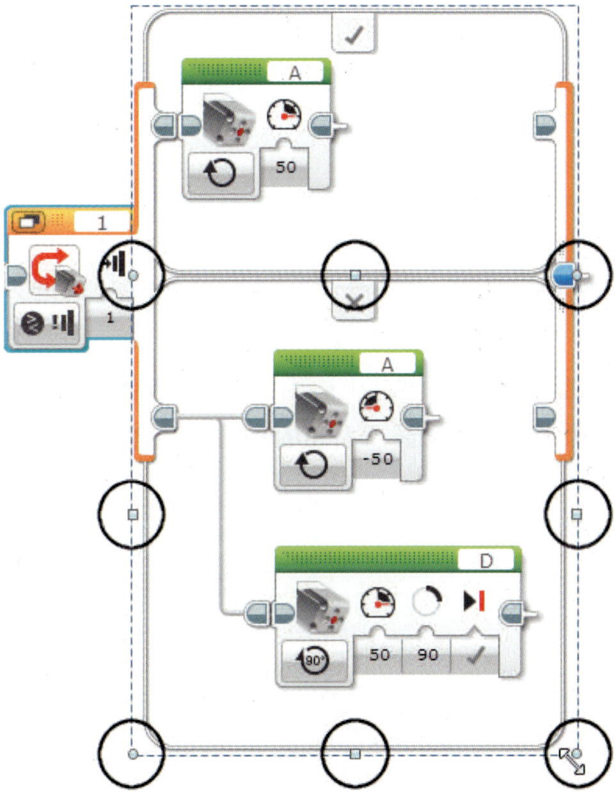

■ 팁과 요령

탭 뷰에서 모든 케이스는 동일한 크기를 표시한다. 케이스 하나의 크기를 조정하여 크게 만들면 모든 케이스가 더 큰 동일한 공간에 표시된다.

(9) 입 력

스위치 블록에 사용 가능한 입력은 선택한 모드에 따라 달라진다. 블록에 직접 입력값을 입력할 수 있다. 데이터 와이어를 통해 프로그래밍 블록의 출력에서 입력값을 제공할 수 있다.

수행실습 스위치/다중스위치 따라하기

재료 · 자료

EV3 SW, EV3 레고 마이드스톰, A4용지, 필기류

기기(장비 · 공구)

컴퓨터, USB 케이블, 충전 어댑터

안전 · 유의사항

- EV3 로봇 플랫폼의 외형의 관리하고 P-브릭에 전원을 충분히 충전한다.
- EV3에 프로그램을 동작시킬 때 USB 케이블을 제거한 후 실행한다.

수행순서

01 로봇이 "Touch"라고 말하게 한 후, 터치 센서가 눌려 있는지 알아보기 위한 테스트이다. 만약 눌려 있으면 참(상단) 케이스가 실행되고, 로봇은 "Thumbs up"을 표시하며 "Yes"라고 말한다. 터치 센서가 눌려 있지 않으면 거짓(하단) 케이스가 실행되고, 로봇은 "Thumbs down"을 표시하며 "No"라고 말한다. 스위치 블록이 끝나면 로봇이 "Thank you"라고 말하도록 프로그램을 작성한다.

프로그램

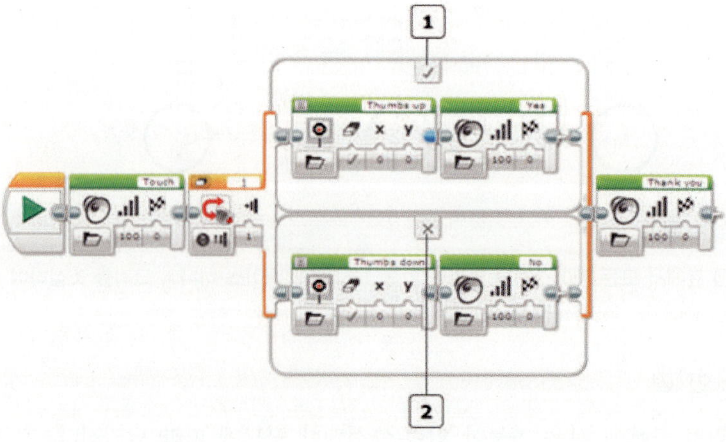

02 스위치 블록은 컬러 센서–비교–반사광 강도 모드를 사용하여 반사광 강도가 50보다 작은지를 테스트한다. 만약 그렇다면 스위치 블록은 “Low”를 표시하고, 그러지 않으면 “High”를 표시한다. 새로운 센서 테스트에 따라 디스플레이가 계속 업데이트될 수 있도록 스위치 블록은 루프에서 반복되도록 프로그램을 작성한다.

프로그램

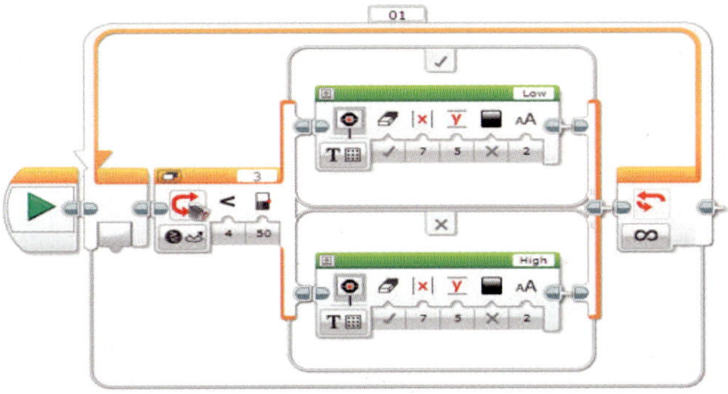

03 텍스트 모드의 스위치 블록은 어떤 메시지가 수신되는지에 따라 메시징 블록의 출력을 사용하여 3가지 케이스인 Stop, Go, Turn 중에 선택하도록 프로그램을 작성한다.

프로그램

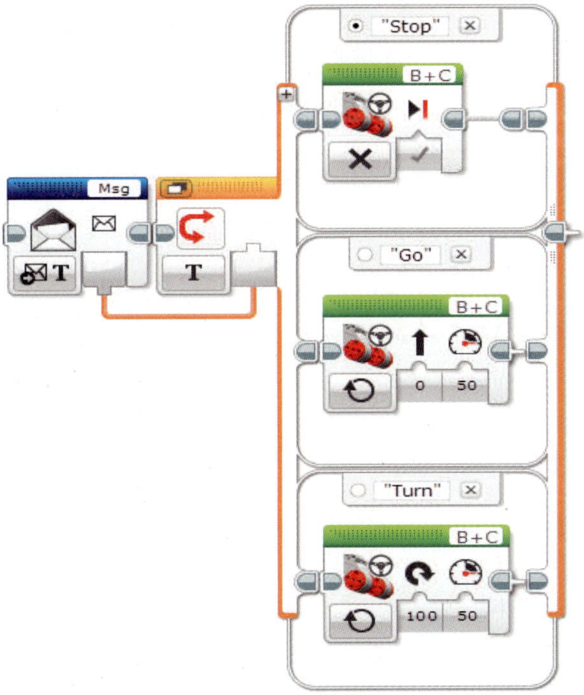

04 숫자 모드의 스위치 블록은 변수 블록의 출력을 사용하여 3가지 케이스 중에 선택한다. 스위치 블록의 기본 케이스는 비어 있으므로, "동작" 변수의 값은 1, 2, 3을 제외한 값이며 스위치 블록은 아무것도 하지 않도록 프로그램을 작성한다.

프로그램

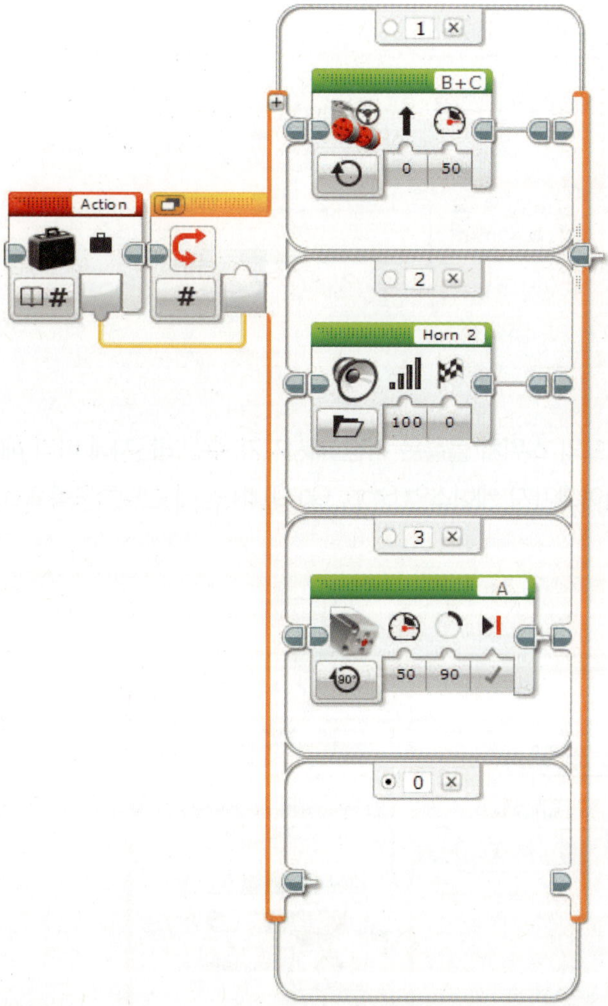

05 스위치 블록을 이용하여 제시된 프로그램을 만든 후 테스트하라.

프로그램

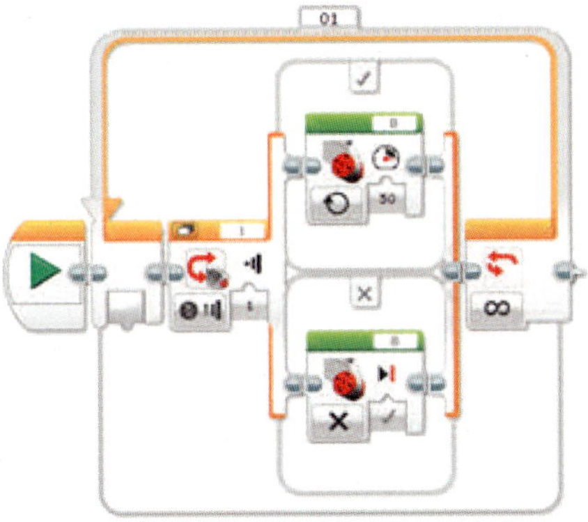

수정하기 : 스위치의 모드 선택을 통해 다양한 조건으로 프로그램해보자.

06 하나의 센서를 이용하여 라인 트레이싱이 되도록 프로그램을 작성한다.

프로그램

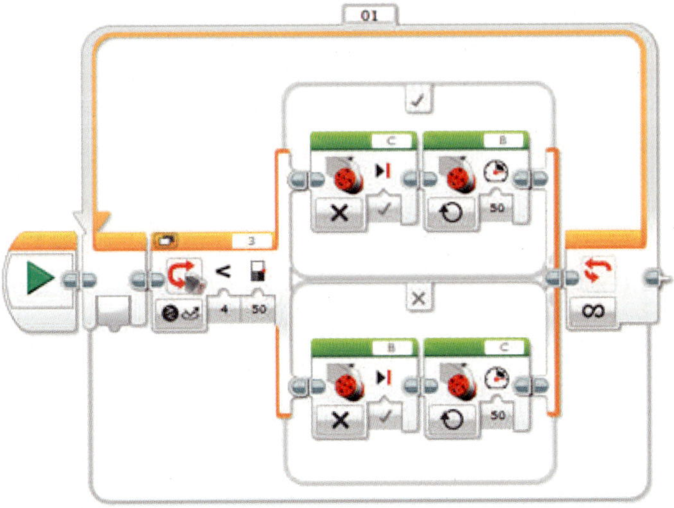

07 다음과 같이 레고의 블록의 색으로 로봇을 조종할 수 있도록 프로그램을 작성한다.
(색 없음 → 전진, 파랑 → 좌회전, 노랑 → 우회전, 빨강 → 정지)

프로그램

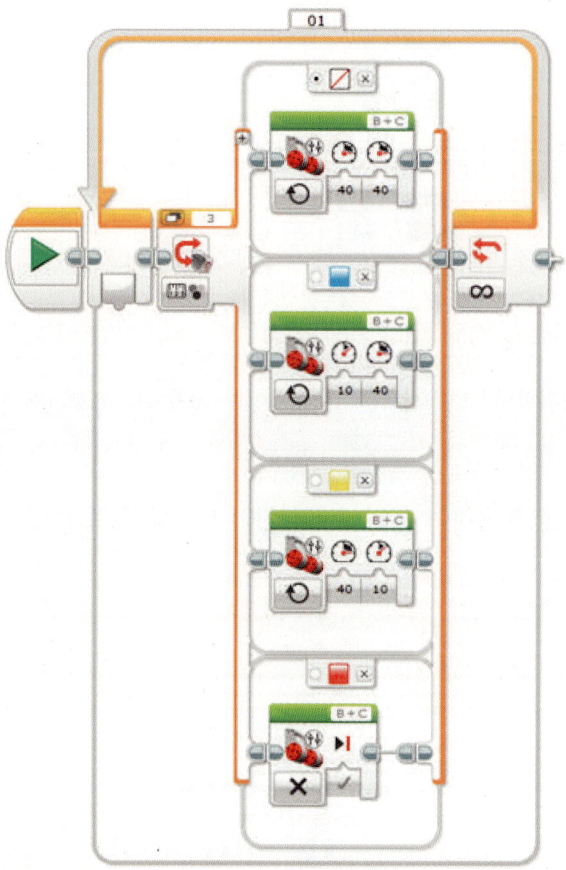

수행 Tip

– EV3 소프트웨어의 로비의 간단한 안내 섹션의 도움말과 동영상을 최대한 활용한다.

6-4 데이터 와이어

학습 목표	6-4. EV3의 데이터 와이어를 통해 EV3 브릭을 제어하는 방법을 이해하고 데이터 와이어의 응용 프로그래밍을 할 수 있다.

1. 데이터 와이어

데이터 와이어를 통하면 프로그램 내 또 다른 블록의 출력을 사용하여 프로그래밍 블록에 입력값을 제공할 수 있다. 그러면 블록들 간에 상호 작용을 창출하고 로봇의 더 복잡한 행동을 만들어낼 수 있다.

예 1

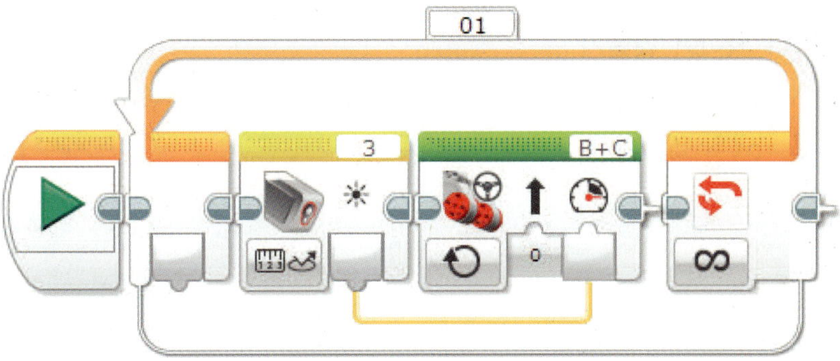

이 프로그램은 데이터 와이어를 사용하여 컬러 센서 블록의 광량 출력을 조향 모드 주행 블록의 파워 입력에 연결시킨다. 그러면 로봇의 주행속도를 컬러 센서가 감지하는 반사광의 강도로 결정할 수 있다. 새로운 센서 값에 따라 파워가 계속 업데이트될 수 있도록 이 프로세스가 루프에서 반복된다.

▪ 팁과 요령

컬러 센서를 땅 가까이 아래로 향하게 하고 로봇에서 위 프로그램을 시도한다면 로봇이 밟고 지나가는 색상의 변화에 로봇의 속도가 바뀐다.

(1) 데이터 와이어 유형

데이터 와이어는 블록마다 값을 갖는다. 각 데이터 와이어는 유형을 갖는데, 이는 와이어가 시작될 때 블록의 출력 유형에 의해 결정된다. 이는 데이터 와이어가 갖는 값의 유형이기도 한다. 다양한 유형에 대한 자세한 내용은 데이터 타입을 참조하라.

데이터 와이어, 블록 입력, 블록 출력은 다음 표에 나온 대로 그 유형에 따라 외양이 서로 다르다.

유형	블록 입력	블록 출력	블록 출력 데이터 와이어
논리			
숫자			
텍스트			
숫자형 배열			
논리 배열			

(2) 데이터 와이어 만들기

데이터 와이어를 만들려면 아래 절차에 나온 대로 프로그래밍 블록의 출력에서 또 다른 프로그래밍 블록의 입력까지 드래그한다.

단계	동 작	예
1	블록 출력에서 시작한다.	
2	왼쪽에서 오른쪽까지 드래그한다.	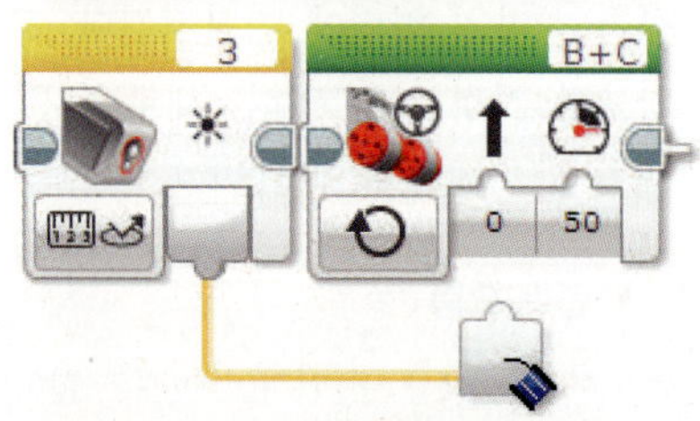
3	블록 입력에서 끝난다.	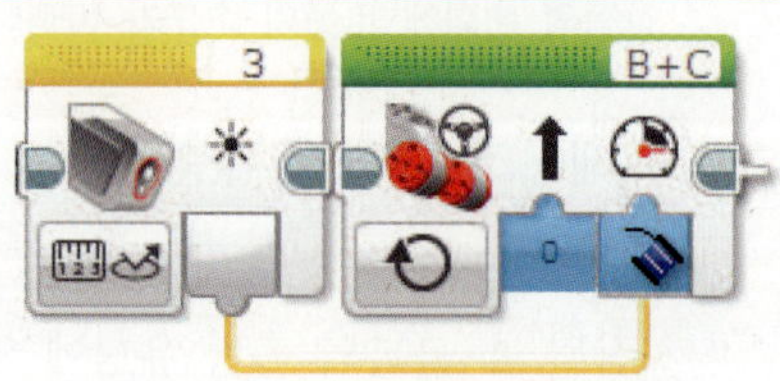

■ 팁과 요령

- 출력이 포함된 블록(데이터 와이어의 시작 부분)은 프로그램에서 입력이 포함된 블록(데이터 와이어의 끝부분) 전에 있다.
- 블록 출력과 블록 입력은 데이터 타입이 똑같거나 데이터 와이어 변환에 대해 호환되어야 한다.

데이터 와이어는 블록에 직접 입력한 입력값을 대신한다. 위 예에서 파워 입력값 50은 데이터 와이어로 대체된다. 조향 모드 주행 블록은 지금 데이터 와이어에서 파워 입력을 얻고 있다.

(3) 데이터 와이어 삭제

데이터 와이어를 삭제하려면 데이터 와이어의 끝부분에 있는 블록 입력을 클릭한다. 데이터 와이어가 삭제되고 블록이 직접 입력한 입력값이 복원된다. 블록 입력을 다시 클릭하여 새 입력값을 입력한다.

(4) 복수 데이터 와이어에 블록 출력 사용

아래 이미지에 나온 대로 블록의 출력을 한 데이터 와이어의 시작점으로 사용할 수 있다. 다시 출력을 사용하려면 또 다른 데이터 와이어를 드래그한다.

■ 팁과 요령

여러 개의 입력 데이터 와이어를 동일한 허브에 연결할 수 없다.

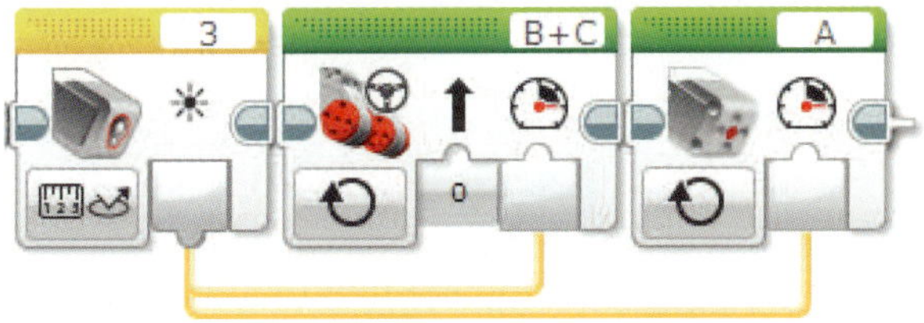

(5) 데이터 와이어 변환

데이터 와이어는 똑같은 유형의 블록 출력과 블록 입력에 연결해야 하거나 아래 허용된 자동 변환들 중 하나에 대해 호환되는 유형이어야 한다.

시작 유형	종료 유형	결 과
논리	숫자	거짓 = 0 참 = 1
논리	텍스트	거짓 = "0" 참 = "1"
논리	논리배열	원소 하나가 포함된 배열
논리	숫자형 배열	원소 하나가 포함된 배열(0 또는 1)
숫자	텍스트	숫자의 텍스트 표현 (예 : "3.5")
숫자	숫자형 배열	원소 하나가 포함된 배열
논리 배열	숫자형 배열	0 또는 1과 같은 원소가 포함된 동일한 크기의 배열

(6) 데이터 와이어 값 표시

프로그램이 실행 중일 때 EV3 브릭이 (USB, 블루투스 또는 Wi-Fi로) 컴퓨터에 연결되어 있다면 프로그램이 실행하는 동안 데이터 와이어의 값을 표시할 수 있다. 데이터 와이어 값을 표시하려면 마우스 커서를 데이터 와이어 위에 갖다 대기만 하면 된다. 그러면 데이터 와이어 옆 작은 창에 값이 표시된다.

아래 프로그램에서 데이터 와이어는 이미지를 촬영한 시점에 30의 값을 갖고 있다. 이 예에서 블록이 루프에 있기 때문에 데이터 와이어의 값은 컬러 센서 블록이 실행될 때마다 바뀔 수 있다. 디스플레이는 계속 업데이트되면서 가장 최근의 값을 보여준다.

예 2

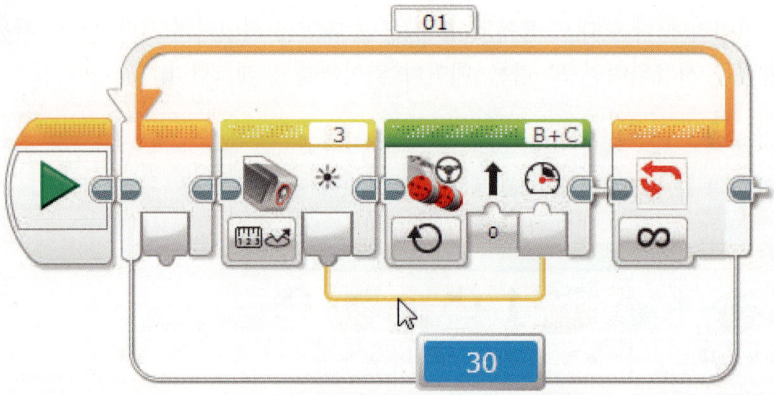

■ **팁과 요령**

데이터 와이어 값을 표시하면 프로그램이 어떻게 작동하는지 이해하는 데 도움이 된다. 자신이 예상한 것과 다른 값을 찾으면 프로그램 내 문제의 원인을 알아내는 데 도움이 될 수 있다. 예를 들어 위 프로그램을 만드는데 우연히 측정-반사광 모드 대신 컬러 센서의 측정-색상 모드를 사용한다면 데이터 와이어는 예상한 0에서 100까지 범위 대신 0에서 7까지 범위의 값만 보여줄 것이다(컬러 센서 사용참조).

수행실습 데이터 와이어 따라하기

재료 · 자료

EV3 SW, EV3 레고 마이드스톰, A4용지, 필기류

기기(장비 · 공구)

컴퓨터, USB 케이블, 충전 어댑터

안전 · 유의사항

- EV3 로봇 플랫폼의 외형의 관리하고 P-브릭에 전원을 충분히 충전한다.
- EV3에 프로그램을 동작시킬 때 USB 케이블을 제거한 후 실행한다.

수행순서

01 데이터 와이어를 사용하여 컬러 센서 블록의 광량 출력을 조향 모드 주행 블록의 파워 입력에 연결시킨다. 그러면 로봇의 주행속도를 컬러 센서가 감지하는 반사광의 강도로 결정할 수 있다. 새로운 센서 값에 따라 파워가 계속 업데이트될 수 있도록 이 프로세스가 루프에서 반복되도록 프로그램을 작성한다.

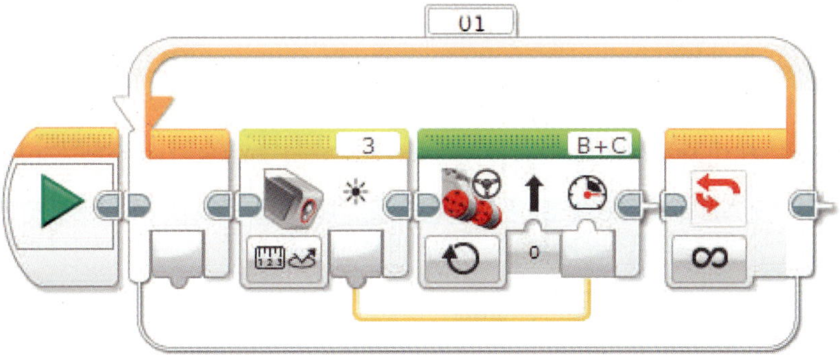

02 데이터 와이어는 이미지를 촬영한 시점에 30의 값을 갖고 있다. 블록이 루프에 있기 때문에 데이터 와이어의 값은 컬러 센서 블록이 실행될 때마다 바뀔 수 있다. 디스플레이는 계속 업데이트되면서 가장 최근의 값을 보여주도록 프로그램을 작성한다.

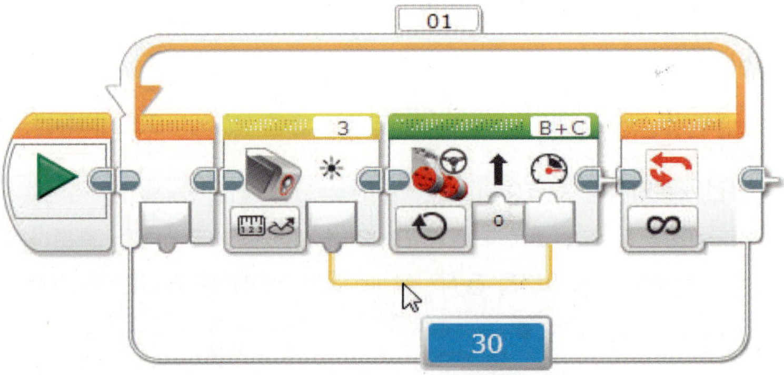

03 데이터 와이어를 통해 프로그램 내 또는 다른 블록의 출력을 사용하여 프로그래밍 블록에 입력값을 제공할 수 있도록 제시된 프로그램을 만든 후 테스트하라.

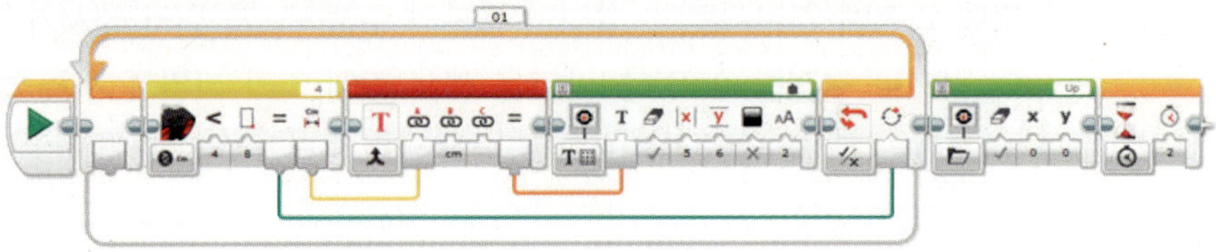

수정하기 : 다양한 블록들을 넣어 데이터 와이어를 사용하여 프로그램해보자.

04 컬러 센서의 값을 실시간으로 디스플레이 해주는 프로그램을 만들어라(예 빨간색 인식 시 → Color 5). 단, 빨간색을 인식했을 때 Up 이 디스플레이 되고 프로그램이 멈추도록 작성한다.

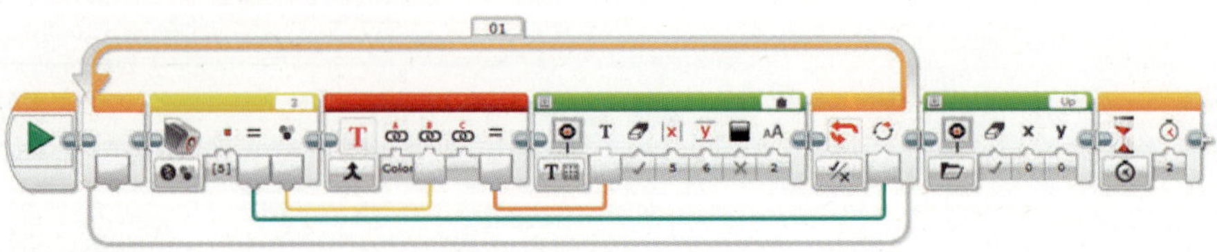

수행 Tip

- EV3 소프트웨어의 로비의 간단한 안내 섹션의 도움말과 동영상을 최대한 활용한다.

학습 1	창의공학의 개요
학습 2	EV3의 개요
학습 3	EV3 브릭 따라하기
학습 4	EV3 모터 따라하기
학습 5	EV3 센서 따라하기
학습 6	EV3 심화학습(1) 따라하기
학습 7	**EV3 심화학습(2) 따라하기**
학습 8	EV3 심화학습(3) 따라하기
학습 9	EV3 데이터로깅 따라하기
학습 10	EV3 도구 따라하기
학습 11	EV3 앱응용 따라하기

7-1 랜덤 블록

학습 목표 7-1. EV3의 랜덤 블록을 통해 랜덤 숫자 또는 논리값을 출력할 수 있도록 EV3 브릭을 제어하는 방법을 이해하고 랜덤 블록의 응용 프로그래밍을 할 수 있다.

1. 랜덤 블록

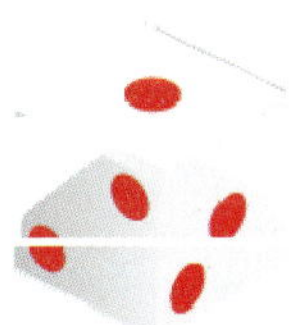

랜덤 블록은 랜덤 숫자 또는 논리값을 출력할 수 있다. 랜덤 블록 결과를 사용하면 로봇을 여러 가지 동작 중에 무작위로 선택하게 만들 수 있다.

(1) 출력 유형 선택

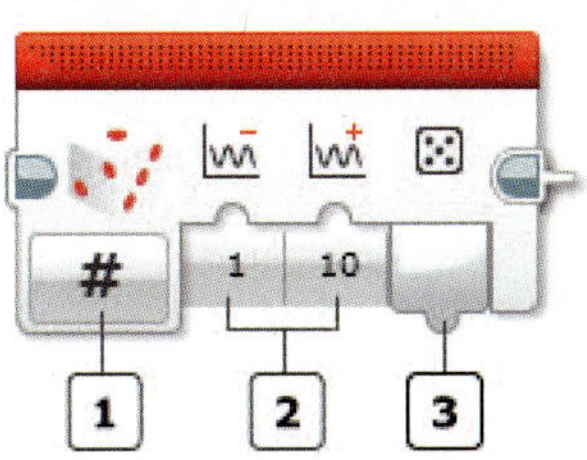

1 모드 선택
2 입력
3 출력

모드 선택을 사용하여 랜덤 숫자값 또는 랜덤 논리값을 출력할지 선택하라. 모드를 선택한 후에는 입력을 선택할 수 있다. 입력은 값 출력의 범위와 확률을 제어한다.

(2) 모드 : 숫자, 논리

1) 숫자

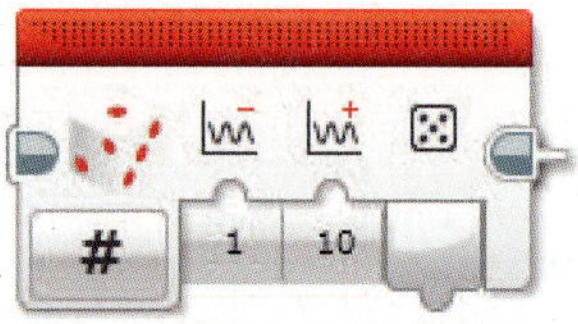

숫자 모드는 랜덤 정수값을 출력한다. 값은 범위 최소값과 범위 최대값에서 지정한 범위에 있는 랜덤 정수로 설정된다. 범위에 있는 각 정수값은 선택 확률이 똑같다.

예 1

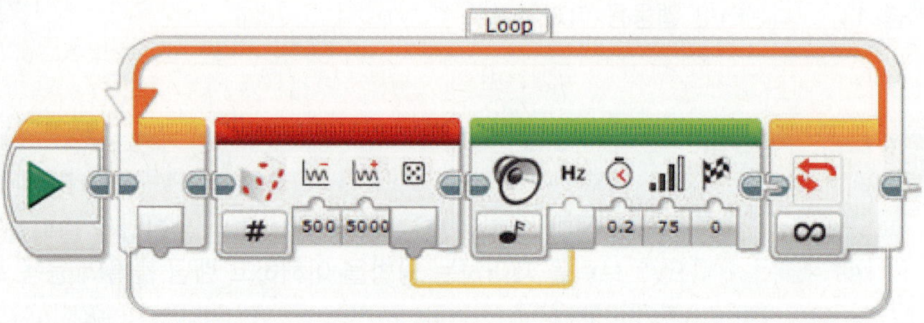

이 프로그램은 500Hz에서 5,000Hz 범위에 있는 수많은 랜덤 주파수를 계속해서 연달아 만들어낸다.

2) 논리

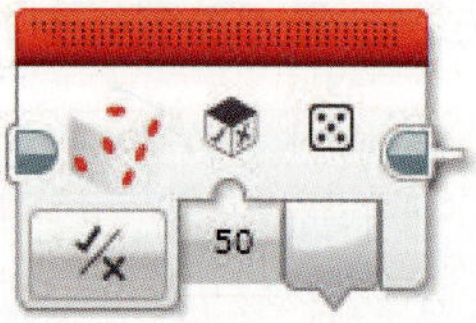

논리 모드는 참 또는 거짓 값을 출력한다. 참의 값이 나올 확률은 참일 확률 입력에서 지정한다. 입력은 0부터 100까지의 백분율 값이다. 25의 확률은 참이 나올 가능성 25%와 거짓이 나올 가능성 75%를 초래하게 된다.

예 2

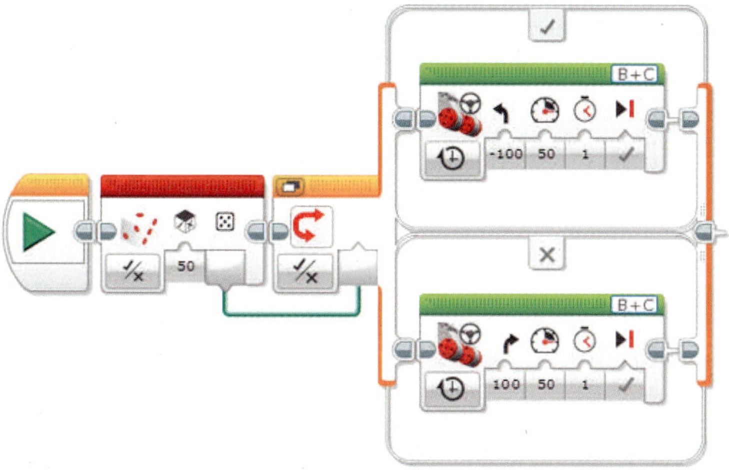

프로그램에서 로봇은 왼쪽과 오른쪽 회전 중에 무작위로 선택하므로 각기 50/50의 확률을 갖는다.

■ **팁과 요령**

로봇을 둘 이상의 동작 중에 선택하게 만들려면 숫자 모드의 랜덤 블록과 숫자 모드의 스위치 블록을 사용하면 된다. 예를 들면, 1부터 5까지의 랜덤 숫자를 출력하고 스위치 블록에서 이 값을 사용하여 5가지 케이스 중에 선택할 수 있다.

(3) 입력 및 출력

랜덤 블록의 입력은 출력값의 범위와 확률을 제어한다. 블록에 직접 입력값을 입력할 수 있다. 데이터 와이어를 통해 다른 프로그래밍 블록의 출력에서 값을 제공할 수도 있다.

입력	유형	허용값	비 고
범위 최소값	숫자	모든 숫자	숫자 출력의 범위 최소값
범위 최대값	숫자	모든 숫자	숫자 출력의 범위 최대값
참일 확률	숫자	0~100	논리 출력의 참 결과에 대한 백분율 확률

랜덤 블록의 출력은 랜덤 값을 제공한다. 출력을 사용하려면 데이터 와이어를 통해 또 다른 프로그래밍 블록에 출력을 연결하라.

출력	유형	비 고
값	숫자 또는 논리	숫자 모드의 숫자 논리 모드의 논리

수행실습

랜덤 따라하기

재료 · 자료

EV3 SW, EV3 레고 마이드스톰, A4용지, 필기류

기기(장비 · 공구)

컴퓨터, USB 케이블, 충전 어댑터

안전 · 유의사항

- EV3 로봇 플랫폼의 외형의 관리하고 P-브릭에 전원을 충분히 충전한다.
- EV3에 프로그램을 동작시킬 때 USB 케이블을 제거한 후 실행한다.

수행순서

01 로봇은 왼쪽과 오른쪽 회전 중에 무작위로 선택하므로 각기 참일 경우 50% 거짓일 경우 50%의 확률을 갖도록 프로그램을 작성한다.

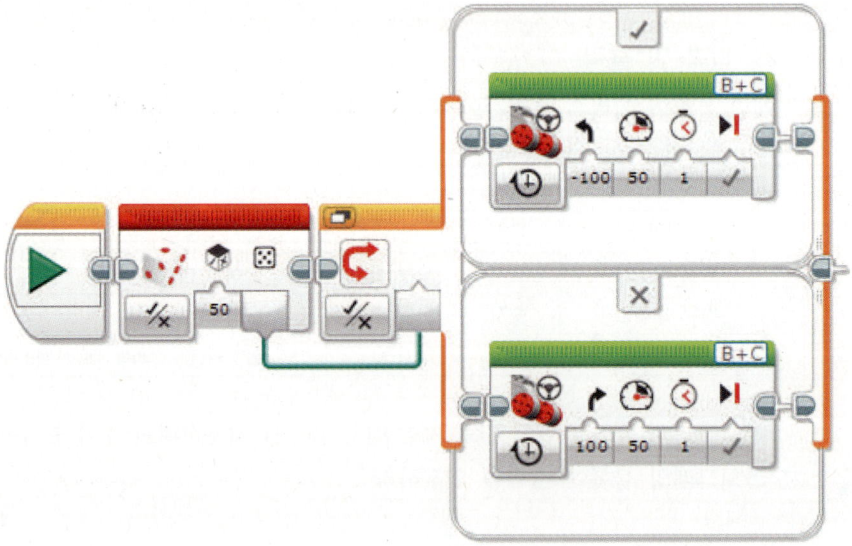

02 랜덤 블록을 사용하여 로봇이 여러 가지 동작 중에 무작위로 선택하게 만들 수 있도록 제시된 프로그램을 만든 후 테스트하라.

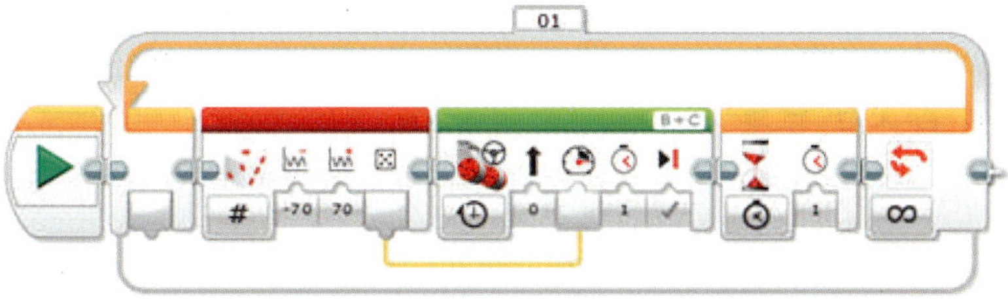

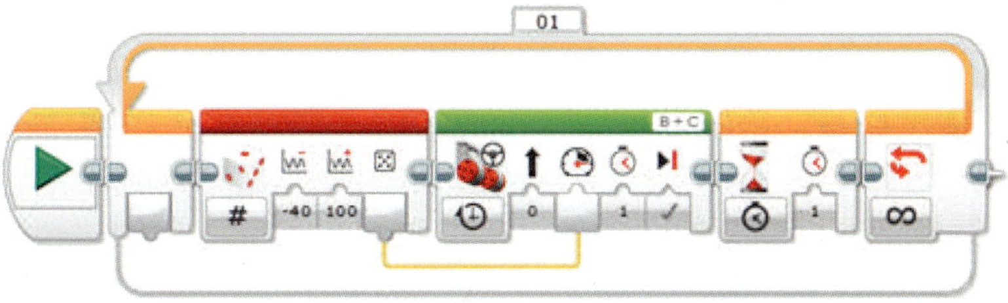

수정하기 : 다른 블록을 사용하여 랜덤으로 로봇을 제어해보자.

03 주사위 프로그램을 만들어라.

숫자 1~6이 랜덤으로 EV3에 디스플레이되도록 하라.

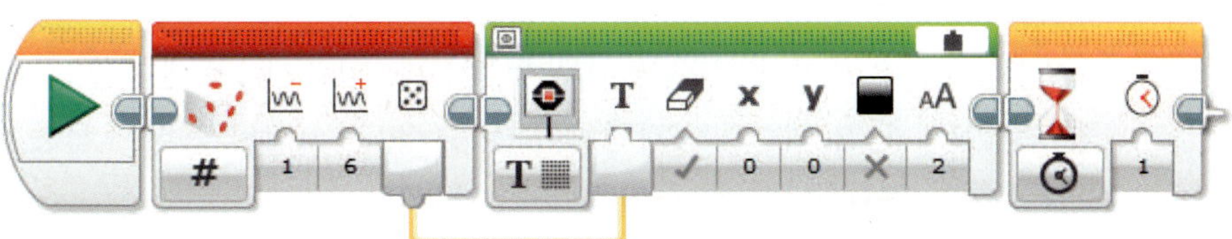

수행 Tip

– EV3 소프트웨어의 로비의 간단한 안내 섹션의 도움말과 동영상을 최대한 활용한다.

7-2 텍스트

학습 목표	7-2. EV3의 텍스트 블록을 통해 EV3 브릭을 제어하는 방법을 이해하고 텍스트 블록의 응용 프로그래밍을 할 수 있다.

1. 텍스트 블록

텍스트 블록은 최대 3개의 텍스트 문자열을 하나의 텍스트 문자열로 결합할 수 있다.

(1) 텍스트 문자열 병합

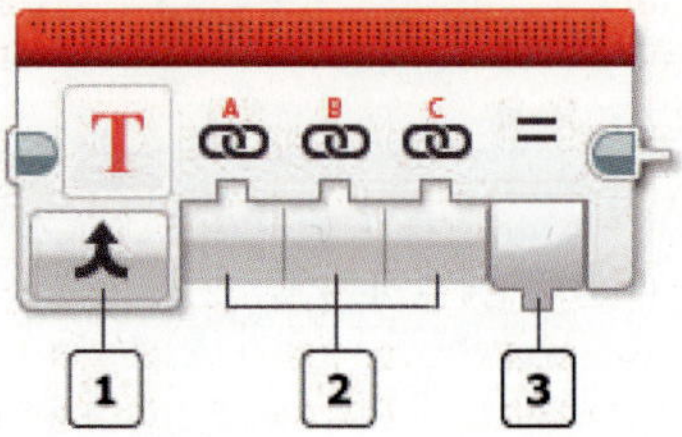

1 모드 선택
2 입력
3 출력

(2) 모 드

1) 병합

텍스트 블록은 병합이라는 단일 모드를 갖는다. 입력 텍스트 문자열 A, B, C는 (이 순서대로) 결합하여 단일 텍스트 문자열로 만들 수 있다. 포함되지 않는 모든 입력은 건너뛴다. 결과 출력은 결합된 텍스트 문자열이다.

예

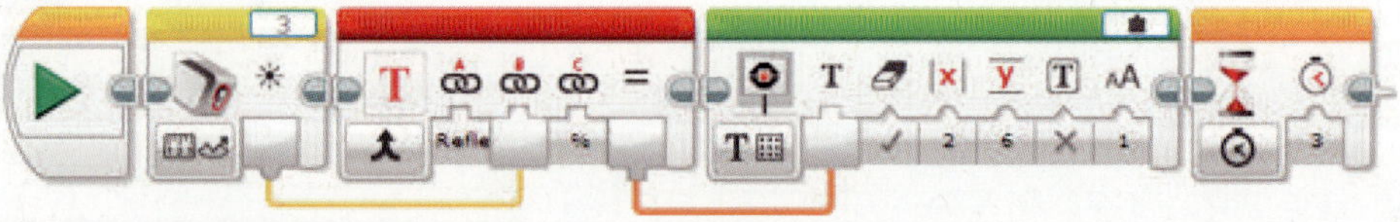

이 프로그램은 컬러 센서의 반사광 강도 측정값을 가져다 텍스트 블록의 B 입력에 사용한다. 컬러 센서 블록의 출력 숫자는 데이터 와이어 유형 전환을 통해 텍스트로 자동 전환된다(자세한 내용은 데이터 와이어 참조). 그 후 텍스트 블록은 숫자 앞에는 "Reflection is " 텍스트를, 숫자 뒤에는 "%" 텍스트를 추가한다. 결과는 디스플레이 블록을 사용하여 단일 텍스트 문자열로 표시된다. 컬러 센서 출력이 50이면 "Reflection is 50%" 텍스트가 표시된다.

(3) 입력 및 출력

텍스트 블록의 입력은 함께 결합할 수 있는 최대 3개의 텍스트 문자열을 알려준다. 블록에 직접 입력값을 입력할 수 있다. 데이터 와이어를 통해 프로그래밍 블록의 출력에서 값을 제공할 수 있다.

입력	유형	허용값	비 고
A	텍스트	모든 텍스트	포함되지 않는 경우 건너뜀
B	텍스트	모든 텍스트	포함되지 않는 경우 건너뜀
C	텍스트	모든 텍스트	포함되지 않는 경우 건너뜀

텍스트 블록의 출력은 결합된 텍스트 문자열을 알려준다. 출력을 사용하려면 데이터 와이어를 통해 또 다른 프로그래밍 블록에 출력을 연결하라.

출력	유형	비 고
결과	텍스트	A 문자열 다음에 B 문자열, 그 다음 C

수행실습 텍스트 따라하기

재료 · 자료

EV3 SW, EV3 레고 마이드스톰, A4용지, 필기류

기기(장비 · 공구)

컴퓨터, USB 케이블, 충전 어댑터

안전 · 유의사항

- EV3 로봇 플랫폼의 외형의 관리하고 P-브릭에 전원을 충분히 충전한다.
- EV3에 프로그램을 동작시킬 때 USB 케이블을 제거한 후 실행한다.

수행순서

01 컬러 센서의 반사광 강도 측정값을 가져다 텍스트 블록의 B 입력에 사용한다. 컬러 센서 블록의 출력 숫자는 데이터 와이어 유형 전환을 통해 텍스트로 자동 전환된다. 그 후 텍스트 블록은 숫자 앞에는 “Reflection is” 텍스트를, 숫자 뒤에는 “%” 텍스트를 추가한다. 결과는 디스플레이 블록을 사용하여 단일 텍스트 문자열로 표시된다. 컬러 센서 출력이 50이면 “Reflection is 50%” 텍스트가 표시되도록 프로그램을 작성한다.

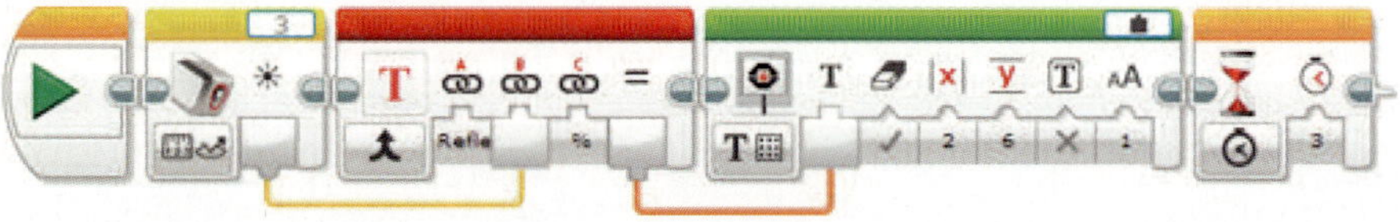

02 텍스트 블록을 이용하여 최대 3개의 텍스트 문자열을 하나의 텍스트 문자열로 결합할 수 있다. 제시된 프로그램을 만든 후 테스트하라.

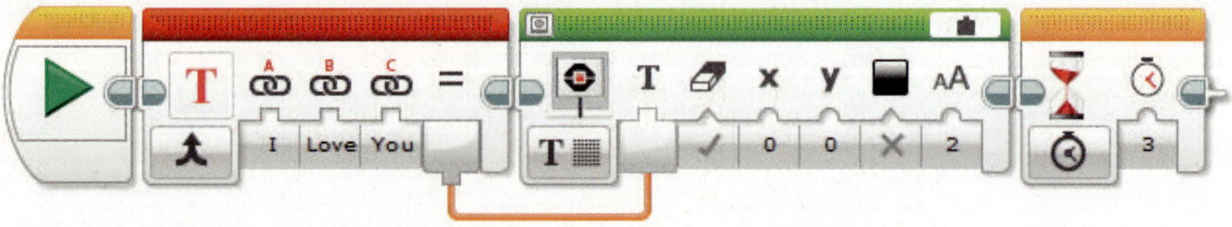

수정하기 : 숫자를 넣어서 테스트해보자.

03 초음파 센서가 측정하는 값을 실시간으로 디스플레이하라.

예 12cm

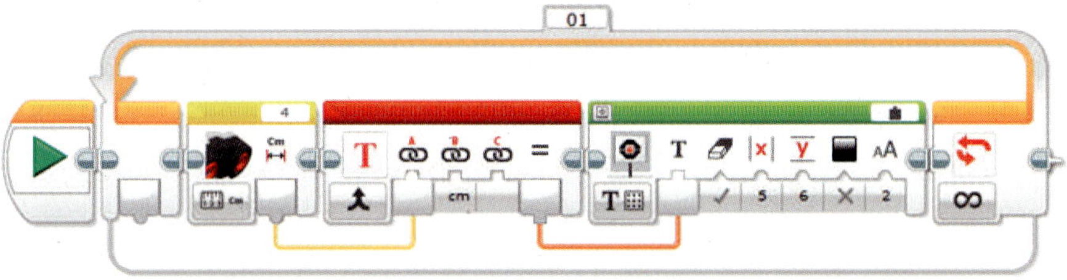

04 회전하는 로봇의 자이로 센서가 측정하는 값을 디스플레이하라.

예 180deg

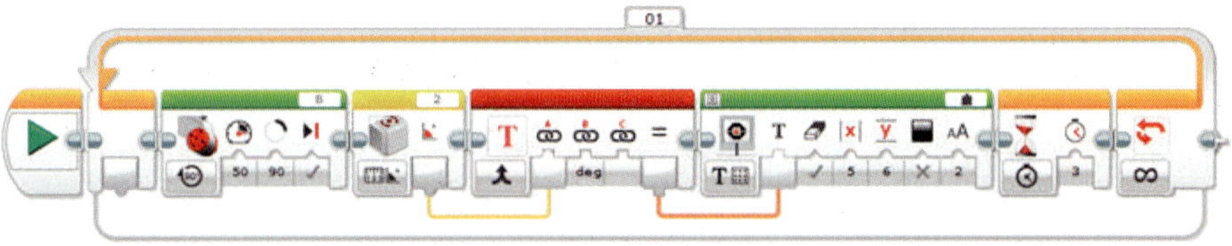

수행 Tip

– EV3 소프트웨어의 로비의 간단한 안내 섹션의 도움말과 동영상을 최대한 활용한다.

7-3 범 위

학습 목표	7-3. EV3의 범위 블록을 통해 EV3 브릭을 제어하는 방법을 이해하고 범위블록의 응용 프로그래밍을 할 수 있다.

1. 범위 블록

범위 블록은 숫자가 지정된 숫자 범위 안에 있는지 밖에 있는지 테스트한다. 출력 결과는 참 또는 거짓이다.

(1) 범위 모드 선택

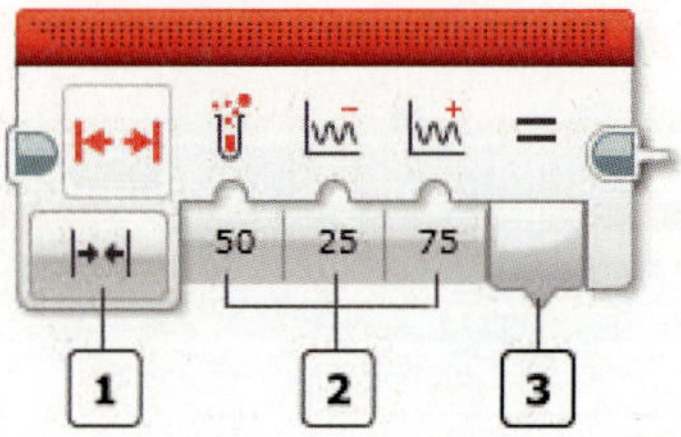

1 모드 선택
2 입력
3 출력

모드 선택을 사용하여 숫자가 범위 안에 있는지 밖에 있는지 테스트할지 선택하라. 범위 블록은 범위 최소값과 범위 최대값 입력으로 지정한 범위와 테스트 값 입력을 비교한다. 결과는 비교 결과에 따라 참 또는 거짓으로 설정된다.

(2) 모 드

1) 내부

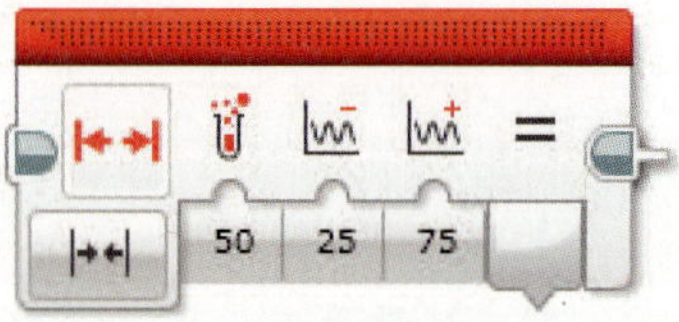

테스트 값이 지정된 범위 안에 있는 경우, 내부 모드는 결과를 참으로 설정한다.

2) 외부

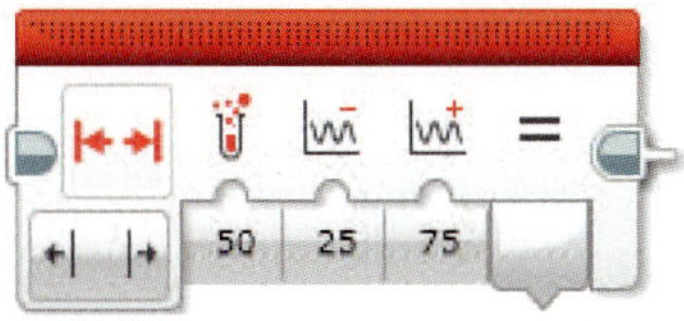

테스트 값이 지정된 범위 밖에 있는 경우, 외부 모드는 결과를 참으로 설정한다.

(3) 입력 및 출력

범위 블록의 입력은 테스트 값과 숫자 범위를 제공한다. 블록에 직접 입력값을 입력할 수 있다. 데이터 와이어를 통해 프로그래밍 블록의 출력에서 값을 제공할 수 있다.

입력	유형	비 고
테스트 값	숫자	테스트할 숫자
범위 최소값	숫자	범위 최소값
범위 최대값	숫자	범위 최대값

범위 블록의 출력은 비교 결과를 제공한다. 출력을 사용하려면 데이터 와이어를 통해 또 다른 프로그래밍 블록에 출력을 연결하라.

출력	유형	비 고
결과	논리	범위 비교의 결과(참 또는 거짓)

수행실습 범위 따라하기

재료 · 자료

EV3 SW, EV3 레고 마이드스톰, A4용지, 필기류

기기(장비 · 공구)

컴퓨터, USB 케이블, 충전 어댑터

안전 · 유의사항

- EV3 로봇 플랫폼의 외형의 관리하고 P-브릭에 전원을 충분히 충전한다.
- EV3에 프로그램을 동작시킬 때 USB 케이블을 제거한 후 실행한다.

수행순서

01 범위 블록을 이용하여 숫자가 지정된 숫자 범위 안에 있는지 밖에 있는지 테스트 할 수 있다. 제시된 프로그램을 만든 후 테스트하라.

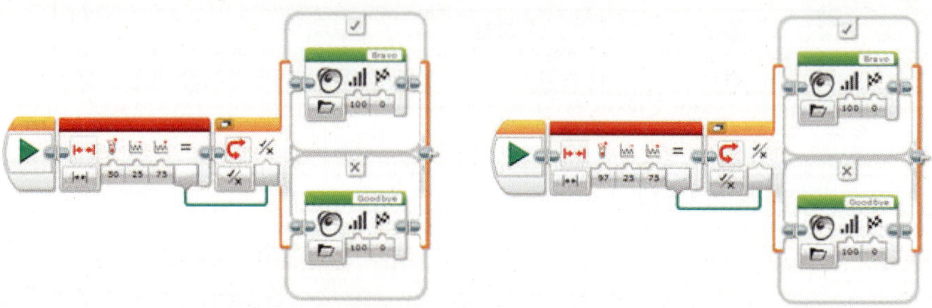

수정하기 : 사운드 블록 이외의 블록을 이용하여 범위 블록을 테스트해보자.

02 물체와의 거리가 10cm 이상 20cm 이하일 때 전진하는 로봇을 만들어라. 단, 물체와의 거리가 10cm 이상 20cm 이하 이외일 때는 정지.

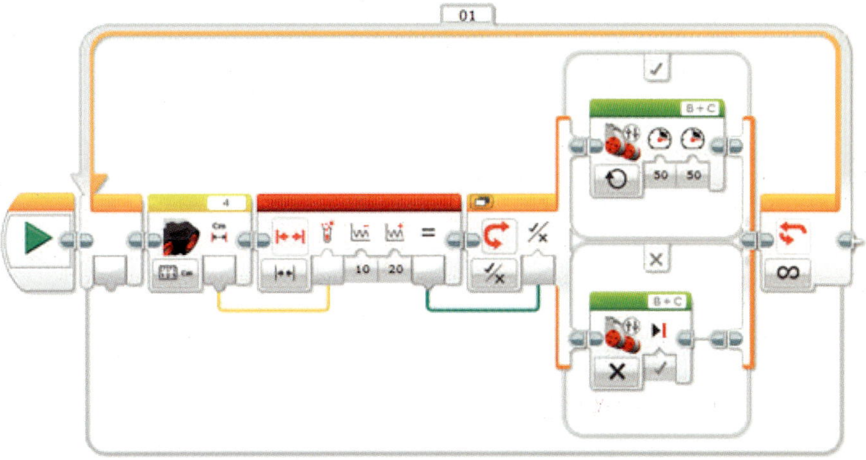

수행 Tip

– EV3 소프트웨어의 로비의 간단한 안내 섹션의 도움말과 동영상을 최대한 활용한다.

7-4 수학기본/수학고급

학습 목표 7-4. EV3의 수학기본/고급 블록을 통해 EV3 브릭을 제어하는 방법을 이해하고 수학기본/고급 블록의 응용 프로그래밍을 할 수 있다.

1. 수학 블록

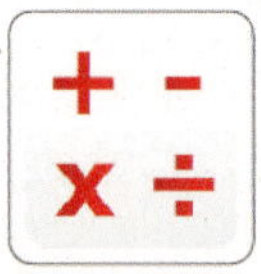

수학 블록은 입력에서 수학 계산을 수행하고 결과를 출력한다. 하나 또는 2개의 입력으로 간단한 수학 연산을 수행하거나 최대 4개의 입력으로 수식을 입력할 수 있다.

(1) 수학 연산 선택

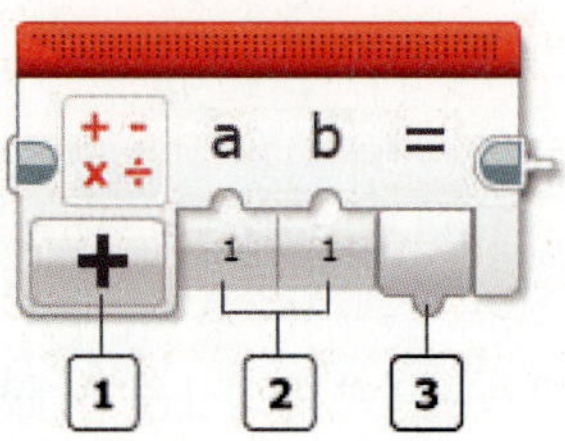

[1] 모드 선택
[2] 입력
[3] 출력

모드 선택으로 모드를 선택하여 사용하기를 원하는 수학 연산을 선택하라. 모드를 선택한 후에는 입력에 대한 값을 선택할 수 있다. 사용 가능한 입력은 모드에 따라 바뀐다.

(2) 간단한 수학 연산 모드

간단한 수학 연산 모드는 하나 또는 2개의 입력을 사용하여 단일 수학 연산으로 결과를 계산한다. 이 모드는 아래 표에 나와 있다.

모드	사용한 입력	출력 결과
추가	A, B	A + B
빼기	A, B	A - B
곱하기	A, B	A × B
나누기	A, B	A ÷ B
절대값	A	A ≥ 0이면 A, A 〈0이면 –A 결과는 항상 ≥ 0이다.
제곱근	A	$\sqrt{A}$
지수	A(기수), N(지수)	AN
고급	A, B, C, D	A + B - C* D

■ 팁과 요령

수학 연산을 위한 입력값이 0으로 나누기나 음수의 제곱근과 같이 위법 연산을 초래하는 경우, 출력 결과는 오류값이 된다. 오류값은 또 다른 프로그래밍 블록에 입력으로 사용될 때 0으로 해석될 수 있다.

예

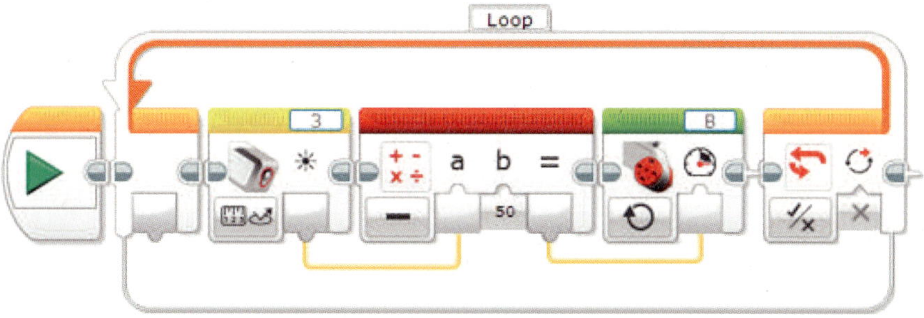

이 프로그램은 컬러 센서 블록의 반사광 강도 출력에서 50을 빼고 그 결과를 모터의 파워 입력으로 사용한다. 이러면 컬러 센서가 어두운 물체를 목격할 때 모터는 뒤로 회전되고 센서가 밝은 물체를 목격할 때 모터가 앞으로 회전할 수 있다.

(3) 고급 모드

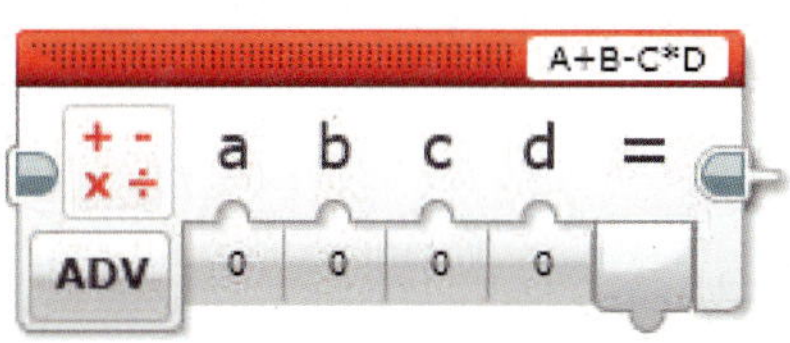

고급 모드에서 수학 블록은 한 단계에 최대 4개의 입력과 여러 가지 수학 연산을 사용하여 수학식을 계산할 수 있다.

데이터 와이어를 사용하여 최대 4개의 숫자값을 A, B, C, D 입력과 연결하라. 불필요한 입력은 빈 칸 또는 0으로 남게 된다.

블록 상단의 블록 텍스트 필드를 클릭하고 텍스트 양식에 수학식을 입력하여 계산하라. 이 식에는 "A", "B", "C", "D" 이름의 입력, "50"과 같은 숫자 상수, "+" 같은 수학 기호가 포함될 수 있다. 표시된 목록의 함수와 추가 괄호를 사용하여 연산 순서도 변경할 수 있다.

식의 계산 결과는 결과에 출력된다.

예

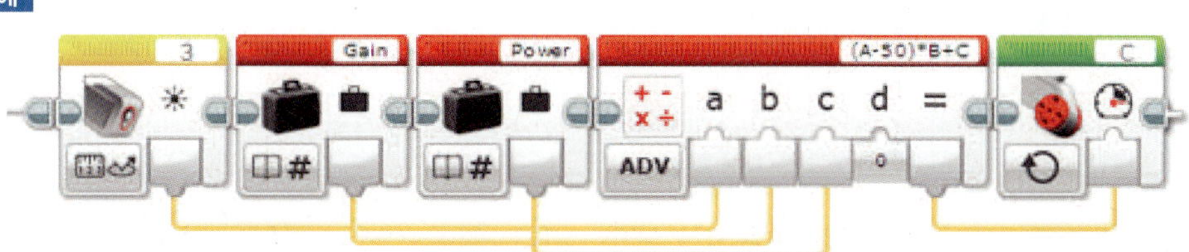

프로그램에서 수학 블록은 컬러 센서의 입력과 두 변수를 사용하여 모터 파워를 계산한다. 컬러 센서의 반사광 강도는 A 입력에 연결되고, "Gain"과 "Power"라는 이름의 변수 B, C에 사용된다. 수학 블록에서 "(A-50)*B+C" 식은 광 강도에서 50을 빼고 그 결과를 "Gain" 값과 곱한 후 "Power" 값을 더한 것이다.

(4) 입력 및 출력

수학 블록의 입력은 수학 계산을 위한 값을 제공한다. 블록에 직접 입력값을 입력할 수 있다. 데이터 와이어를 통해 프로그래밍 블록의 출력에서 입력값을 제공할 수 있다.

입력	유형	비 고
A	숫자	간단한 수학 연산의 1차 피연산자
B	숫자	간단한 수학 연산의 2차 피연산자
A	숫자	지수 모드일 때 기수값
N	숫자	지수 모드일 때 지수값
C	숫자	고급 모드를 위한 입력
D	숫자	고급 모드를 위한 입력

수학 블록의 출력은 계산 결과를 제공한다. 출력을 사용하려면 데이터 와이어를 통해 또 다른 프로그래밍 블록에 출력을 연결하라.

출력	유형	비 고
결과	숫자	수학 계산의 결과

수행실습 수학기본/수학고급 따라하기

재료 · 자료

EV3 SW, EV3 레고 마이드스톰, A4용지, 필기류

기기(장비 · 공구)

컴퓨터, USB 케이블, 충전 어댑터

안전 · 유의사항

- EV3 로봇 플랫폼의 외형의 관리하고 P-브릭에 전원을 충분히 충전한다.
- EV3에 프로그램을 동작시킬 때 USB 케이블을 제거한 후 실행한다.

수행순서

01 컬러 센서 블록의 반사광 강도 출력에서 50을 빼고 그 결과를 모터의 파워 입력으로 사용한다. 이러면 컬러 센서가 어두운 물체를 목격할 때 모터는 뒤로 회전되고 센서가 밝은 물체를 목격할 때 모터가 앞으로 회전할 수 있도록 프로그램을 작성한다.

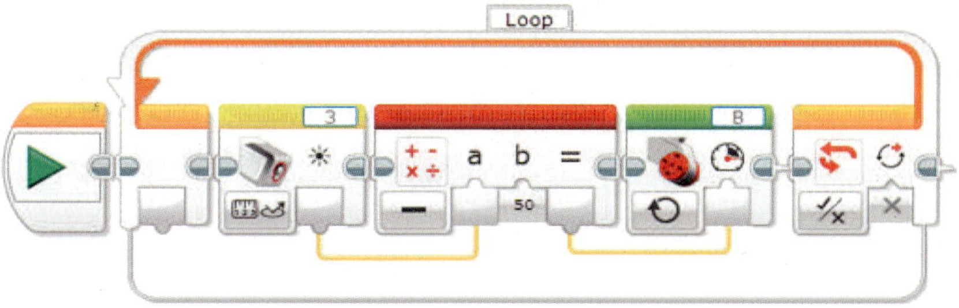

02 수학 블록은 컬러 센서의 입력과 두 변수를 사용하여 모터 파워를 계산한다. 컬러 센서의 반사광 강도는 A 입력에 연결되고, “Gain”과 “Power”라는 이름의 변수 B, C에 사용된다. 수학 블록에서 “(A−50)*B+C” 식은 광 강도에서 50을 빼고 그 결과를 “Gain” 값과 곱한 후 “Power” 값을 더한 것을 이용하여 프로그램을 작성한다.

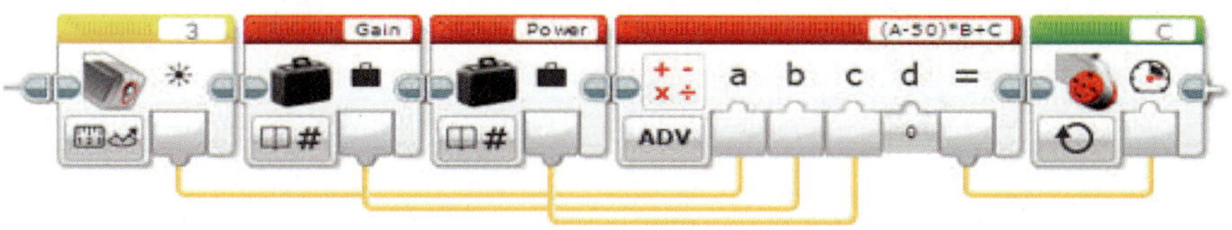

03 수학 블록을 통해 하나 또는 2개의 입력으로 간단한 수학 연산을 수행하거나 최대 4개 입력으로 수식을 입력할 수 있다. 제시된 프로그램을 만든 후 테스트하라.

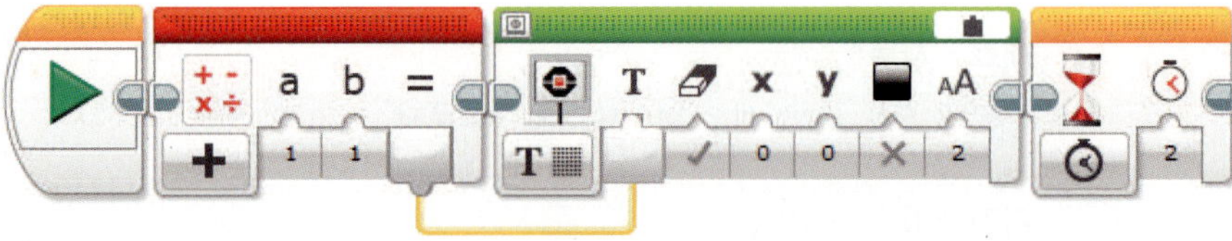

수정하기 : 수학블록의 메뉴에 있는 다양한 모드를 사용하여 프로그램을 작성하라.

04 로봇이 50cm를 이동했을 때의 속도를 EV3에 디스플레이하라.

(단, 모터파워 40. **예** 20 cm/s)

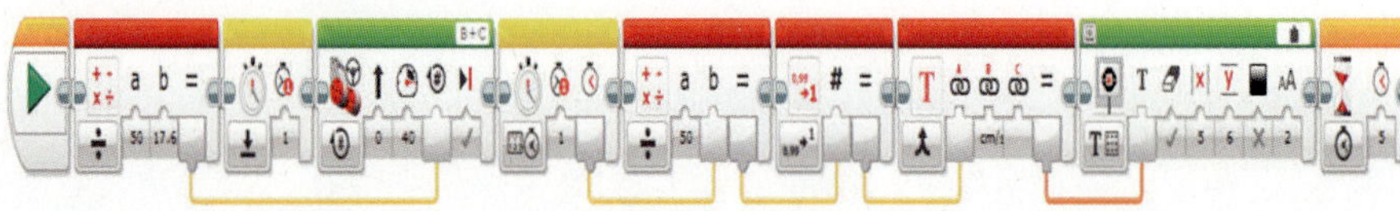

05 수학-고급 모드를 이용하여 최대 4개 입력과 여러 가지 수학 연산을 사용하여 수학식을 계산할 수 있다. 제시된 프로그램을 만든 후 테스트하라.

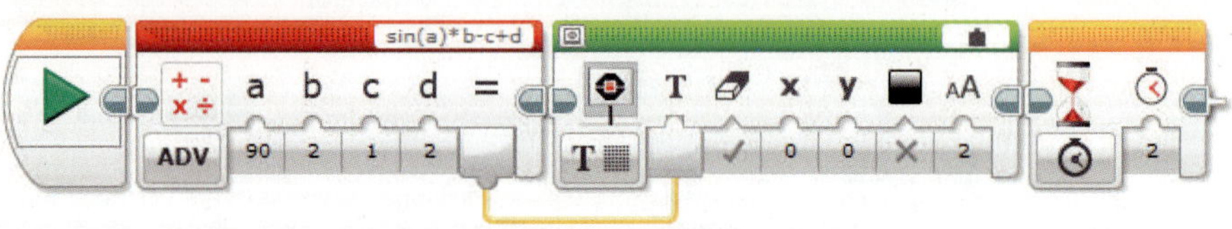

수정하기 : 고급 모드를 이용하여 다양한 계산을 해보자.

06 다음을 보고 로봇이 어떻게 움직일지 예상해보라.

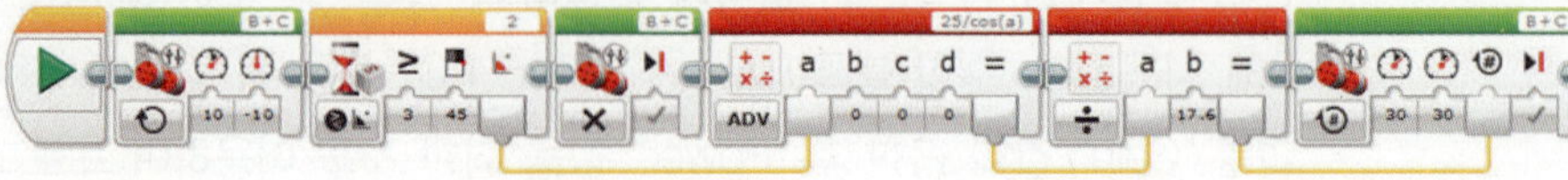

수행 Tip

- EV3 소프트웨어의 로비의 간단한 안내 섹션의 도움말과 동영상을 최대한 활용한다.

학습 1	창의공학의 개요
학습 2	EV3의 개요
학습 3	EV3 브릭 따라하기
학습 4	EV3 모터 따라하기
학습 5	EV3 센서 따라하기
학습 6	EV3 심화학습(1) 따라하기
학습 7	EV3 심화학습(2) 따라하기
학습 8	**EV3 심화학습(3) 따라하기**
학습 9	EV3 데이터로깅 따라하기
학습 10	EV3 도구 따라하기
학습 11	EV3 앱응용 따라하기

8-1 비교 블록

학습 목표 8-1. EV3의 비교 블록을 통해 EV3 브릭을 제어하는 방법을 이해하고 비교블록의 응용 프로그래밍을 할 수 있다.

1. 비교 블록

비교 블록은 두 숫자를 비교하여 둘이 똑같은지 어떤 숫자가 더 큰지를 알아낸다. 여섯 가지 비교 중 하나를 선택할 수 있다. 출력 결과는 참 또는 거짓이다.

(1) 비교 모드

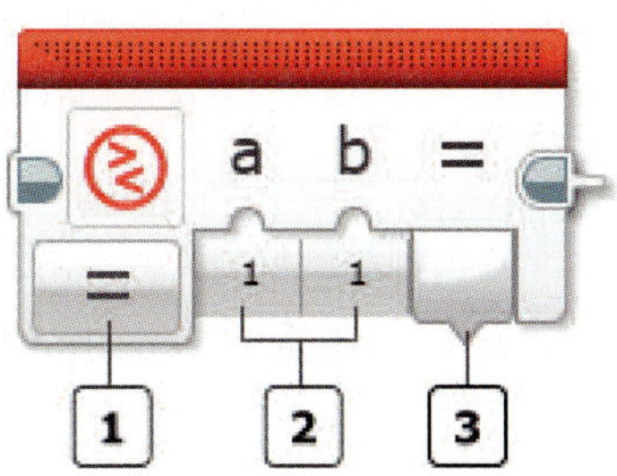

1 모드 선택
2 입력
3 출력

모드 선택으로 모드를 선택하여 사용하기를 원하는 비교 유형을 선택하라. 이 블록은 다음 표에 나온 대로 A와 B 두 입력을 비교하여 결과 출력을 계산한다.

모 드	사용한 입력	출력 결과
= 다음과 같음	A, B	A = B이면 참, 그렇지 않으면 거짓
≠ 같지 않음	A, B	A ≠ B이면 참, 그렇지 않으면 거짓
〉 보다 큼	A, B	A 〉 B이면 참, 그렇지 않으면 거짓
〈 보다 작음	A, B	A 〈 B이면 참, 그렇지 않으면 거짓
≥ 보다 크거나 같음	A, B	A ≥ B이면 참, 그렇지 않으면 거짓
≤ 보다 작거나 같음	A, B	A ≤ B이면 참, 그렇지 않으면 거짓

예

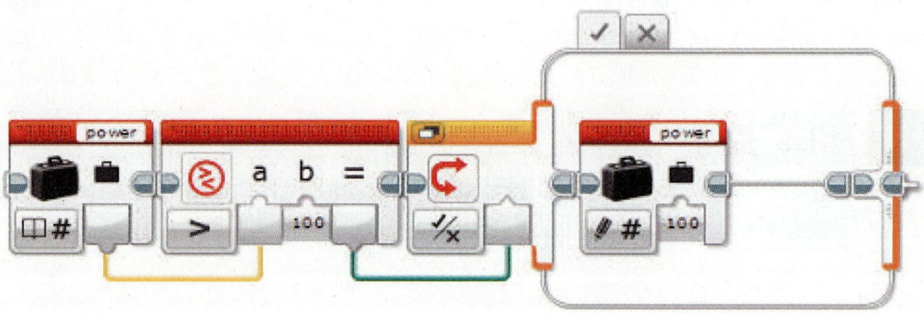

이 블록 시퀀스는 “파워” 변수의 값이 100보다 큰지 알아보기 위해 테스트하며, 이 경우 값을 100으로 설정한다. 비교 블록은 변수의 값을 100과 비교하고, 스위치 블록은 논리 결과를 사용하여 변수값을 변경할지 선택한다.

(2) 입력 및 출력

비교 블록의 입력은 비교를 위한 두 숫자이다. 블록에 직접 입력값을 입력할 수 있다. 데이터 와이어를 통해 프로그래밍 블록의 출력에서 입력값을 제공할 수 있다.

입력	유형	비 고
A	숫자	비교를 위한 첫 번째 숫자
B	숫자	비교를 위한 두 번째 숫자

블록의 출력은 비교 결과를 제공한다. 출력을 사용하려면 데이터 와이어를 통해 또 다른 프로그래밍 블록에 출력을 연결하라.

출력	유형	비 고
결과	논리	비교 결과(참 또는 거짓)

수행실습 비교 따라하기

재료 · 자료

EV3 SW, EV3 레고 마이드스톰, A4용지, 필기류

기기(장비 · 공구)

컴퓨터, USB 케이블, 충전 어댑터

안전 · 유의사항

- EV3 로봇 플랫폼의 외형의 관리하고 P-브릭에 전원을 충분히 충전한다.
- EV3에 프로그램을 동작시킬 때 USB 케이블을 제거한 후 실행한다.

수행순서

01 비교 블록 시퀀스는 "파워" 변수의 값이 100보다 큰지 알아보기 위해 테스트하며, 이 경우 값을 100으로 설정한다. 비교 블록은 변수의 값을 100과 비교하고, 스위치 블록은 논리 결과를 사용하여 변수값을 변경할지 선택하도록 프로그램을 작성한다.

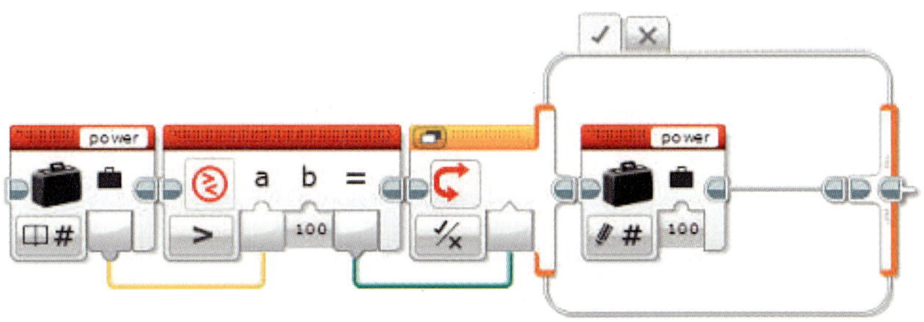

02 비교 블록의 여섯 가지의 비교를 사용하여 프로그램에 이용할 수 있다. 제시된 프로그램을 만든 후 테스트하라.

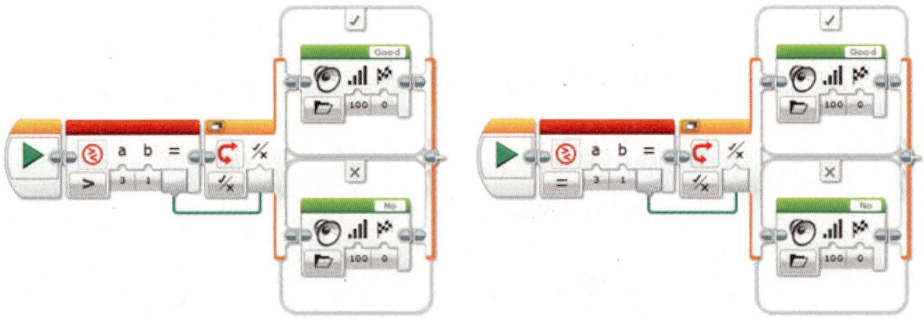

수정하기 : 다양한 비교를 사용하여 프로그램을 작성하라.

수행 Tip

– EV3 소프트웨어의 로비의 간단한 안내 섹션의 도움말과 동영상을 최대한 활용한다.

8-2 변수 블록

학습 목표	8-2. EV3의 변수 블록을 통해 EV3 브릭을 제어하는 방법을 이해하고 변수블록의 응용 프로그래밍을 할 수 있다.

1. 변수 블록

각 변수는 유형과 이름이 있다. 유형으로는 숫자, 논리, 텍스트, 숫자형 배열, 논리 배열이 있다. 변수의 이름을 선택할 수 있다. 이름은 변수를 나타내는 데 사용된다.

변수의 다양한 유형에 대한 자세한 내용은 데이터 타입을 참조하라.

변수값은 프로그램 실행 중에 변경될 수 있다. 변수에 쓰기를 할 때마다 이전 값은 지워지고 새로운 값으로 바뀐다. 예를 들어 "Max Light"라는 이름의 변수를 사용하면 로봇이 지금까지 컬러 센서에서 측정한 가장 높은 광 강도를 기록할 수 있다. 로봇은 더 높은 값을 감지할 때마다 "Max Light" 변수에 새로운 값을 쓸 수 있다.

(1) 새 변수 추가

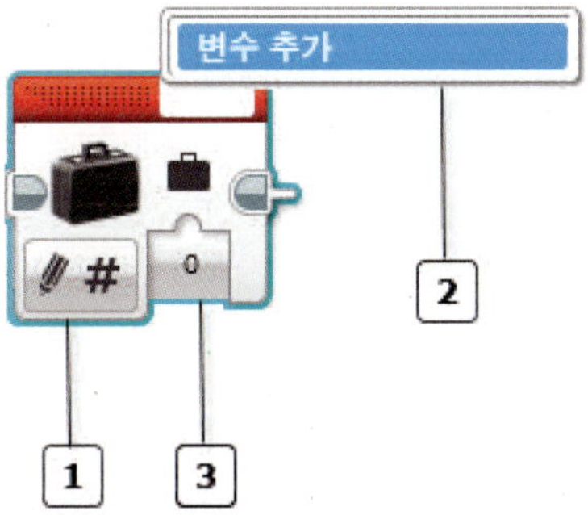

1 모드 선택
2 변수 선택
3 값 입력

프로젝트에 새 변수를 추가하려면

① 변수 블록을 삽입하거나 선택한다.
② 모드 선택을 사용하여 쓰기 모드를 선택한다.
③ 변수 유형(숫자, 논리, 텍스트, 숫자형 배열, 논리 배열)을 선택한다.
④ 블록 상단의 블록 텍스트 필드를 클릭하고 "변수 추가"를 선택한다. 아래 나온 대로 새 변수 대화 상자가 나타난다.

⑤ 새 변수 대화상자에 변수이름을 입력하고 확인을 클릭한다. 변수이름은 한 글자, 단어, 여러 단어 또는 일련의 문자와 숫자일 수 있다.

■ 팁과 요령

- 짧은 변수 이름을 선택하면 프로그램에서 변수 이름을 사용할 때 변수이름 전체를 확인하기가 더 쉽다.
- 해당 변수가 무엇을 의미하는지, 프로그램에 있는 다른 변수들과 어떻게 다른지 기억하는 데 도움이 되는 이름을 선택하라.
- 일단 변수를 추가하면 이 변수를 프로젝트의 어떤 프로그램에서든 사용할 수 있다.

⑥ 변수를 추가한 후에는 쓰기 모드의 변수 블록을 사용하여 변수의 초기값을 입력할 수 있다.

(2) 변수에 쓰기

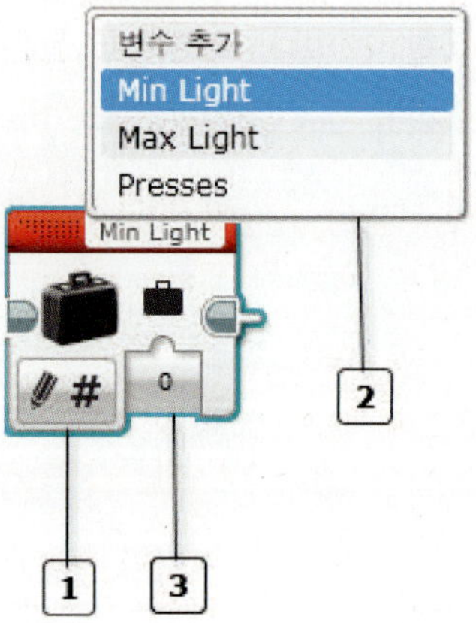

1 모드 선택
2 변수 이름
3 입력

(3) 쓰 기

쓰기 모드에서는 이미 프로그램에 추가한 변수(새 변수 추가 참조)를 선택하고 변수에 값을 저장할 수 있다.

변수에 쓰기를 하려면

① 모드 선택을 사용하여 쓰기 모드를 선택한다.
② 변수의 유형을 선택한다.
③ 블록 텍스트 필드를 클릭하여 팝업 메뉴를 표시한다.
④ 사용하려는 변수의 이름을 선택한다.
⑤ 이제 값 입력을 사용하여 변수에 값을 저장할 수 있다. 값 입력에 직접 값을 입력하거나 데이터 와이어를 사용할 수 있다.

■ 팁과 요령

팝업 메뉴에서 변수 이름을 선택하기에 전에 모드 선택에서 변수 유형을 선택해야 한다. 팝업 메뉴에는 선택한 유형과 일치하는 변수만 나열된다.

■ 팁과 요령

원하는 만큼 얼마든지 변수에 쓰기를 할 수 있지만 마지막 값만 기록된다. 변수를 쓰면 변수의 이전 값은 지워지고 새로운 값으로 바뀐다.

(4) 변수에서 읽기

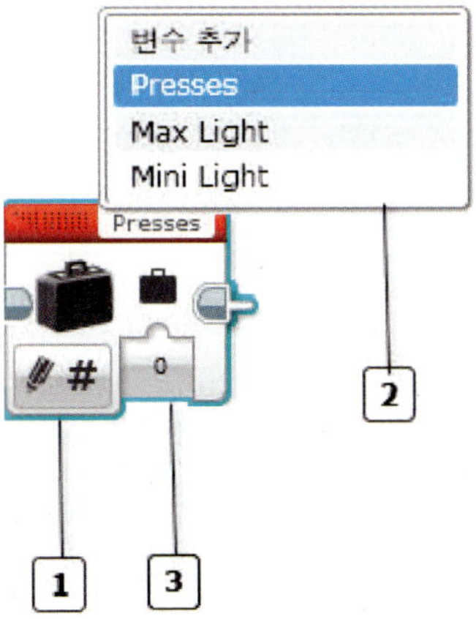

1 모드 선택
2 변수 이름
3 출력

(5) 읽 기

읽기 모드에서는 이미 프로그램에 추가한 변수(새 변수 추가 참조)를 선택하고 변수에 저장된 값을 얻을 수 있다. 변수에서 읽기를 하려면,

① 모드 선택을 사용하여 읽기 모드와 변수 유형을 선택한다.
② 블록 상단의 텍스트 필드를 클릭하여 팝업 메뉴를 표시하고 사용하려는 변수이름을 선택한다.
③ 이제 값 출력에서 변수의 값을 얻고 데이터 와이어를 통해 이 값을 프로그램에 사용할 수 있다.

■ 팁과 요령

- 팝업 메뉴에서 변수이름을 선택하기에 전에 모드 선택에서 변수 유형을 선택해야 한다. 팝업 메뉴에는 선택한 유형과 일치하는 변수만 나열된다.
- 값이 써 있지 않은 변수에서 읽기를 하는 경우, 결과는 숫자 변수의 경우 0, 논리 변수의 경우 거짓, 텍스트 변수의 경우 빈 텍스트, 숫자형 배열이나 논리 배열 변수의 경우 빈 배열이 된다.

(6) 변수 사용의 예

예 1 값을 저장하고 나중에 사용

이 프로그램은 쓰기 모드의 변수 블록을 사용하여 컬러 센서의 데이터 값을 "Light"라는 이름의 변수에 저장한 다음, 읽기 모드에서 변수 블록을 사용하여 값을 얻어 이를 프로그램 후반부에 사용한다.

이 프로그램은 로봇이 주행하다가 돌아오도록 설계되었다. 돌아오는 길에 로봇은 적어도 출발 지점의 색상만큼 어두운 색상 위에서 정지한다.

■ 팁과 요령

위 프로그램은 변수 대신 긴 데이터 와이어를 사용할 수도 있지만, 긴 프로그램의 경우 변수를 사용하여 값을 저장하면 프로그램을 만지기가 더 간편해진다.

예 2 터치 센서 누름 계산

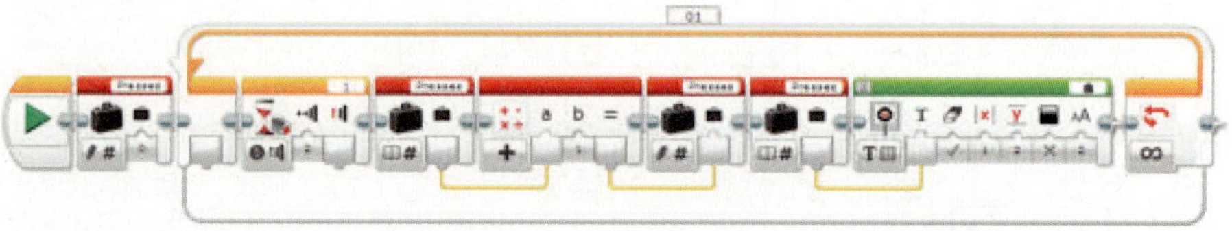

이 프로그램은 터치 센서를 누르는 횟수를 계산하여 EV3 디스플레이에 횟수를 표시한다. "Presses"라는 이름의 숫자 변수를 사용하여 터치 센서를 누른 횟수를 기록한다.

쓰기 모드의 변수 블록은 프로그램이 시작될 때 "Presses"의 초기값을 0으로 설정한다. 루프 내에서 프로그램은 터치 센서가 접촉 후 떨어질 때마다 변수에 저장된 값에 1을 더한다. 이는 읽기 모드의 변수 블록으로 현재값을 얻고, 수학 블록과 데이터 와이어를 사용하여 1을 더하고, 쓰기 모드의 변수 블록으로 그 결과를 변수에 다시 쓰는 것으로 진행된다. 마지막으로, 읽기 모드의 또 다른 변수 블록은 현재값을 얻어 표시하는 데 사용된다.

(7) 입력 및 출력

쓰기 모드의 변수 블록은 단일 입력을 갖는다. 블록에 직접 입력값을 입력할 수 있다. 데이터 와이어를 통해 프로그래밍 블록의 출력에서 값을 제공할 수 있다.

입력	유형	비 고
값	블록 모드에 따라 달라짐	변수에 저장하는 값

읽기 모드의 변수 블록은 단일 출력을 갖는다. 출력을 사용하려면 데이터 와이어를 통해 또 다른 프로그래밍 블록에 출력을 연결한다.

출력	유형	비 고
값	블록 모드에 따라 달라짐	선택한 변수의 값

수행실습 변수 따라하기

재료 · 자료

EV3 SW, EV3 레고 마이드스톰, A4용지, 필기류

기기(장비 · 공구)

컴퓨터, USB 케이블, 충전 어댑터

안전 · 유의사항

- EV3 로봇 플랫폼의 외형의 관리하고 P-브릭에 전원을 충분히 충전한다.
- EV3에 프로그램을 동작시킬 때 USB 케이블을 제거한 후 실행한다.

수행순서

01 값을 저장하고 나중에 사용

쓰기 모드의 변수 블록을 사용하여 컬러 센서의 데이터 값을 "Light"라는 이름의 변수에 저장한 다음, 읽기 모드에서 변수 블록을 사용하여 값을 얻어 이를 프로그램 후반부에 사용한다.

로봇이 주행하다가 돌아오도록 설계되었다. 돌아오는 길에 로봇은 적어도 출발 지점의 색상만큼 어두운 색상 위에서 정지하도록 프로그램을 작성한다.

02 터치 센서 누름 계산

터치 센서를 누르는 횟수를 계산하여 EV3 디스플레이에 횟수를 표시한다. "Presses"라는 이름의 숫자 변수를 사용하여 터치 센서를 누른 횟수를 기록하도록 프로그램을 작성한다.

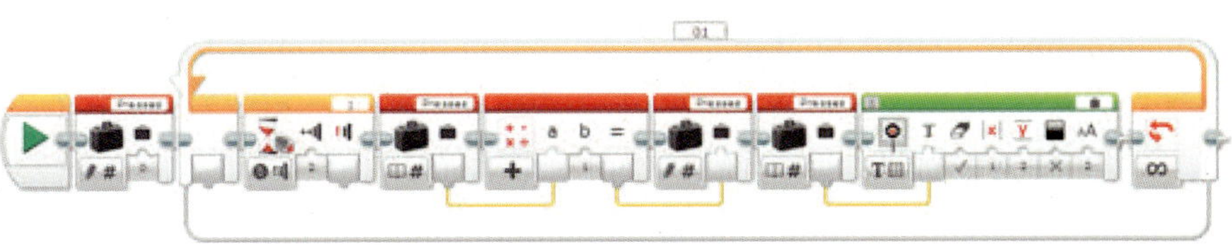

쓰기 모드의 변수 블록은 프로그램이 시작될 때 "Presses"의 초기값을 0으로 설정한다. 루프 내에서 프로그램은 터치 센서가 접촉 후 떨어질 때마다 변수에 저장된 값에 1을 더한다. 이는 읽기 모드의 변수 블록으로 현재값을 얻고, 수학 블록과 데이터 와이어를 사용하여 1을 더하고, 쓰기 모드의 변수 블록으로 그 결과를 변수에 다시 쓰는 것으로 진행된다. 마지막으로, 읽기 모드의 또 다른 변수 블록은 현재값을 얻어 표시하는 데 사용된다.

03 변수 블록을 이용해 프로그램 내 변수를 읽거나 쓸 수 있다.

제시된 프로그램을 만든 후 테스트하라.

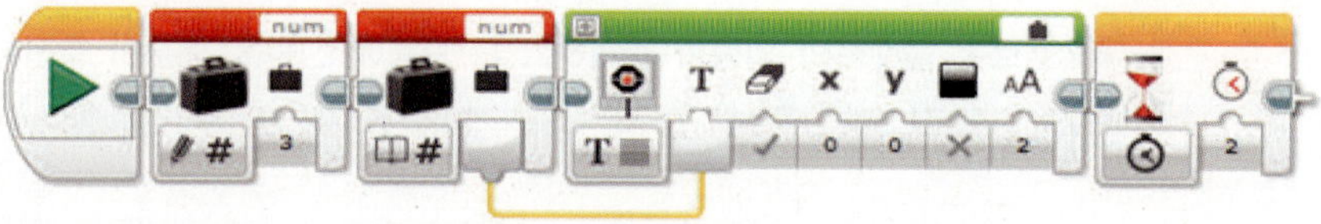

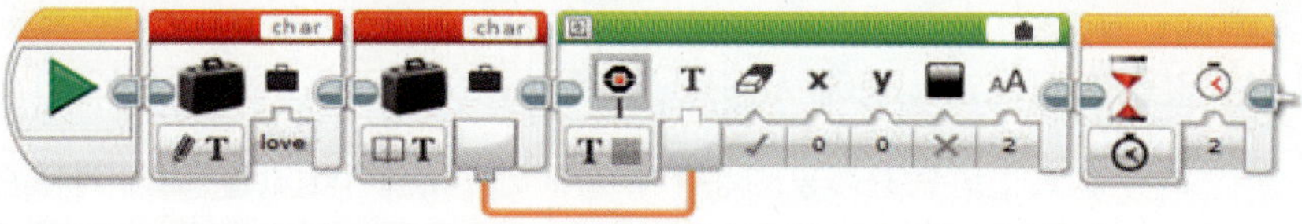

수정하기 : 하나의 프로그램에서 여러 변수를 추가하여 사용해보자.

수행 Tip

–EV3 소프트웨어의 로비의 간단한 안내 섹션의 도움말과 동영상을 최대한 활용한다.

8-3 메시징 블록

학습 목표	8-3. EV3의 메시징 블록을 통해 EV3 브릭을 제어하는 방법을 이해하고 메시징 블록의 응용 프로그래밍을 할 수 있다.

1. 메시징 블록

메시징 블록은 EV3 브릭 간에 블루투스 메시지를 보내는 데 사용된다. 메시지를 주고 받으려면, 우선 온-브릭 블루투스 메뉴 또는 블루투스 연결 블록을 통해 EV3 브릭을 연결해야 한다.

자세한 내용은 블루투스 연결 블록 섹션을 참조하라.

(1) 메시지 제목과 모드 선택

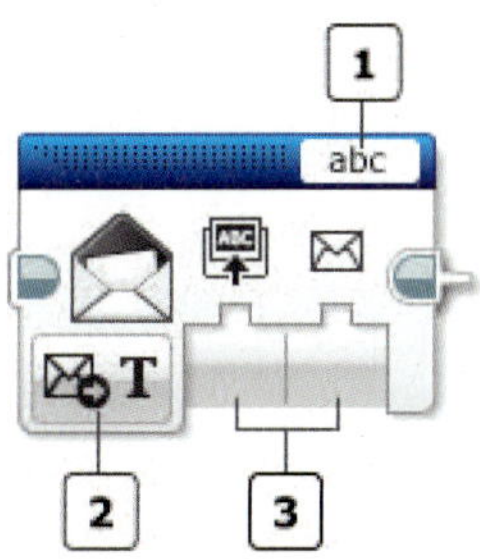

1 메시지 제목
2 모드 선택
3 입력

모드 선택을 사용하여 메시징 블록을 어떻게 작동하려는지 선택하라. 모드를 선택한 후에는 입력에 대한 값을 선택할 수 있다. 사용 가능한 입력은 모드에 따라 바뀌다. 모드와 입력은 아래 설명되어 있다.

메시지는 3가지 구성요소로 이루어진 것이 특징이다.

① 메시지를 주고받는 브릭들

② 메시지를 나타내는 메시지 제목

③ 메시지 값. 이는 텍스트, 숫자 또는 논리일 수 있다.

(2) 모드 : 보내기, 수신, 비교

1) 보내기

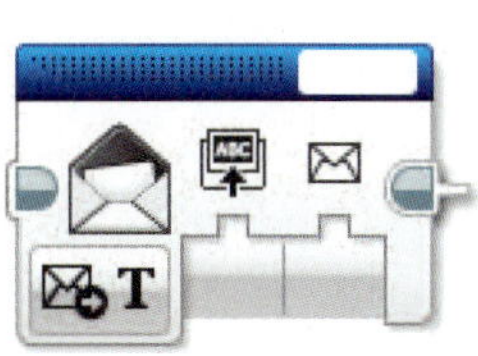

보내기 모드(텍스트, 숫자 또는 논리)는 블루투스를 통해 연결된 EV3 브릭에 메시지를 보낸다. 수신 브릭 이름 입력을 사용하여 어떤 EV3 브릭에 메시지를 보낼지 선택할 수 있다. 메시지 제목은 보내는 메시지를 독특하게 나타내는 데 사용된다.

(사용한 입력 : 수신 브릭 이름, 메시지)

2) 수신

수신 모드(텍스트, 숫자 또는 논리)는 블루투스를 통해 연결된 EV3 브릭에서 메시지를 받는다. 메시지가 수신될 때까지 수신 메시지 출력은 거짓이 된다. 받은 메시지는 메시지 출력에서 확인할 수 있다

메시지 제목은 받는 메시지를 독특하게 나타내는 데 사용된다.

(사용한 입력 및 출력 : 수신 메시지, 메시지)

예

EV3 브릭 한 개(이름 : Leo)가 컬러 센서 값을 수집하여 이를 또 다른 EV3 브릭(이름 : Kim)으로 보낸다. Kim은 메시지가 수신될 때까지 기다린다. 그 후 이 메시지는 디스플레이에 표시된다.

Leo의 프로그램 섹션

Kim의 프로그램 섹션

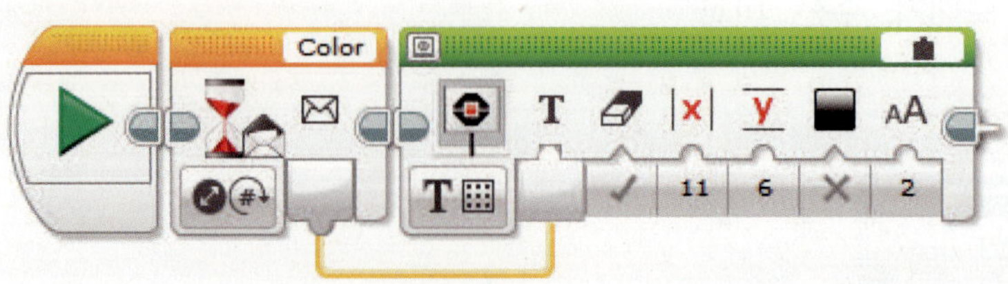

메시지 제목에서는 EV3 브릭 간에 여러 스트림의 정보를 보낼 수 있다. 예를 들면, 브릭 한 개가 같은 프로그램 내에서 'Color'와 'Rotations'라는 이름의 메시지를 보낼 수 있다.

3) 비교

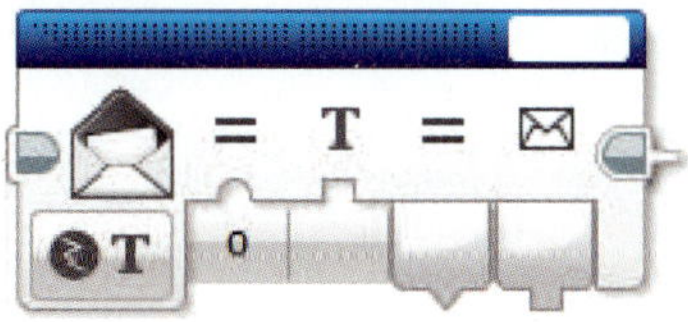

비교 모드(텍스트, 숫자 또는 논리)는 수신된 메시지를 기존 값과 비교한다. 조건이 맞으면 결과 출력은 참이다. 조건이 맞지 않으면 결과 출력은 거짓이다.

① 숫자 : 받은 메시지는 다음의 논리 연산자 중 하나에 따라 경계값과 비교한다.
- 다음과 같음 (0)
- 같지 않음 (1)
- 보다 큼 (2)
- 보다 크거나 같음 (3)
- 보다 작음 (4)
- 보다 작거나 같음 (5)

② 텍스트 : 받은 메시지는 다음 중 하나에 따라 비교 텍스트와 비교한다.
- 다음과 같음 (0)
- 같지 않음 (1)

③ 논리 : 받은 메시지는 비교 결과에 출력된다.

(2) 입력 및 출력

메시징 블록의 입력은 메시징 작동 방식의 세세한 부분을 제어한다. 블록에 직접 입력값을 입력할 수 있다. 데이터 와이어를 통해 프로그래밍 블록의 출력에서 값을 제공할 수 있다. 사용 가능한 입력과 그 기능은 선택한 모드에 따라 달라진다.

입력	유형	비 고
메시지 제목	텍스트	
수신 브릭 이름	텍스트	이 필드가 비어 있으면 메시지가 방송된다.
메시지	텍스트, 숫자 또는 논리	
비교 유형	숫자	경계값이나 비교 텍스트를 포함한 메시지 비교 모드의 비교 유형 0 : = (같음) 1 : ≠ (같지 않음) 2 : 〉(보다 큼) 3 : ≥ (보다 크거나 같음) 4 : 〈(보다 작음) 5 : ≤ (보다 작거나 같음)
경계값	숫자	
비교 텍스트	텍스트	

사용 가능한 출력은 선택한 모드에 따라 달라진다. 출력을 사용하려면 데이터 와이어를 통해 또 다른 프로그래밍 블록에 출력을 연결하라.

출력	유형	비 고
메시지	텍스트, 숫자 또는 논리	비교 유형의 결과
비교 결과	텍스트, 숫자 또는 논리	비교 유형의 결과

수행실습

메시징 따라하기

재료 · 자료

EV3 SW, EV3 레고 마이드스톰, A4용지, 필기류

기기(장비 · 공구)

컴퓨터, USB 케이블, 충전 어댑터

안전 · 유의사항

- EV3 로봇 플랫폼의 외형의 관리하고 P-브릭에 전원을 충분히 충전한다.
- EV3에 프로그램을 동작시킬 때 USB 케이블을 제거한 후 실행한다.

수행순서

01 EV3 브릭 1개(이름 : Leo)가 컬러 센서 값을 수집하여 이를 또 다른 EV3 브릭(이름 : Kim)으로 보낸다. Kim은 메시지가 수신될 때까지 기다린다. 그 후 이 메시지는 디스플레이에 표시되도록 프로그램을 작성한다.

Leo의 프로그램 섹션

Kim의 프로그램 섹션

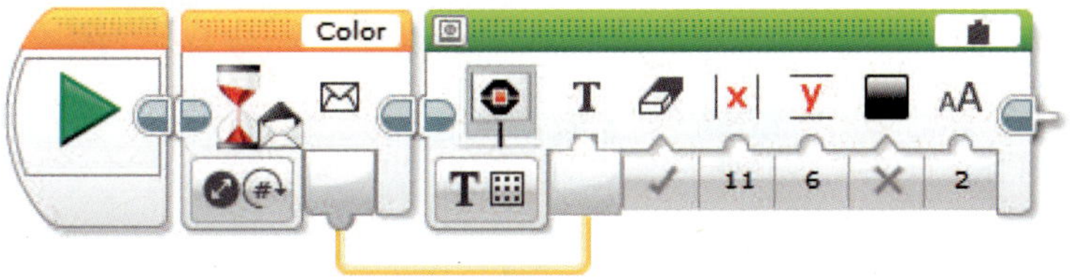

02 메시징 블록을 사용하여 EV3 브릭 간에 블루투스 메시지를 보낼 수 있다.

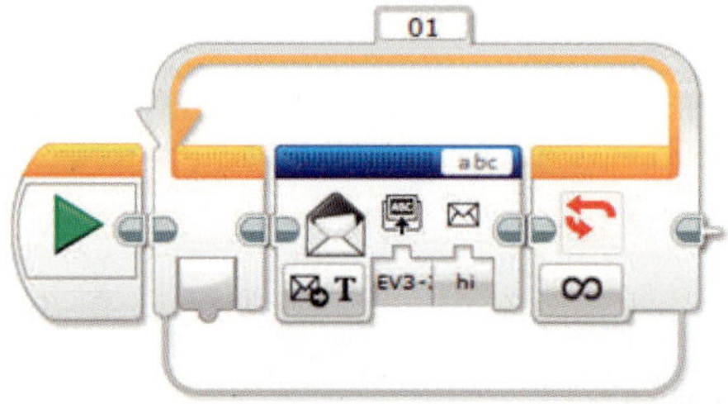

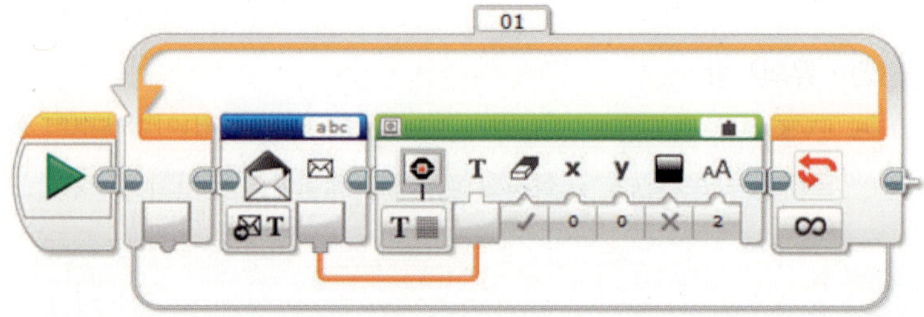

2개의 EV3의 이름을 EV3-1(송신부), EV3-2(수신부)로 짓고, 서로 간의 블루투스 연결을 한다. 그리고 좌측 소스는 EV3-1에 우측 소스는 EV3-2에 각각 넣어 실행시킨다.

03 EV3 로봇 2대가 있을 때, 한쪽 로봇의 바퀴 1개를 돌려 다른 쪽 로봇 한쪽 바퀴의 속도를 제어하는 프로그램을 만들어라.

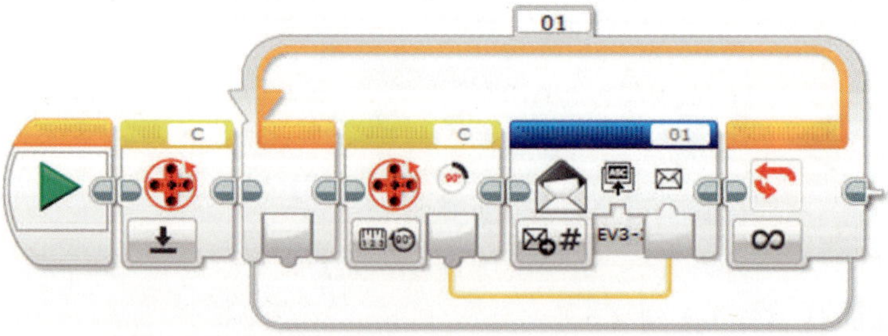

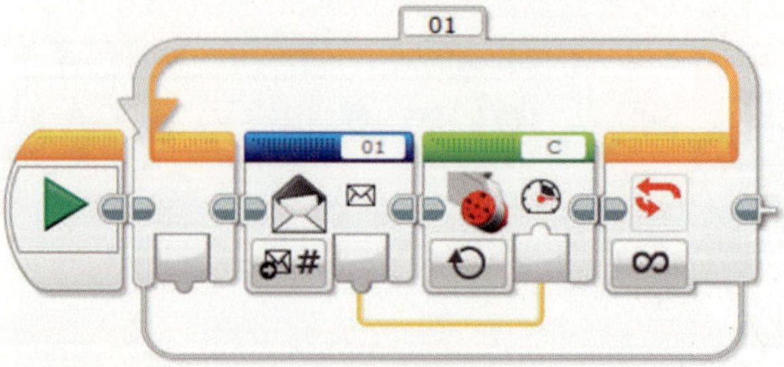

수행 Tip

- EV3 소프트웨어의 로비의 간단한 안내 섹션의 도움말과 동영상을 최대한 활용한다.

8-4 논리 블록

학습 목표	8-4. EV3의 논리 블록을 통해 EV3 브릭을 제어하는 방법을 이해하고 논리블록의 응용 프로그래밍을 할 수 있다.

1. 논리 연산 블록

(1) 논리 연산

논리 연산은 입력에서 논리 연산을 수행하고, 결과를 출력한다.

논리 연산은 참 또는 거짓인 입력을 가져가서 참/거짓 출력을 생성한다. 사용 가능한 논리 연산은 AND(조건), OR(논리합), XOR(배타적 논리합), NOT(논리 부정)이다.

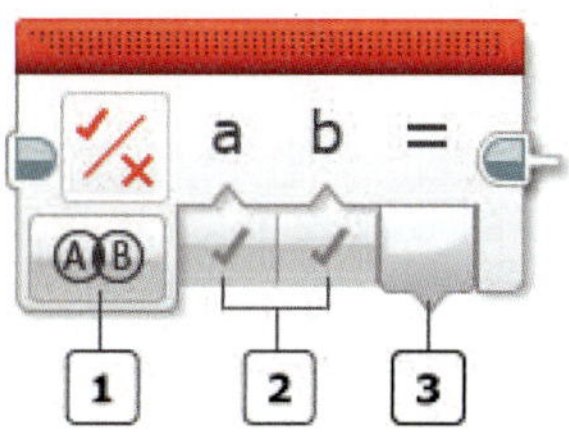

1 모드 선택
2 입력
3 출력

모드 선택으로 모드를 선택하여 사용하기를 원하는 논리 연산을 선택하라. 이 블록은 이 표에 나온 대로 입력을 토대로 결과를 계산한다.

모 드	사용한 입력	결 과
AND(조건)	A, B	A와 B 모두 참이면 참이고, 그러지 않으면 거짓이다.
OR(논리 합)	A, B	A 또는 B가(또는 모두) 참이면 참이고, A와 B 모두 거짓이면 거짓이다.
XOR(배타적 논리합)	A, B	A와 B 중 정확히 하나가 참이면 참이고, A와 B 모두 참이면 거짓이다. A와 B 모두 거짓이면 거짓이다.
NOT(논리 부정)	A	A가 거짓이면 참이고, A가 참이면 거짓이다.

예

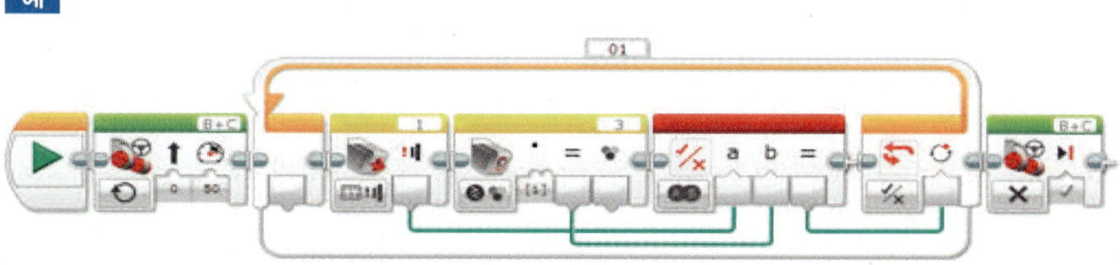

프로그램에서 로봇은 터치 센서가 눌릴 때까지 또는 컬러 센서가 검정색을 감지할 때까지 전진한다. 이 프로그램은 논리 OR(논리합) 모드를 사용하여 두 센서 블록의 출력을 단일한 참 또는 거짓 결과로 결합한다. 참의 결과가 루프에 종료를 지시하면 로봇이 멈춘다.

(2) 입력 및 출력

논리 연산 블록의 입력은 논리 연산을 위한 값을 제공한다. 일반적으로 데이터 와이어를 통해 다른 프로그래밍 블록의 출력에서 두 입력값 모두 제공한다.

입력	유형	허용값	비 고
A	논리	참/거짓	
B	논리	참/거짓	NOT 모드에서 사용하지 않음

블록의 출력은 연산 결과를 제공한다. 출력을 사용하려면 데이터 와이어를 통해 또 다른 프로그래밍 블록에 출력을 연결하라.

출력	유형	비 고
결과	논리	논리 연산 결과(참 또는 거짓)

수행실습 논리 따라하기

재료 · 자료

EV3 SW, EV3 레고 마이드스톰, A4용지, 필기류

기기(장비 · 공구)

컴퓨터, USB 케이블, 충전 어댑터

안전 · 유의사항

- EV3 로봇 플랫폼의 외형의 관리하고 P-브릭에 전원을 충분히 충전한다.
- EV3에 프로그램을 동작시킬 때 USB 케이블을 제거한 후 실행한다.

수행순서

01 로봇은 터치 센서가 눌릴 때까지 또는 컬러 센서가 검정색을 감지할 때까지 전진한다. 이 프로그램은 논리 OR(논리합) 모드를 사용하여 두 센서 블록의 출력을 단일한 참 또는 거짓 결과로 결합한다. 참의 결과가 루프에 종료를 지시하면 로봇이 멈추도록 프로그램을 작성한다.

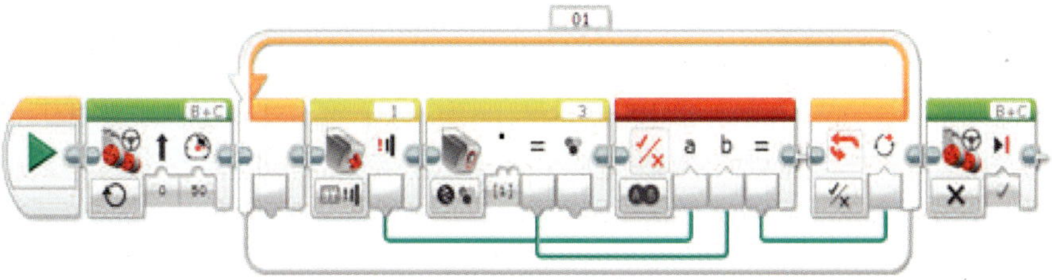

02 논리 연산을 이해하고, 논리 연산 블록을 이용하여 제시된 프로그램을 만든 후 테스트하라.

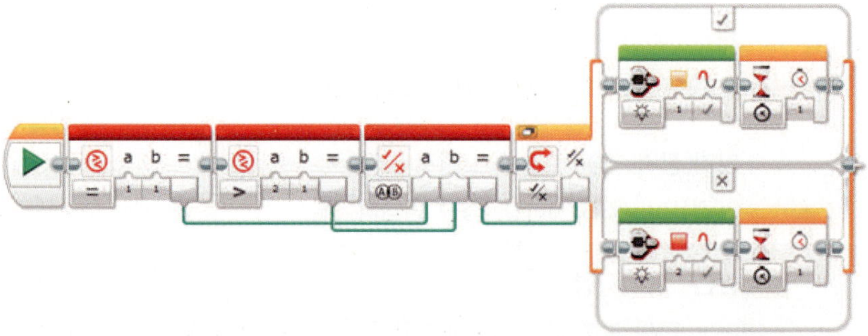

수정하기 : 논리 연산 블록의 다양한 조건들을 사용하여 프로그램하라.

03 로봇과 물체와의 거리가 6cm〈물체와의 거리〈25cm이고, 검은색 선을 지나갈 때 2가지를 동시에 충족할 때 로봇이 멈추는 프로그램을 만들어라.

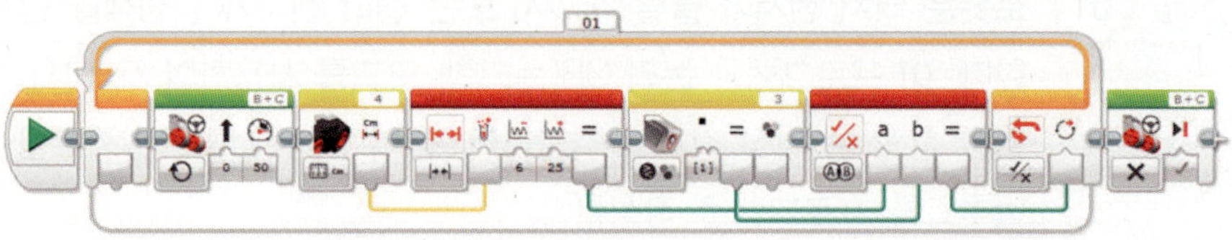

수행 Tip

– EV3 소프트웨어의 로비의 간단한 안내 섹션의 도움말과 동영상을 최대한 활용한다.

8-5 배열 연산 블록

학습 목표	8-5. EV3의 배열 연산 블록을 통해 EV3 브릭을 제어하는 방법을 이해하고 배열 연산 블록의 응용 프로그래밍을 할 수 있다.

1. 배열 연산 블록

배열 연산 블록은 숫자형 배열과 논리 배열의 데이터 타입에 대한 연산을 수행한다. 배열을 생성하고, 원소를 추가하고, 개별 원소를 읽고 쓰며, 배열의 길이를 얻을 수 있다. 배열과 기타 데이터 타입에 대한 자세한 내용은 데이터 타입을 참조하라.

(1) 연산 선택

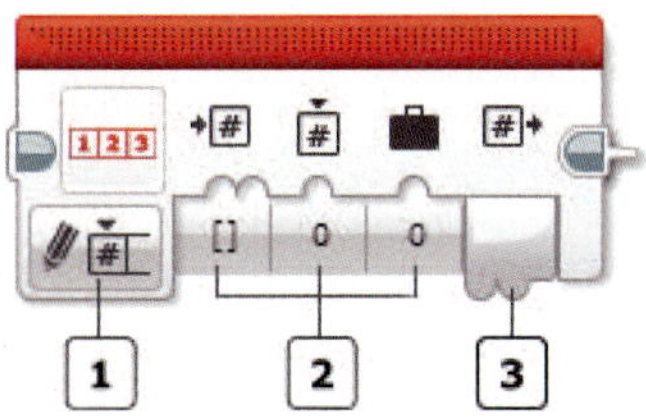

1 모드 선택
2 입력
3 출력

모드 선택을 사용하여 배열 연산과 배열 유형(숫자형 배열 또는 논리 배열)을 선택하라. 사용 가능한 입력 및 출력은 모드에 따라 바뀐다.

(2) 모 드

추가, 인덱스로 읽기, 인덱스에 쓰기, 길이

1) 추가

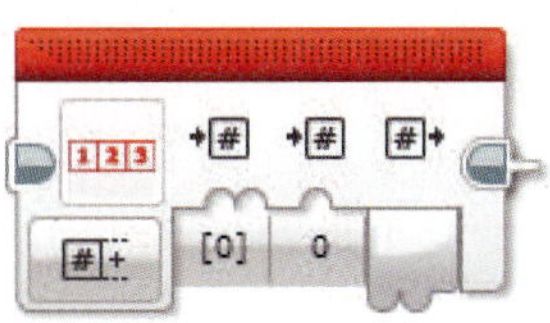

추가 모드는 배열 끝에 원소를 추가한다. 새로운 배열도 생성할 수 있다.

배열 입력 입력은 기존의 배열을 지정하고, 값은 배열 끝에 추가할 원소를 지정한다. 배열 입력을 빈 칸으로 두는 경우, 새 원소만 들어 있는 새 배열이 생성된다.

■ 팁과 요령

- 배열 입력 : 입력에 직접 배열을 입력하여 여러 개의 원소가 들어 있는 새로운 배열을 생성할 수 있다.

블록 입력에 배열을 입력하는 법에 대한 자세한 내용은 데이터 타입을 참조하라.

- 배열 출력 : 출력은 결합된 원소들이 들어 있는 새로운 배열이 될 것이다. 원본 입력 배열은 영향을 받지 않는다.

이 표는 추가-숫자 모드의 예를 보여준다.

배열 입력	추가할 값	배열 출력
	3	[3]
[1 ; 2 ; 3]	4	[1 ; 2 ; 3 ; 4]
[2 ; 1 ; 1 ; 6]	1	[2 ; 1 ; 1 ; 6 ; 1]

2) 인덱스로 읽기

인덱스로 읽기 모드는 배열 내 개별 원소의 값을 얻는다. 배열 입력은 사용할 배열이다. 사용할 원소는 인덱스로 지정한다. 배열 내 첫 번째 원소는 0의 인덱스를 갖고 두 번째 원소는 1의 인덱스를 갖다. 이후도 같은 방식이다. 선택한 원소의 값은 값에 출력된다.

■ 팁과 요령

따라서 n개의 원소가 들어 있는 배열에서 마지막 원소의 인덱스는 n-1이다.
이 표는 인덱스로 읽기-숫자 모드의 예를 보여준다.

배열 입력	인덱스	값
[1 ; 2 ; 3]	0	1
[1 ; 2 ; 3]	2	3

3) 인덱스에 쓰기

인덱스에 쓰기 모드는 배열 내 개별 원소의 값을 변경한다. 배열 입력 입력은 원본 배열이다. 변경할 원소는 인덱스로 지정한다. 배열 내 첫 번째 원소는 0의 인덱스를 갖고 두 번째 원소는 1의 인덱스를 갖는다. 이후도 같은 방식이다.

선택한 원소에서 변경되는 값은 값으로 지정한다. 변경된 원소가 들어 있는 새로운 배열은 배열 출력에 출력된다. 배열 입력 내 원본 배열은 영향을 받지 않는다.

이 표는 인덱스에 쓰기-숫자 모드의 예를 보여준다.

배열 입력	인덱스	값	배열 출력
[1 ; 2 ; 3]	0	5	[5 ; 2 ; 3]
[1 ; 2 ; 3]	2	0	[1 ; 2 ; 0]

4) 길이

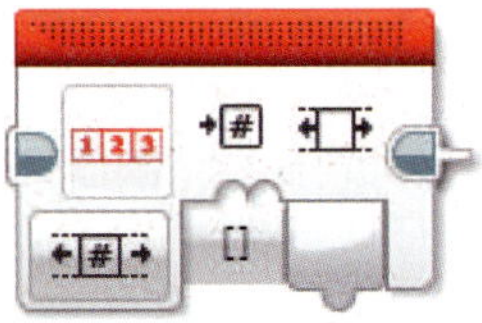

길이 모드는 배열의 길이를 얻는다. 배열 입력 입력 내 배열의 길이는 길이에 출력된다.

배열의 길이는 배열 하나에 들어 있는 원소의 개수이다. 비어 있는 배열은 0의 길이를 갖고, 하나의 원소만 들어 있는 배열은 1의 길이를 갖는다.

(3) 입력 및 출력

배열 연산 블록에 사용 가능한 입력은 선택한 모드에 따라 달라진다. 블록에 직접 입력값을 입력할 수 있다. 데이터 와이어를 통해 프로그래밍 블록의 출력에서 입력값을 제공할 수 있다.

입력	유형	비 고
배열 입력	숫자형 배열, 논리 배열	연산이 이루어지는 배열
값	숫자, 논리	추가 모드에 추가하는 값. 인덱스에 쓰기 모드일 때 원소에서 변경되는 값.
인덱스	숫자	접속할 배열 원소의 위치. 0 = 첫 번째 원소 1 = 두 번째 원소 길이-1 = 마지막 원소

사용 가능한 출력은 선택한 모드에 따라 달라진다. 출력을 사용하려면 데이터 와이어를 통해 또 다른 프로그래밍 블록에 출력을 연결하라.

출력	유형	비 고
배열 출력	숫자형 배열, 논리 배열	연산의 배열 결과
값	숫자, 논리	인덱스로 읽기 모드일 때 배열 원소의 값
길이	숫자	길이 모드에서 배열의 길이

수행실습 배열 연산 블록 따라하기

재료 · 자료

EV3 SW, EV3 레고 마이드스톰, A4용지, 필기류

기기(장비 · 공구)

컴퓨터, USB 케이블, 충전 어댑터

안전 · 유의사항

- EV3 로봇 플랫폼의 외형의 관리하고 P-브릭에 전원을 충분히 충전한다.
- EV3에 프로그램을 동작시킬 때 USB 케이블을 제거한 후 실행한다.

수행순서

01 배열 연산 블록을 이용하여 숫자형 배열과 논리 배열의 데이터 타입에 대한 연산을 수행할 수 있다. 제시된 프로그램을 만든 후 테스트하라.

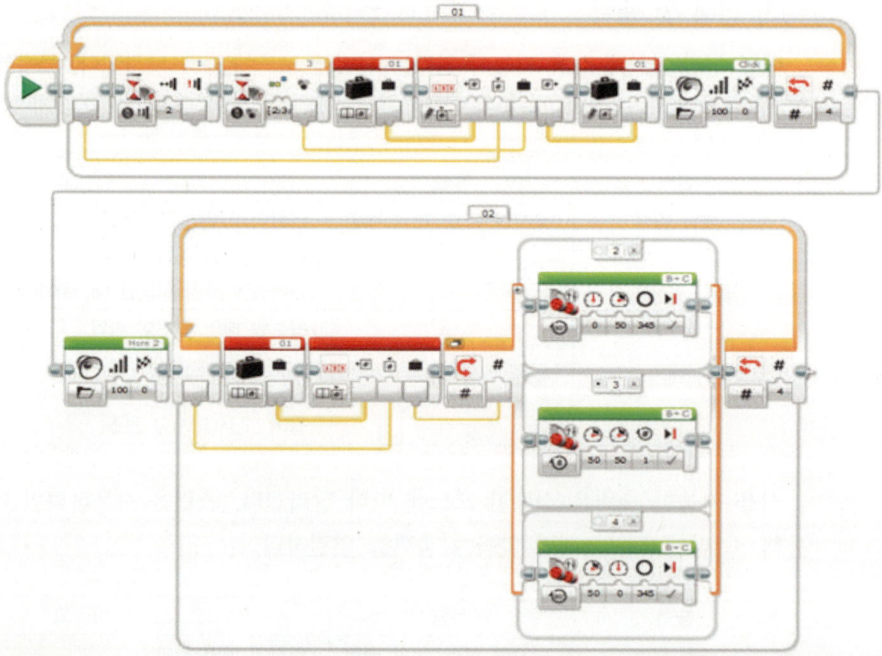

수행 Tip

- EV3 소프트웨어의 로비의 간단한 안내 섹션의 도움말과 동영상을 최대한 활용한다.

9-1 오실로스코프

학습 목표	9-1. 데이터로깅 소프트웨어의 오실로스코프 모드를 실험할 수 있다.

1. 실 험

데이터로깅 실험은 파일 메뉴로 이동하여 새로 만들기를 선택한 다음 데이터로그 실험을 선택하면 생성된다.

EV3 브릭을 켜서 연결되면 데이터로깅 환경이 오실로스코프 모드에서 열린다. 데이터로깅 환경에 있을 때 EV3 브릭을 연결하면 오실로스코프 모드가 자동으로 켜진다. 오실로스코프 모드 시작/정지를 클릭하여 이 모드를 켜고 드래그하라.

오실로스코프 모드 시작/정지

(1) 데이터로깅 탭

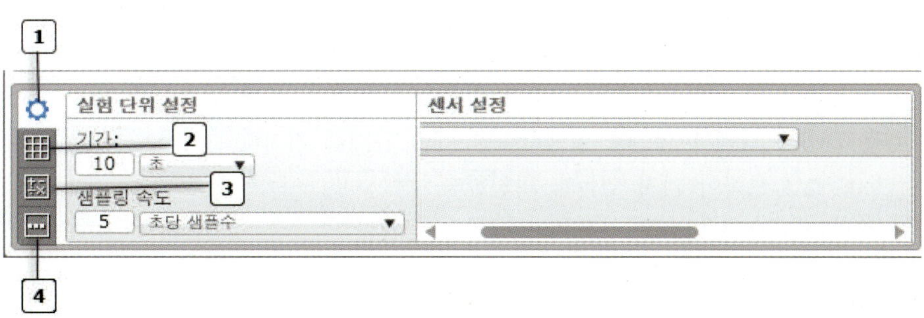

1 실험설정 : 실험을 설정한다.
2 데이터 셋 테이블 : 각 데이터 셋의 그래프 스타일과 표시 유형을 변경한다.
3 데이터 셋 계산 : 기존 데이터 셋에 대한 계산을 수행한다.
4 그래프 프로그래밍 : 센서 값에 따라 실시간 작업을 생성한다.

(2) 실험 단위 설정

실험의 수행시간과 속도를 선택하라.

(3) 센서 설정

로깅할 센서를 선택하라.

(4) 실험 수행

실험을 설정하고 나면 실시간 또는 원격 모드에서 실험을 수행할 수 있다. 하드웨어 페이지의 버튼을 사용하여 원하는 모드를 선택하라.

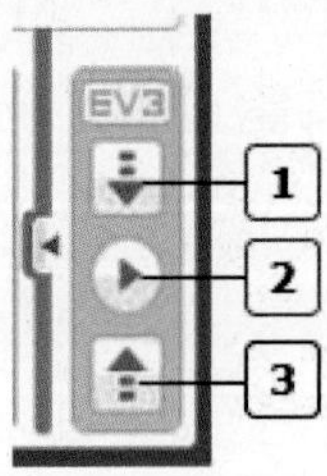

1 다운로드 : 원격 모드에 대한 실험을 다운로드한다.
2 다운로드 및 실행 : 실시간 모드에서 즉시 실험을 수행한다.
3 업로드 : 원격 모드 실험 후 데이터를 업로드한다.

(5) 실시간 모드

실시간 모드에는 컴퓨터에 연결된 EV3 브릭이 필요하다. 센서 데이터는 측정하면 데이터 로깅 그래프에 전송된다. 하드웨어 페이지의 다운로드 및 실행을 클릭하라. 실험이 즉시 시작되고, 센서 값과 함께 그래프가 실시간 업데이트된다.

(6) 원격 모드

원격 모드에서는 EV3 브릭에 실험을 다운로드한 다음 연결을 해제하고 실험을 수행할 수 있다. 실험이 완료된 후에는 컴퓨터에 연결하여 결과를 업로드하라.

다운로드를 클릭하여 EV3 브릭에 실험을 로딩하라. 이제 EV3 브릭 연결을 해제할 수 있다. EV3 브릭에서 실험을 실행하려면 다음 단계를 거쳐라.

① EV3 브릭이 켜져 있는지 확인한다.
② EV3 브릭 버튼을 사용하여 실험을 설정한다.
③ 가운데 버튼을 눌러 실험을 실행한다.

실험이 완료되면 결과를 컴퓨터에 업로드해야 한다.
일단 업로드하면 그래프 영역에 데이터 셋이 표시된다.

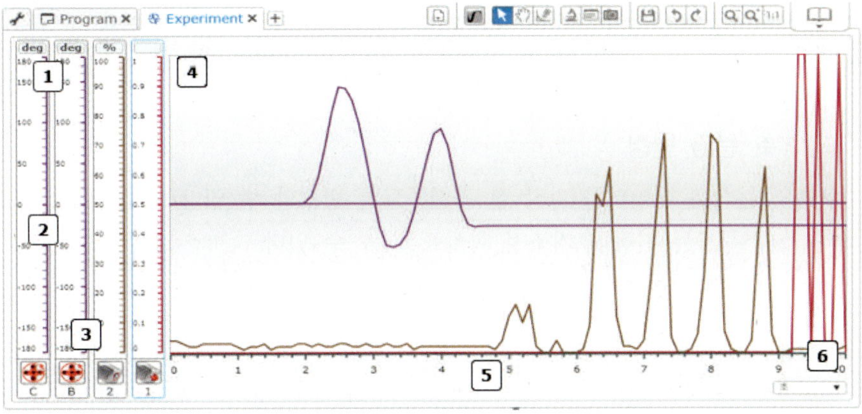

1 Y축 단위
2 Y축
3 센서 유형과 포트 확인
4 그래프 영역
5 X축
6 수행시간 단위

데이터 셋 테이블 탭에서 색상 및 그래프 스타일을 변경할 수 있다.

(7) 데이터로깅 도구 모음

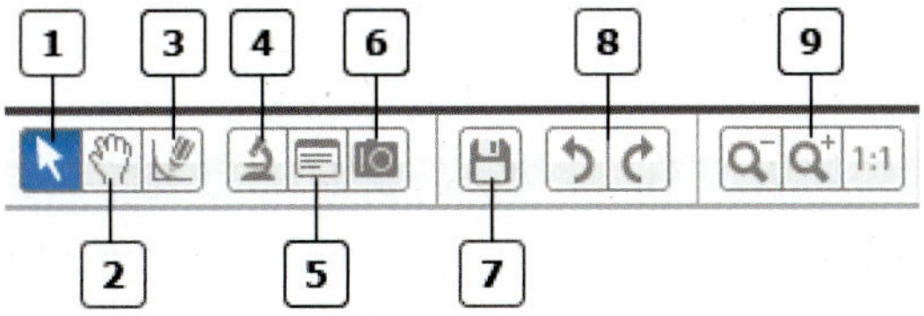

1 선택 도구
2 이동 도구
3 예측 도구 : 실험 데이터가 어떻게 보일 것 같은지에 대해 예측한다.
4 분석 도구 : 데이터의 특정 부분을 분석한다.
5 주석 도구
6 스크린샷 : 그래프 영역을 찍는다.
7 프로젝트 저장

[8] 실행 취소, 다시 실행

[9] 확대/축소 : 축소, 확대, 확대/축소 초기화

주석 도구를 사용하여 그래프 영역에 주석을 입력하라. 주석에 제목을 붙일 수 있다. 주석 상자를 원하는 곳으로 드래그해서 최소화 또는 최대화할 수 있다.

(8) Y축 눈금 변경

Y축의 눈금은 데이터를 가장 잘 표시하도록 변경할 수 있다. Y축을 마우스로 가리키면 최대 스케일 또는 자동 크기조정 화살표를 볼 수 있다.

최대 스케일

자동 크기 조정

센서의 최대 범위에 맞춰 Y축 크기를 조정하려면 최대 스케일을 선택하라. 예를 들어, 최대 스케일은 색상 모드의 컬러 센서에서는 0부터 8까지, 반사광 강도 모드의 컬러 센서에서는 0부터 100까지이다.

수집한 데이터의 최소값과 최대값에 맞춰 Y축 크기를 조정하려면 자동 크기조정을 선택하라. 예를 들어, 모터 회전 센서가 실험에서 −180도에서 +180도 사이에서만 움직였다면 이것이 Y축의 새로운 최소값, 최대값이 된다.

축에 있는 숫자를 클릭하여 변경하면, Y축과 X축의 최대값과 최소값을 직접 설정할 수 있다.

2. 실험설정

실험설정 탭은 실험을 설정하는 데 사용한다. 이 탭에는 실험을 실행하는 지속 시간, 실험에서 센서의 데이터를 기록하는 빈도, 데이터 수집에 사용하는 센서가 포함된다.
실험설정 탭을 클릭하면 실험설정을 열 수 있다.

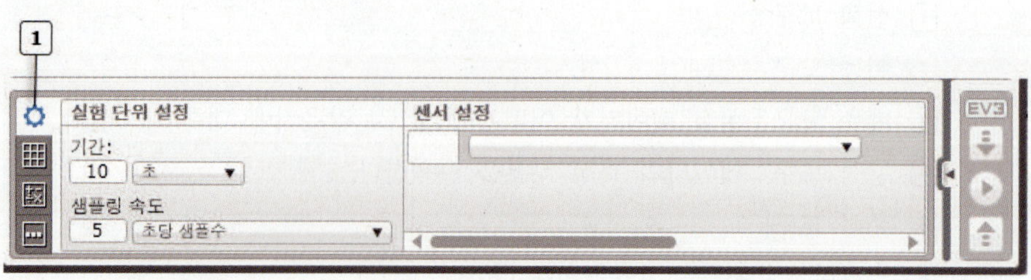

[1] 실험설정

수행시간에서는 실험에서 데이터를 얼마나 오래 수집하려는지 선택하라. 초 또는 분을 선택하라. 속도에서 데이터를 얼마나 자주 기록하려는지 선택하라. 초당 샘플 수 또는 샘플링 주기를 선택하라.

■ 팁과 요령

속도는 어떻게 선택하나? 속도는 무엇을 측정하는지에 따라 달라진다. 물체가 초음파 센서에 얼마나 빨리 다가오는지 기록하고 싶다면 초당 샘플 수(초당 최대 1,000개 샘플)를 측정하고 싶을 것이다. 하지만 컵에 담긴 물의 온도가 얼마나 변하는지 측정하고 싶다면, 60초의 샘플링 주기 속도로 측정할 수 있다.

(1) 센서 설정

수행시간과 속도를 선택했으면 기록 대상인 센서를 설정한다. EV3 브릭은 한 번에 최대 8개의 센서를 기록할 수 있는데, 4개 센서는 포트 1부터 4까지에 달려 있고 4개 모터(모터 회전수 측정에 사용함)는 출력 포트 A부터 D까지에 달려 있다.

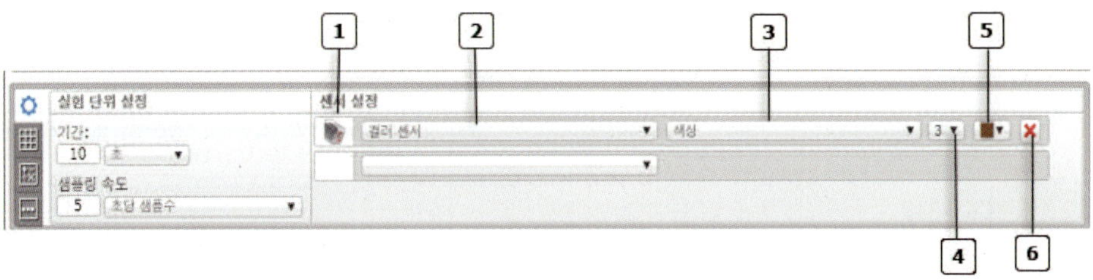

1 센서 유형
2 센서 선택
3 센서 모드 및 단위 선택
4 포트 선택
5 (그래프) 색상 선택
6 센서 삭제

(2) 하드웨어 자동 인식

EV3 브릭을 켜서 전원을 연결하고 하드웨어 페이지를 확장하면 센서 설정이 자동으로 인식된다.

일단 실험을 구성하면 실험을 실행할 수 있다. 자세한 내용은 실험 생성을 참조하라.

(3) 실험결과 인쇄

인쇄하려는 실험을 열고 파일 메뉴에서 인쇄를 선택하라. Windows의 CTRL-P, Mac의 Command-P 같은 단축키도 사용할 수 있다.

아래 예처럼 인쇄 대화상자가 열린다.

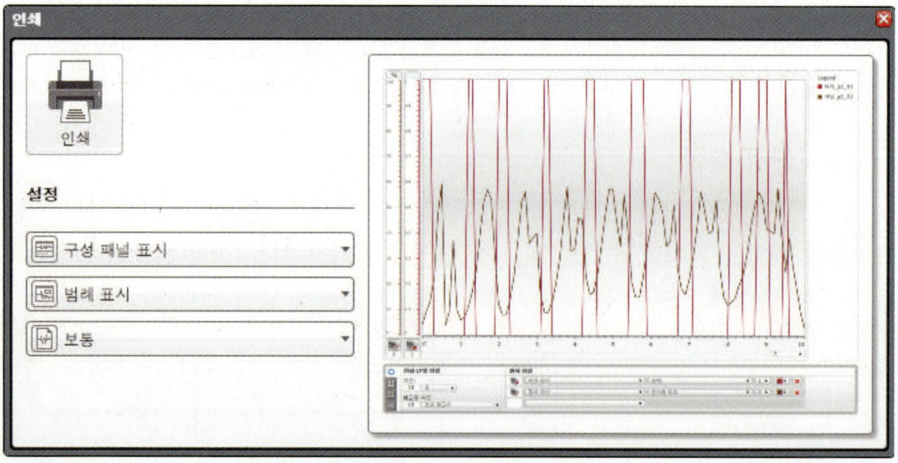

1) 설정

① 구성 팔레트 표시 : 현재 구성 팔레트(실험설정, 데이터 셋 테이블, 데이터 셋 계산, 그래픽 프로그래밍)가 인쇄물에 포함된다.

② 구성 팔레트 숨김 : 그래프 영역만 인쇄된다.

③ 범례 표시 : 각 데이터 셋을 나타내는 범례가 인쇄물에 포함된다.

④ 범례 숨김 : 범례가 인쇄물에 포함되지 않는다.

⑤ 기본 : 프린터의 기본 페이지 방향을 사용한다.

⑥ 가로로 인쇄 : 가로로 인쇄 방향

원하는 설정을 선택한 후 인쇄를 클릭하라.

3. 오실로스코프 모드

오실로스코프 모드에서는 EV3 브릭에 연결된 센서의 센서 값을 실시간으로 볼 수 있다.

오실로스코프 모드 시작/정지를 클릭하여 이 모드를 켜고 드래그하라.

오실로스코프 모드를 사용하면 그래프 영역은 파란색으로 변하고 기존 그래프는 희미해진다. 데이터 그래프는 점선으로 표시되고 계속 업데이트된다. 다음 이미지는 로봇을 앞으로 밀었을 때 두 모터 회전 센서의 데이터를 보여준다.

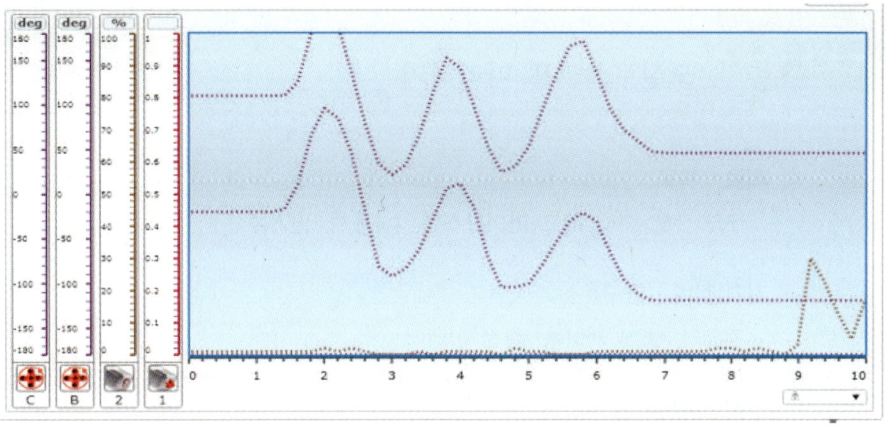

■ 팁과 요령

오실로스코프 모드를 사용하면 다른 센서가 어떻게 반응하는지도 알 수 있다. 컬러 센서를 그림 위로 이동해 보라. 오실로스코프 모드에서 센서 값이 실시간으로 보일 것이다.

수행실습

오실로스코프 따라하기

재료 · 자료

EV3 SW, EV3 레고 마이드스톰, A4용지, 필기류

기기(장비 · 공구)

컴퓨터, USB 케이블, 충전 어댑터

안전 · 유의사항

- EV3 로봇 플랫폼의 외형의 관리하고 P-브릭에 전원을 충분히 충전한다.
- EV3에 프로그램을 동작시킬 때 USB 케이블을 제거한 후 실행한다.

수행순서

01 오실로스코프 모드를 실험하기 위하여 케이블 연결할 때와 EV3를 시작하는 동안 자이로 센서와 EV3의 안정을 유지하라.

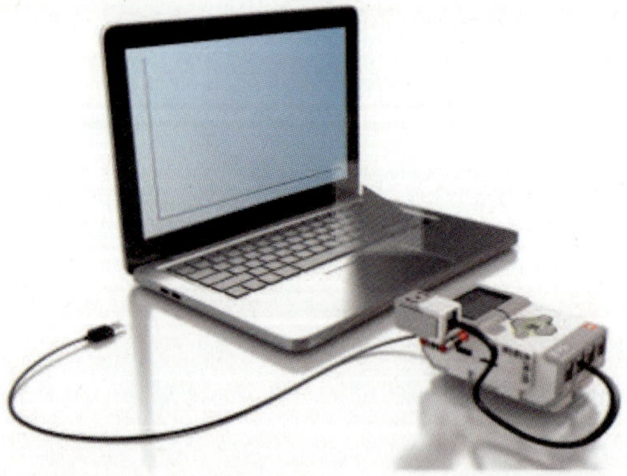

02 USB를 통해 EV3 브릭을 컴퓨터에 연결하라. 그런 다음 애니메이션에 나온대로 브릭을 옮기고 데이터가 그래프 영역에 그려지고 있는지 확인하라.

03 자이로 센서의 플러그를 뽑아(그래프는 사라진다)포트 1에 끼워라. 그러면 새로운 그래프가 그려진다.

04 오실로스코프 모드를 중지하라. 그래프가 사라진다.

05 두 번째 센서를 포트 3에 연결하고 오실로스코프 모드를 시작하라. 어떤 상황이 벌어지는지 구현하라.

수행 Tip

– EV3 소프트웨어의 로비의 간단한 안내 섹션의 도움말과 동영상을 최대한 활용한다.

9-2 라이브 그래프

학습 목표 | 9-2 실시간 온도 데이터를 EV3 소프트웨어 응용에 직접 기록을 할 수 있다.

1. 예측 도구

예측 도구는 실험의 가능한 결과를 예측하는 데 사용한다. 뜨거운 물이 담긴 컵의 온도가 시간이 흐르면서 어떻게 변할지 예측하려고 한다. 손으로 그림을 그리거나 함수를 지정하여 예측할 수 있다. 예측은 필요에 따라 수정할 수 있다.

(1) 예측 생성

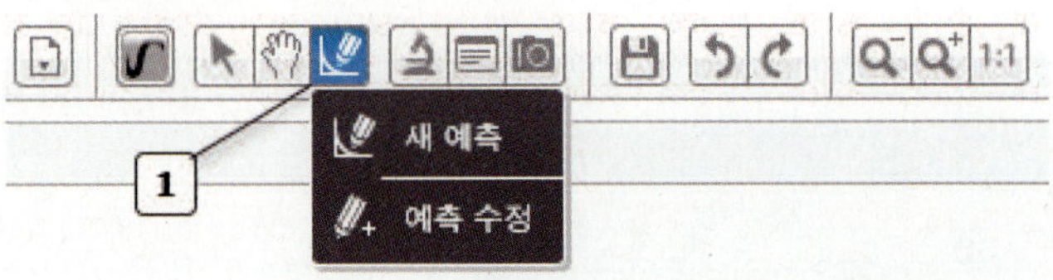

[1] 예측 도구를 클릭하고 드롭다운 메뉴에서 새 예측을 선택한다.

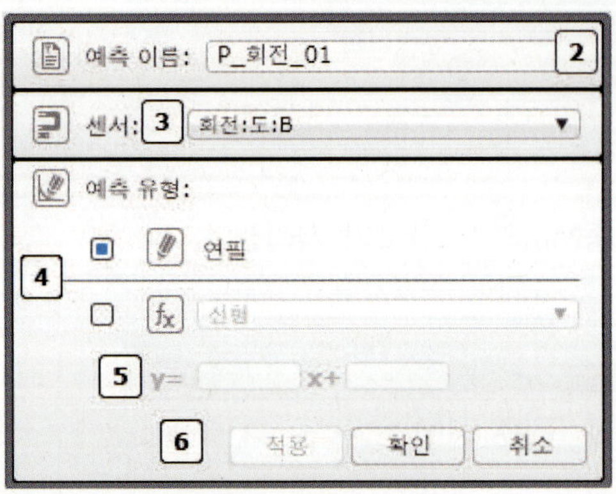

[2] 예측에 이름을 붙인다.

[3] 예측을 위해 센서를 선택한다.

[4] 예측 유형을 (연필)과 (함수) 중에 선택한다.

[5] 함수를 선택하는 경우 관련 파라미터를 입력한다.

[6] 적용을 클릭하여 예측의 미리보기를 그래프로 확인한다.

[7] OK를 클릭하여 대화상자를 닫는다.

(2) 연필 예측

연필 예측을 만들려면 화면으로 연필 커서를 드래그해서 그림을 그려라. 마우스 왼쪽 버튼을 연속으로 클릭하라. 그러면 클릭에 맞춰 예측이 만들어진다.

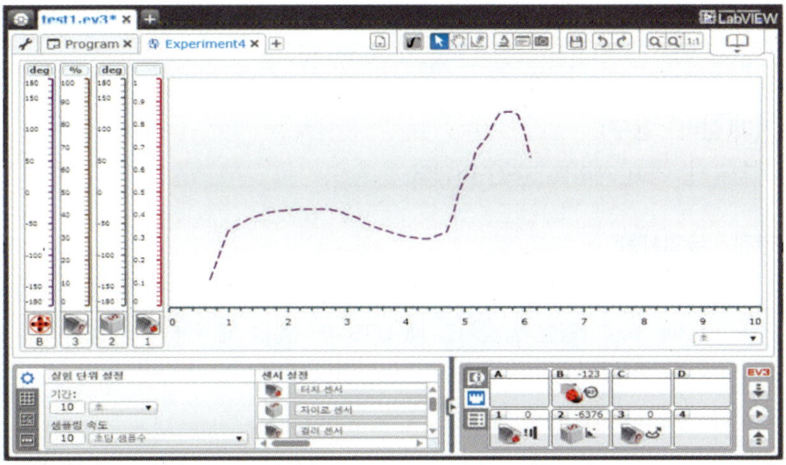

(3) 함수 예측

함수 예측을 만들려면 메뉴에서 적절한 함수 유형을 선택하고 관련 파라미터를 입력하라.

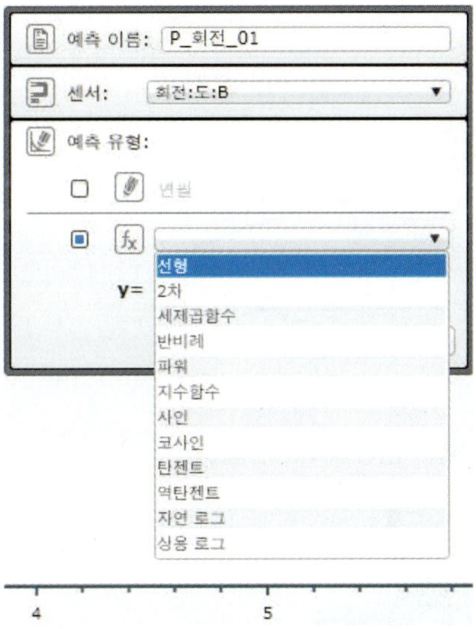

(4) 기존 예측 편집

예측 도구 메뉴에서 예측 수정을 선택하고 해당 예측을 클릭하여 수정하라. 연필 예측은 해당 예측을 드래그해서 수정할 수 있다. 그래프를 클릭하면 커서에 맞춰 예측이 만들어진다. 함수 예측은 함수 예측 패널에 있는 파라미터 값을 변경하여 수정할 수 있다.

수행실습 라이브 그래프 따라하기

재료 · 자료

EV3 SW, EV3 레고 마이드스톰, A4용지, 필기류

기기(장비 · 공구)

컴퓨터, USB 케이블, 충전 어댑터

안전 · 유의사항

- EV3 로봇 플랫폼의 외형의 관리하고 P-브릭에 전원을 충분히 충전한다.
- EV3에 프로그램을 동작시킬 때 USB 케이블을 제거한 후 실행한다.

수행순서

01 실시간 온도 데이터를 측정하기 위하여 다음과 같이 구성한다.

02 EV3 브릭을 켜고 USB를 통해 브릭을 컴퓨터에 연결하라.

03 오실로스코프 모드를 중지하라.

04 실험 수행시간을 20초로 설정하라.

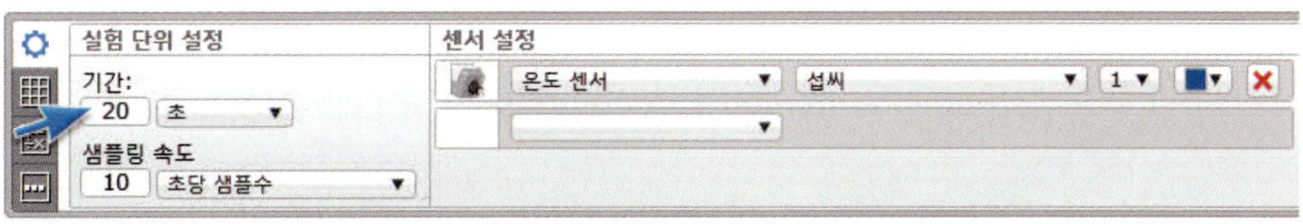

05 예측 도구를 열고 예측을 클릭하라.

06 이 예측에 대한 이름을 입력하라. 예측의 기준이 될 센서를 선택하라. 이 실험에서는 센서가 자동으로 선택될 것이다. 확인을 클릭하라.

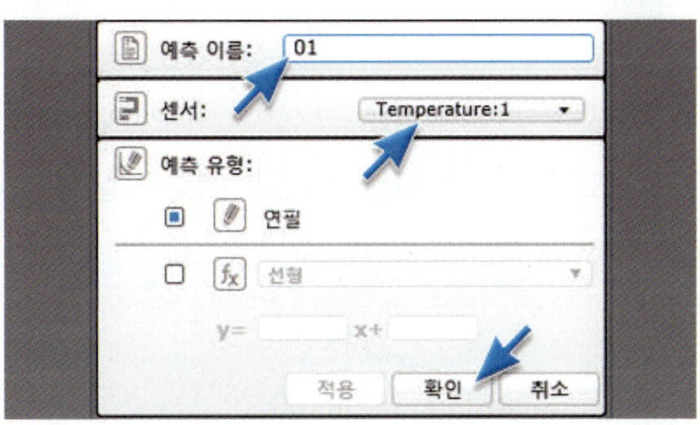

07 예측을 그릴 공간이 부족하면 예측을 그리기전에 이 콘텐츠 편집기 창을 닫아라. 이 제 온도 센서 탐침을 물속에 넣으면 볼 수 있다고 생각되는 라인을 그려라.

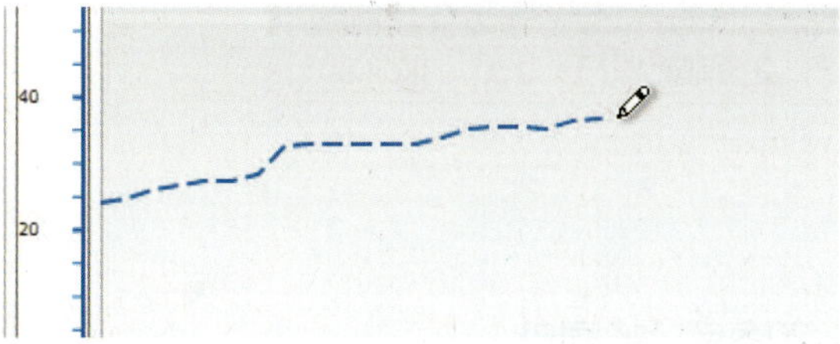

08 다운로드 및 실행하여 라이브 데이터 수집을 시작하라.

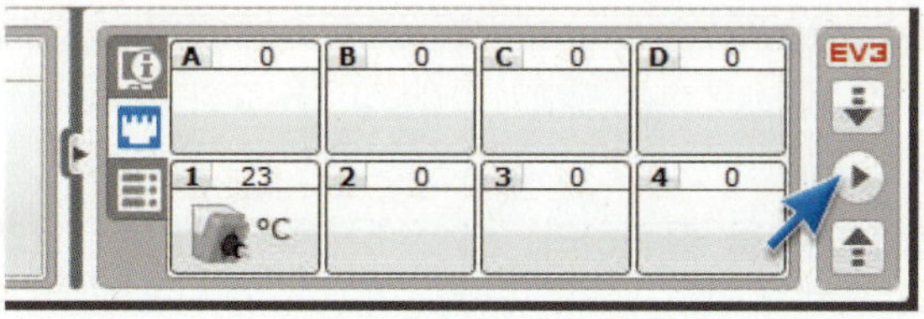

09 온도 센서 탐침을 물 속에 넣어라.

10 실시간 데이터가 그래프 영역에 나타날 것이다. 예측과 실제 데이터를 비교하라.

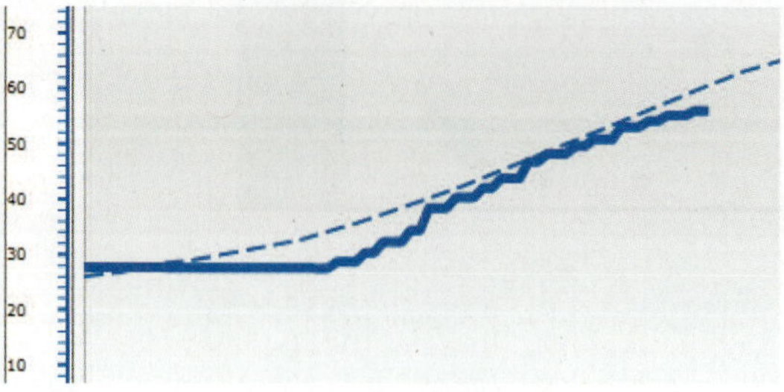

11 샘플링 속도를 샘플링 주기 2초로 변경하고 다운로드 및 실행하여 두 번째 데이터 셋을 수집한 다음 비교하라.

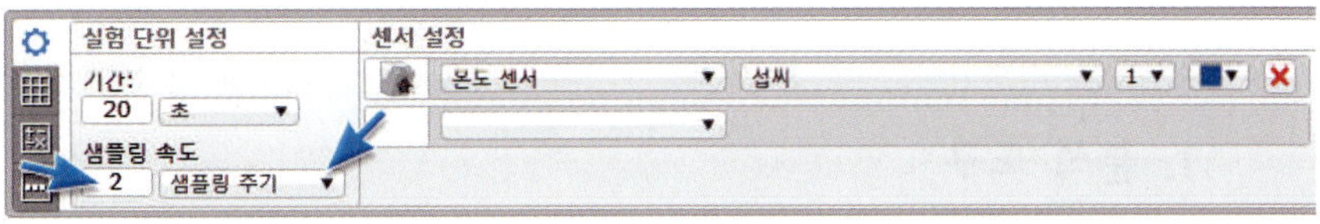

12 포인트 분석 도구와 섹션 분석 도구를 사용하여 데이터를 분석하라.

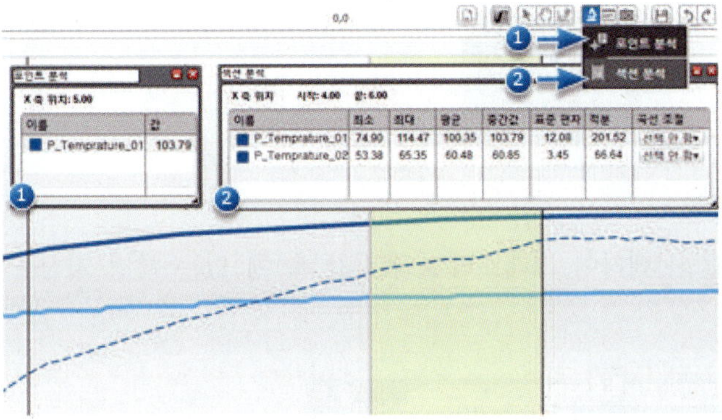

수행 Tip

– EV3 소프트웨어의 로비의 간단한 안내 섹션의 도움말과 동영상을 최대한 활용한다.

9-3 원격 데이터로깅

학습 목표	9-3 EV3 브릭을 사용하여 수집한 데이터를 저장하고 분석하여 원격 데이터로깅을 이해할 수 있다.

1. 분석 도구

분석 도구는 실험 데이터나 예측을 조사하는 데 사용된다. 분석은 단일 지점(포인트 분석) 또는 데이터 섹션(섹션 분석)에서 수행할 수 있다.

1 분석 도구

(1) 포인트 분석

포인트 분석을 선택하여 그래프의 X축(시간 축)에 있는 특정 지점을 조사하라.

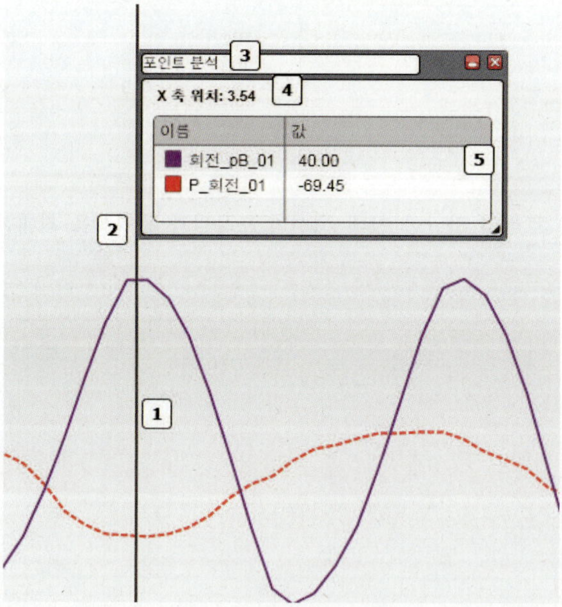

1 X축 선

2 슬라이드 커서 : 포인터가 X축 선 위에 있을 때만 활성화. 커서를 분석 지점으로 드래그하라.

3 분석 이름 4 X축 위치 5 각 데이터 셋에 대한 Y축 값

X축 위치와 Y축 값은 그래프를 따라 X축 선을 옮길 때 자동으로 바뀐다. 포인트 분석 표지를 원하는 만큼 얼마든지 추가할 수 있다.

(2) 섹션 분석

섹션 분석을 선택하여 그래프의 X축에 있는 특정한 기간을 조사하라.

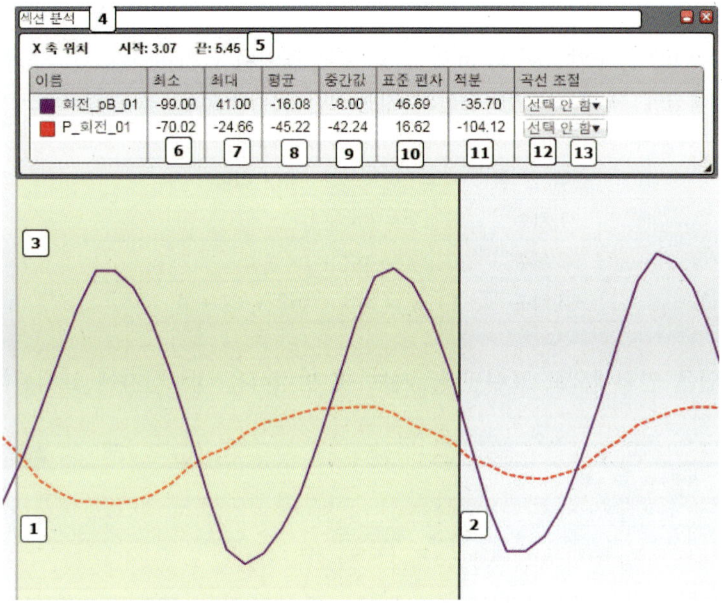

1. 시작 : 섹션의 왼쪽 X축 위치
2. 끝 : 섹션의 오른쪽 X축 위치
3. 슬라이드 커서 : 포인터가 시작 줄 또는 끝 줄 위에 있을 때만 활성화
4. 분석 이름
5. X축 위치 범위
6. 최소 : 섹션 내 각 데이터 셋의 최소값
7. 최대 : 섹션 내 각 데이터 셋의 최대값
8. 평균 : 섹션 내 각 데이터 셋의 평균값
9. 중간값 : 섹션 내 각 데이터 셋의 중간값
10. 표준 편차 : 섹션 내 각 데이터 셋의 표준 편차
11. 적분 : 섹션 내 각 데이터 셋의 곡선 아래 면적
12. 커브 핏(Curve fit)
13. 커브 핏(Curve fit) 방정식

X축 범위와 Y축 범위 값은 시작 줄과 끝 줄을 옮길 때 자동으로 업데이트된다. 선택 도구 영역의 아무 부분이든 드래그해서 선택 전체를 옮겨라.

■ **팁과 요령**

정보 상자를 드래그해서 옮겨라. 이는 정보 상자 여러 개가 겹치는 경우에 유용하다.

(3) 커브 핏

커브 핏(Curve fit)은 수학 함수로 표현할 수 있는 데이터 근사치이다. 소프트웨어는 주어진 데이터 셋 섹션에 대해 선택한 곡선의 자동적인 핏팅(Fitting)을 수학적으로 계산한다.

선택 안 함	곡선 없음
1.차수	y = mx + b
2.차수	y = ax2 + bx + c
3.차수	y = ax3 + bx2 + cx + d

커브 핏 라인은 연회색으로 표시된다. 커브 핏 방정식은 정보상자에 표시된다.

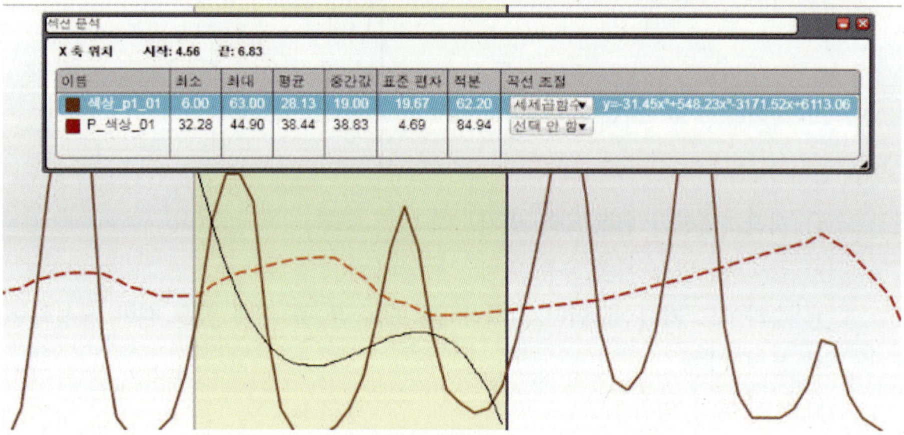

수행실습

원격 데이터로깅

재료 · 자료

EV3 SW, EV3 레고 마이드스톰, A4용지, 필기류

기기(장비 · 공구)

컴퓨터, USB 케이블, 충전 어댑터

안전 · 유의사항

- EV3 로봇 플랫폼의 외형의 관리하고 P-브릭에 전원을 충분히 충전한다.
- EV3에 프로그램을 동작시킬 때 USB 케이블을 제거한 후 실행한다.

수행순서

01 EV3 브릭을 사용하여 수집한 데이터를 저장한 후 분석을 위해 컴퓨터로 옮긴다.

02 EV3 브릭을 켜고 USB를 통해 연결하라.

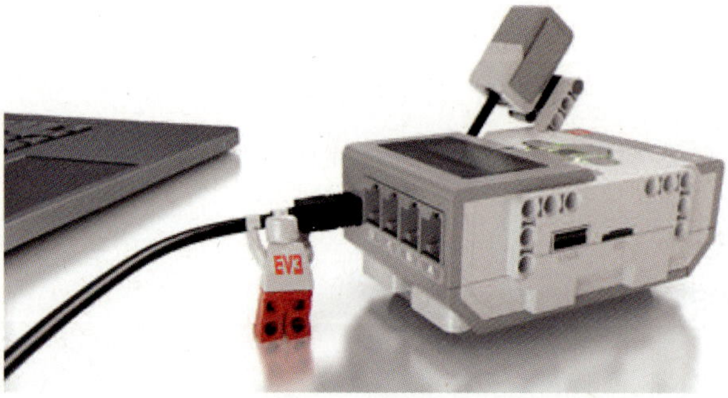

03 오실로스코프 모드를 중지하라.

04 실험 이름을 더블 클릭하여 이름을 변경하라.

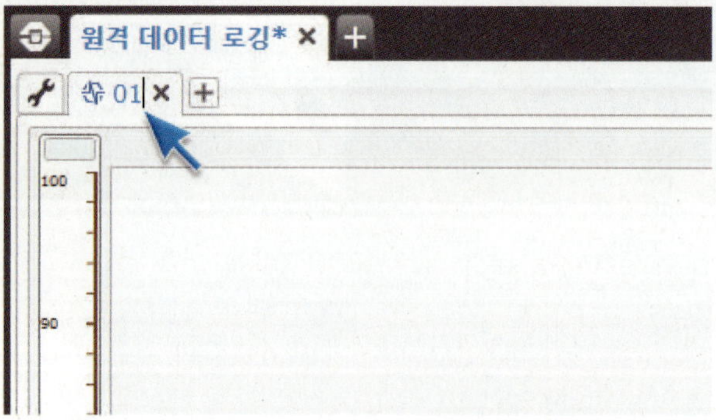

05 샘플링 속도를 초당 샘플수 20개로 변경하고 컬러 센서 모드를 주변광 강도로 변경하라.

06 이제 실험을 EV3 브릭에 다운로드하라.

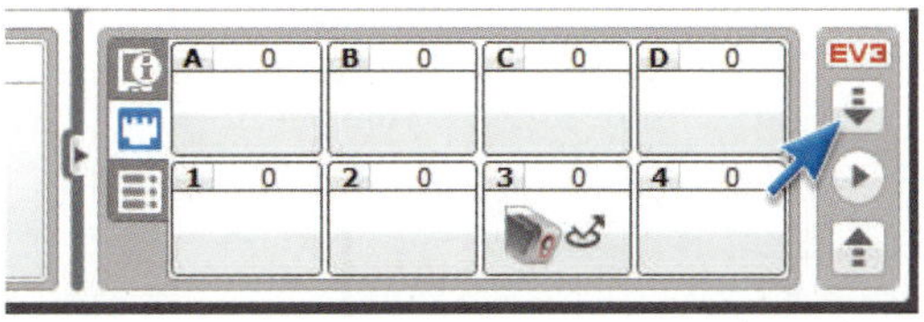

07 USB 케이블의 연결을 끊고 EV3 브릭을 광원 가까이 두어라.

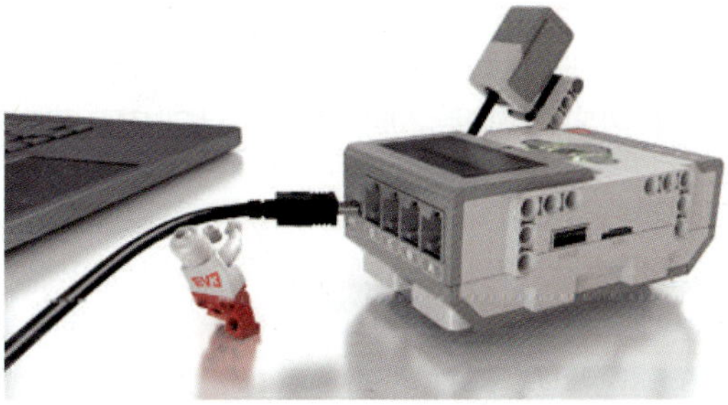

08 EV3 브릭에서 가운데 버튼을 눌러 실험을 실행하라.

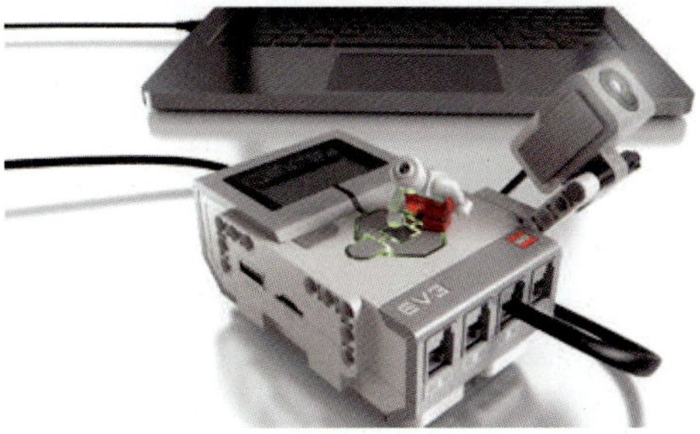

09 USB를 통해 컴퓨터에 재연결하라.

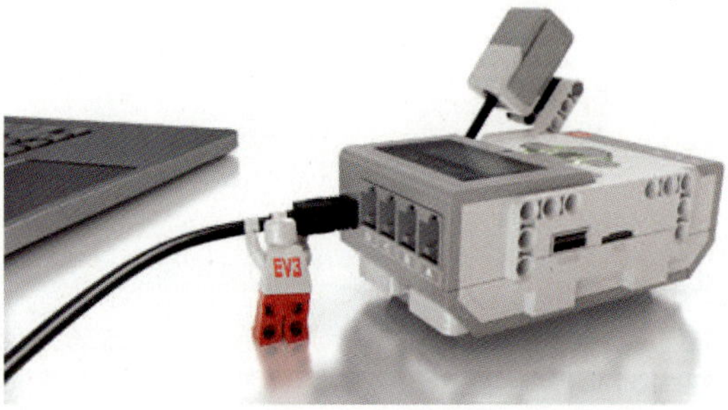

10 업로드 버튼을 클릭하라.

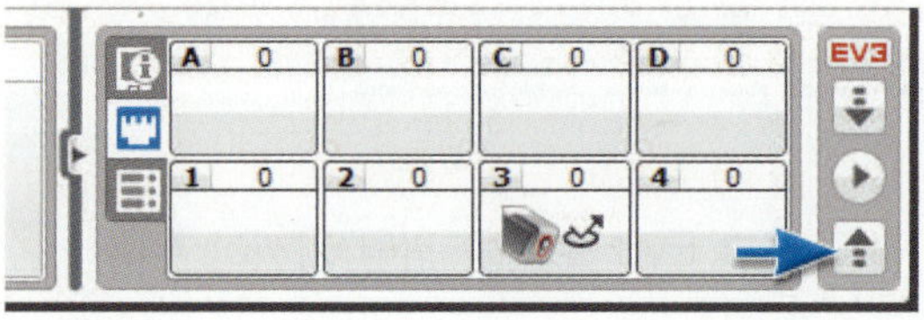

11 방금 수집한 데이터가 포함된 파일을 선택하고 가져오기를 클릭하라.

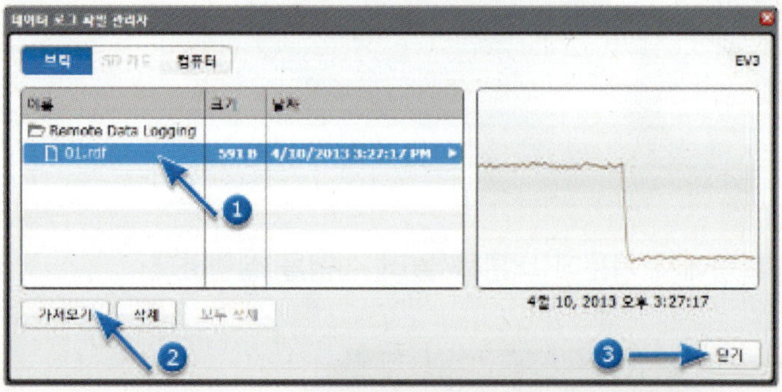

12 이제 그래프가 그래프 영역에 표시될 것이다. 분석 도구를 사용하여 데이터 셋을 분석하라.

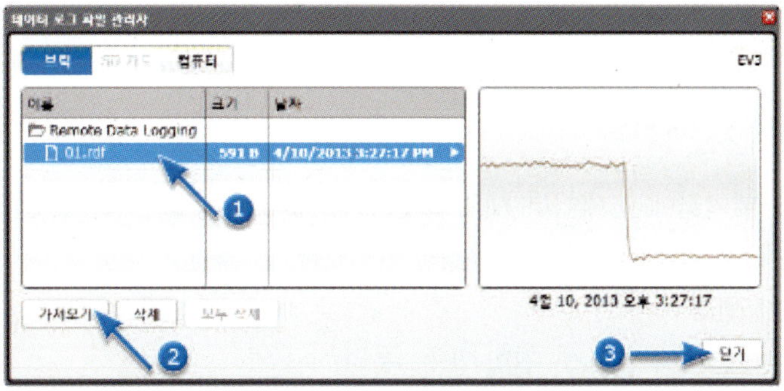

수행 Tip

– EV3 소프트웨어의 로비의 간단한 안내 섹션의 도움말과 동영상을 최대한 활용한다.

9-4 브릭 데이터로깅

학습 목표 9-4. EV3 브릭 데이터로그 앱을 사용하여 데이터를 수집을 통하여 브릭 데이터로깅을 이해할 수 있다.

1. 데이터 셋 테이블

데이터 셋 테이블에는 데이터 셋의 모든 X축 값과 Y축 값이 들어 있다. 각각의 데이터 셋이 그래프에 어떻게 표시되는지 수정할 수 있다.

① 측정단위 변경

② Y축 하나에서 데이터 셋 결합 또는 분리

③ 데이터 셋 표시 및 숨김

④ 색상 및 그래프 스타일 변경

아직 실험을 수행하지 않았다면 데이터 셋 테이블에는 생성된 예측의 값만 표시된다. 실험 실행과 결과 업로드에 대한 자세한 내용은 데이터로깅 프로그램 생성을 참조하라.

데이터 셋 테이블 탭을 클릭하면 데이터 셋 테이블을 열 수 있다.

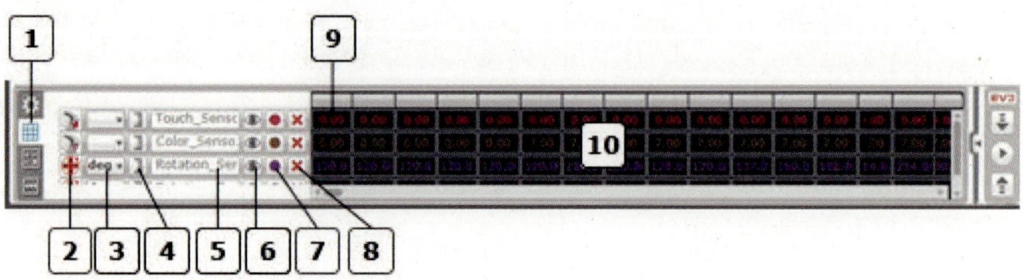

[1] 데이터 셋 테이블 탭

[2] 센서 유형

[3] 센서 단위

[4] 축으로 데이터 셋 이동

[5] 데이터 셋 이름

[6] 데이터 셋 표시/숨김

[7] 색상 및 그래프 스타일

[8] 데이터 셋 삭제

[9] 실험 시작 시간

[10] 데이터 셋 값

(1) 센서 단위

측정 단위를 변경하면(각도에서 회전수로 변경) 데이터 셋 값이 그에 따라 바뀐다.

(2) 축으로 데이터 셋 이동

데이터 셋은 Y축 하나에서 결합하거나 여러 Y축으로 분리할 수 있다.

데이터 셋을 결합하고 같은 Y축에서 같은 센서 유형을 '묶는' 것은 좋은 생각일 수 있다. 예를 들면, 한 실험에 2개의 컬러 센서를 사용한다면 Y축을 2개 갖게 된다.

Y축 하나에서 데이터 셋 모두를 얻으려면,

① 이동할 데이터 셋을 찾는다.
② 축으로 데이터 셋 이동을 클릭한다.
③ 다른 데이터 셋의 Y축을 선택한다.

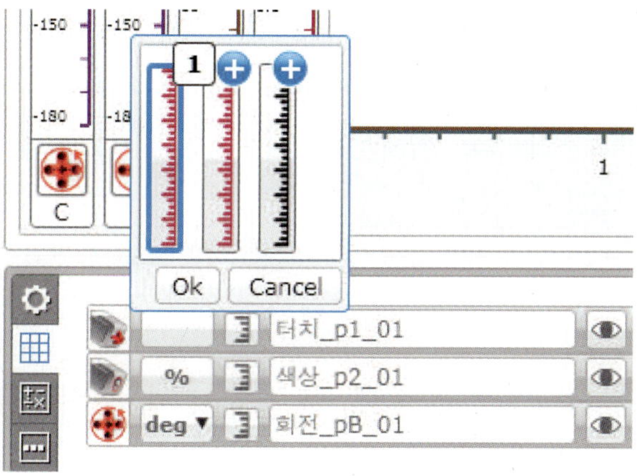

데이터 셋을 분리하는 것도 이와 비슷하다. 예를 들면, 실험을 여러 번 실행한다면 Y축마다 데이터 셋을 여러 개 둘 수 있다. 데이터 셋을 분리하면 각 데이터 셋에 대한 그래프 색상, 스타일 및 눈금을 변경할 수 있다. 데이터 셋을 분리하려면

① 이동할 데이터 셋을 찾는다.
② 축으로 데이터 셋 이동을 클릭한다.
③ 새로운 Y축(별표로 나타냄)을 선택한다.

(3) 데이터 셋 이름

각 데이터 셋의 이름을 바꿀 수 있다.

(4) 데이터 셋 표시/숨김

눈 아이콘을 클릭하여 데이터 셋 테이블에 있는 데이터 셋을 표시하거나 숨겨라.

(5) 색상 및 그래프 스타일

각 데이터 셋에 대한 색상 및 그래프 스타일을 변경하여 그래프를 맞춤화할 수 있다. 측정한 센서 데이터 그래프는 실선으로 그린다. 예측은 점선으로 그린다.

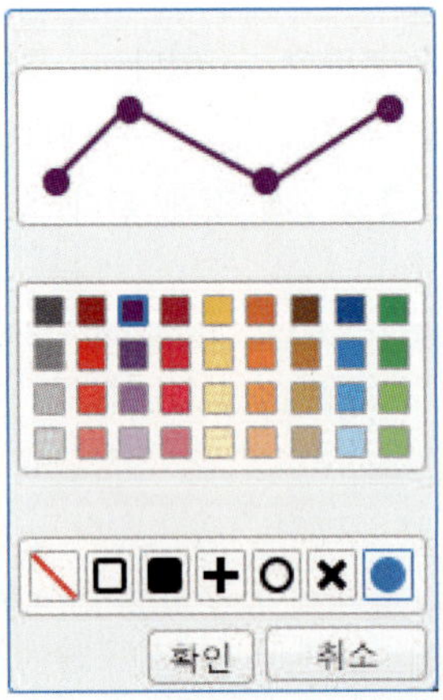

기본적으로 센서의 예측과 측정 데이터는 그래프 상에서 동일한 색상을 사용한다. 차별화를 위해 그래프의 색상을 변경할 수 있다.

흑백 프린터를 사용하여 그래프를 인쇄하는 경우, 각 그래프를 더 쉽게 확인할 수 있도록 다른 그래프 스타일을 사용하라.

새 데이터를 기록하거나 예측을 하면 그래프 색상이 자동으로 흐려진다. 색상이 단색일수록 데이터 셋이 새로운 것이고, 색상이 옅을수록 데이터 셋이 오래된 것이다. 충분한 데이터가 수집되면 가장 오래된 데이터 셋이 회색으로 변한다. 색상 및 그래프 스타일을 선택하면 그래프가 흐려지지 않는다.

(6) 예측 수정

데이터로깅 도구 모음에 있는 예측 데이터 셋을 선택하고 데이터 셋 테이블에 있는 셀을 클릭하거나 직접 예측을 변경하면 예측 데이터 셋의 값을 수정할 수 있다. 자세한 내용은 예측 도구를 참조하라.

(7) 데이터 셋 값 삭제

데이터 셋에서 값 삭제는 선택한 예측 또는 데이터 셋에서 특정 범위의 값을 삭제하는 데 사용한다. 값 삭제는 일정한 센서에서 데이터를 수집할 때 나타나는 그래프 상의 의도하지 않은 봉우리와 골짜기 부분을 삭제하기 위한 것이다.

특정 예측 또는 데이터 셋에서 값을 삭제하려면 그래프 또는 데이터 셋 테이블에 있는 예측 또는 데이터 셋을 클릭하여 선택하라. 그런 다음 도구 모음 메뉴의 데이터 셋에서 값 삭제 옵션을 선택하라.

삭제하려는 최소값과 최대값을 입력하라. 특정값을 포함하여 모든 값은 필드 1과 2에 입력하며, 선택한 예측 또는 데이터 셋에서 삭제한다. 필드 1에 50을 입력하고 필드 2에 100을 입력하는 경우, 50과 100 사이의 모든 값이 삭제될 뿐 아니라 50과 100의 값 또한 삭제된다.

확인을 클릭하면 그래프와 데이터 셋 테이블은 사용자의 선택을 반영하며 자동 업데이트된다.

▪ 팁과 요령

데이터 셋에서 값 삭제 도구는 언제 사용하나?

데이터 셋에서 값 삭제는 초음파 신호가 초음파 센서에 반향되지 않을 때 가끔 나타나는 봉우리 부분을 삭제하는 경우에 유용하다. 이것의 발생원인은 많다(센서의 최대 범위를 벗어난 물체, 천이나 거친 표면으로 만들어진 물체 또는 신호를 반환할 수 없을 정도로 너무 작은 물체). 때때로 어떤 표면은 초음파 센서의 음파를 효과적으로 반사하지 않아서 센서가 "범위를 벗어난" 음파로 판단하고 그래프에서 255cm(100인치) 값을 자동으로 입력한다. 데이터 셋을 분석하기에 앞서 데이터 셋에서 값 삭제를 사용하여 결과를 정리하고 이 봉우리 부분을 삭제하라.

수행실습 브릭 데이터로깅

재료 · 자료

EV3 SW, EV3 레고 마이드스톰, A4용지, 필기류

기기(장비 · 공구)

컴퓨터, USB 케이블, 충전 어댑터

안전 · 유의사항

- EV3 로봇 플랫폼의 외형의 관리하고 P-브릭에 전원을 충분히 충전한다.
- EV3에 프로그램을 동작시킬 때 USB 케이블을 제거한 후 실행한다.

수행순서

01 EV3 브릭 데이터로그 앱을 사용하여 데이터를 수집한다.

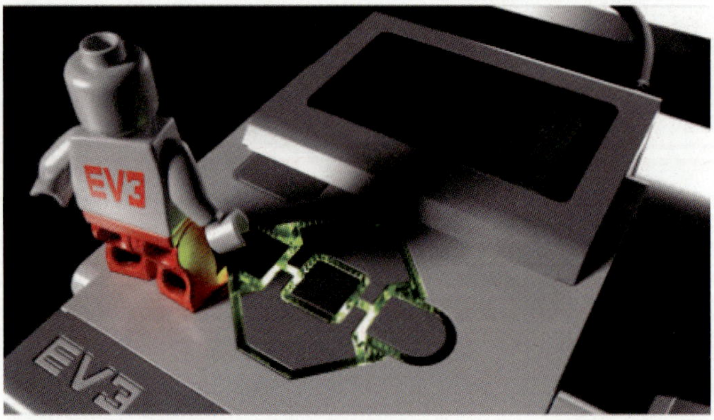

02 EV3 브릭을 켜라.

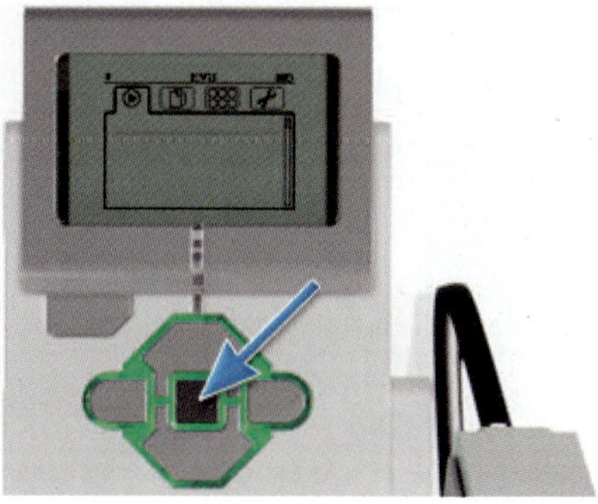

03 브릭 앱영역을 탐색한 다음 브릭 데이터로그 앱을 열어라.

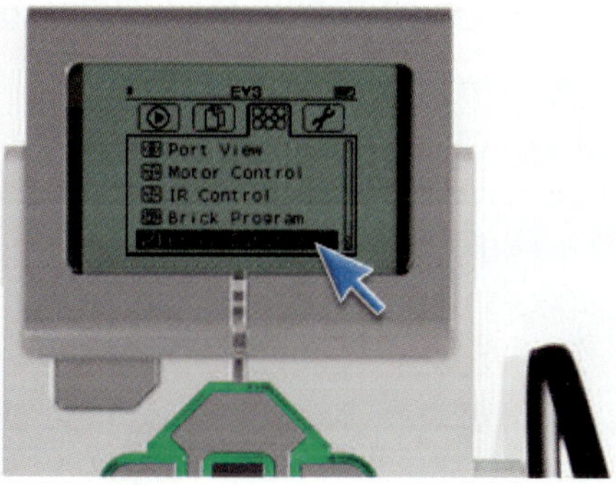

04 이제 현재의 반사광 크기를 보여주는 그래프를 보아야 한다.

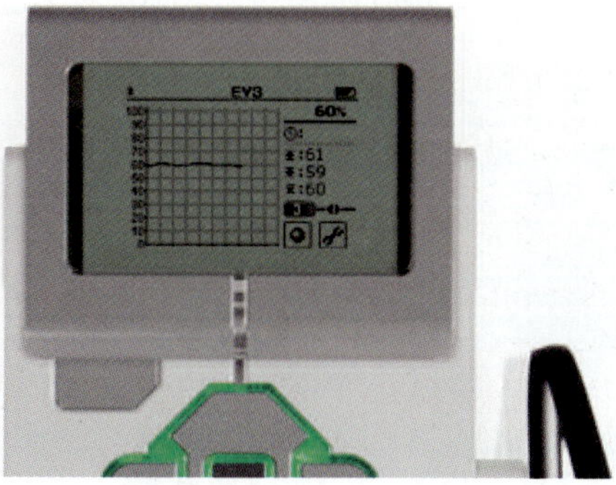

05 아래 버튼을 클릭한 다음 오른쪽 버튼을 클릭하여 설정 아이콘을 진하게 보이게 하라. 그런 다음 가운데 버튼을 클릭하여 열어라.

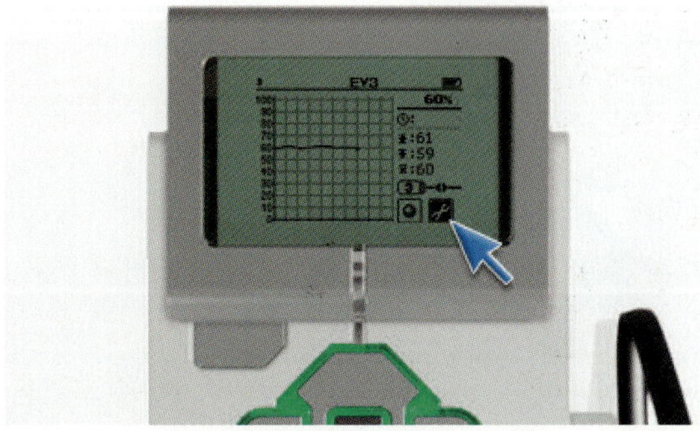

06 아래 버튼과 가운데 버튼을 눌러 센서 설정 영역을 열어라.

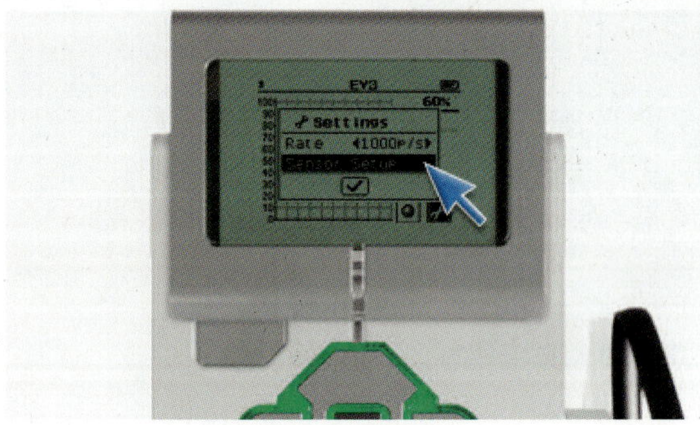

07 컬러 센서 모드를 "COL-AMBIENT"로 변경하고 가운데 버튼을 눌러라.

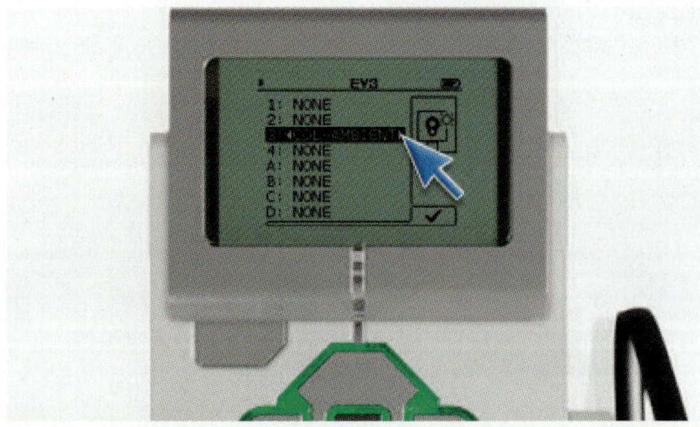

08 아래 버튼과 가운데 버튼을 눌러 변경사항을 저장하라.

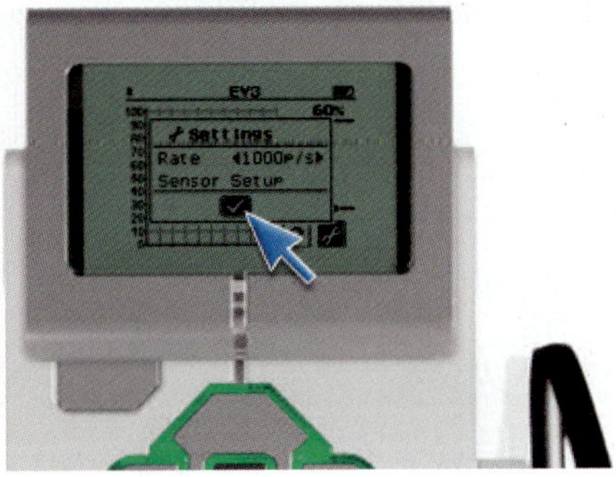

09 왼쪽 버튼을 눌러 데이터로깅 시작/중지 아이콘을 진하게 보이게 하라.

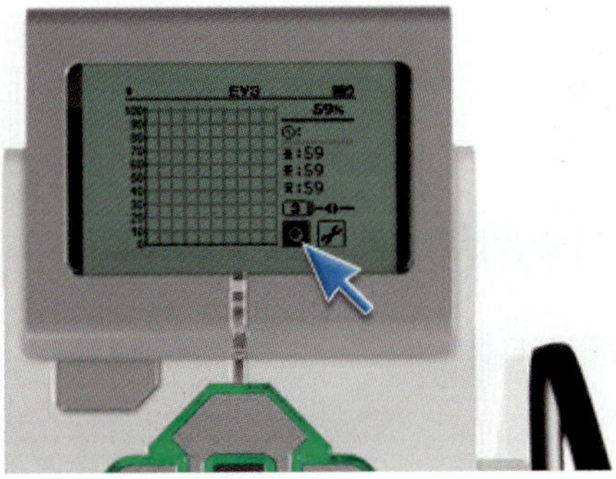

10 가운데 버튼을 눌러 데이터 수집을 시작하라. 브릭 상태 표시등이 점멸하면서 EV3 브릭이 성공적으로 데이터 수집 중임을 알린다.

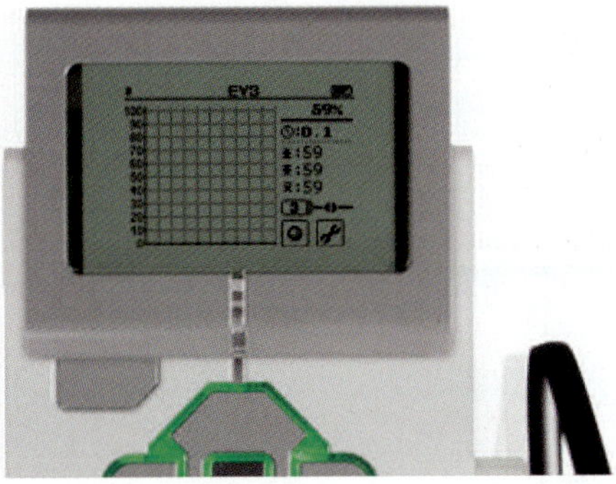

11 가운데 버튼을 눌러 데이터 수집을 중지하라. 그런 다음 데이터에 적당한 이름을 선택하고 가운데 버튼을 다시 눌러 저장하라.

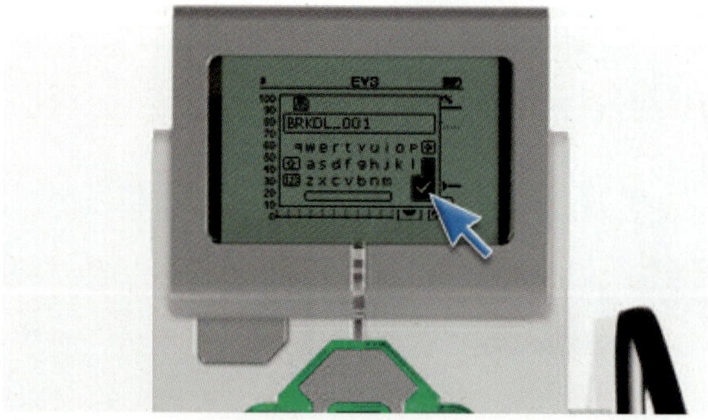

12 USB를 통해 EV3 브릭을 컴퓨터에 다시 연결하라.

13 업로드 버튼을 클릭하라.

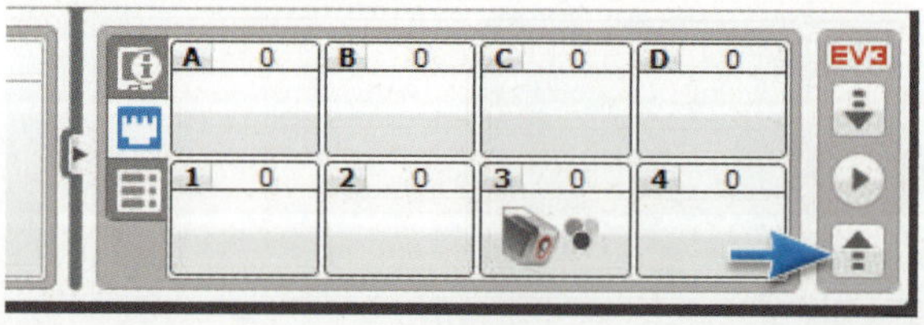

14 방금 저장한 파일을 선택하고 가져오기를 클릭하여 데이터 셋을 가져오라.

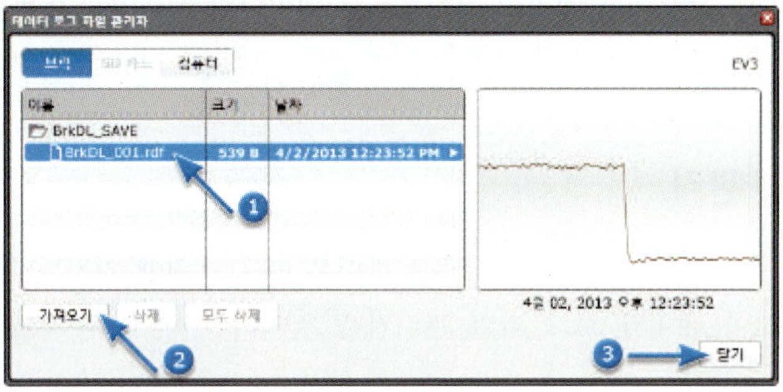

15 분석 도구를 사용하여 새로 그린 데이터 셋을 분석하라.

수행 Tip

– EV3 소프트웨어의 로비의 간단한 안내 섹션의 도움말과 동영상을 최대한 활용한다.

9-5 자동 데이터로깅

학습 목표	9-5. 드라이빙 베이스가 자동으로 데이터를 수집하게 하므로써 자율적 데이터로깅을 이해할 수 있다.

1. 로그 파일 관리

실험이 실행된 후, 그 결과인 데이터 로그 파일은 EV3 브릭에 저장된다. 업로드(아래 나와 있음)를 클릭하여 데이터 로그 파일 관리자를 열어라.

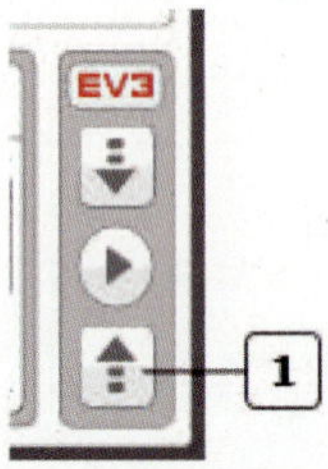

1 업로드 : EV3 브릭에서 수집한 데이터 셋을 그래프 영역과 데이터 셋 테이블에 업로드하라.

데이터 로그 파일 관리자를 사용하여 실험으로 생성된 데이터 셋을 확인하라. 데이터 로그 파일 관리자는 실험과 데이터 셋 파일만 보여준다.

■ 팁과 요령

실험을 실행할 때마다 새 데이터 셋이 생성되며 각 데이터 셋에는 그만의 고유한 파일 이름이 붙는다. 실험 이름이 reaction_time인 경우, 데이터 셋에는 reaction_time.rdf, reaction_time1.rdf, reaction_time2.rdf 등의 이름이 붙는다.

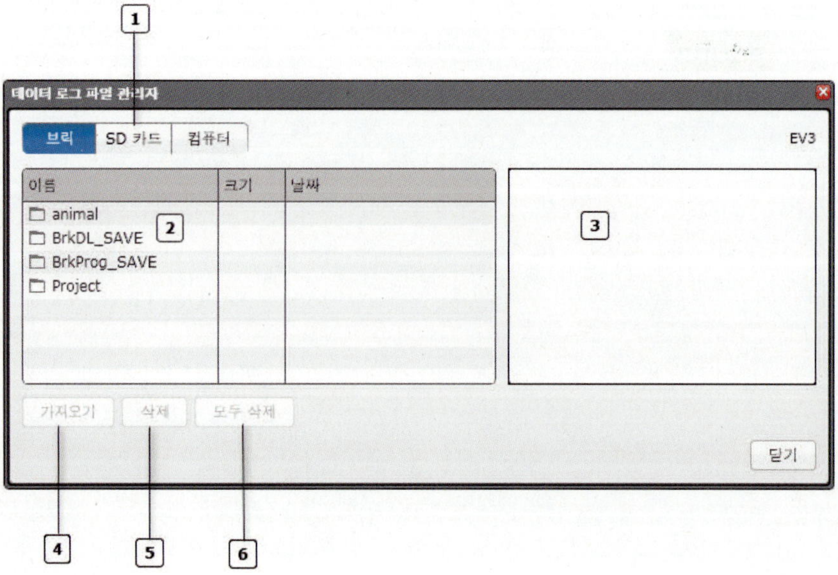

1 장치 선택 : 탭을 클릭하여 EV3 브릭 메모리, SD 카드 메모리 또는 컴퓨터 메모리를 확인하라.
2 선택한 메모리 장치에 있는 데이터 셋 파일 목록
3 선택한 데이터로깅 파일의 그래픽 미리보기
4 가져오기 : 데이터로깅 파일을 그래프 영역에 가져온다.
5 삭제 : 선택한 데이터로깅 파일을 삭제한다.
6 모두 삭제 : 선택한 메모리 장치에 있는 모든 로그 파일을 삭제한다.

그래프 영역을 보고 싶은 데이터로깅 파일을 선택하라. 가져오기를 클릭하여 그래프 영역의 파일을 열어라.

데이터 셋 보기에 대한 자세한 내용은 데이터 셋 테이블을 참조하라.

(1) 컴퓨터에 데이터 셋 저장 및 가져오기

데이터 셋은 프로젝트의 일부로 자동 저장된다. 데이터 셋을 별도로 저장하고 싶다면 데이터 셋을 컴퓨터에 저장하면 된다. 프로젝트 속성 페이지를 사용하여 데이터 셋을 컴퓨터에 업로드하라. 다른 프로젝트에 사용할 데이터 셋을 검색하고 싶다면 프로젝트 속성 페이지를 사용하여 컴퓨터에 있는 데이터 셋을 프로젝트에 다운로드하라.

수행실습 자동 데이터로깅

재료 · 자료

EV3 SW, EV3 레고 마이드스톰, A4용지, 필기류

기기(장비 · 공구)

컴퓨터, USB 케이블, 충전 어댑터

안전 · 유의사항

- EV3 로봇 플랫폼의 외형의 관리하고 P-브릭에 전원을 충분히 충전한다.
- EV3에 프로그램을 동작시킬 때 USB 케이블을 제거한 후 실행한다.

수행순서

01 드라이빙 베이스가 자동으로 데이터를 수집하게 한다.

케이블을 연결할 때와 EV3를 시작하는 동안 자이로 센서와 EV3의 안정을 유지하라.

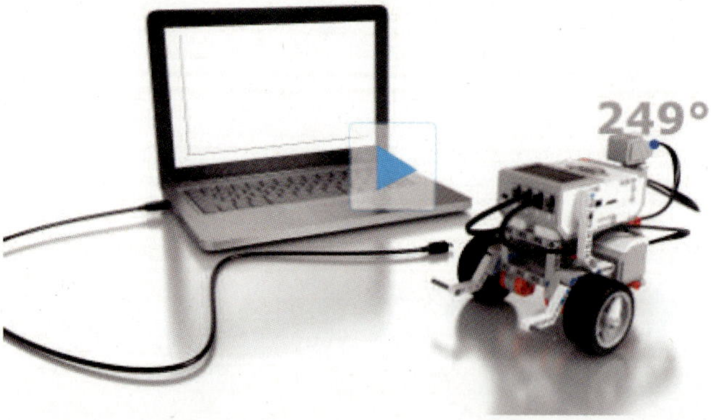

02 인테렉티브 애니메이션을 실행한다.

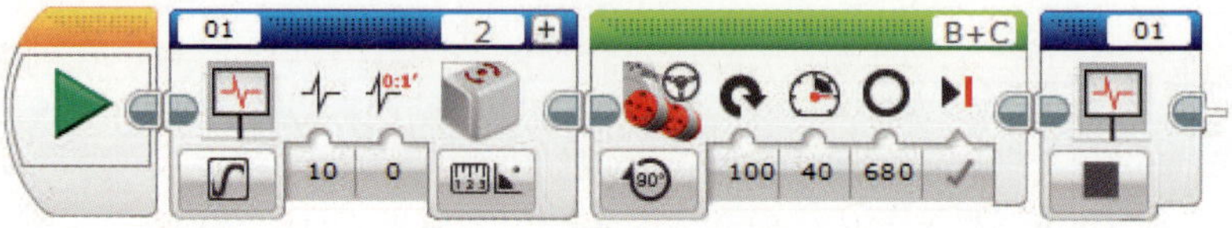

03 제시된 프로그램을 다시 생성한 다음 다운로드하라. USB 케이블의 플러그를 뽑고 프로그램을 실행하라.

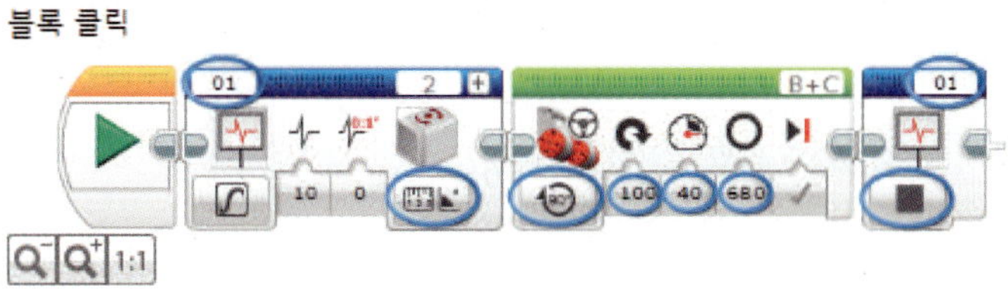

04 USB를 통해 컴퓨터에 다시 연결하라.

05 +기호를 클릭하여 새 실험을 추가하라.

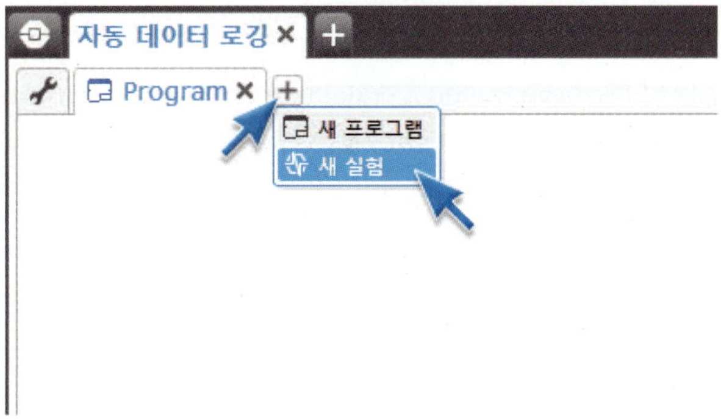

06 업로드 버튼을 사용하여 데이터를 업로드하라.

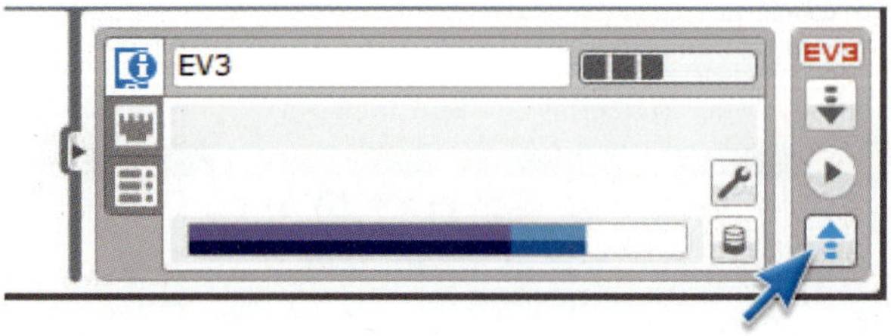

07 방금 수집한 데이터가 포함된 파일을 선택하고 가져오기를 클릭하라.

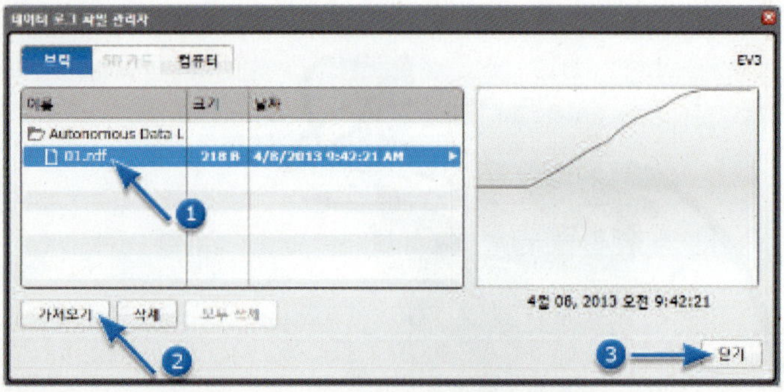

08 실험을 반복하되 이번에는 드라이빙 베이스를 시계반대 방향으로 회전하게 하라. 새 데이터 셋을 가져와서 두 그래프를 비교하라.

수행 Tip

- EV3 소프트웨어의 로비의 간단한 안내 섹션의 도움말과 동영상을 최대한 활용한다.

9-6 데이터 셋 계산

학습 목표	9-6. 센서를 가지로 수집한 데이터를 가지고 계산한 데이터 셋 생성을 이해할 수 있다.

1. 데이터 셋 계산

데이터 셋 계산은 새로운 데이터 셋을 만들기 위해 기존 데이터 셋에 대한 계산을 수행하는 데 사용한다. 예를 들면, 이런 새로운 데이터 셋을 만들기 원할 것이다.

① 바퀴가 이동한 거리=바퀴 둘레×모터 회전수

② 평균 광 강도=(컬러 센서 1(주변광 강도)+컬러 센서 2(주변광 강도))÷2

③ 가장 가까운 물체=초음파 센서 1, 초음파 센서 2, 초음파 센서 3의 최소값

각각의 경우, 기존 데이터 셋을 하나 이상 가져다 수치 연산 함수를 수행하여 새로운 데이터 셋을 생성할 수 있다.

데이터 셋 계산 탭을 클릭하면 데이터 셋 계산을 열 수 있다.

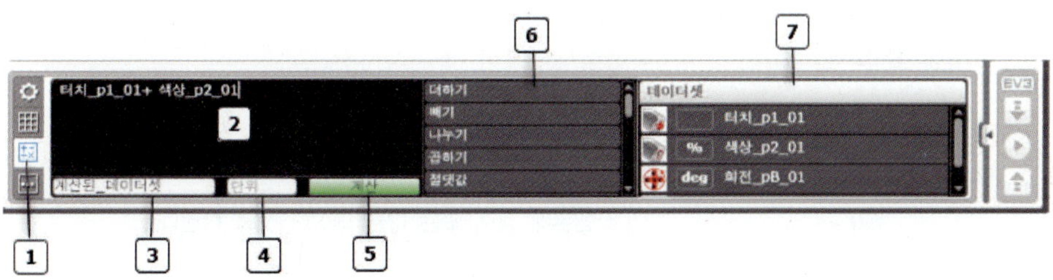

1 데이터 셋 계산 탭

2 수식 필드

3 계산된 데이터 셋 이름

4 계산된 데이터 셋 단위

5 계산

6 함수 목록

7 데이터 셋

(1) 수식 필드

수식 필드는 새로운 데이터 셋을 생성하는 수식을 만드는 데 사용한다. 수집하는 데이터 셋은 이름이 서로 다를 수 있다. 아래 표는 수식 필드의 예제에 대한 수식을 제공한다.

새 데이터 셋	수 식
바퀴가 이동한 거리(17.5cm 둘레 가정)	Motor_Rotation _pB *17.5
두 컬러 센서의 평균 광 강도	Avg(Color_Sensor_p3; Color_Sensor_p2) OR (Color_Sensor_p3 + Color_Sensor_p2) / 2
가장 가까운 물체	Min(Ultrasonic_Sensor_pB; Ultrasonic_Sensor_pC; Ultrasonic_Sensor_pD)

(2) 계산된 데이터 셋 이름

데이터 셋의 ID이다. 계산된 데이터 셋의 이름을 좀 더 의미있는 것으로 바꿀 수 있다.

(3) 계산된 데이터 셋 단위

새 데이터 셋에 측정단위를 붙여라. 예를 들면 이동거리는 센티미터일 수 있다.

(4) 계 산

수식 필드에서 수식이 만들어졌으면 계산을 클릭하여 새 데이터 셋을 생성하고 그래프 영역에 놓아라. 이 데이터 셋은 자체 Y축에 할당된다. 데이터 셋 테이블 탭에서 색상 및 그래프 스타일을 변경할 수 있다.

(5) 함수 목록

함수는 데이터 셋에 대한 계산을 수행하는 데 사용할 수 있다.

함수 이름	함수 용어	정 의
추가	+	원본에 상수 또는 다른 데이터 셋을 더한다.
빼기	−	원본에서 상수 또는 다른 데이터 셋을 뺀다.
곱하기	*	데이터 셋에 상수 또는 다른 데이터 셋을 곱한다.
나누기	₩	데이터 셋을 상수 또는 다른 데이터 셋으로 나눈다.
절대값	Abs	지정된 숫자의 절대값을 반환한다.
평균	Avg	모든 지정된 데이터 셋의 평균값을 반환한다.
내림	내림	지정된 숫자보다 작거나 같은 최대 정수를 반환한다.
올림	올림	지정된 숫자보다 크거나 같은 최소 정수를 반환한다.
최소	최소	지정된 숫자 모음 중 작은 쪽을 반환한다.
최대	최대	지정된 숫자 모음 중 큰 쪽을 반환한다.
올림/내림	올림/내림	지정된 값과 가장 가까운 숫자를 반환한다.
제곱근	Sqrt	지정된 숫자의 제곱근을 반환한다.
사인	Sin	지정된 숫자의 사인을 반환한다.
코사인	Cos	지정된 숫자의 코사인을 반환한다.
탄젠트	Tan	지정된 숫자의 탄젠트를 반환한다.
역탄젠트2	Atan2	탄젠트가 지정된 두 숫자의 몫인 각도를 반환한다.
자연 로그	Ln	지정된 숫자의 자연 로그를 반환한다.
상용 로그	로그	지정된 숫자의 상용 로그를 반환한다.
도함수	Slope	지정된 함수가 입력변화에 따라 얼마나 바뀌는지 측정한다.

평균, 최소 및 최대 함수는 여기에 나온 대로 여러 개의 데이터 셋을 받아들일 수 있다. Avg(dataset1; dataset2; dataset3)

■ **팁과 요령**

X축 지점별로 Y축 값을 사용하여 함수 계산을 반복한다. 그러면 새로운 Y축 값 모음이 생성된다(계산된 데이터 셋). 아래 예를 참조하라.

예

포트 B와 포트 C의 모터에 대한 모터 회전수를 10초마다 30초 동안 측정하여 2개의 데이터 셋을 생성했다면 데이터 셋에 다음 데이터가 포함될 수 있다.

모터 회전수와 포트	0초	10초	20초	30초
모터 회전수, 포트 B	0	1	3	4
모터 회전수, 포트 C	0	2	5	7

두 데이터 셋에서 평균, 추가, 곱하기 함수를 사용하면 다음과 같이 계산된 데이터 셋이 생성된다.

모터 회전수와 포트	0초	10초	20초	30초
평균 모터 회전수	0	1.5	4	5.5
모터 회전수, 포트 B + 모터 회전수, 포트 C	0	3	8	11
모터 회전수, 포트 B * 1.5	0	1.5	4.5	6

(6) 데이터 셋

목록은 데이터 셋 계산에 사용 가능한 데이터 셋을 보여준다. 목록에서 데이터 셋을 클릭하면 데이터 셋이 수식 필드에 자동 삽입된다.

수행실습 데이터 셋 계산

재료 · 자료

EV3 SW, EV3 레고 마이드스톰, A4용지, 필기류

기기(장비 · 공구)

컴퓨터, USB 케이블, 충전 어댑터

안전 · 유의사항

- EV3 로봇 플랫폼의 외형의 관리하고 P-브릭에 전원을 충분히 충전한다.
- EV3에 프로그램을 동작시킬 때 USB 케이블을 제거한 후 실행한다.

수행순서

01 컬러 센서로 수집한 데이터를 가지고 계산한 데이터 셋을 생성한다.

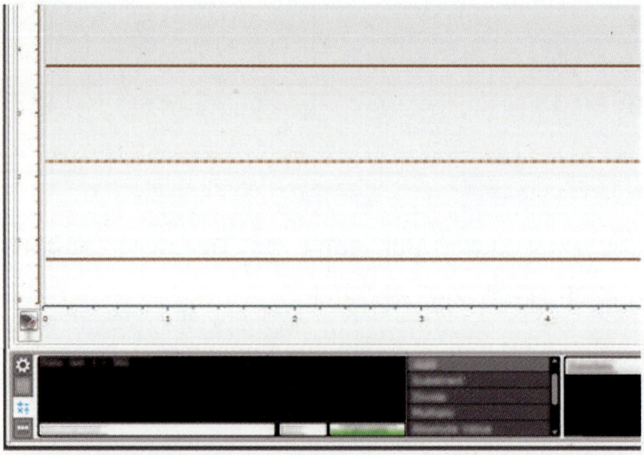

02 이 실험에서 반사광 강도 모드의 컬러 센서에서 수집한 2개의 데이터 셋을 그래프 영역에 그렸다. 다음 페이지에서는 두 데이터 셋의 평균을 나타내는 계산된 데이터 셋을 생성한다. 우선 데이터 셋 계산 탭을 클릭하라.

03 평균 함수를 클릭한 다음 데이터 셋 1번과 2번을 클릭하여 삽입하라. 계산된 데이터 셋 이름 필드에 '03'을 입력하고 데이터 셋 단위 필드에 '%'를 입력하라.

04 유효한 수식을 입력하면 계산 버튼에 초록색 불이 들어온다. 계산 버튼을 클릭하여 데이터 셋을 계산하고 그래프 영역에 새로운 그래프를 그려라.

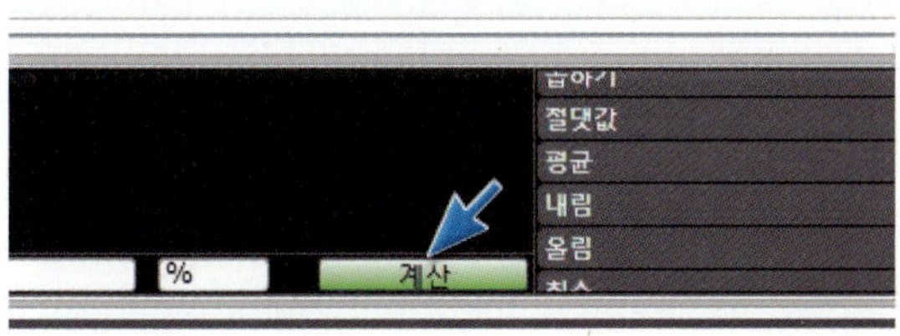

05 세 번째 그래프는 데이터 셋 01과 02의 평균을 보여준다.

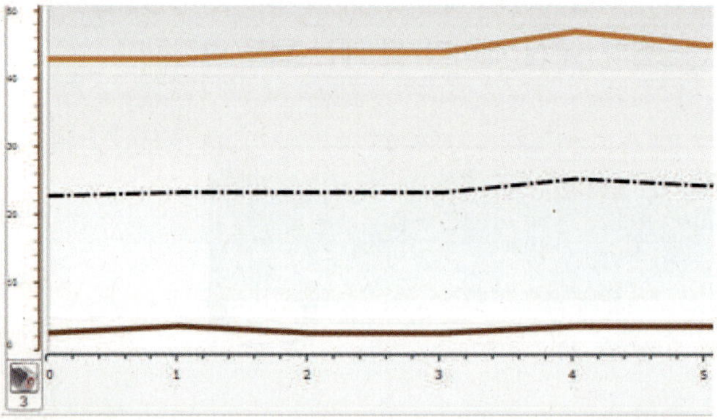

수행 Tip

- EV3 소프트웨어의 로비의 간단한 안내 섹션의 도움말과 동영상을 최대한 활용한다.

9-7 그래프 프로그래밍

학습 목표	9-7. 데이터를 수집하는 동안 동작을 수행하도록 그래프 프로그래밍을 이해할 수 있다.

1. 그래프 프로그래밍

그래프 프로그래밍에서 로봇은 실험 중 기록된 데이터에 따라 동작을 수행할 수 있다.

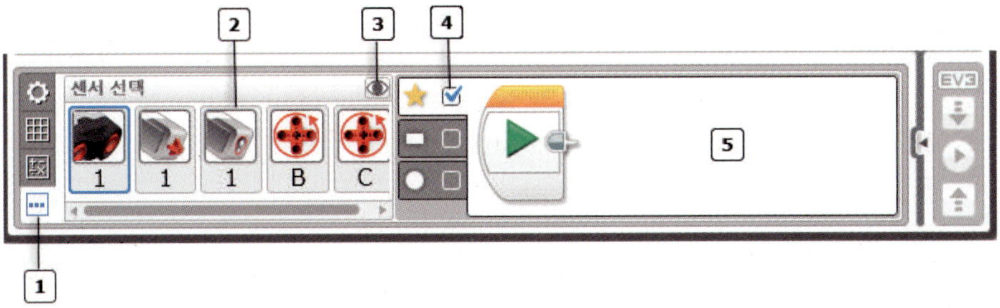

1. 그래프 프로그래밍 탭
2. 센서 선택
3. 경계값 영역 표시/숨김
4. 경계값 영역 아이콘
5. 프로그래밍 패널 영역

그래프 프로그래밍을 사용하는 열쇠는 경계값 설정이다. 프루그래밍 패널 영역은 센서 값이 특정 영역 내에 있을 때 실행되는 프로그래밍 블록 모음을 만드는 데 사용한다. 각 영역은 경계값에 의해 다른 영역과 분리된다. 경계값 라인을 위, 아래로 드래그하거나 경계값에 특정한 숫자를 입력하여 경계값을 조정하라.

예 1 출입구 인사

로봇은 출입구의 거리를 측정한다. 사람이 걸어가면, 초음파 센서가 거리 최소값을 측정하고 로봇이 'Morning' 사운드 파일을 재생한다.

별 영역과 정사각형 영역을 선택하여 영역 두 개를 만들어라. 사람이 출입구를 지나가면 감지하도록 영역 경계값을 조정하라. 이 경우 우리는 30cm를 선택했다. 센서 값이 별 영역에 있으면(즉 30cm보다 크면), 로봇은 별 영역과 관련된 프로그래밍 블록을 실행하게 된다. 센서 값이 정사각형 영역에 있으면(즉 30cm보다 작으면) 로봇은 정사각형 영역과 관련된 프로그래밍 블록을 실행하게 된다.

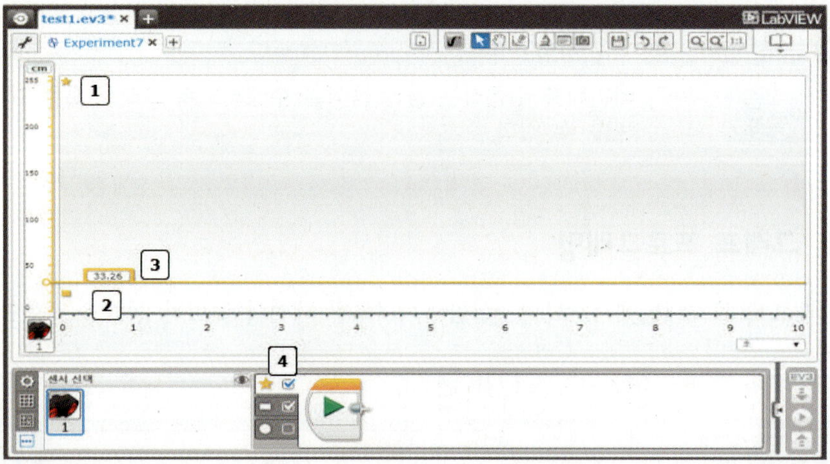

1 별 영역

2 정사각형 영역

3 경계값

4 경계값 영역 선택

정사각형 영역에 대한 그래프 프로그래밍 팔레트로 이동하라. 사운드 블록을 드래그해서 프로그래밍 영역에 놓고 "Morning" 사운드 파일을 선택하라.

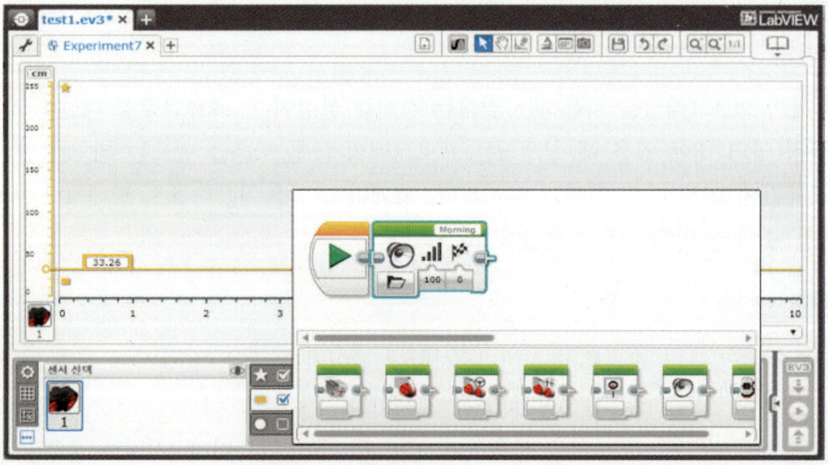

어떤 일이 일어날 것 같을까? 여러분이 출입구를 지나는 것을 감지하면 로봇이 "Morning"이라고 인사할 것이다.

예 2 온실 제어기

여러분에게는 온도 센서가 달린 작은 온실, 배기팬에 연결된 모터 A, 난방팬에 연결된 모터 B가 있다.

이 예에서 우리는 3가지 영역인 별 영역, 정사각형 영역, 원형 영역을 사용한다. 경계값은 섭씨 20도와 30도로 맞춘다.

① 별 영역 : 온도는 섭씨 30도 이상이다. 모터 A를 10초 간 켜라(배기팬).

② 사각형 영역 : 온도는 섭씨 20도와 30도 사이이다. 아무것도 하지 마라(이상적인 온도 범위이다).

③ 원형 영역 : 온도는 섭씨 20도 이하이다. 모터 B를 10초 간 켜라(난방팬).

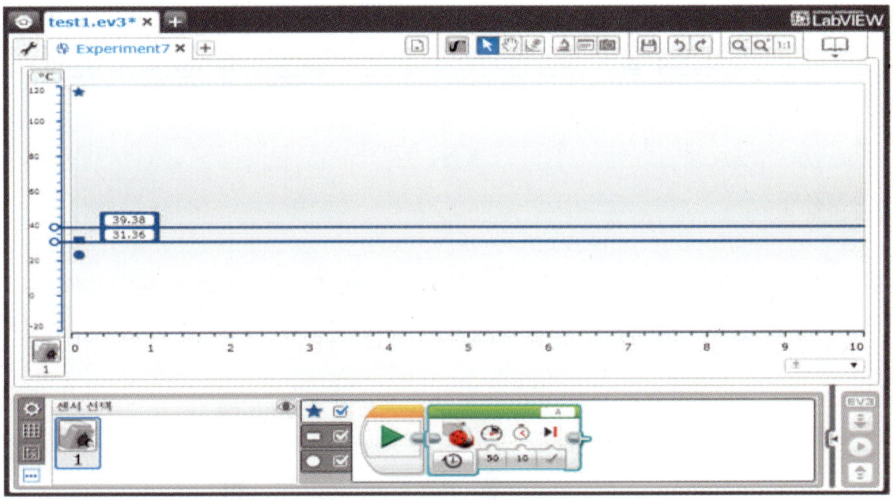

어떤 일이 일어날 것 같을까? 온도가 일정한 경계값 이하로 떨어지면, 난방팬이 켜지면서 온실을 데운다. 온도가 또 다른 경계값 이상으로 올라가면, 배기팬이 켜지면서 따뜻한 공기를 배출한다.

(1) 복수 센서

센서 여러 개를 사용할 때 각 센서는 최대 3개의 경계값 영역을 가질 수 있으며, 프로그래밍 블록은 각 영역에 한정된다. 센서 선택 영역에 있는 센서를 클릭하여 해당 센서의 경계값 영역을 보거나 편집하라.

수행실습 그래프 프로그래밍

재료 · 자료

EV3 SW, EV3 레고 마이드스톰, A4용지, 필기류

기기(장비 · 공구)

컴퓨터, USB 케이블, 충전 어댑터

안전 · 유의사항

- EV3 로봇 플랫폼의 외형의 관리하고 P-브릭에 전원을 충분히 충전한다.
- EV3에 프로그램을 동작시킬 때 USB 케이블을 제거한 후 실행한다.

수행순서

01 그래프 프로그래밍 환경을 사용하여 데이터를 수집하는 동안 동작을 수행하도록 드라이빙 베이스를 프로그래밍을 작성한다.

02 EV3 브릭을 켜고 USB를 통해 브릭을 컴퓨터에 연결하라.

03 실험이 제기된 대로 설정되었는지 확인하라.

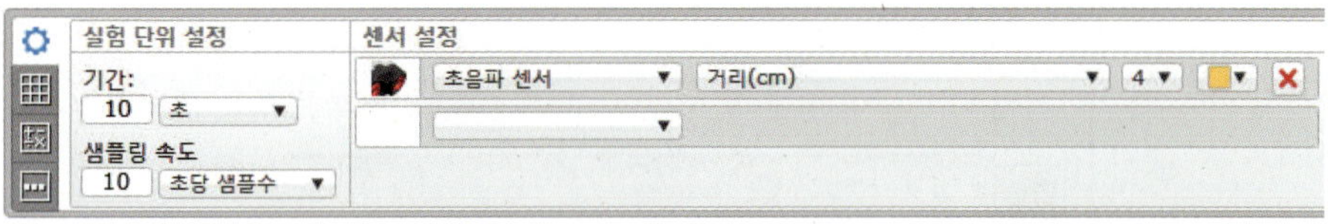

04 Y축 수동 스케일의 최대값을 40cm로 설정하라.

05 그래프 프로그래밍으로 전환하라.

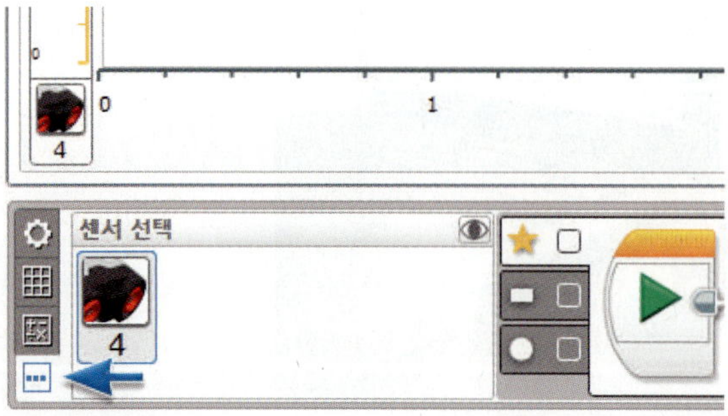

06 별 영역 체크 박스와 사각형 영역 체크 박스를 클릭하여 그래프 영역에 경계값 라인을 표시하라.

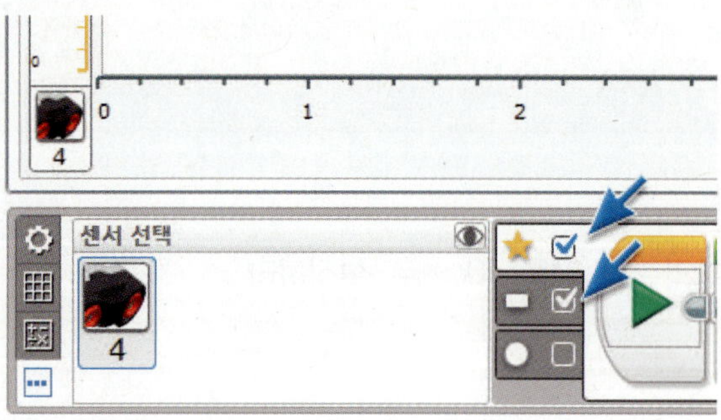

07 첫 번째 경계값 라인을 20cm로 끌고 가라. 직접 값을 입력할 수도 있다.

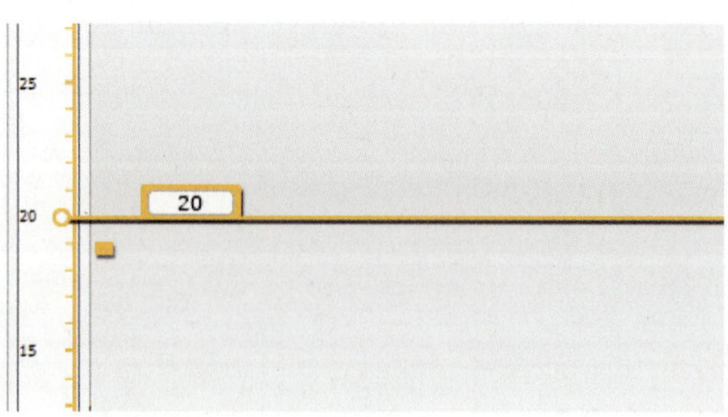

08 원형 영역 체크 박스를 클릭하여 두 번째 경계값 라인을 추가하라.

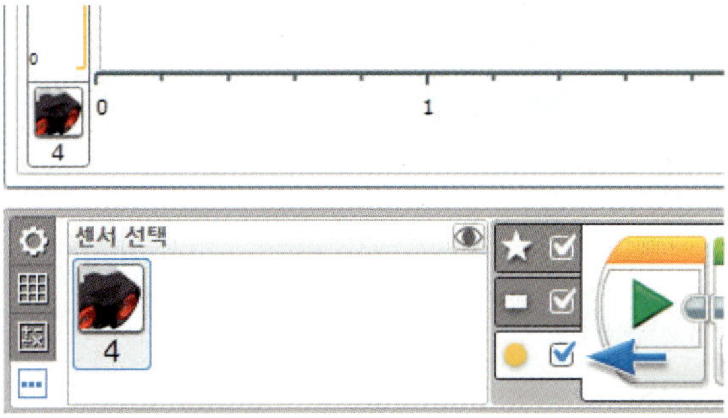

09 두 번째 경계값 라인을 10cm로 설정하라.

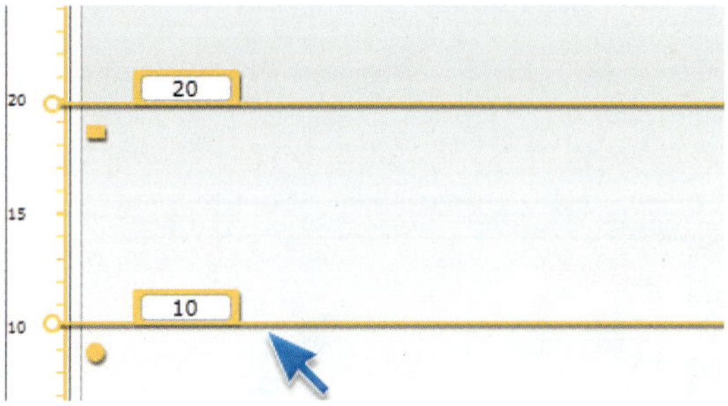

10 별 영역과 그래프 프로그래밍 필레트 열기를 클릭하라.

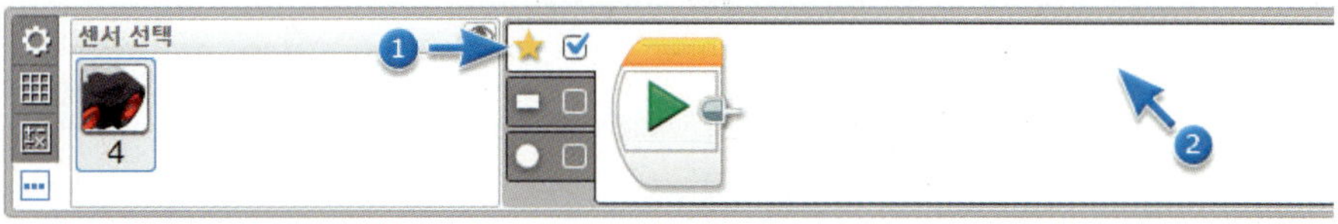

11 제시된 프로그램을 다시 만들어라.

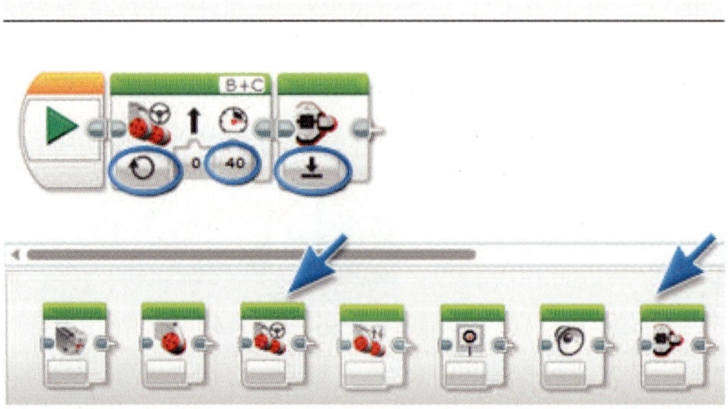

12 이제 사각형 영역을 클릭하고 그래프 프로그래밍 팔레트를 다시 열어라.

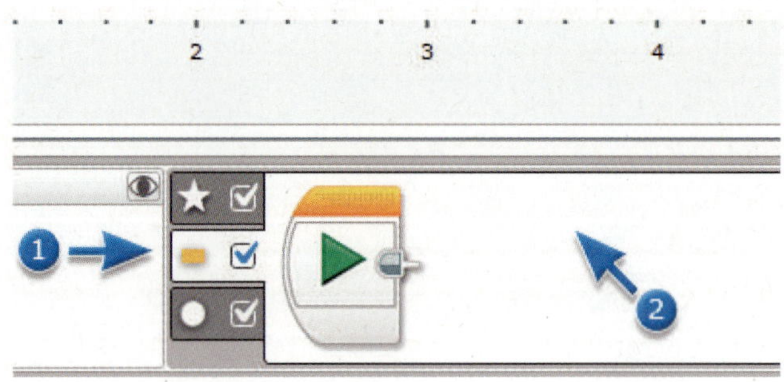

13 제시된 프로그램을 다시 만들어라.

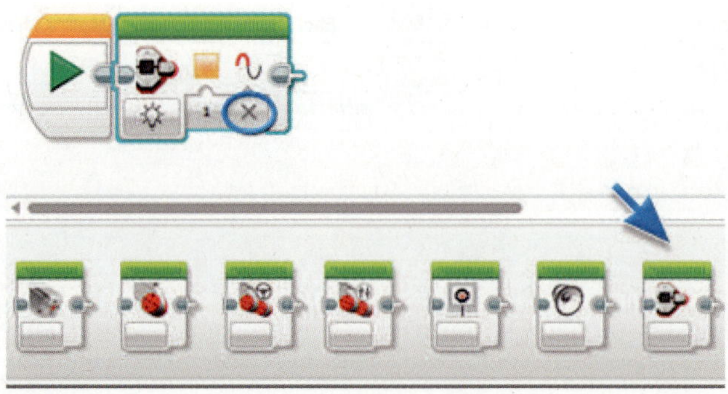

14 이제 원형 영역을 클릭하고 그래프 프로그래밍 팔레트를 한 번 더 열어라.

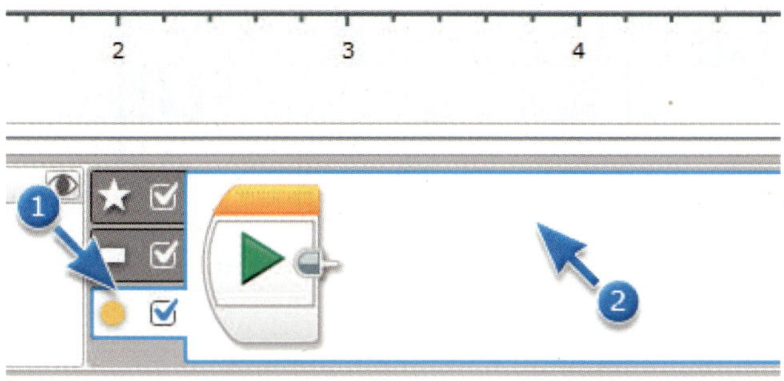

15 제시된 프로그래밍을 다시 만들어라.

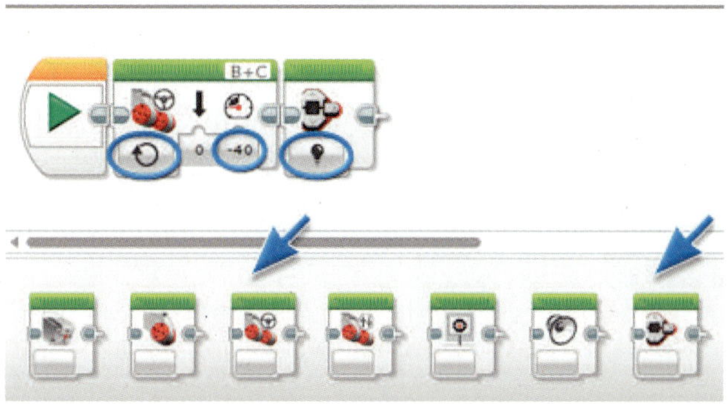

16 이제 드라이빙 베이스가 각 영역에서 무엇을 할지를 지정했다. 드라이빙 베이스를 직육면체에서 약 40cm 거리에 놓아라.

17 다운로드 및 실행하여 테스트하라.

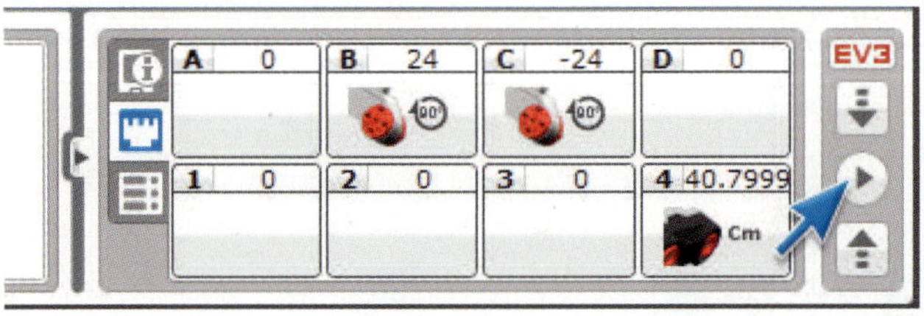

18 드라이빙 베이스를 직육면체에서 약 13cm거리에 놓고 프로그램을 다시 실행하라. 어떤 상황이 벌어질까?

수행 Tip

- EV3 소프트웨어의 로비의 간단한 안내 섹션의 도움말과 동영상을 최대한 활용한다.

10-1 사운드 편집기

학습 목표 10-1. EV3 브릭에서 재생할 사운드 파일 생성하여 사운드 편집기를 이해할 수 있다.

1. 사운드 편집기

사운드 편집기에서는 자신만의 사운드 파일을 녹음하고 편집할 수 있다. 편집된 사운드 파일은 컴퓨터에 저장한 다음 기존의 EV3 사운드 파일과 똑같이 사운드 블록에서 사용할 수 있다. 기존 사운드 파일도 편집할 수 있다.

도구 메뉴에서 사운드 편집기를 선택하여 사운드 편집기를 열어라. 기존 사운드 파일을 열거나 자신만의 사운드를 녹음하고, 슬라이더를 사용하여 사운드 파일을 자른 다음 저장하라.

거의 모든 길이의 사운드 파일을 사운드 편집기에 가져올 수 있지만 5초 이하의 사운드 파일(최대 64KB)만 저장할 수 있다. 큰 사운드 파일의 경우 긴 로딩 시간이 예상된다. 사운드 편집기는 .wav, .mp3, .rsf 사운드 파일을 받아들인다.

(1) 사운드 녹음 및 편집

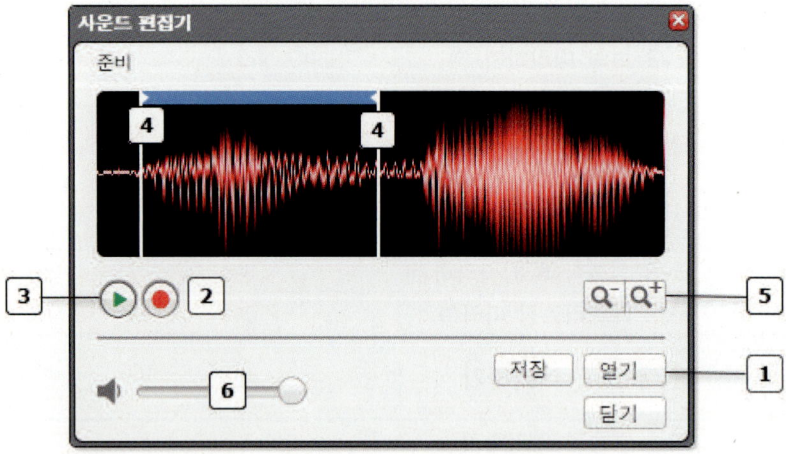

1 컴퓨터에서 호환 가능한 사운드 파일을 연다.
2 사운드를 녹음한다.
3 녹음한 사운드를 재생한다.
4 왼쪽과 오른쪽 슬라이더를 움직여 나중에 사용할 수 있도록 가장 좋은 사운드 부분을 선택한다.
5 확대/축소를 하여 원하는 사운드 부분에 초점을 맞출 수 있다.
6 재생 음량을 조정한다.
7 편집한 사운드 파일을 저장한다.

(2) 녹 음

컴퓨터에 내장되거나 연결된 마이크를 사용할 수 있다. 녹음 버튼을 클릭하면 최대 10초 길이의 자신만의 사운드를 녹음할 수 있다. 녹음은 10초 후 자동으로 정지된다. 녹음 버튼을 클릭하면 이미 녹음한 사운드를 덮어쓰게 된다.

(3) 크기 조정

사운드 파일(파형 이미지)은 파일이 너무 크면 두 슬라이더 사이에 빨강으로 남아 있다. 두 슬라이더 사이의 파형 이미지가 약 5초 길이면 파일이 자주로 변한다. 그런 다음 저장 버튼도 활성화된다. 사운드 파일을 더 많이 만들고 사용할수록 EV3 브릭에 갖고 있는 메모리 공간은 줄어든다. EV3 브릭의 메모리 용량에 대한 자세한 내용은 파일과 메모리 관리를 참조하라.

(4) 저 장

기본적으로 사운드 파일은 비압축 파일로 EV3 소프트웨어의 사운드 폴더에 저장된다. 저장된 파일은 사운드 파일 재생 모드일 때 사운드 블록 목록에 자동으로 나타낸다.

(5) EV3 브릭에서 편집한 사운드 재생

편집한 사운드 파일은 사운드 블록에서 사운드파일 재생 모드를 선택하면 목록에 있다. 현재의 프로젝트에 한정된 사운드가 프로젝트 사운드 폴더 목록에 있다. 모든 프로젝트에 사용할 수 있는 표준 사운드는 레고 사운드 폴더 목록에 있다. 자세한 내용은 사운드 블록을 참조하라.

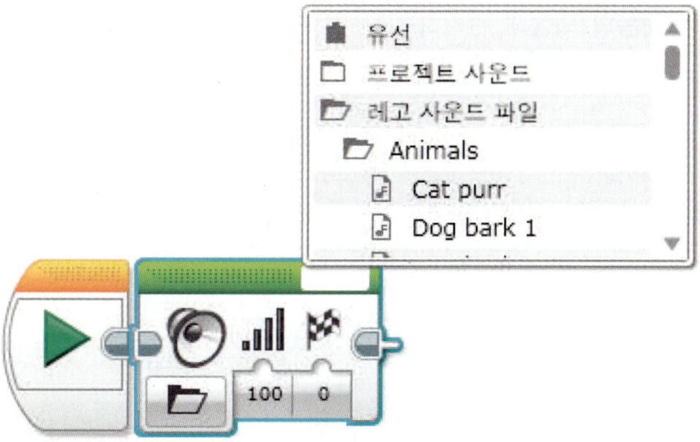

수행실습 사운드 편집기 따라하기

재료 · 자료

EV3 SW, EV3 레고 마이드스톰, A4용지, 필기류

기기(장비 · 공구)

컴퓨터, USB 케이블, 충전 어댑터

안전 · 유의사항

- EV3 로봇 플랫폼의 외형의 관리하고 P-브릭에 전원을 충분히 충전한다.
- EV3에 프로그램을 동작시킬 때 USB 케이블을 제거한 후 실행한다.

수행순서

01 EV3 브릭에서 재생할 사운드 파일을 생성한다.

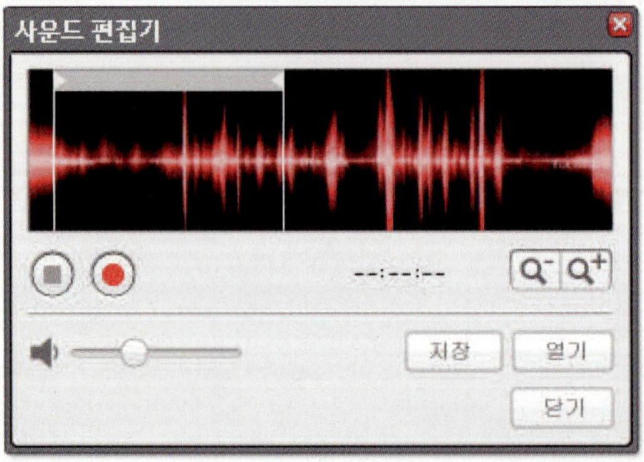

02 사운드 파일을 생성하려면 우선 도구 메뉴에서 사운드 편집기를 열어라.

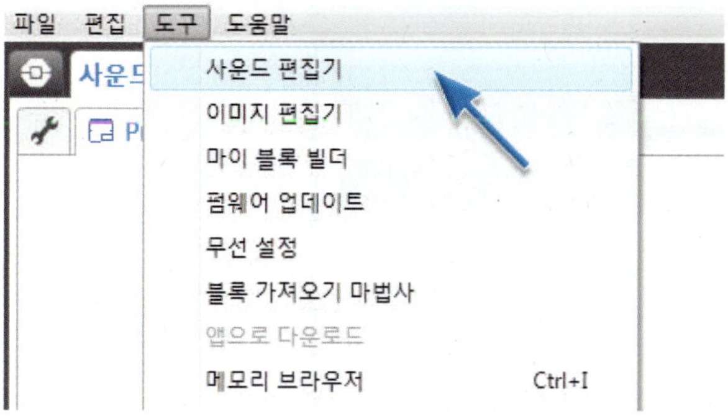

03 그런 다음 녹음 버튼을 클릭하여 녹음을 시작하라. 버튼을 다시 클릭하여 중지하라.

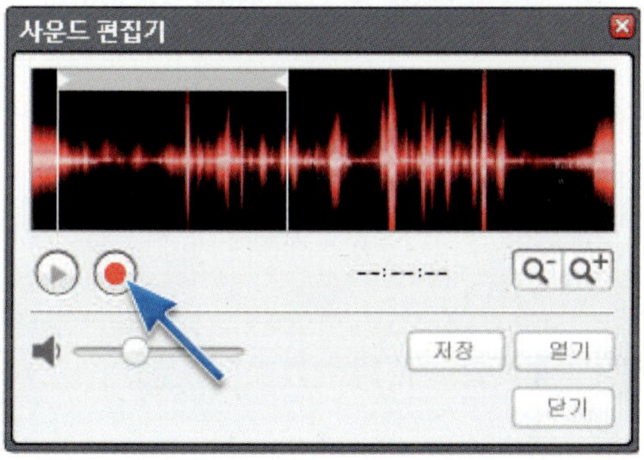

04 왼쪽과 오른쪽 슬라이더를 드래그해서 보관할 사운드를 선택하라. 재생 버튼을 클릭하여 선택한 파일을 들어보라.

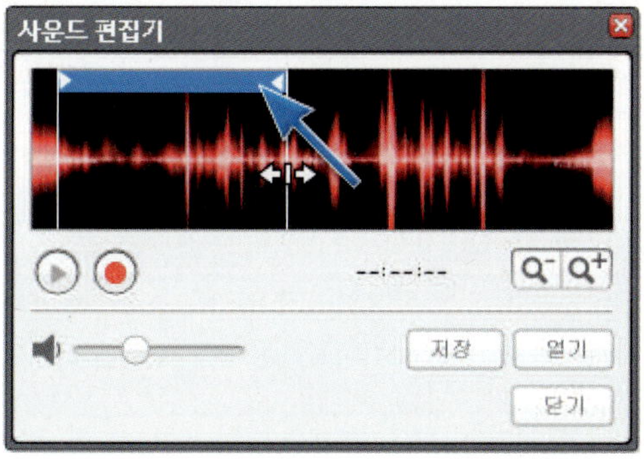

05 이제 저장 버튼을 클릭하여 사운드 파일을 저장하라.

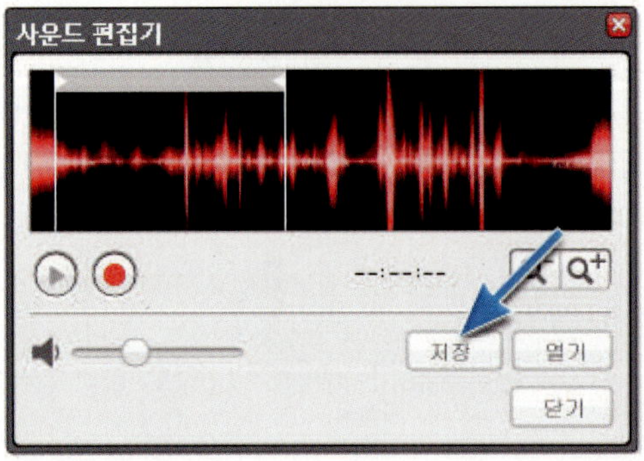

06 제시된 프로그램을 다시 만들어라. 프로젝트 사운드 폴더를 연 다음 방금 저장한 파일을 선택하라. 사운드를 다운로드한 후 실행하여 재생하라.

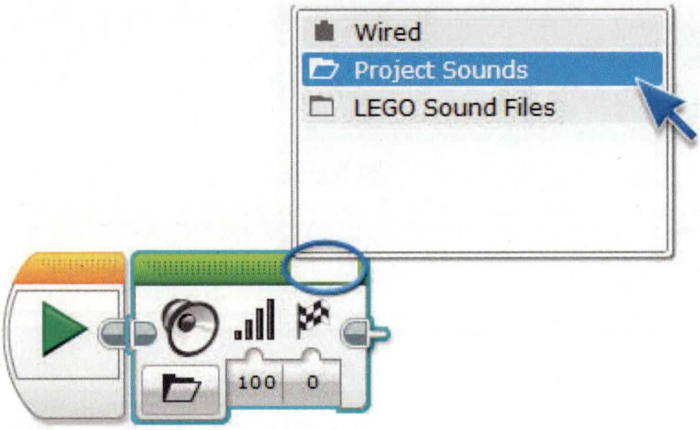

수행 Tip

– EV3 소프트웨어의 로비의 간단한 안내 섹션의 도움말과 동영상을 최대한 활용한다.

10-2 마이 블록

학습 목표	10-2. 복수의 프로그래밍 블록을 단일 블록으로 통합하여 마이 블록을 이해할 수 있다.

1. 마이 블록 빌더

가끔 또 다른 프로젝트나 프로그램에서 다시 사용하려는 훌륭한 미니 프로그램을 만들게 된다. 마이 블록 빌더에서는 이러한 미니 프로그램(작업영역에서 선택한 여러 개의 블록으로 이루어져 있음)을 가져다 묶어서 마이 블록을 만들 수 있다.
시간이 흐르면 다른 마인드스톰 사용자들과 거래할 수 있는 마이 블록 라이브러리를 개발할 수도 있다.

(1) 마이 블록 생성

로봇이 정사각형 안에서 주행하게 만드는 미니 프로그램을 만들었다고 가정한다.

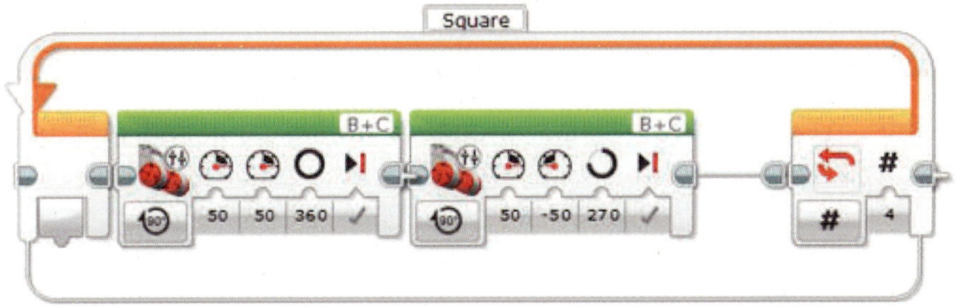

미니 프로그램을 블록으로 전환하려면 선택 도구를 사용하여 상자를 블록 주변으로 드래그해서 원하는 모든 블록을 선택하라.
도구 메뉴에서 “마이 블록 빌더”를 선택하여 마이 블록 빌더를 시작하라.

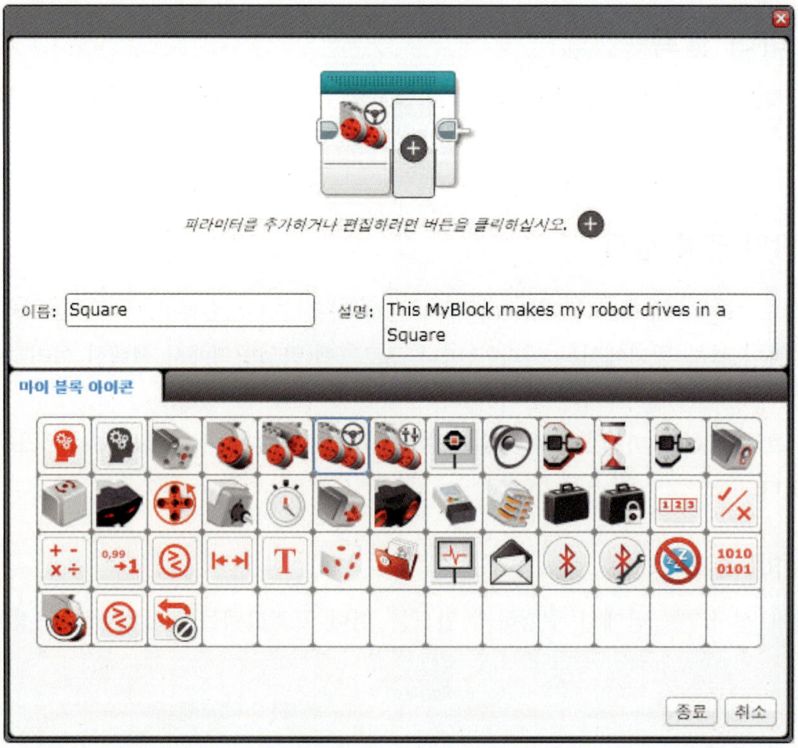

블록에 이름을 붙이고 짧은 설명을 달아라. 블록을 확인하기 위해 마이 블록 아이콘 중 하나를 선택하라.

이 예는 로봇이 정사각형 안에서 주행하도록 하므로 모터가 달린 아이콘을 사용한다.

"종료"를 클릭하라.

미니 프로그램은 이제 독자적인 블록으로 전환된다! 프로젝트를 위해 생성한 마이 블록은 모두 마이 블록 팔레트에 나타난다.

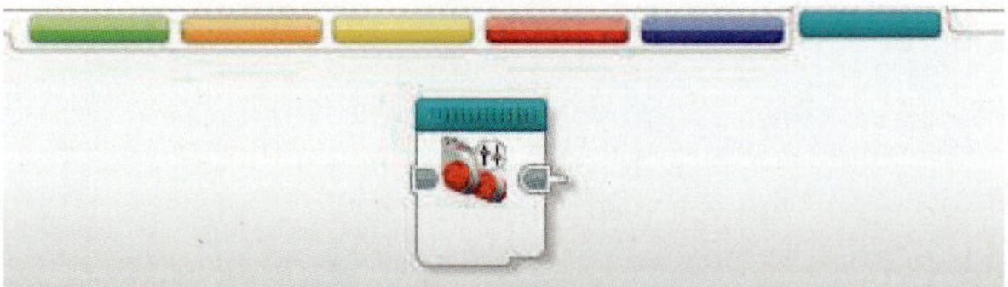

새로운 마이 블록을 프로그래밍 캔버스로 드래그하면 프로그램에 사용할 수 있다.

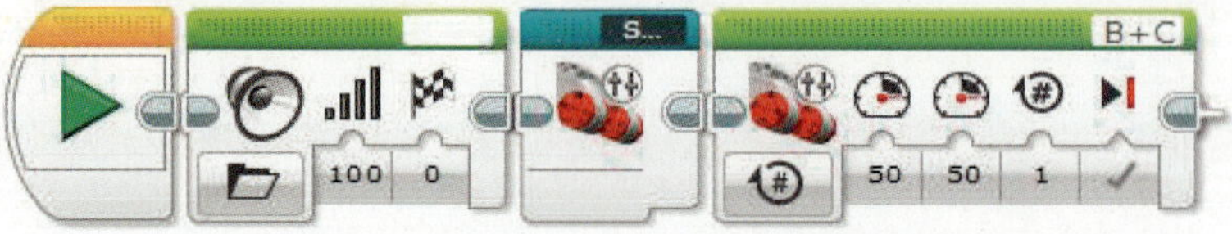

마이 블록의 일부분을 편집하고 싶다면 마이 블록을 더블 클릭하라.

(2) 마이 블록의 기타 기능

정사각형을 만들기 위해 생성한 마이 블록은 훌륭하지만, 더 큰 정사각형을 원한다면 어떤 일이 벌어질까? 또는 로봇이 정사각형 안에서 더 빠르게 주행하는 걸 원한다면? 삼각형을 원한다면 어떻게 하나?

마이 블록에 들어가 매번 입력을 변경할 수도 있지만 더 나은 방법이 있다.

첫 번째 마이 블록의 경우처럼 미니 프로그램을 설정하라. 원하는 블록을 선택한 다음 도구 메뉴의 "마이 블록 빌더"를 선택하여 마이 블록 빌더를 시작하라.

첫 번째 마이 블록의 경우와 같이 모든 섹션을 작성하지만 아직 종료를 클릭하지 마라. 그 대신 마이 블록에 + 기호를 클릭하여 파라미터를 추가하라.

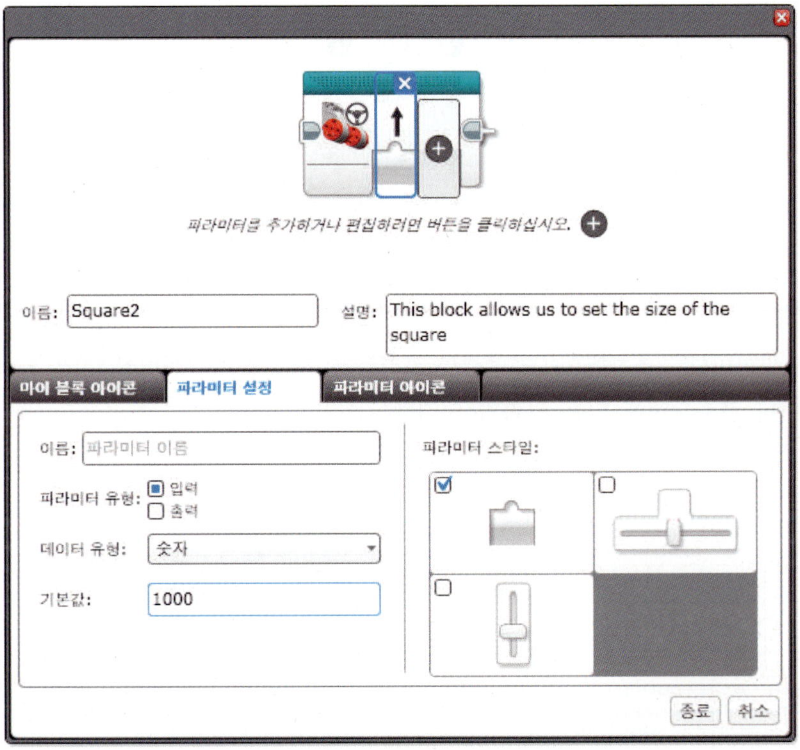

파라미터 설정 탭에서 적절한 정보를 기입하라. 그러면 정사각형의 크기를 조절할 수 있다.

자신의 프로그램에서 마이 블록을 사용할 때 기본값 설정을 잊을 경우를 대비해 기본값을 1000으로 설정하라. 파라미터를 위해 슬라이더 바 스타일을 선택하기도 한다.

파라미터 아이콘 탭에서 파라미터에 적절한 이미지를 선택하라. 이 예에서 우리는 정사각형을 만들면서 로봇이 주행할 거리를 조절하므로 직선 화살표가 적절해 보인다.

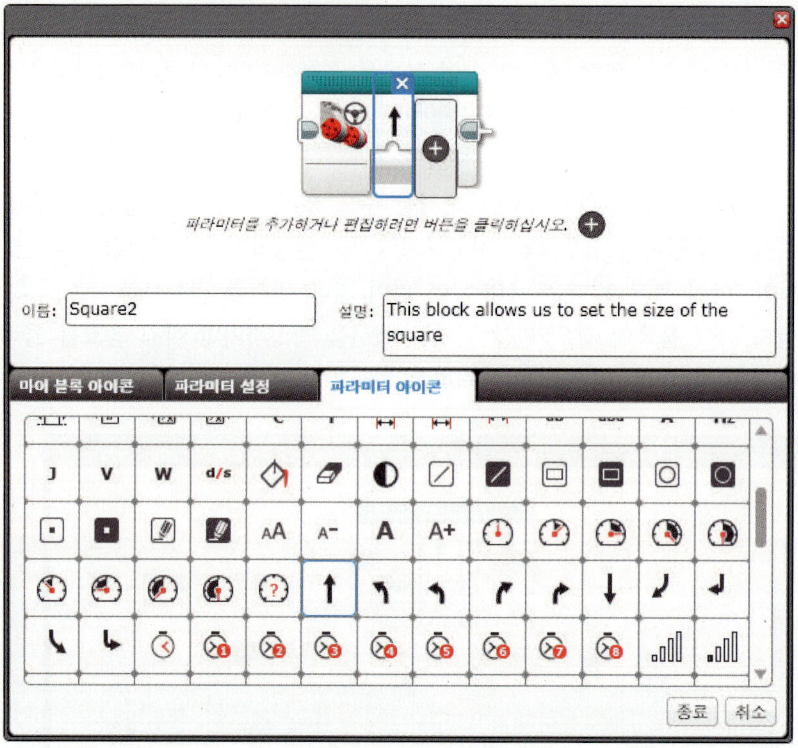

이제 파라미터를 추가했으므로 종료를 클릭하라. 새로운 파라미터인 "거리"는 조절하기에 앞서 미니 프로그램에 있는 입력과 연결해야 한다.

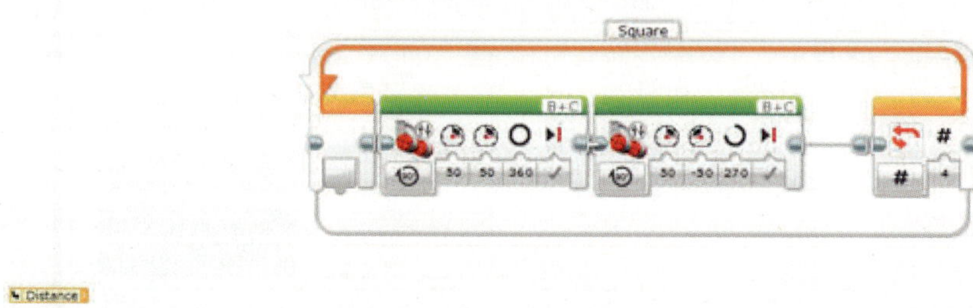

거리 파라미터에서 나오는 와이어를 첫 번째 탱크모드 주행 블록의 각도 입력에 연결하라. 그러면 로봇이 주행할 정사각형의 크기를 조절할 수 있다(자세한 내용은 데이터 와이어 참조).

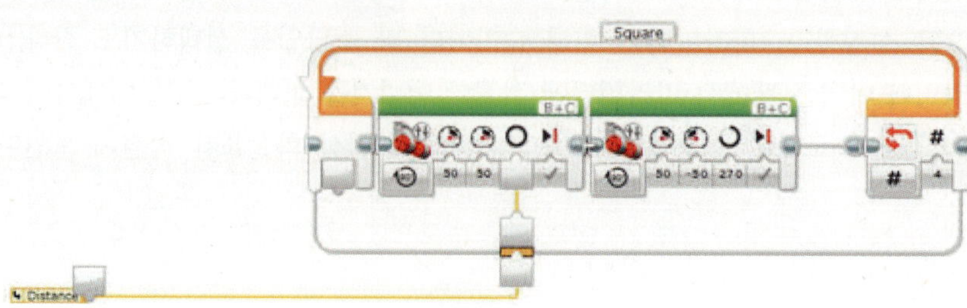

메인 프로그램으로 돌아가라. 그러면 이제 마이 블록이 보이겠지만 정사각형 미니 프로그램의 측면 길이를 설정하는 파라미터도 보일 것이다. 위에서 선택한 파라미터 스타일에 따라 값을 직접 입력하거나 슬라이더 바를 사용할 수 있다.

로봇이 삼각형 또는 육각형 안에서 주행하기를 원한다면 어떻게 하나?

여기 똑같은 마이 블록이 있지만 다음과 같이 조절해야 하는 파라미터가 있다.

① 각 면의 주행거리(거리)

② 로봇의 주행속도(속도)

③ 각 모서리의 회전각도

④ 주행 명령의 반복 횟수

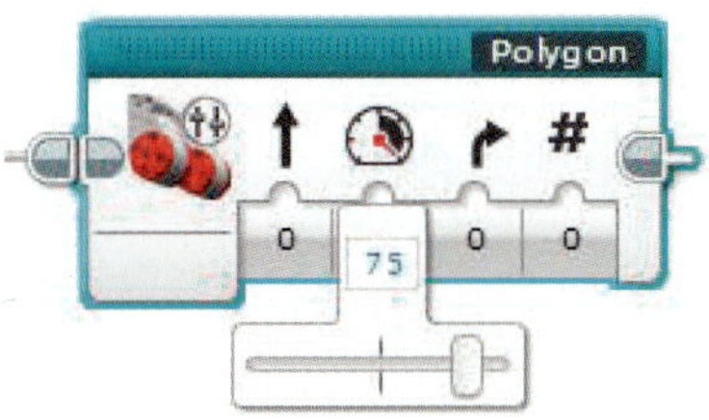

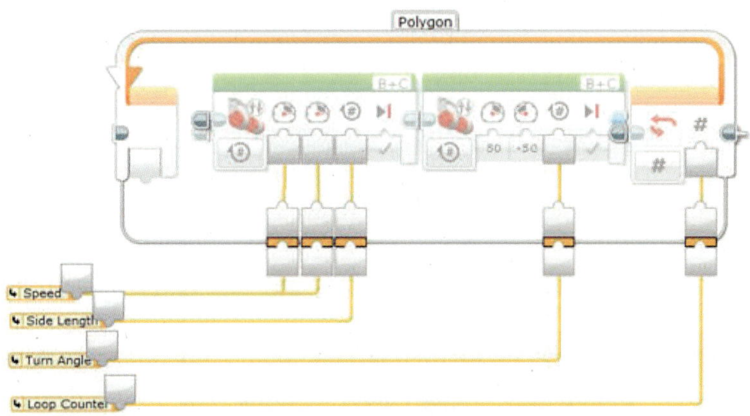

■ 팁과 요령

마이 블록 빌더에 있는 블록에서 파라미터의 순서를 변경할 수 있다. 왼쪽 또는 오른쪽 화살표를 클릭하여 선택한 파라미터를 옮겨라.

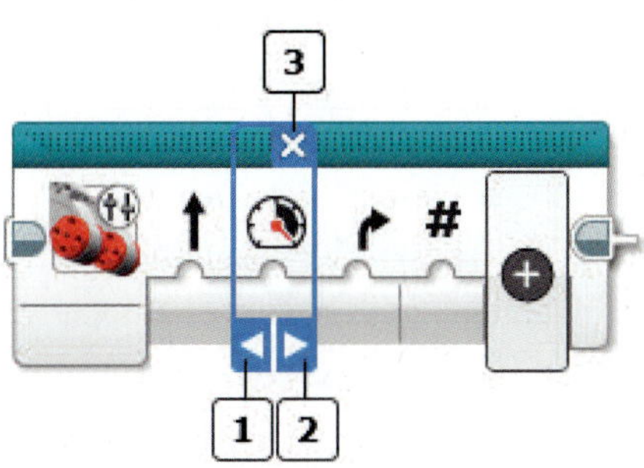

1 왼쪽으로 파라미터 이동

2 오른쪽으로 파라미터 이동

3 파라미터 삭제

수행실습

마이 블록 빌더 따라하기

재료 · 자료

EV3 SW, EV3 레고 마이드스톰, A4용지, 필기류

기기(장비 · 공구)

컴퓨터, USB 케이블, 충전 어댑터

안전 · 유의사항

- EV3 로봇 플랫폼의 외형의 관리하고 P-브릭에 전원을 충분히 충전한다.
- EV3에 프로그램을 동작시킬 때 USB 케이블을 제거한 후 실행한다.

수행순서

01 복수의 프로그래밍 블록을 하나의 블록으로 통합하는 것이 마이 블록 빌더이다.

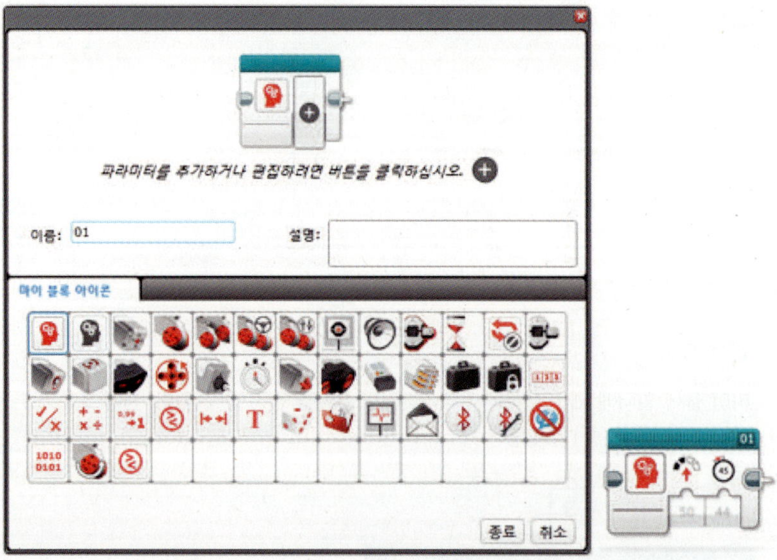

02 프로그램을 만들고 다운로드 및 실행을 테스트하라. 마이 블록에서는 여러 개의 블록을 하나의 블록으로 묶을 수 있으므로 프로그램을 보기 더 간편하도록 더 짧게 만들 수 있다.

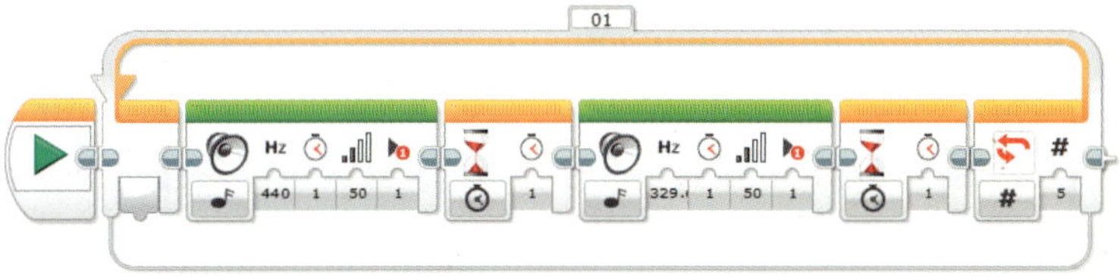

03 다음처럼 블록 쪽으로 드래그해서 블록을 선택하라. 시작 블록은 선택하지 않아야 한다.

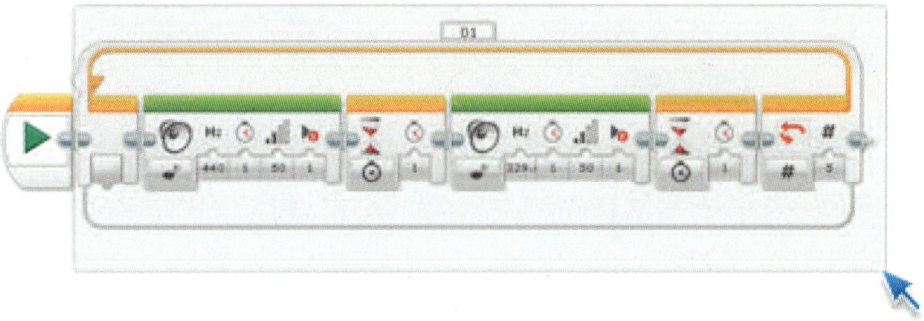

04 마이 블록 빌더 도구를 열어라.

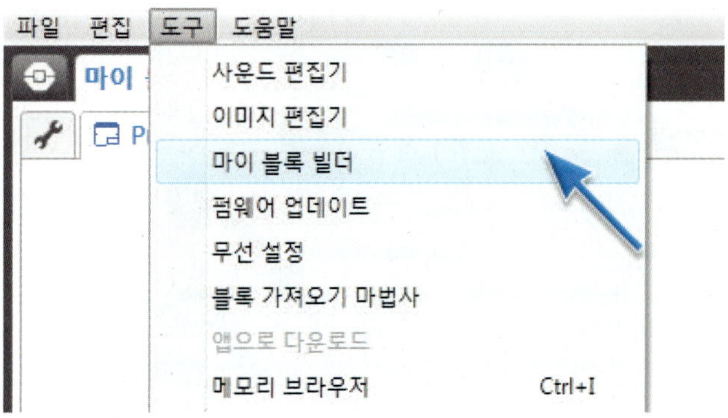

05 마이 블록의 이름을 지정하고, 적절한 아이콘을 선택한 다음 종료 버튼을 클릭하라.

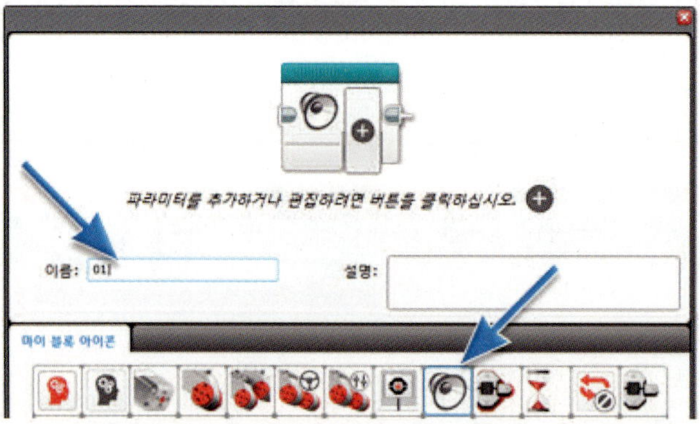

06 이제 캔버스에서 블록이 2개만이 보일 것이다. 다운로드 및 실행하여 테스트하라.

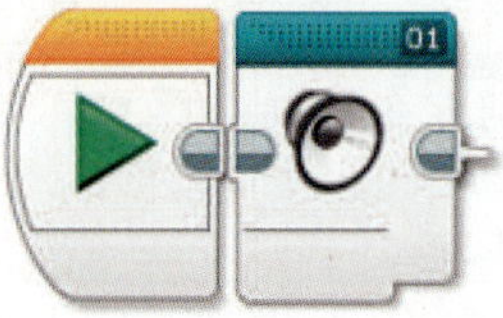

07 그런 다음 사운드 블록을 추가하라.

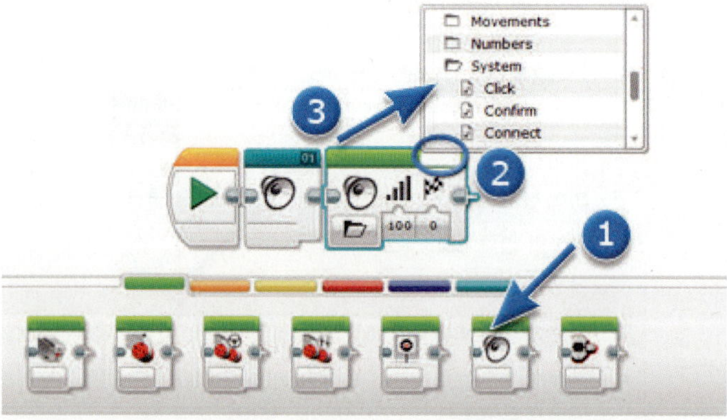

08 그런 다음 방금 생성한 두 번째 마이 블록을 추가하라. 다운로드 및 실행하여 다시 테스트하라.

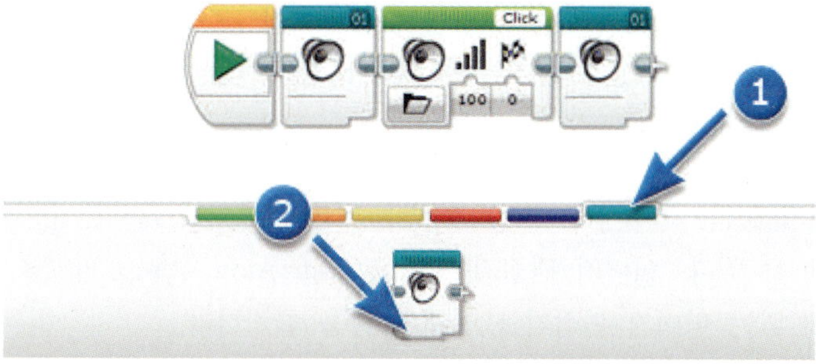

09 직접 선택한 블록을 포함시켜 새로운 마이 블록을 생성한 다음, 다운로드 및 실행하여 테스트하라.

수행 Tip

- EV3 소프트웨어의 로비의 간단한 안내 섹션의 도움말과 동영상을 최대한 활용한다.

10-3 이미지 편집기

학습 목표	10-3. 이미지를 생성하고 EV3 브릭에 표시하는 작업을 통하여 이미지 편집기를 이해할 수 있다.

1. 이미지 편집기

이미지 편집기에서는 이미지와 텍스트를 만들어 EV3 브릭에 표시할 수 있다. 기존 이미지 파일도 편집할 수 있다. 이미지 편집기는 .rgf, .jpg, .png, .bmp 파일을 열 수 있다.

도구 메뉴에 있는 이미지 편집기를 선택한 다음 클릭하라.

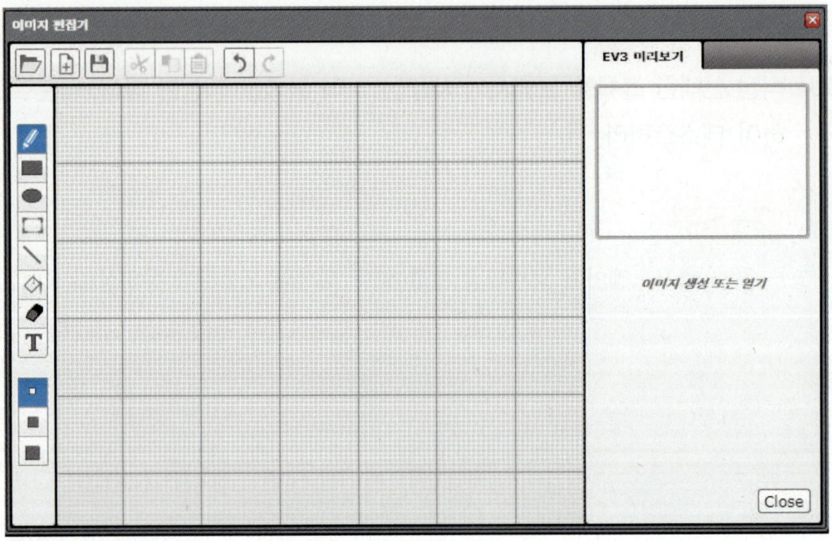

편집 과정은 다음의 5단계로 이루어진다.

① 이미지를 연다.
② 이미지의 크기와 배치를 변경한다.
③ 명암을 조정한다.
④ 편집 화면 왼쪽의 도구 팔레트를 사용하여 이미지를 편집한다.
⑤ 이미지를 프로젝트에 저장한다.

(1) 이미지 열기 및 크기 조정

 사진을 열어 편집하기 시작하라.

확대/축소 버튼을 사용하여 이미지의 크기를 조정하라. 이미지를 클릭하여 드래그하면 옮길 수 있다. 미리보기창에는 EV3 브릭 디스플레이(너비 178화소, 높이 128화소)에 보일 이미지가 정확하게 표시된다.

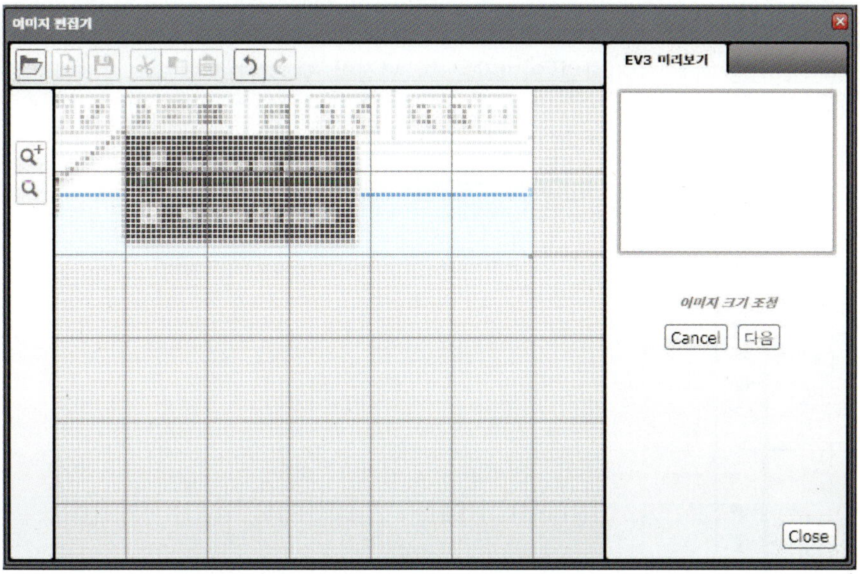

이미지의 크기와 배치에 만족하면 다음을 클릭하라.

(2) 명암 조정

왼쪽에 있는 경계값 슬라이더를 사용하여 이미지의 명암을 조정하라. 명암을 변경하면 최종 이미지의 디테일 정도에 영향을 미친다.

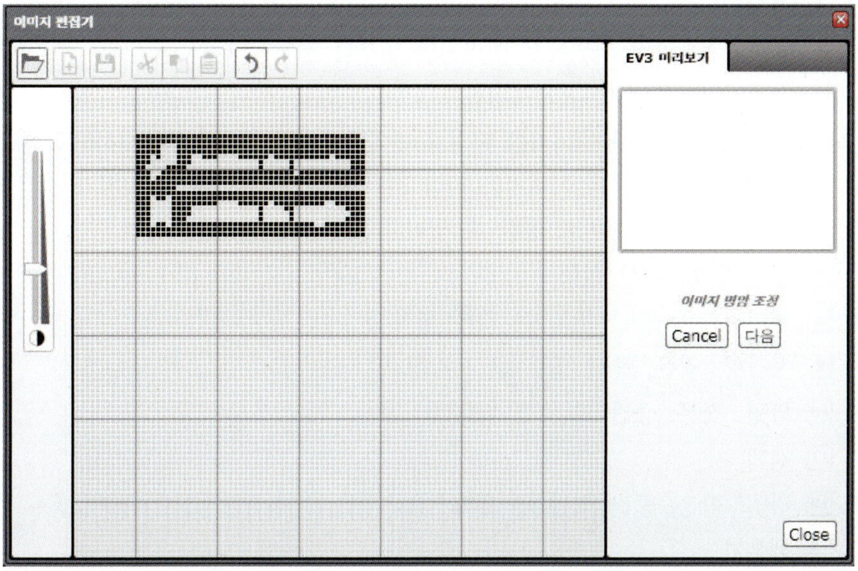

준비가 되면 다음을 클릭하라.

(3) 이미지 편집

라인, 원형 등을 추가하면 이미지를 더 편집할 수 있다.

1 열기

2 새로 만들기

3 저장

4 잘라내기 : 편집 화면에서 이미지의 일부를 제거한다.

5 복사 : 선택한 이미지를 복사한다.

6 붙여넣기 : 선택한 이미지를 편집 화면에 놓는다. 이미지를 클릭하고 드래그해서 놓을 수 있다. 붙여 넣은 이미지는 파란색일 때 옮길 수 있다. 이미지가 검정색으로 변하면, 편집 화면 주위로 옮길 수 없다.

7 실행 취소, 다시 실행

8 연필 : 작은, 중간 또는 큰 자유 형식 선 그리기

9 사각형 : 작은, 중간 또는 큰 사각형

10 타원 : 작은, 중간 또는 큰 타원

11 선택

12 라인 : 작은, 중간 또는 큰 두께

13 채우기

14 지우개 : 작은, 중간 또는 큰 지우개

15 텍스트

(4) 이미지 저장

편집을 마쳤으면 이미지를 저장한다. 그러면 나중에 사용할 수 있도록 프로젝트 폴더에 이미지가 저장된다. 프로젝트 속성 페이지는 프로젝트에서 사용하는 모든 이미지를 나열한다.

이미지 모드를 사용하면 디스플레이 블록에 저장된 이미지를 찾아서 사용할 수 있다.

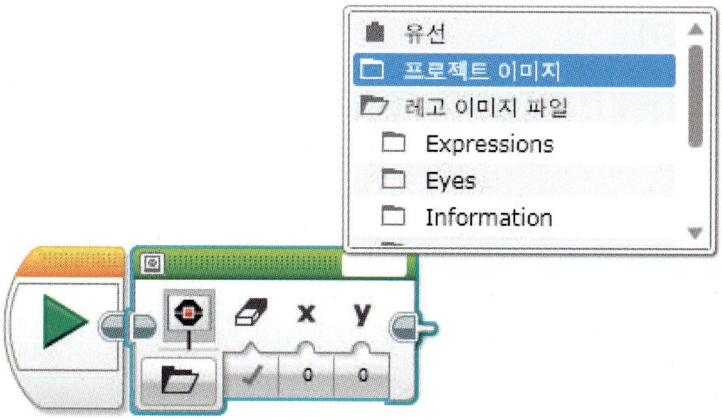

수행실습 이미지 편집기 따라하기

재료 · 자료

EV3 SW, EV3 레고 마이드스톰, A4용지, 필기류

기기(장비 · 공구)

컴퓨터, USB 케이블, 충전 어댑터

안전 · 유의사항

- EV3 로봇 플랫폼의 외형의 관리하고 P-브릭에 전원을 충분히 충전한다.
- EV3에 프로그램을 동작시킬 때 USB 케이블을 제거한 후 실행한다.

수행순서

01 이미지 편집기를 이용하여 이미지를 생성하고 EV3 브릭에 표시한다.

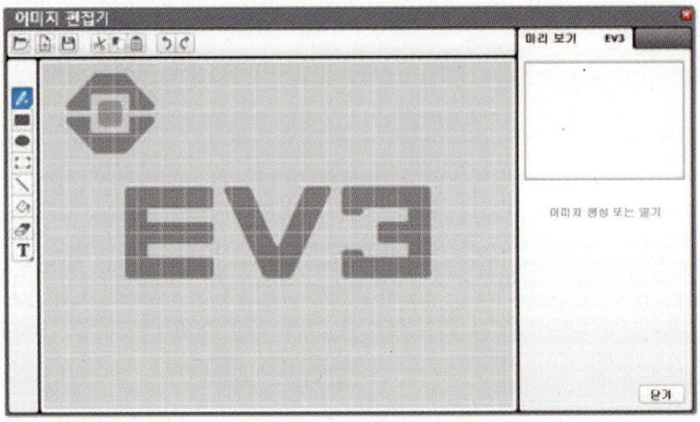

02 도구 메뉴에서 이미지 편집기를 열어라.

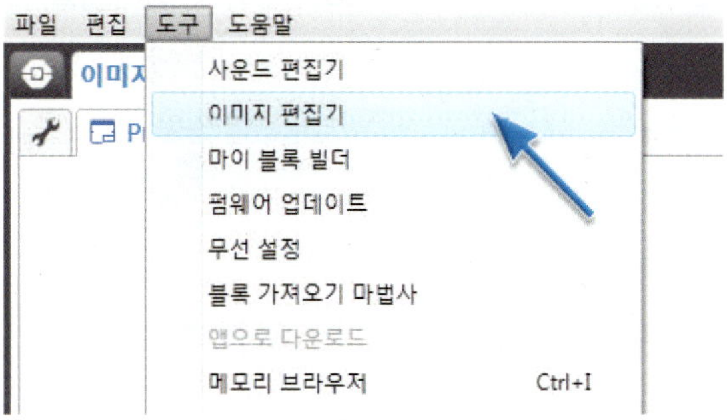

03 이미지 편집기 도구 모음을 사용하여 이미지를 만들어라.

04 완료되면 저장 버튼을 클릭하고 이미지의 이름을 지정하라.

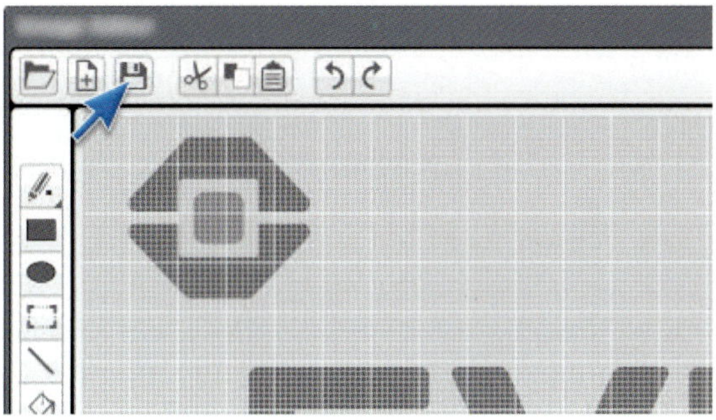

05 프로그램을 다시 만들어라. 프로젝트 이미지 폴더를 연 다음 방금 저장한 파일을 선택하라. 다운로드 및 실행하여 EV3 디스플레이에 이미지를 표시한다.

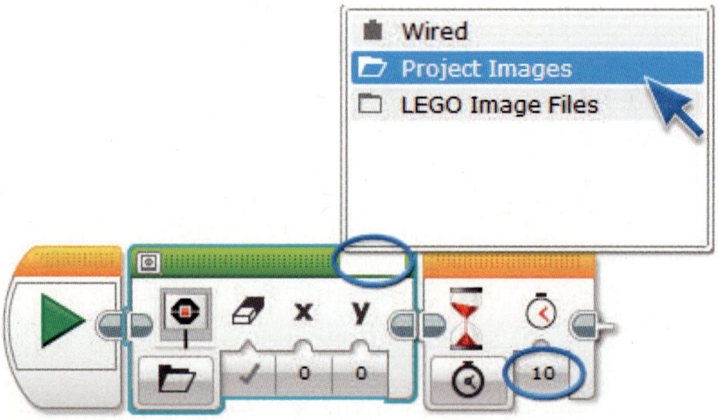

수행 Tip

– EV3 소프트웨어의 로비의 간단한 안내 섹션의 도움말과 동영상을 최대한 활용한다.

11-1 EV3 Simple Remote

학습 목표 11–1. EV3 Simple Remote 앱을 다운로드하여 EV3를 리모트 컨트롤함으로써 EV3 앱응용을 이해할 수 있다.

1. EV3 Simple Remote 앱

① EV3 로봇 원격제어 app

② 블루투스 통신을 사용한다.

③ AB, BC, CD포트 중 1개를 사용한다.

④ 속도제어가 가능하다.

수행실습 EV3 Simple Remote 따라하기

재료 · 자료

EV3 SW, EV3 레고 마이드스톰, A4용지, 필기류

기기(장비 · 공구)

컴퓨터, USB 케이블, 충전 어댑터, 스마트폰

안전 · 유의사항

- EV3 로봇 플랫폼의 외형의 관리하고 P-브릭에 전원을 충분히 충전한다.
- EV3에 프로그램을 동작시킬 때 USB 케이블을 제거한 후 실행한다.

수행순서

01 스마트폰의 play 스토어를 클릭하여 "ev3 remote"검색을 통하여 검색을 하면 1. EV3 Simple Remote를 찾을 수 있다.

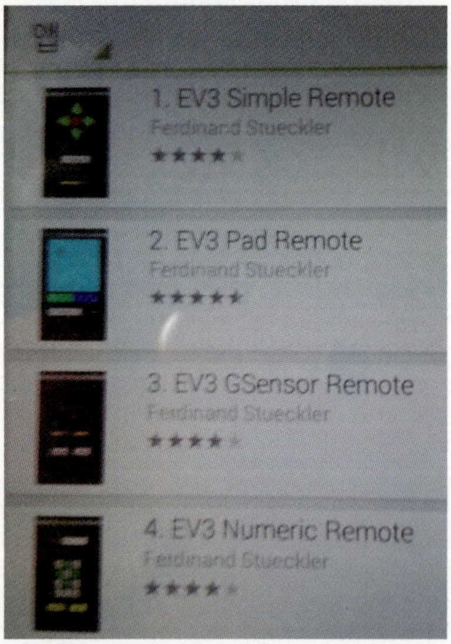

02 1. EV3 Simple Remote를 클릭하면 열기를 클릭한다.

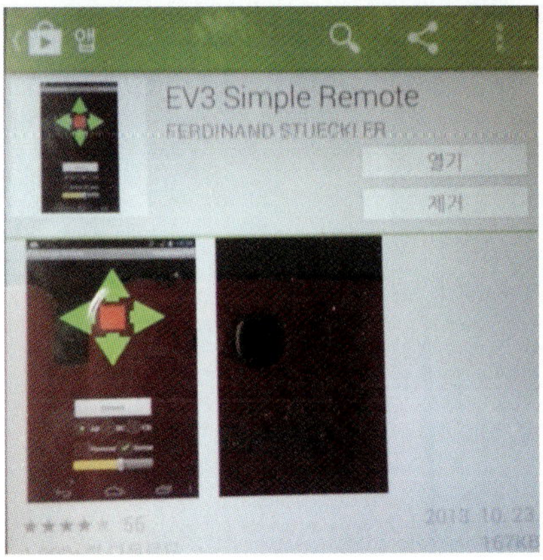

03 EV3 Simple Remote 화면이 나타난다. 그러면 해당 포트 3개 중 하나를 AB를 선택한다.

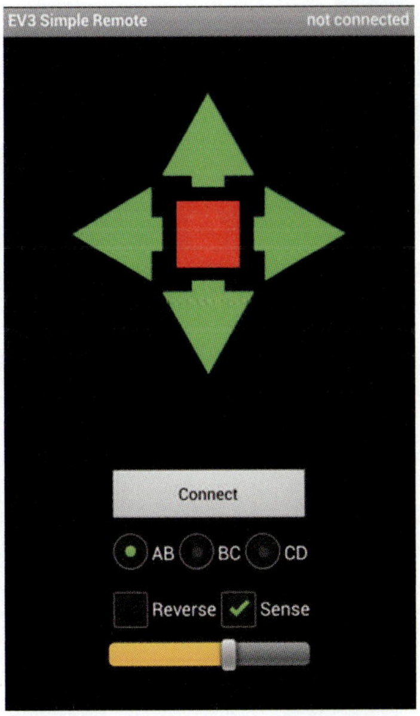

04 EV3 브릭에서 도구에서 Bluetooth를 클릭한다.

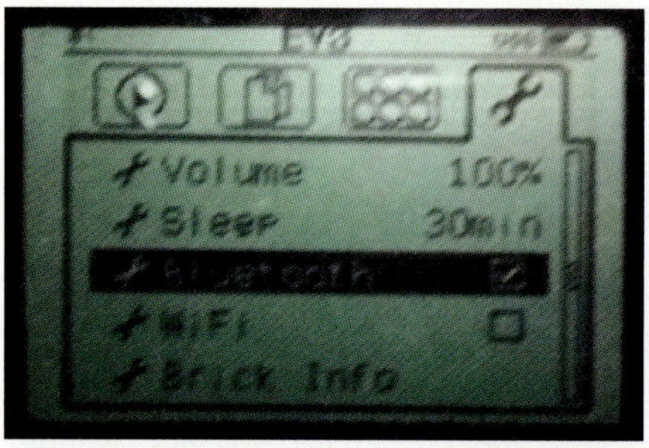

05 Visibility, Bluetooth 선택한다.

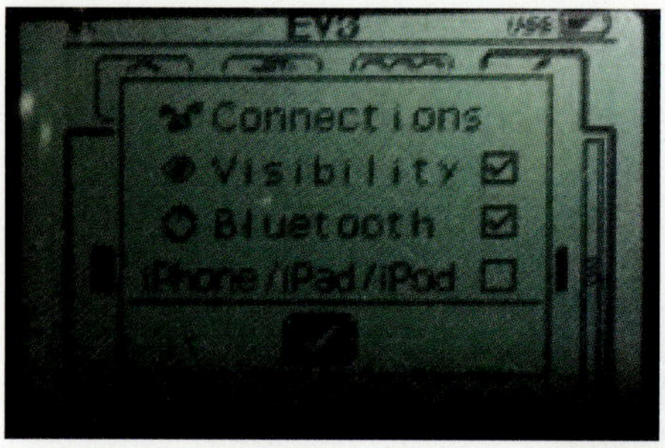

06 Visibility : 블루투스 연결상태 표시를 확인하면 블루투스의 연결을 확인한다.

07 스마트폰 페어링을 한다. Connect을 클릭한다.

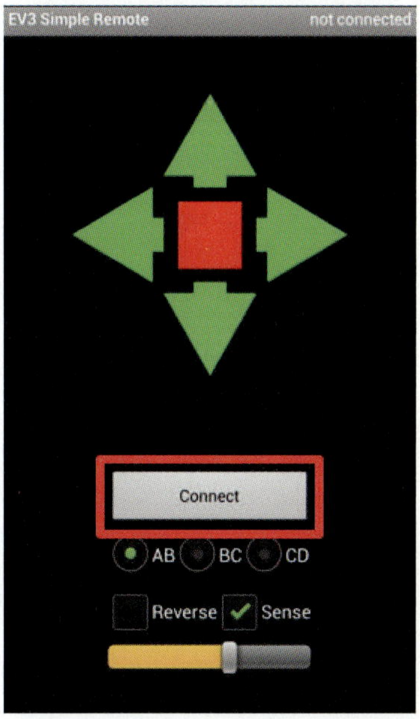

08 EV3 브릭에 등록한 이름을 스캔을 한다.

09 해당 브릭의 EV3 이름 디바이스을 확인할 수 있다.

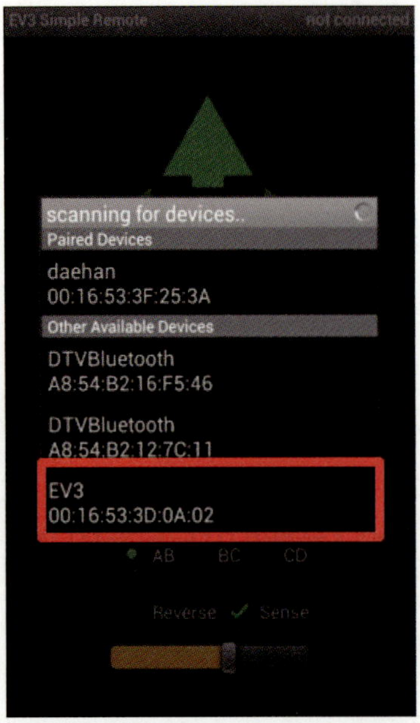

10 EV3와 스마트폰 페어링(Pairing)을 한다. EV3 디바이스를 확인을 클릭하면 블루투스 등록 요청이 화면에 나타난다. 그러면 EV3 브릭에 나타난 PASSKEY를 확인하고 해당 PIN번호(1234)를 입력하고 확인을 클릭한다.

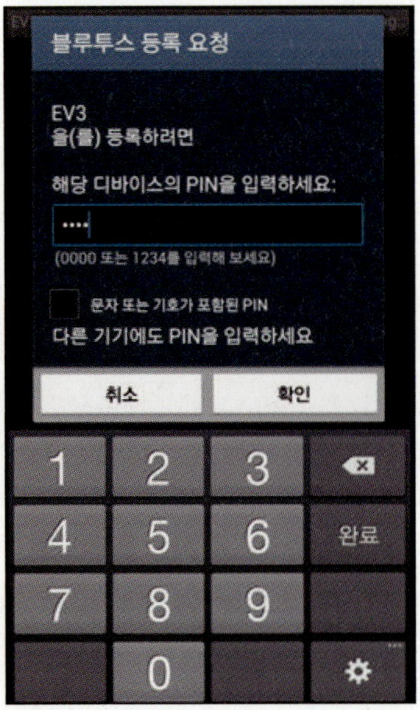

스마트폰 PIN 번호

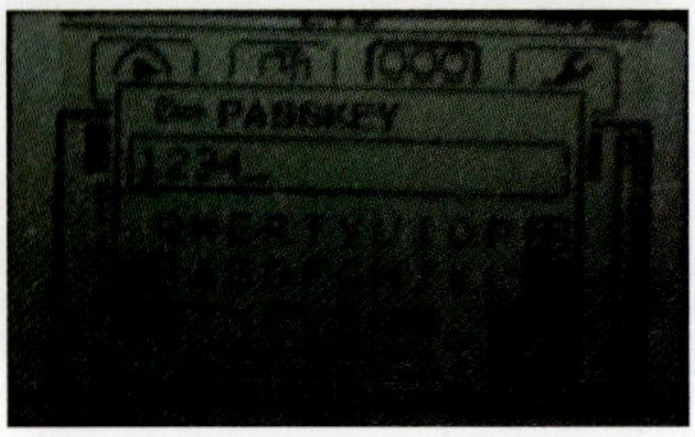

EV3 브릭 PASSKEY

11 이런 과정이 완료하면 EV3 브릭 화면에 연결표시를 확인한다.

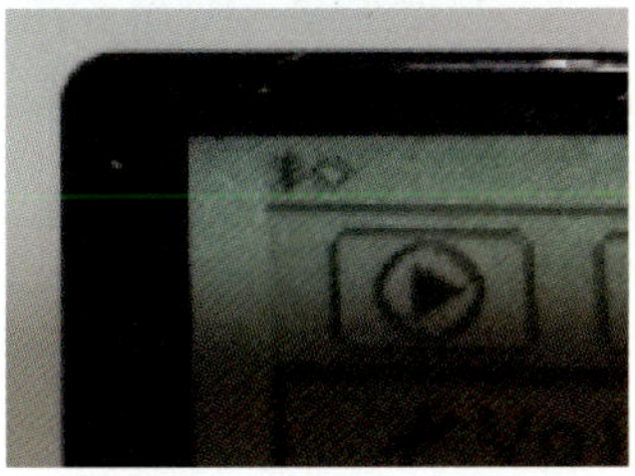

12 스마트폰의 EV3 Simple Remote의 버튼을 눌러서 EV3 로봇의 움직임 형태를 확인할 수 있다.

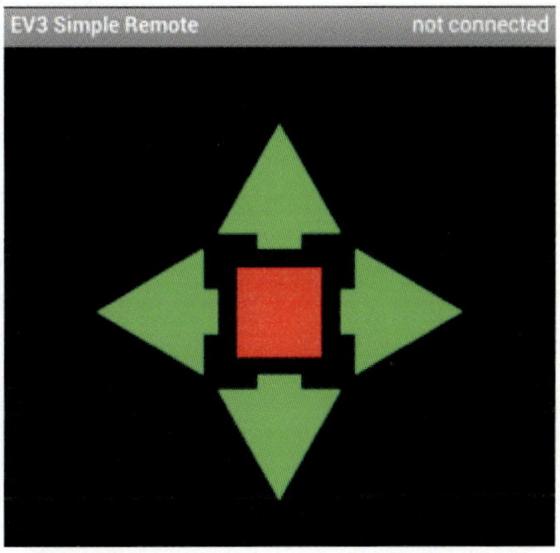

수행 Tip

- EV3 소프트웨어의 로비의 간단한 안내 섹션의 도움말과 동영상을 최대한 활용한다.

11-2 EV3 Numeric

학습 목표	11-2. 텍스트나 숫자값을 블루투스 사서함으로 보내어 EV3 브릭에 텍스트 나 숫자의 표시를 이용하여 EV3 Numeric을 이해할 수 있다.

1. EV3 Numeric 앱

① 텍스트 또는 숫자값이 EV3 블루투스 사서함으로 보내진다.

② 블루투스 통신을 사용한다.

③ Mailbox ; 숫자값을 보낼 메시징 블록의 이름

수행실습 EV3 Numeric 따라하기

재료 · 자료

EV3 SW, EV3 레고 마이드스톰, A4용지, 필기류

기기(장비 · 공구)

컴퓨터, USB 케이블, 충전 어댑터, 스마트폰

안전 · 유의사항

- EV3 로봇 플랫폼의 외형의 관리하고 P-브릭에 전원을 충분히 충전한다.
- EV3에 프로그램을 동작시킬 때 USB 케이블을 제거한 후 실행한다.

수행순서

01 스마트폰의 play 스토어를 클릭하여 "ev3 remote" 검색을 통하여 검색을 하면 4. EV3 Numeric Remote를 찾을 수 있다.

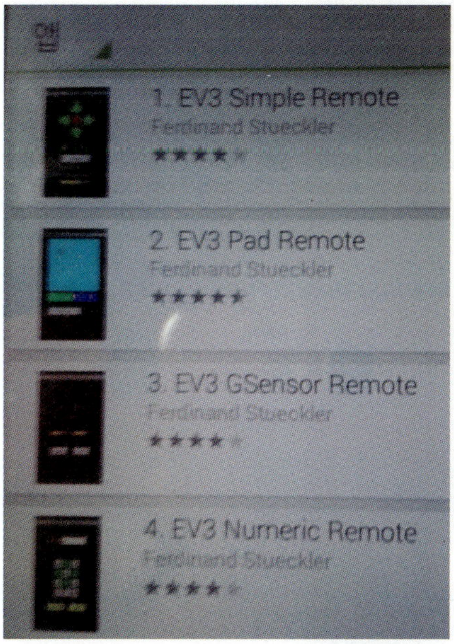

02 4. EV3 Numeric Remote를 클릭하고 열기를 클릭한다.

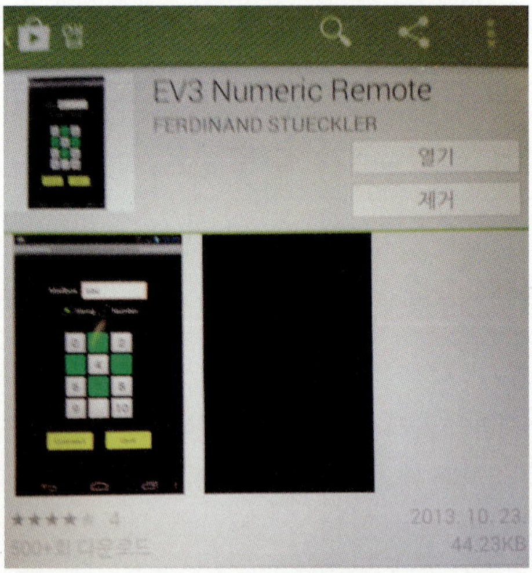

03 EV3 Numeric Remote 화면이 나타난다.

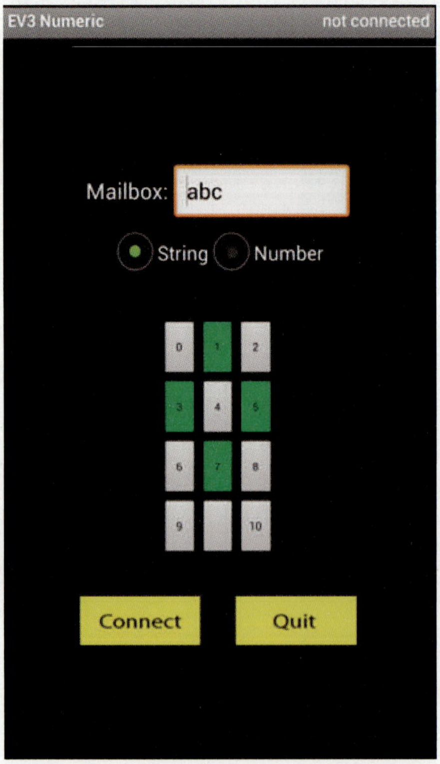

04 스마트폰 페어링을 한다. Connect를 클릭한다.

05 EV3 브릭에 등록한 이름을 스캔을 한다.

06 해당 브릭의 EV3 이름 디바이스를 확인할 수 있다.

07 EV3와 스마트폰 Pairing을 한다. EV3 디바이스를 확인을 클릭하면 블루투스 등록 요청이 화면에 나타난다. 그러면 EV3 브릭에 나타난 PASSKEY를 확인하고 해당 PIN번호(1234)를 입력하고 확인을 클릭한다.

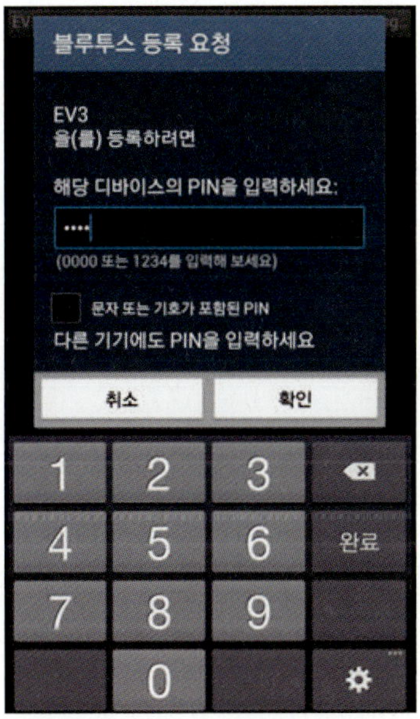

스마트폰 PIN 번호

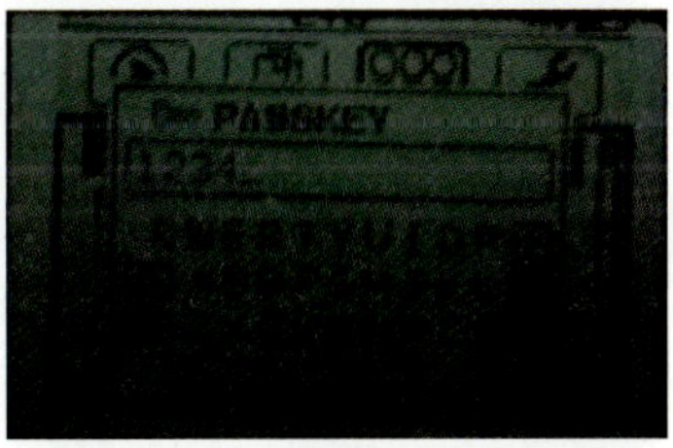

EV3 브릭 PASSKEY

08 이런 과정이 완료하면 EV3 브릭 화면에 연결표시를 확인한다.

09 다음 프로그램을 작성한다. 메시징에 수신의 숫자를 선택한다.

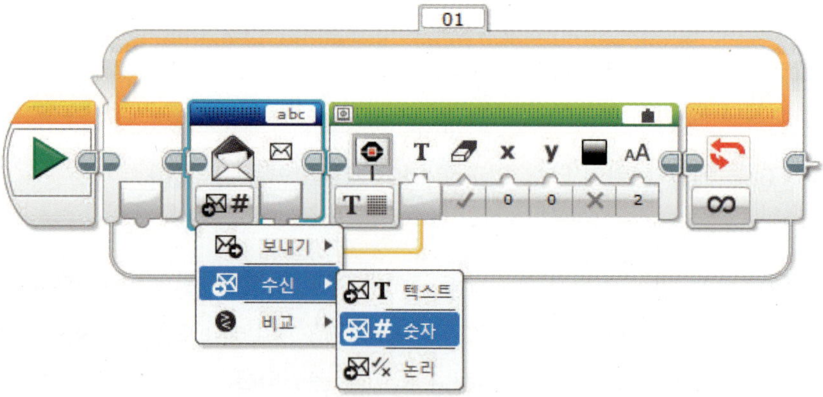

10 프로그램이 완성되면 EV3 Numeric 앱에서 Number를 클릭한다.

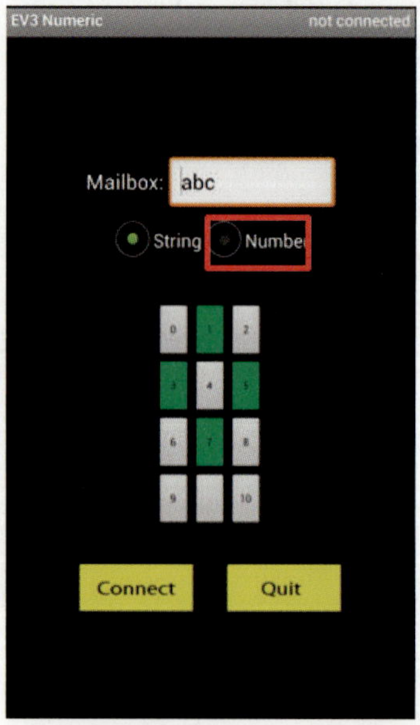

11 EV3 Numeric앱의 숫자판에 무작위로 숫자를 누르면 EV3 브릭에 숫자가 표시된다.

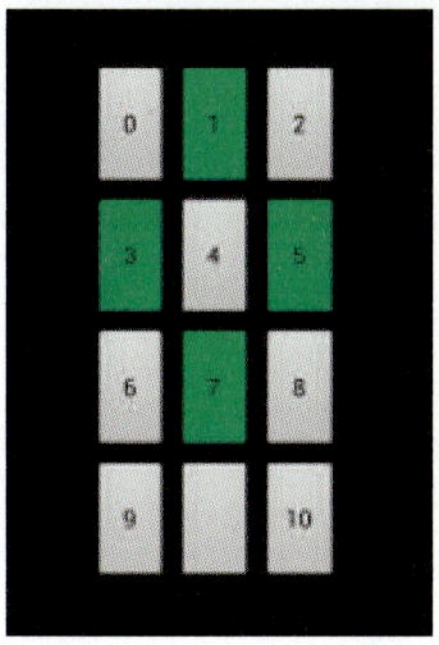

12 EV3 Numeric – 도전과제

EV3 Numeric software를 이용하여 로봇의 전 · 후 · 좌 · 우 제어가 되는 소프트웨어를 만들어라.

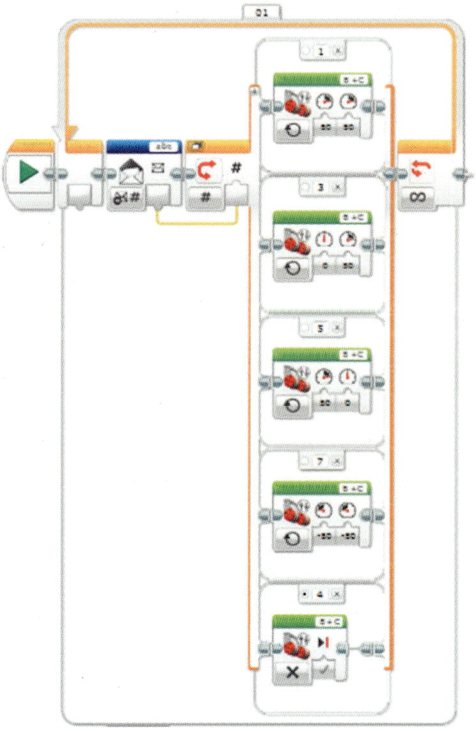

수행 Tip

– EV3 소프트웨어의 로비의 간단한 안내 섹션의 도움말과 동영상을 최대한 활용한다.

참·고·자·료

[1] 남상엽 외, 창의적 공학설계, 상학당

[2] 레고 엔지니어링(www.legoengineering.com)

[3] 로보컵 주니어(www.robocupjunir.org)

[4] 카네기멜론 대학교 로보틱스 아카데미(www.education.rec.ri.cmu.edu)

[5] FLL(First LEGO League)(www.usfirst.org)

[6] FLL의 모든 리소스와 정보가 구비된 웹사이트(www.techbrick.com)

[7] LEGO Education(www.LEGOeducation.us)

[8] LEGO MINCSTORMS(www.lego.com)

[9] LEGO MINDSTORMS Education EV3

저자약력

남 상 엽

- 공학박사
- 삼성종합기술원 성보시스템연구소 근무
- 모토로라반도체통신(주) 기술연구소 근무
- (현) 국제대학교 교수

권 오 복

- 이학박사
- 일본 Telecomet Inc. New York, 시스템분석가 근무
- 미국 Takasago Int'l Inc. New York, 전산실장 근무
- 한국 삼보컴퓨터(주) SI 사업본부장 근무
- (현) (사)한국정보통신기술사협회 부회장
- (현) 국제대학교 교수

이 병 선

- 공학박사
- (현) 김포대학교 교수

창의공학

2016년 3월 10일 1판 2쇄 발행

저 자 남상엽 · 권오복 · 이병선
발행인 남 승 우

발행처 도서출판 상尙 학學 당堂
서울시 동작구 사당로9가길 6(사당동)
TEL : 02) 595-1692~4
FAX : 02) 595-1394
E-mail : namdoo6@unitel.co.kr
신고 : 2-155호 (1968. 11. 29)

정가 30,000원

ISBN 978-89-6587-111-8 93560

※ 이 책의 저작권은 저자에게 있으며, 저자의 동의 없이 복사 · 인용 · 복제 · 전재를 금합니다.

〈디자인〉 편집 엄해숙 / 표지 토틀컴